"十三五"普通高等教育本科系列教材

新能源发电系统控制

编著　李大中
主审　张　欣

U0912845

中国电力出版社
CHINA ELECTRIC POWER PRESS

内 容 提 要

本书在参阅大量国内外新能源发电文献资料的基础上，较为系统、全面地介绍了生物质能、太阳能、风能、核能、地热能、海洋能、燃料电池等新能源发电系统的结构组成及控制技术，介绍了基于分布式新能源发电的特征和综合利用，以及分布式新能源发电与微电网技术等。全书共分为9章，主要内容包括新能源发电系统控制导论、生物质能发电、太阳能发电、风能发电、核能发电、地热能发电、海洋能发电、燃料电池发电、分布式新能源发电接入微电网控制技术。为帮助读者深入理解和掌握各部分内容，书中每章后面均附有思考题。

本书可作为高等院校电气信息类自动化、测控技术与仪器、热能动力工程、电气工程及自动化等专业的新能源发电与控制课程及相近课程的本科生、研究生教材或参考书。就本书的深度和广度而言，也适于控制工程类工程硕士等专业学生，以及成人高等教育工科专业学生学习，也可作为新能源发电技术领域教师、科研和工程技术人员的参考书。

图书在版编目（CIP）数据

新能源发电系统控制/李大中编著. —北京：中国电力出版社，2016.9（2022.7重印）

“十三五”普通高等教育本科规划教材

ISBN 978-7-5123-9624-1

Ⅰ.①新… Ⅱ.①李… Ⅲ.①新能源-发电-高等学校-教材 Ⅳ.①TM61

中国版本图书馆CIP数据核字（2016）第182276号

中国电力出版社出版、发行

（北京市东城区北京站西街19号 100005 http：//www.cepp.sgcc.com.cn）

三河市百盛印装有限公司印刷

各地新华书店经售

*

2016年9月第一版 2022年7月北京第二次印刷

787毫米×1092毫米 16开本 15印张 366千字

定价 **48.00** 元

前　言

能源是一个国家发展的重要基础性产业，是人类生产和生活的必需基本物质保障。目前全世界的能源消耗主要依靠煤炭、石油和天然气等化石能源，而化石能源的有限性和化石能源开发利用过程中引发的一系列环境问题，对经济和社会的可持续发展产生了严重的制约。为了实现能源与社会经济、环境的可持续发展，除了积极实现常规能源的高效化、优质化利用、提高能源利用效率外，开发利用生物质能、太阳能、风能、地热能、海洋能等新能源也是重要途径之一。

我国已成为世界能源生产和消费大国，随着社会和经济的快速发展，如何改善能源结构、保障能源安全、减少环境污染、实现低碳经济、促进经济和社会可持续发展，是我国面临的一个重大战略问题。新能源不仅是资源丰富的可再生能源，而且不产生或很少产生污染物，它既是近期重要的补充能源，又是未来能源结构的基础，对能源的可持续发展起着重要的作用。从长远来看，人类必将逐步过渡到以可再生能源为主的可持续能源系统。

大电网与以新能源为主的分布式微电网的结合，被世界许多能源和电力专家公认是节省投资、降低能耗、提高电力系统稳定性和灵活性的主要方式，是 21 世纪电力工业的发展方向。此外，现在世界各国都在提倡“绿色环保”，采用以新能源为代表的分布式发电，充分利用各地丰富的“清洁能源”，这对于我国能源可持续发展的战略具有重大意义。分布式新能源发电及其应用是 21 世纪最受重视的高科技领域之一，是电力系统的一个新的发展方向。随着对环境及能源使用效率的进一步重视，分布式新能源发电在我国具有广阔的应用前景。

本书系统全面地介绍了生物质能、太阳能、风能、核能、地热能、海洋能、燃料电池发电原理及工程应用技术，以及分布式新能源发电接入微电网控制技术。

全书共分为 9 章，第 1 章新能源发电系统控制导论，主要介绍了新能源概念及分布式新能源发电的类型、现状，新能源发电发展前景及给经济和社会带来的效益；第 2 章生物质能发电，重点对生物质气化发电、燃烧发电、垃圾焚烧发电和沼气发电系统的特点、分类及工艺过程和控制技术做了介绍；第 3 章太阳能发电，对槽式太阳能热发电、塔式太阳能热发电及碟式太阳能热发电系统的结构组成、工作原理，以及聚光器、热能接收器和热循环工艺控制过程做了深入的分析；第 4 章风能发电，主要介绍了风能发电系统运行过程的三种典型控制方式，以及风能发电机组的变速恒频控制策略；风能发电系统的并网控制技术及并网系统的运行，以及并网安全运行与防护措施；第 5 章核能发电，主要介绍了核反应堆的工作原理，核电站核反应装置的堆型和典型工艺流程，核能发电的技术设备及发电功率的启停控制及核电站的运行与监控方式；第 6 章地热能发电，主要介绍了地热能发电系统的实现形式与工作原理，简要介绍了用地热能实现地热空调和地源热泵技术原理，分析了地热能发电中存在的主要问题及未来发展前景；第 7 章海洋能发电，主要介绍了利用海洋潮汐能、海流能、波浪能、海洋温差能和海洋盐差能发电原理和系统工艺流程及装置；对海洋能发电技术的可行性和社会经济效益做了综合评价，指出利用海洋能发电存在的主要问题和制约因素，以及未来发展前景；第8章燃料电池发电，重点对几类典型燃料电池PAFC、PEMFC、MCFC、SOFC发电系统的组成及工作原理做了介绍，结合燃料电池发电系统的构成，对发电过程控制技术进行了分析；第9章分布式新能源发电接入微电网控制技术，介绍了微电网概念与微电网结构，以及微电网国内外研究动态；分析了微电网系统的关键控制技术，介绍了微电网储能技术及储能系统并网控制技术；介绍了分布式新能源发电系统接入微电网典型控制技术，以及含有微电网的智能配电网保护控制。

感谢河北大学张欣教授对书稿认真仔细的审阅，并在审稿过程中提出了很好的修改建议。感谢中国电力出版社对本书的支持。本书是作者在多年从事新能源发电教学和科研，并在系统查阅、参考大量国内外同行发表的最新文献、资料的基础上整理编写完成的，在此特对他们表示衷心感谢。

限于作者水平，书中难免存在疏漏与不足之处，敬请读者指正。

作 者

2016年6月

目　录

第 1 章　新能源发电系统控制导论

可再生能源（太阳能、风能、生物质能、水能、海洋能）是新能源重要的组成形式，是自然界中可以再生、持续利用、取之不尽、用之不竭的一次能源。科学、高效地利用可再生能源，提高能源的综合利用效率，是保障人类社会可持续发展的可靠途径。新能源发电与控制技术包括：①利用可再生能源和清洁能源发电，以便持续获得二次清洁能源——电能；②对电能通过变换与控制，满足高质量的终端能源消费需求和电力的高效管理。

1.1　能源与可持续发展

1.1.1　我国的能源结构与储备

近二三百年来，由于人类对化石能源的过度依赖，致使化石能源面临日益枯竭的危机。为了保证人类未来能源的可持续供应，必须进入利用新能源和节约能源的时代。我国是一个拥有超过 13 亿人口的国家，各种资源的人均占有率都远远低于世界平均水平。随着我国经济的高速发展和对外开放的进一步深入，在政治、经济、社会各个领域的发展与变化都会成为全世界关注的焦点。自 20 世纪 90 年代以来，我国的能源改革与发展，特别是能源的可持续供应问题，以及可能给世界能源形势带来的影响，一直是世界各国特别是发达国家争论的议题。深入研究和解决利用新能源带来的一系列科学技术问题和经济性问题，是我国能源储备与可持续发展战略的当务之急。

1. 我国的能源结构

我国是一个能源大国，在能源结构中煤炭储量最为丰富，已探明的煤炭保有储量超过 1 万亿 t，可采储量在 1800 亿 t 以上，仅次于俄罗斯、美国，位居世界第三。再加上地下 1500m 以内的深层资源，总量估计可达 5 万亿 t。因此，煤炭是我国分布最广、最为丰富的矿物资源。但是，我国又是一个能源匮乏国，我国的人均能源资源占有量为全世界人均水平的 1/2，仅为美国人均水平的 1/10。而且，在能源结构的组成中，75%以上是煤，在常规化石能源中，煤炭资源占 90%以上。

从传统的一次能源消费与开采情况看，我国是世界上最大的煤炭生产和消费国，占世界煤炭产量的 1/4。虽然我国能源生产持续增长，且其增长速度大于能源消费的增长速度，但仍存在能源缺口。

我国是世界上少数几个以煤为主的能源消费国，这就决定了我国能源政策的制定与实施都必须优先考虑煤，以煤为能源消费主体的格局还将持续很长一段时间。从常规能源消费来看，我国的人均消费水平也在逐年增长。2007 年，我国煤、石油和天然气的人均消费分别为 1.92t 煤、0.28t 油和 57.51m^3 气，分别是 2001 年的 1.9、1.5 倍和 2.6 倍。尽管我国的能源消费中煤占主体，但人均消费量依然低于美国、德国等发达国家。以 2006 年为例，当年我国人均煤消费量仅为美国的 47.9%、德国的 90.9%。

通过以上数据可看出，我国的能源结构仍以煤为主，煤多油少是我国能源结构的基本特点，今后 20 年，甚至到 21 世纪中叶，我国以煤为主的能源结构将不会改变，煤炭仍将是当前和今后我国能源的一个重要组成部分。

2. 我国的资源和能源储备

我国是世界上人口最多的国家，人口密度高于世界平均水平，也高于亚洲国家平均人口密度，与经济社会生产需求相比，人力资源相对过剩，但与新加坡、日本、德国、英国、法国、韩国等先进工业化国家相比，我国的人口密度并不算高。无论是土地面积、土地资源、林木资源、水力资源还是矿藏资源，我国的资源基础储量都比较丰富，但按人均占有量计算，我国大多数资源都低于世界平均水平。而从国土面积的资源禀赋量来看，我国各种资源丰度不等。我国人口约占世界总人口的 21%，国土面积占世界的 7.1%，耕地占世界的 7.1%，草地占世界的 9.3%，水资源占世界的 7%，森林面积占世界的 3.3%，石油占世界的 2.3%，天然气占世界的 1.2%，煤炭占世界的 12%。

我国能源短缺在很大程度上是能源利用结构同资源禀赋结构矛盾的表现。现在，我国已成为世界第二大能源消费国，依靠大量消费能源推动了我国经济的高速增长，但也使我国经济增长越来越接近资源和环境条件的约束边界，煤电油供需矛盾相当突出。随着国际石油紧缺状况的影响和我国能源资源约束的日益突出，能源资源情况不容乐观。

综上所述，我国能源结构的核心问题表现在：①能源结构以煤为主，在我国一次能源生产与消费构成中，煤炭比例超过 2/3；②石油安全问题日趋显著，预计到 2020 年，石油的对外依存度将达到 69%，我国能源安全，尤其是石油安全问题越来越突出；③燃煤污染已给生态环境带来严重问题，而电力、建材、冶金、化工等能源消费密集的行业又是我国的支柱产业，它们占大气污染的 70%以上。

随着经济发展水平的不断提高，社会对资源和环境的关注越来越强、标准越来越高，继续大量耗费资源和污染环境，走粗放式工业增长的道路，已不可能支撑我国工业的持续发展。我国已出台一系列开发应用新能源的鼓励政策，积极发展煤制油产业，使我国油品供应和价格稳定建立在主要依靠国内生产的基础上；此外，高度重视和加快推广煤炭深加工和高效燃烧及先进火力发电技术、煤炭燃烧污染控制与废弃物处理等洁净煤先进技术，建立高度节约型的循环经济体制，深入研究、大力开发和利用新能源，是我国实现未来经济和社会可持续发展的唯一选择。

1.1.2 我国的可持续发展战略

我国的能源基础能否支撑经济到 2020 年比 2000 年再翻两番，在传统化石能源不断枯竭的严峻现实面前，建立资源节约型社会、大力开发利用可再生能源，扩大清洁、绿色能源在能源结构中的比重，已提上我国经济发展的重要战略位置。我国可再生能源分布广泛，无论是近期还是远期，因地制宜、就地就近开发可再生能源，将是调整能源结构、保护环境、增强能源安全、实现可持续发展的重要战略选择。

《国家中长期科学和技术发展规划纲要（2006—2020 年）》要求，到 2020 年，我国可再生能源在能源结构中的比重，将从 2006 年的约 7%提高到 16%左右。我国具有使用可再生能源的条件和传统，近年来可再生能源的开发和利用取得长足发展，以年均超过 25%的增速成为世界能源领域增长最快的亮点。随着技术和管理水平的不断提高、产业规模的不断扩大，可再生能源在保障能源供应、实现可持续发展等方面将发挥越来越重要的作用。此外，2004 年制定的《中国能源中长期发展规划》也明确指出，要大力开发水电、积极推进核电建设，鼓励发展风电和生物质能等可再生能源，在提供优质、经济、清洁的终端能源的同时，尽量减少能源开发与利用给生态环境造成的负面影响，促进人与自然的和谐发展。为此，我国将以水电、沼气发电、秸秆发电、太阳能供热等常规清洁能源转换成熟技术和风电、光伏发电、燃料电池、燃气机组热电联产分布供电等具有大规模发展潜力的新技术为重点，因地制宜、多能互补；不断提高可再生能源在我国能源结构中的比重，并使其在解决全国农村的生产、生活用能方面发挥重大作用。在 2006 年年初，我国正式颁布了《中华人民共和国可再生能源法》，陆续出台了一系列鼓励政策与配套措施，这标志着可再生能源的利用已进入法制化、规范化和可持续发展的新阶段。

1.2　能源的分类与基本特征

1.2.1　能源的分类

能源是可直接或通过转换提供给人类所需的有用能的资源。人类利用自己体力以外的能源是从用火开始的。世界上一切形式的能源的初始来源是核聚变、核裂变、放射线源及太阳系行星的运行。太阳的热核反应释放出极其巨大的能量，射到地球大气层的辐射能量为每年 174000TW，这种辐射实际上为地球和太空提供了用之不竭的能源；太阳的热效应产生风能、水能和海洋能；煤炭、石油、天然气等化石燃料，也是间接来自太阳能；生物质能是植物通过光合作用吸收的太阳能；太阳系行星的运行产生潮汐能。

能源一般按其形态、特性或转换利用的层次进行分类，并给予每种或每类能源以专门名称。世界能源理事会（WEC，World Energy Council）推荐的能源分类如下：固体燃料、液体燃料、气体燃料、水力、核能、电能、太阳能、生物质能、风能、海洋能、地热能、核聚变能。能源还可分为一次能源、二次能源和终端能源，可再生能源和非再生能源，新能源和常规能源，商品能源和非商品能源等。

1.2.2　能源的基本特征

一次能源是指直接取自自然界未经加工转换的各种能量和资源，它包括原煤、原油、天然气、油页岩、核能、太阳能、水能、风能、波浪能、潮汐能、地热、生物质能和海洋能等。一次能源又可进一步分为可再生能源和非再生能源两大类，可再生能源首先是清洁能源或绿色能源，它包括太阳能、水能、风能、生物质能、波浪能、潮汐能、海洋能等，它们在自然界中是可循环再生利用的初级资源，对环境无害或危害甚微，且资源分布广泛，适宜就地开发利用。非再生能源包括原煤、原油、天然气、油页岩、核能等，它们是不可再生的资源。

由一次能源经过加工转换后得到的能源产品称为二次能源，如电力、蒸汽、煤气、汽油、柴油、重油、液化石油气、酒精、沼气、氢气和焦炭等。二次能源是联系一次能源和能源终端用户的中间纽带，二次能源又可分为“过程性能源”和“含能体能源”。当今电能是应用最为广泛的“过程性能源”；柴油、汽油则是应用最广的“含能体能源”。过程性能源和含能体能源不可互相替代，各有应用范围。作为二次能源的电能，可由各种一次能源生产出来，如煤炭、石油、天然气、太阳能、生物质能、风能、水能、潮汐能、地热能、核燃料等均可直接生产电能，而作为二次能源的汽油和柴油等则几乎完全依靠化石燃料能源。随着化石燃料能源耗量的日益增加，其储量日益减少，终有一天这些资源将要枯竭，这就迫切需要寻找一种不依赖化石燃料，储量丰富的新含能体能源。

随着技术和经济的发展，氢能有可能成为替代柴油、汽油的理想新含能体能源。因为氢能是取之不尽、用之不竭的高密度能源，氢可从包括原油、天然气、沼气、农作物秸秆和有机废水等多种途径中获得，而氢的最大来源是水，氢燃料电池产生的排出物也是水，江河湖海就是最大的氢矿，氢能源的可再生性为人类提供了取之不尽、用之不竭的完美能源。此外，氢能的储运性能好，使用方便，可转化性优于其他各类能源，安全性也与汽油相当。太阳能、生物质能、风能、地热、核能等均可转化成氢加以储存、运输或直接应用，氢是一种理想的载能体、含能体能源。随着科技的进步，氢能的开发与利用很有发展前途。

终端能源指供给社会生产、非生产和生活中直接用于消费的各种能源。终端能源消费量是指一定时期内社会生产、非生产和生活消费的各种能源，是扣除了用于加工转换成二次能源的损耗及损失量后的数量，而能源消费总量包括终端能源消费量、能源加工转换过程的损耗和损失量三部分。

常规能源又称为传统能源。已经大规模开采和广泛利用的煤炭、石油、天然气、水能等均属于常规能源。商品能源是作为商品经流通环节大量消费的能源，目前，商品能源主要有煤炭、石油、天然气、水电和核电五种。非商品能源主要指薪柴、秸秆等农业废料、人畜粪便等可就地利用的能源。非商品能源在发展中国家农村地区的能源供应中占有很大比重。

1.2.3 新能源及其主要特征

新能源是指技术上可行、经济上合理、环境和社会可接受、能确保供应和替代常规化石能源的可持续发展的能源体系。对于“新能源”的定义长期以来存在着误区，人们对于“新能源”的认识有过于狭义化的趋势，所谓“新能源”包涵着狭义和广义两层定义，关键是对“新”字的界定和理解，“新”与传统的“旧”能源利用方式和能源系统相对立，“新”不仅区别于工业化时代以化石燃料为主的传统能源利用形态，而且区别于旧式的只强调转换端效率，不注重能源需求侧的综合利用效率，只强调经济效益，不注重资源、环境代价的传统能源利用理念。

目前对于新能源的狭义化定义，主要是将新能源局限在可再生能源技术之中。客观地说，仅仅谈可再生能源，而不强调“新”与“旧”的本质区别，会束缚人类的创造性和新能源自身的健康发展。严格地讲，可再生能源不是新的能源体系和能源利用形式，在人类进入工业化时代以前，是没有大规模利用化石能源的，我们的祖先自从开始利用火之后，数十万年来就一直在利用自然能（太阳能、生物质能、风能、水能、地热能），是可再生能源一直支撑着人类的文明进程。因此，可再生能源是最古老的能源利用方式，只是今天当人类无法承受化石能源所带来的环境和资源的巨额代价时，才重新赋予可再生能源以“新”的含义，它的新不在于它的形式，而在于它在今天对于环境和资源利用的新的意义。显然，对赋予环境和资源新的意义的能源利用方式，不应该仅仅局限于可再生能源的利用。

为了不断满足日益增强的能源需求，工业时代的基本法则是“规模效益”，生产形态同时强调社会分工的细化。在细化分工后，要想提高能源的转换效率，唯一的方法就是不断扩大生产规模。这种传统的能源生产利用形态，必然导致企业不断扩大能源转换装置的规模，不断大量消耗能流密度高的化石燃料资源，同时造成污染物的集中排放。在电力方面的主要表现是“大电网、大电厂、超高压”；在热力行业则是追求大型热力厂、大型管网系统等。

传统规模化的能源生产利用形态造成了一系列的问题：①人类面临严峻的化石能源短

缺，支撑能源生产规模效益的代价是对高密度化石燃料能源的大规模开采，导致化石燃料资源日益枯竭，国际石油价格不断升高；②终端能源利用效率无法提高，转换成本加大，输送能源的电网、热网、铁路、管网等都要加大，中间损失自然会增加；③必须大规模利用资源，一方面造成小规模的资源被忽略或浪费，另一方面被资源的规模所局限，造成利用资源供应瓶颈；④由于效率无法提高，导致环境污染加剧，特别是集中排放二氧化硫造成酸雨问题和大量排放温室气体导致全球变暖，造成极端气候变化频发，不是酷暑就是严寒，这又进一步加大了能源的消耗，使整个能源系统和生态系统同时陷入恶性循环。因此，人类需要在能源问题上寻找一条新的出路，需要有多种新的能源转换利用形态，建立多个新的能源供应系统，来解决人类文明的可持续发展问题，这就是广义化的“新能源”。

新的技术必然要替代落后的生产方式，这是不以人的意志为转移的。新的能源体系和由新技术支撑的能源利用方式，以及新的能源利用理念最终会代替传统的能源利用方式。所以，新能源的关键是针对传统能源利用方式的先进性和替代性。由此可知，广义化的新能源体系主要包含以下几个方面：高效利用能源、资源综合利用、可再生能源、替代能源、节能。

1.2.4　分布式能源及其主要特征

1. 分布式能源

国际分布式能源联盟（WADE，World Alliance for Decentralized Energy）对“分布式能源”给出的定义是：分布式能源是一种建在用户端的能源供应方式，既可独立运行，也可并网运行，而无论规模的大小、使用的燃料或应用的技术。其特征是：①高效利用发电产生的废能生产热和电；②现场端的可再生能源系统；③包括利用现场废气、废热及多余压差来发电的能源循环利用系统。这些系统就称为分布式能源系统，而不考虑这些项目的规模、燃料或技术，以及该系统是否连接电网等条件。

分布式能源高效、节能、环保，目前许多发达国家已可将分布式能源综合利用效率提高到 90%以上，大大超过了传统能源的利用效率。由于这种能源利用方式正处于发展阶段，因此无论是国内还是国外，在概念、名词术语、表述和使用上都不太一致。

新能源利用技术的重要表现形式是分布式能源利用技术。分布式能源利用技术对能源的利用方式与传统的能源利用存在很大的区别，它不再追求规模效益，而是更加注重资源的合理配置，追求能源利用效率最大化和能效的最优化，充分利用各种资源，就近供电供热，将中间输送损耗降至最低。由于小型化和微型化，使能源需求者可根据自己对于多种能源的不同需求，设置自己的能源系统，调动了终端能源用户参与提高能源利用效率的积极性。分布式能源可与终端能源用户的能源需求系统进行协同优化，通过信息技术将供需系统有效衔接，进行多元化的优化整合，在燃气管网、低压电网、热力管网和冷源管网上，进行信息互联以实现网间的相互协作和平衡，构成一个多元化的能源网络，使能源供应与能源的实际需求更加匹配。许多发达国家认为，分布式能源是信息能源系统的核心环节，并称之为第二代能源系统。

所谓分布式发电（电源），并非指采用柴油发电机组的紧急备用电源或燃煤的自备小火电厂，而是指以天然气、煤层气或沼气为燃料的燃气轮机、内燃机、微型燃气轮机发电，太阳能光伏（热）发电，生物质能发电，小型风力发电，以天然气、氢气为燃料的燃料电池发电等。由于这种发电技术在效率、能源多样化、环保、节能等多方面的优越性，再加上电力市场化的快速发展进程，使其获得广泛的关注，并在某些方面获得巨大进展（燃气轮机、内燃机、微型燃气轮机发电等）。随着分布式能源水平的提高，各种分布式电源设备性能不断改进、效率不断提高，分布式发电的成本也在不断降低，分布式能源的应用范围将不断扩大，可覆盖到包括办公楼、宾馆、商店、饭店、住宅、学校、医院、福利院、疗养院、大学、体育场馆等多种场所。目前，这种能源利用方式在我国仅占较小比例，但可预计未来的若干年后，分布式发电不仅可作为集中式发电的一种重要补充，还将在能源综合利用上占据十分重要的地位。因此，分布式发电无论是在解决城市的供电，还是解决偏远和农村地区用电问题上，都存在巨大的潜在市场，一旦解决了主要的技术障碍和瓶颈，分布式能源系统将获得迅速发展。

目前，国际公认的两个具有发展前途、最重要的分布式能源利用形式是：①微型燃气发电机组，这是实现热电联产、高效利用能源和节能的最主要形式；②燃料电池技术，这也是未来最主要的分布式能源利用技术的方向之一。热电联产虽然是一种传统的能源技术，但在丹麦得到了广泛的应用和高度的重视，并赋予它可持续发展的新含义。目前我国的能源综合利用效率仅为35%左右，丹麦的能源综合利用效率超过60%，而且丹麦经过分析研究，认为能源综合利用效率至少可再提高20%。丹麦的热电联产利用多种燃料（秸秆、垃圾、天然气和煤炭等）资源，基本上是有什么烧什么，什么便宜烧什么，能源综合利用效率（60%）是依靠热电联产对能源实现梯级利用实现的，而从60%再往上增加则主要依靠可再生能源来实现。工业化国家在发展热电联产的同时，由于燃料结构向气体化和非矿物燃料转化，热电联产的规模也越来越小型化、多功能化。

微型燃气发电机组是理想的能源转换载体，它的优点是靠近需求侧，将输送损耗降至最低，并能充分利用低品位的热能，将燃料燃烧温度的利用空间进一步扩大，有效实现了“分配得当，各得其所，温度对口，梯级利用”。燃料电池的能源利用效率更高，污染更小（可在能源转换现场实现零排放）。理论上，燃料电池使用的是氢能，属于可再生能源，但自然界中可直接利用的氢根本不存在，氢能属于二次能源，制氢需要利用其他外部能源来实现。利用太阳能和风能制氢，或者利用生物细菌制氢，还仅仅停留在理论或试验阶段，缺乏广泛的经济性和可操作性。现实的技术发展方向还是如何利用天然气、煤气、甲醇、乙醇等能源，特别有前景的是利用废弃的地下煤炭资源进行地下可控汽化再制氢技术。燃料电池不仅可解决人类发展的电力难题，同时也可解决对石油的替代难题。虽然大多数燃料电池并不依赖可再生能源，但就燃料电池技术而言属于新能源。此类例子非常之多，它们都是立足于新技术、新工艺，或者新理念构架的新型能源利用技术，虽然不是可再生能源，但是针对传统大规模集中生产的能源系统而言，分布式能源可显著提高能源的综合利用效率，有效减少污染物的排放。

2. 分布式能源的主要特征

分布式能源可使用天然气、煤层气等清洁燃料，也可利用沼气、焦炉煤气等废弃资源，甚至利用风能、太阳能、水能等可再生能源。由于目前的分布式能源项目多建在城市，所以大部分分布式能源系统的燃料多为天然气或柴油。分布式能源的主要特征有：

（1）高效性。由于可利用分布式能源发电后工质的余热来制热、制冷，因此能源得以合理地梯级利用，可根据用户所需向电网输电或馈电，从而提高能源的综合利用效率（可达60%～90%）；由于其投资回报周期较短，因此投资回报率高，可降低一次性的投资和成本费用。靠近用户侧的安装可就近供电，因此可降低网损（包括输电和配电网络的损耗）。

(2) 环保性。采用天然气或太阳能、风能为一次能源，可大大减少有害物质的排放总量，减轻环保压力；就近供电减少了大容量远距离高电压输电线的建设，由此减少了高压输电线路的电磁污染，以及输电线的线路走廊和相应的征地面积，减少了对线路区域树木的砍伐。分布式能源系统由于实现了优质能源梯级合理利用，能效可达 80%以上，超过燃煤火力发电机组一倍，SO_2 和固体废弃物排放几乎为零，温室气体（CO_2）减少 50%以上，NO_x 减少 80%，TSP（大气中总悬浮物）减少 95%，占地面积与耗水量减少 60%以上。

(3) 能源利用多样性。由于分布式能源可利用多种能源，如天然气、生物质能、风能及太阳能等，并同时为用户提供电、热、冷等多种能源应用方式，因此是节约能源、解决能源短缺、能源互补和能源安全问题的有效途径。

(4) 调峰作用。夏季和冬季往往是电力负荷的高峰期，此时如采用以天然气为燃料的燃气轮机等热、冷、电三联供系统，不但可解决冬夏季的供热与供冷的需要，同时也提供了一部分电力，由此可降低电力负荷，起到电力调峰的作用。此外，由于将天然气作为一种恒定的燃料源用于发电，部分解决了天然气供应周期每日、不同季节峰谷差过大的问题，发挥了天然气与电力的互补作用。

(5) 安全性和可靠性。当电网出现大面积停电事故时，采用分布式发电系统仍能保持正常运行。虽然有些分布式发电系统由于燃料供应问题或辅机的供电问题，在电网故障时也会暂时停止运行，但由于其系统比较简单，易于再启动，有利于系统在崩溃后的再启动，由此可提高供电的安全性和可靠性。

(6) 解决边远地区供电。由于我国许多偏远及农村山区远离大电网，因此难以从大电网向其供电，采用太阳能光伏发电、小型风力发电和生物质能发电的独立发电系统不失为一种优选的方法。

1.3 新能源发电

1.3.1 传统能源发电及存在的主要问题

自第二次工业革命以来，电能已成为人类生活不可缺少的一部分。现在我们所用的电能从发电厂而来，是发电厂将其他能源转化为电能。而不同的能源，就存在不同的转化方式、转化率，以及对环境产生的不同影响。

目前，绝大多数发电厂主要利用煤炭进行发电，可谓是最原始传统的方式。火力发电厂简称火电厂，主要是利用煤、石油、天然气作为燃料生产电能，它的基本生产过程是燃料在锅炉中燃烧加热水使其成为高温高压的过热蒸汽，将燃料的化学能转变成热能，过热蒸汽推动汽轮机旋转，将热能转换成机械能，然后汽轮机带动发电机旋转，将机械能转变成电能。然而，火力发电有很大的不足，如粉尘、二氧化碳、二氧化硫、氮氧化物、噪声、粉煤灰是火电生产过程中产生的主要污染物，另外灰场排出的废水中含有大量的氟化物、硫酸盐等。由于煤炭、石油、天然气能源的不可再生性，所以对国家能源战略安全产生一定的影响，亟需寻找新能源来替代。

此外，煤炭、石油和天然气属于矿物燃料，开采中首先要破坏原有的生态环境，比如会造成地表沉降、地面塌陷、地裂缝等，其次发电过程中，又会产生大量污染物进入大气，形成酸雨；而水能发电，则需要建筑巨型拦洪大坝蓄水，严重影响江河水系和地表水体的径流，同时，导致大坝附近土壤的盐泽化及边坡稳定等问题，并影响局部地区水循环；核能发电，主要是产生的核废料处理问题，若出现核泄漏辐射等情况，严重时可能会对周边环境及生态系统造成污染和影响。

1.3.2 新能源发电

1. 风力发电

风力发电经历了从独立发电系统到并网系统的发展过程，大规模风力发电系统的建设已成为发达国家风电发展的主要形式。当前国外风电市场上的主力机型功率是1～3MW，兆瓦级的风电机组占到总装机容量的95.7%。随着海上风电的迅速发展，单机容量为3～6MW的风电机组已进入商业化运行。美国7MW风电机组已研制成功，西班牙8MW风电机组已开始地面试验，英国10MW机组也正在设计中，在未来，更大规模的海上风电场建设必将到来。目前研发重点主要集中在提高大型风力发电场与现有电网联网的安全性；继续开发可靠的风力预报方法，开展与风能开发相配套的生态影响研究；大力发展海上风力发电等。目前，风力发电建设投资已低于核电投资，建设周期短，其成本与煤电成本接近，因而具有很大的竞争潜力。

2. 太阳能发电

太阳能光伏发电最早用于缺电地区，20世纪80年代开始研究联网问题。目前，在世界范围内已建成多个兆瓦级的联网光伏电站。2004年9月，总功率为5MW的世界最大的太阳能发电站在德国莱比锡附近落成；2009年8月，总功率为80.7MW的世界最大的太阳能发电站——德国利伯罗瑟太阳能发电站落成。美国是世界上太阳能发电技术研究开发较早的国家，尤其是在太阳能槽式和碟式光热发电技术方面发展较快。

3. 生物质能发电

生物质能发电是利用生物质所具有的生物质能进行的发电，是可再生能源发电的一种。它直接或间接地来源于绿色植物的光合作用，是取之不尽、用之不竭的能源资源，是太阳能的一种表现形式。生物质能发电主要利用农业、林业和工业废弃物，甚至以城市垃圾为原料，采取直接燃烧或气化等方式发电，包括直接燃烧发电、气化发电、垃圾焚烧发电、垃圾填埋气发电、沼气发电等。近年来，国内外能源、电力供求日趋紧张，作为可再生能源的生物质能越来越凸显出其必要性。

4. 核能发电

2010年5月，国际原子能机构在讨论《不扩散核武器条约》会议上指出，核能作为一种清洁、稳定且有助于减缓气候变化影响的能源正为越来越多的国家所接受。目前全世界共有60多个国家考虑发展核能发电，预计到2030年将有10～25个国家首建核电站。欧盟委员会交通和能源部门2004年起草的一份报告称，如果不修建新的核电站，欧盟将不能实现《京都议定书》规定的温室气体减排目标。报告认为，在今后25年内，欧盟需增加100GW核电，才能实现减少温室气体排放的目标，这意味着需修建70多座新的核电站。

5. 燃料电池发电

燃料电池是一种使用燃料进行化学反应产生电力的装置，由于其环保性和高效性，被誉为继火力发电、水力发电、核电之后的第四代发电技术，越来越多的国家和地区投入更多的资金对其进行研究并使其产业化。最常见的是以氢氧为燃料的质子交换膜燃料电池，其优点是燃料价格便宜、对人体无化学危险、对环境无害、发电后产生纯水和热，但由于产生的电量太小，且无法瞬间提供大量电能，故只能用于平稳供电。

此外，还有诸如小水力发电、地热能发电、海洋能发电等新能源的利用。

1.3.3　我国新能源发电现状

进入 21 世纪后，我国新能源产业发展十分迅速。光伏产业在 2005 年之后进入高速发展阶段，连续 5 年年增长率超过 100%。从 2007 年开始，我国光伏电池的产量已连续多年稳居世界首位。目前，已有数十家光伏公司分别在海内外上市，行业年产值超过 3000 亿元人民币，直接从业人数超过 30 万人。技术方面，光伏电池制造水平比较先进，实验室效率已达到 21%，一般商业电池效率是 10%～16%；掌握了包括多晶硅生产、光伏电池制造等关键技术，设备及主要原材料逐步实现国产化，产业规模快速扩张，产业链不断完善，制造成本持续下降，具备较强的国际竞争能力。

20 世纪 80 年代中后期以来，我国风电场建设快速发展。截至 2014 年 6 月底，我国新增风电装机容量超过 700 万 kW，同比增长 30.37%，累计装机容量已接近 1 亿 kW。近十年，我国风电场建设发生了重大战略转变，实现了从新疆、内蒙古为主的内陆过渡到沿海大型风电场的建设。2010 年，首批海上风电项目上海东海大桥 10 万 kW 完成组装，安装了 34 台国产 3MW 风力发电机组。海上风电的装机容量预计将在 2020 年达到 3280 万 kW。

到 2020 年，我国风电累计装机容量将达到 2.3 亿 kW，相当于 13 个三峡电站，总发电量可达 4649 亿 kWh，相当于替代 200 个火电厂。

2014 年 7 月国家能源局统计数据表明，全球地热发电装机已达到 1170 万 kW。我国地热发电站总装机容量约为 2.78 万 kW，其中西藏羊八井、那曲、郎久三个地热电站规模较大，居我国首位，其地热资源发电潜力超过 100 万 kW。据初步评价，我国浅层地温能资源量相当于 95 亿 t 标准煤，年可利用量约 3.5 亿 t 标准煤；常规地热能资源量相当于 8530 亿 t 标准煤，年可利用量约 6.4 亿 t 标准煤；增强型地热能理论资源量相当于 860 万亿 t 标准煤，约为 2013 年全国能源消费总量的 20 多万倍。

目前我国共有 8 座潮汐电站建成运行，容量为 5.4×10^4MW，最大的是 20 世纪 80 年代建成的浙江江厦潮汐电站，装机容量为 2MW。近年我国地源热泵工程应用每年扩展 1800 万～2200 万 m^2。

生物质能发电在我国尚处于起步阶段，蔗渣/稻壳燃烧发电、稻壳气化发电和沼气发电等技术已得到应用。《2013 中国生物质发电建设统计报告》显示，截至 2013 年底，除青海省、宁夏回族自治区、西藏自治区外，全国已有 28 个省（市、自治区）开发了生物质能发电项目。全国累计核准容量达 12 226.21MW，其中并网容量 7790.01MW，占核准容量的 63.72%。深圳垃圾发电厂已运行近 10 年，为垃圾发电在我国的发展积累了一定的经验，为解决我国城市垃圾处理问题带来新的希望和契机。

自 20 世纪 90 年代中期以来，我国在燃料电池研究方面取得了较大的进展。燃料电池技术列入了国家应用研究与发展重大项目计划，其研究目标直指国际先进水平。

由于小水电站投资小、风险低、效益稳、运营成本较低，在国家各种惠农政策和优先水力设施建设的鼓励下，全国掀起了投资建设小水电站的热潮。尤其近年来，由于全国性缺电严重，民企投资小水电如雨后春笋，悄然兴起。从 2003 年开始，特大水电投资项目也开始向民资开放。

预计到2020年，我国核能发电将增加到400GW，投资金额高达300亿美元。21世纪前50年，核能开发技术和开发时序预期为：2000—2020年重点开发先进核反应堆技术；2020—2030年重点开发快中子堆技术；2030—2040年重点开发加速器驱动亚临界系统；2040—2050年重点开发受控核聚变技术。2009年全国核电装机容量为1400万kW，2030年预计达到1.34亿kW；由于2030年以后不确定因素较多，如果核燃料立足国内，则可发展快中子堆和热中子堆核电站，核电装机容量可达1.2亿～2.4亿kW。

1.4 新能源发电系统控制技术

1.4.1 太阳能光伏发电系统

光伏发电是指利用光伏电池板将太阳光辐射能量转换为电能的直接发电形式，光伏发电系统由光伏电池板、控制器、储能等环节组成，将太阳能转换为可利用的电能。

1. 光伏发电系统组成

典型光伏发电系统由光伏阵列、蓄电池组、控制器、电力电子变换器、负载等构成，如图1-1所示。

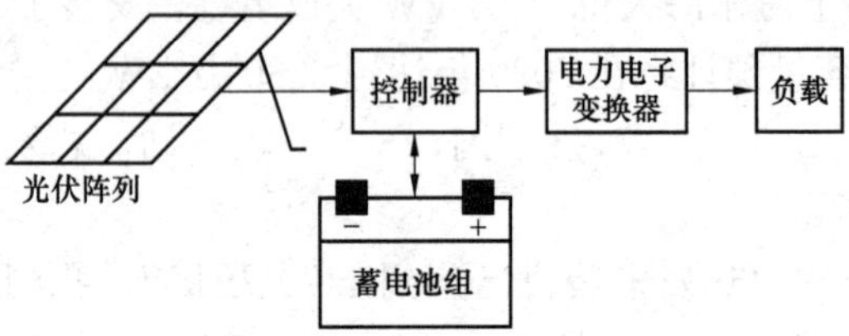

图1-1 光伏发电系统组成

(1) 光伏阵列。实际的光伏发电系统根据用户需求，将若干个光伏电池组件经串、并联排列组成光伏阵列，满足光伏发电系统输出电压和电流的需要。为获得较高的输出电压，通常将若干光伏电池组件串联，串联时要求各组件具有相同的电流容量；同理，为获得较大的输出电流，需要若干光伏电池组件并联，要求所并联组件具有相同的电压等级。常用的光伏电池组件或模块内部标准串联数量是36个或40个，1个光伏电池额定输出电压约为0.45V，组件额定电压为16～18V。有些大容量光伏电池组件内部标准串联数量更多，其额定输出可达20V以上。

(2) 蓄电池组。作为电能存储环节，通过充电控制器实现对蓄电池组充放电（光伏阵列蓄电池组充电回路、蓄电池组负载放电回路）进行双向变换控制。

(3) 电力电子变换器。实现DC-AC或DC-DC电能变换，是光伏发电系统关键环节。变换器分为直流变换器和交流变换器两种，直流变换器类似开关电源，将直流电源变换为不同电压等级的直流电源；交流变换器将直流电源逆变成交流电源。

(4) 控制器。实现系统的整体控制，包括太阳能最大功率点控制（MPPT）、蓄电池充放电控制、光伏直流输电升降压DC-DC变换控制、逆变器DC-AC变换及并网控制等。

(5) 负载。负载是终端电能使用设备，通过消耗电能做功，将电能再次转换成其他形式能量。根据所消耗电能性质，可将负载分为直流负载和交流负载两大类。直流负载由直流电源供电，交流负载由交流电源供电。

2. 光伏发电系统分类

光伏发电系统按电力系统终端供电模式分为独立光伏发电系统和并网光伏发电系统。

(1) 独立光伏发电系统。其主要指独立用户安装的为自身供电的小型光伏发电系统，又分为户用光伏发电系统和独立光伏发电站。户用光伏发电系统一般由光伏阵列、蓄电池组、DC - AC 逆变器和控制器等组成，如图 1 - 2 所示。

白天光伏发电系统对蓄电池充电，晚上蓄电池通过控制器和逆变器分别向直流或交流负载放电。电池通过控制器和逆变器分别向直流或交流负载放电。户用光伏发电系统的容量一般从几十瓦到数千瓦，主要用于照明、小型家用电器等负载。

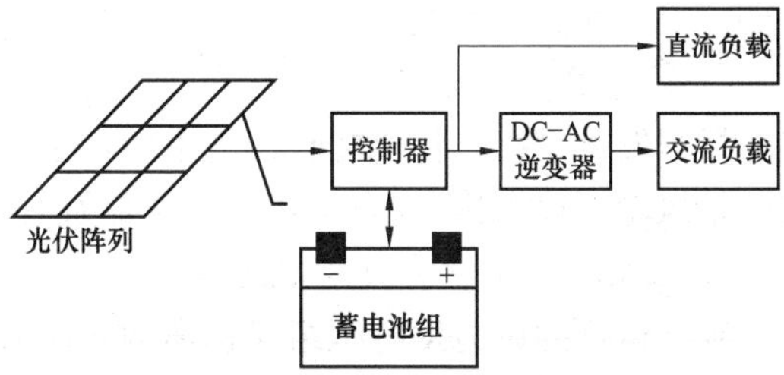

图 1 - 2　户用光伏发电系统

独立光伏发电站一般建立在电网投资成本大、负荷需求量相对较小的无电村镇、海岛和在几千米范围内用户相对集中的无电区域，目前独立电站的容量规模在几十千瓦到几百千瓦。

(2) 并网光伏发电系统。典型的并网光伏发电系统包括光伏阵列、DC - DC 斩波器、DC - DC 变换器、DC - AC 逆变器、PWM 控制器、驱动电路、蓄电池和继电保护装置，如图 1 - 3 所示。

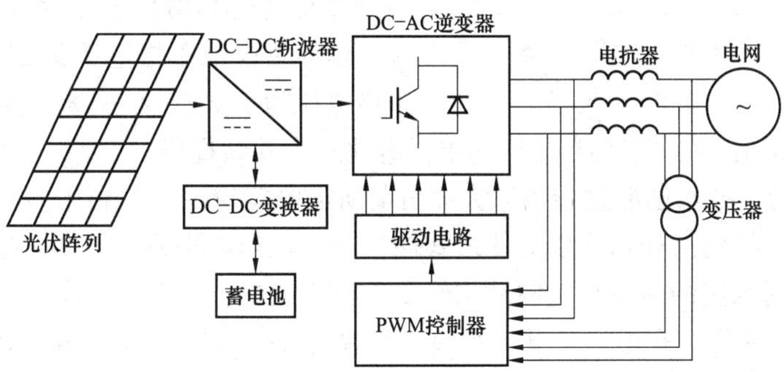

图 1 - 3　典型并网光伏发电系统

由于光伏阵列输出的直流电压偏低，并网前一般要直流升压。图 1 - 3 中的 DC - DC 斩波器可根据电网电压等级提升光伏阵列的电压，同时可作为光伏发电的最大功率点跟踪器；DC - AC 逆变器将直流电能变换成交流电能；继电保护系统可保证光伏系统和电网的安全；PWM 控制器控制光伏阵列最大功率点跟踪和逆变器并网电流的波形、频率、相位和功率，使光伏发电系统向电网输送的功率达到最大功率平衡点。并网系统中的电抗器是连接光伏发电系统和电力系统的重要设备，电感量的大小影响电流的变化速率，电感越小，输出电流变化率越大，电感越大，输出电流变化率越小。由于开关器件受开关频率的限制，电感也不能取得太小，否则电流波动大，会导致输出电流总谐波分量增大，对电网造成严重污染。

3. 电源变换系统构成

逆变电路是所有新能源转换系统中最重要的电能交换电路，其主要作用是将直流电经 DC - AC 逆变器变换成与电网同频率的交流电，为实现并网提供条件。根据直流母线采用的储能组件，逆变电路又分为电流源型和电压源型两大类。

1.4.2　风力发电系统

从能量转换的角度来看，风力发电机组包括两大部分，一部分是风力机，由它将风能转换为机械能；另一部分是发电机，由它将机械能转换为电能。风力发电中的风力机，在结构形式上分为水平轴式与垂直轴式两种。在数量上，水平轴式的风力机占98%以上，垂直轴式的主要在北美国家使用。

1. 风力发电系统构成

风力发电系统是将风能转换为电能，主要由机械、电气及控制三大系统组合构成。此系统包括风轮（风力机）、发电机、变速器及有关控制器和储能装置。

2. 独立运行的风力发电机组

独立运行的风力发电机组又称离网式风力发电机组，是把风力发电机组输出的电能经蓄电池储能，再供用户使用的系统，如图1-4所示。如用户需要交流电，则需在蓄电池与用户负载之间通过逆变器将直流电变换为交流电。5kW以下的户用型风力发电机组多采用独立运行方式。

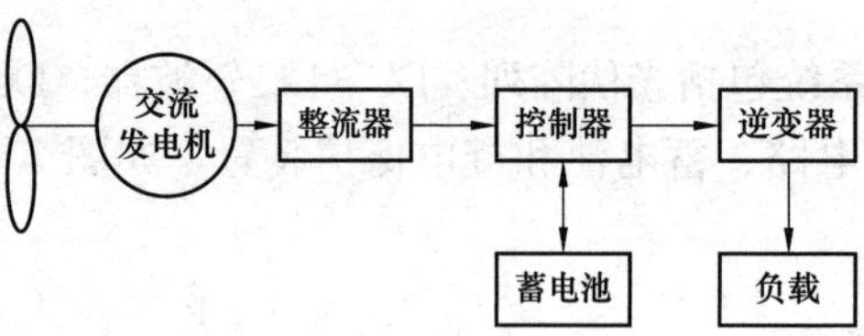

图1-4 独立运行的风力发电系统

独立运行的储能系统主要是以蓄电池储能，也可采用抽水储能，以及压缩空气储能、飞轮储能、电解水制氢储能等。

（1）蓄电池储能。在风力发电系统中，多采用铅酸蓄电池和碱性蓄电池作为存储电能的装置。铅酸蓄电池单格电压为2V，碱性蓄电池的单格电压为1.2V。小型风力发电系统中蓄电池组的输出电压通常由12、24V或36V的单元电池经串并联提供。

（2）抽水储能。抽水储能是指当风大而负荷所需电能较少时，利用多余电能驱动抽水机做功，将低处的水抽到高处水库以势能形式储存起来；当风小或无风期来临时，再释放高处水库中的水，利用水流的落差势能驱动水轮发电机组发电。

（3）压缩空气储能。在电力负载较小时，将风力发电机组提供的多余电能通过电动机驱动空气压缩机，将空气压缩后储存到地下岩洞或废弃的矿坑内；在电力负荷达到高峰、风小或无风时再释放储存的压缩空气作为动力，驱动涡轮发电机组发电的过程称为压缩空气储能。

（4）飞轮储能。在风力机与发电机之间安装一个飞轮，利用飞轮旋转时的惯性储能。当风速高时，风能以动能的形式储存于飞轮中；当风速低时，储存在飞轮中的动能即可带动发电机发电。

（5）电解水制氢储能。在电力负载减小时，将风电机组提供的多余电能用来电解水，使氢和氧分离制备氢气，把氢作为燃料储存起来，需要时再把氢和氧在燃料电池中进行化学反应而产生电能，这就是电解水制氢储能。

3. 并网运行的风力发电机组

将风力发电机组与电网连接，并向电网输送电能，是克服因风场随机性带来的储能难题的最有效的运行方式，同时可达到节约矿物燃料的目的。10kW以上至兆瓦级的风电机组都可采用这种运行方式。并网运行又可分为两种不同的方式：①恒速恒频方式，即风电机组的转速不随风速的波动而变化，始终维持恒转速运转，从而输出恒定频率的交流电，该种方式目前已普遍采用，具有简单、可靠的优点，但是对风能的利用不充分、发电效率低，因为风力机只有在一定的叶尖速比的数值下才能达到最高的风能利用率；②变速恒频方式，即风电机组的转速随风速的波动做变速运行，但仍输出恒定频率的交流电，该种方式可提高风能的利用率，但必须增加实现恒频输出的电力电子控制设备，对大中型风电机组还应控制风力机的桨叶节距，解决由于变速运行而在风电机组支撑结构上出现的共振现象等问题。

(1) 恒速恒频并网发电。采用笼型异步发电机，如图 1－5 所示，发电时风轮拖动异步发电机转动，转速略超过同步转速后，转差率 S 和转矩 T 变负，此时电机工作于发电状态。由于只工作在机械特性的线性区，转差率波动很小（一般 $S<5\%$），风速变化时转速基本恒定，所以称为恒速恒频发电。当风速变化时，小型风机通过叶片形变及调整尾部方向舵、大中型风机通过调整桨叶倾角来控制输出功率和转速。

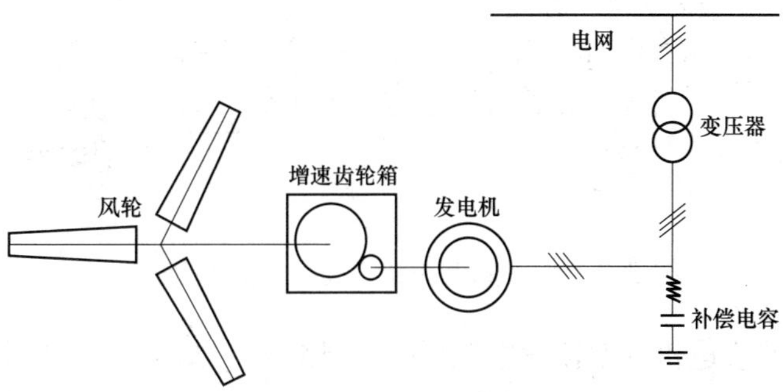

图 1－5　恒速恒频并网发电系统

恒速恒频发电的特点：①电气系统简单，适合于在缺少维护的环境条件下工作，由于转速不变，风轮只能在某一风速下工作于最大功率点，风速变化时，将偏离最大点，降低发电效率；②转速不变，输出功率和转速控制全部由倾角控制完成，要求倾角控制响应快，动作次数多，调节机构易疲劳损坏；③强阵风来时，转速不变，机械承受应力显著增大，要求基础结构坚固，又称为“刚性”风力发电。因此，恒速恒频发电适用于小功率风电系统，功率通常不大于 600kW。

(2) 变速恒频并网发电。此方式分为采用同步发电机的直接并网系统和采用绕线转子异步发电机（双馈发电机）的并网系统。当风速变化时，发电机转速也随之变化，通过电力电子交换器，使发电机与恒频（50Hz）、恒压的电网并网发电。通常转速在±33%范围内变化，风速小时调转速，强风时调桨叶倾角 β，由于采用了电力电子变换器和桨叶节距控制装置，变速恒频风电机组的电气系统较为复杂，但具有以下优点：①在不同风速下，风轮均工作在最高出力点，提高效率约 10%；②强阵风时，转速适当升高，部分风能储存于机械惯量中（风力发电机组机械惯量很大），减小发电机电磁转矩脉动和机械承受的应力，减轻机械强度的要求，所以又称为“弹性”风力发电；③由于电磁转矩脉动小，发出的电力波动小，提高了电能质量；④风速小时调转速，桨叶节距倾角维持最小值不变，倾角控制器不工作，在强风来时倾角控制器工作，对倾角控制的响应速度大大降低、动作次数显著减少、机构寿命得以延长。因此，变速恒频发电适用于大功率发电场合，功率通常大于 1000kW。

1) 同步发电机直接并网系统。如图 1－6 所示，同步发电机定子绕组输出的频率和电压随转速变化的交流电，经一套单象限 IGBT 电压型 AC－DC－AC 变换器变换为与公共电网的电压、频率和相位一致的交流电，接入公共电网，两组变换器分别实现发电机侧的 AC－

DC整流变换和电网侧的DC－AC逆变换，两变换器都是单方向变换。同步发电机定子绕组通过AC－DC－AC变换器并网的系统特点：①发电机发出的全部电功率都通过变换器，变换器容量需按100％功率选取，比双馈发电系统容量大，投资和损耗大，谐波吸收复杂；②可使用永磁直驱同步发电机，发电机体积小、重量轻、效率高，无须增速齿轮箱，变换器增加的投资可从节省的机械结构中得到补偿；③AC－DC变换器可用二极管整流加直流斩波拓扑解决变速恒压控制问题，形式简单。

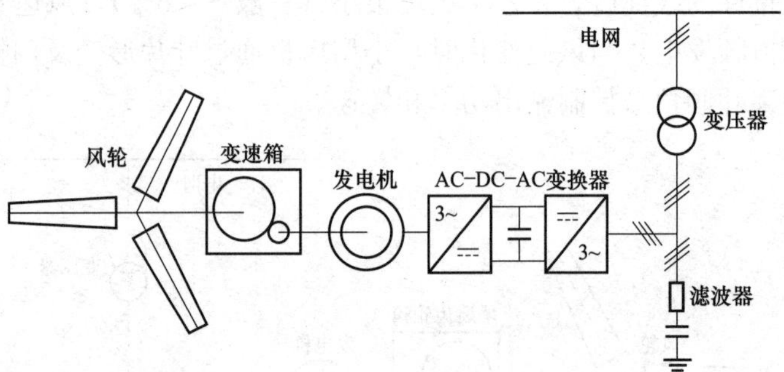

图1－6 同步发电机直接并网发电系统

2）绕线转子异步发电机（双馈发电机）的并网系统。如图1－7所示，绕线转子异步发电机的定子直接连接电网，转子经四象限IGBT电压型AC－DC－AC变换器连接电网，连接发电机侧和电网侧的两组变换电源采用PWM控制策略，均可实现AC－DC或DC－AC双向变换。转子电压、频率和发电机转差率成比例，随发电机转速变化而变化，变换器把随转差频率变化的转差功率变换为恒压、恒频（50Hz）的电能，回馈至电网。

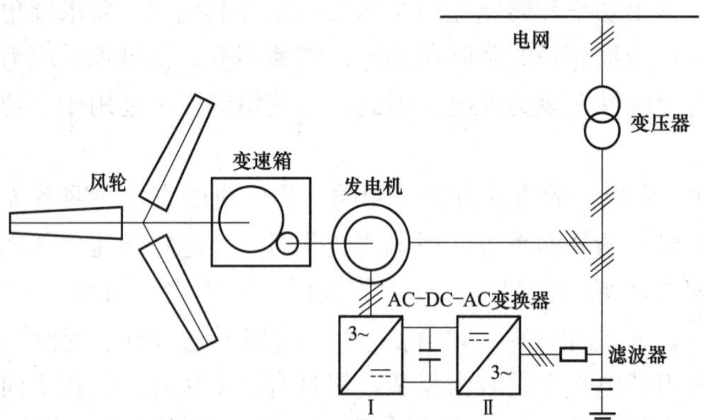

图1－7 双馈发电机并网发电系统

双馈发电机系统的工作原理为：①当发电机转子转速高于同步转速时，转差率$S<0$，转差功率从电机转子侧经变换器流向电网侧，电网得到的功率为发电机定、转子功率之和，大于定子功率，此时双馈电机工作于发电机状态；②当转速低于同步转速时，转差率$S>0$，发电机转差功率经变换器从电网流向转子，电网得到的功率为发电机定、转子输出功率之差，小于定子功率，此时双馈电机工作于电动机状态。

双馈发电机系统的特点：①在变换器中仅流过转差功率，其容量小，通常按发电总功率的25％左右选取（转速变化范围±33％），投资和损耗小，发电效率可提高2％～3％，谐波吸收方便；②要求双向功率流过变换器，变换器必须是可四象限运行的双 PWM 变频器，由两套 IGBT 变换器构成；③只能使用双馈发电机，比永磁发电机重，效率低。

综上所述，两种变速恒频的发电系统各有特色，被广泛应用于大型风电系统。由于双馈发电机系统可获得较高的发电效率和使用较小的变换器，因此属于重点推广技术。

4. 变速恒频发电系统控制

变速恒频发电不是根据风速信号控制功率和转速的，而是根据转速信号进行控制。因为风速信号扰动大，而转速信号较平稳和准确（机组惯量大）。可按三段风速确定控制要求：①低风速段按输出最大功率要求进行变速控制；②中风速段为过渡区段，发电机转速已达额定值，而功率尚未达到额定值，将倾角控制器投入工作，风速增加时，控制器限制转速升高，而功率则随风速的增加而上升，直至额定功率；③高风速段为功率和转速均被限制区段，风速增加时，转速由倾角控制器限制，功率由变频器限制。

(1) 双馈发电系统的变频控制。双馈发电系统变频器由发电机侧 PWM 变换器和电网侧 PWM 变换器两部分组成，控制原理如图 1－8 所示。双馈发电系统发电机侧 PWM 变换器控制输入给定量为送至电网的总有功功率 P_{Gset} 和总无功功率 Q_{Gset}。P_{Gset} 按输出功率 $P_{\mathrm{T}}=f(n)$ 的曲线设定（含最大值限制），Q_{Gset} 根据电网所需无功量设定，也可设为零（功率因数等于 1）。经有功及无功功率两个功率 PI 调节器分别输出总有功电流和无功电流给定值（至解耦控制器）；由电流互感器和旋转矩阵解列，可得发电机定子电流和转子电流的有功和无功分量反馈值（I_{Sdq} 和 I_{Rdq}）；电流给定值与反馈值通过基于矢量变换的电流控制器（解耦和旋转变换模块），控制定子和转子电流的有功和无功分量旋转变换模块所需角位置 φ_{vs} 是定子电压矢量 U_{s} 的相位角（由三相电网电压信号计算获得），φ_{r} 是编码器测得的转子角位置，$\varphi_{\mathrm{vs}}-\varphi_{\mathrm{r}}$ 为定子与转子之间的转差位置角信号。

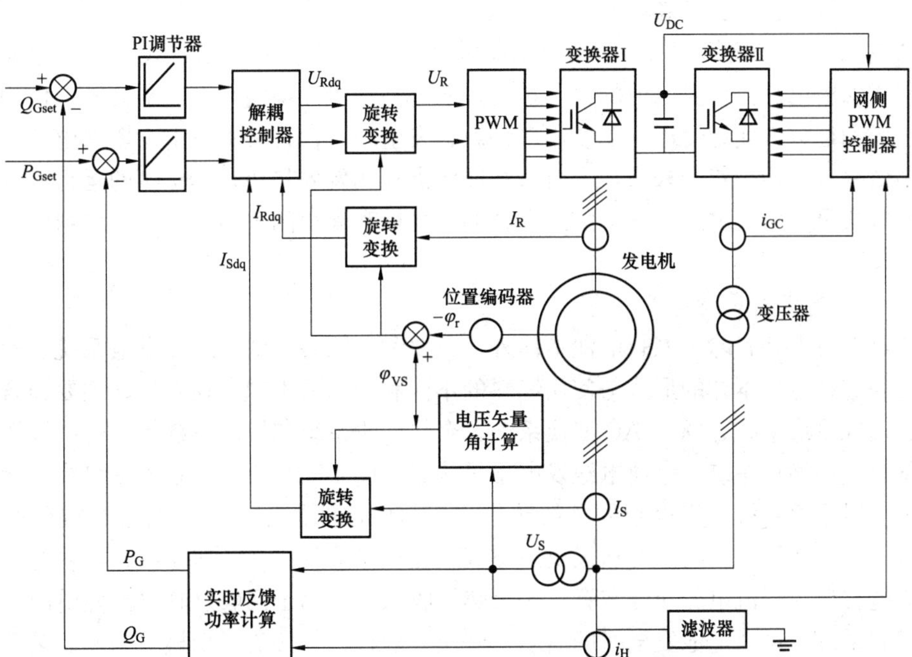

图 1－8　双馈发电系统变频器控制原理

(2) 风机桨叶节距控制。桨叶节距倾角 β 通过 PID 调节器控制液压执行机构来实现，它在变速控制中的任务是，在电机转速随风速增加升至额定转速后，通过加大倾角 β 来维持转速不变。由于倾角与风轮机功率、转速之间存在非线性关系，宜采用非线性控制器，但目前工程上使用的仍大多是线性 PID 控制器。要用线性控制器去控制非线性对象，必须使闭环控制系统各变量限于小信号。对于输出量的大范围变化，可通过改变参考倾角 β_{ref} 或改变 PID 参数实现，桨叶节距倾角控制系统如图 1-9 所示。

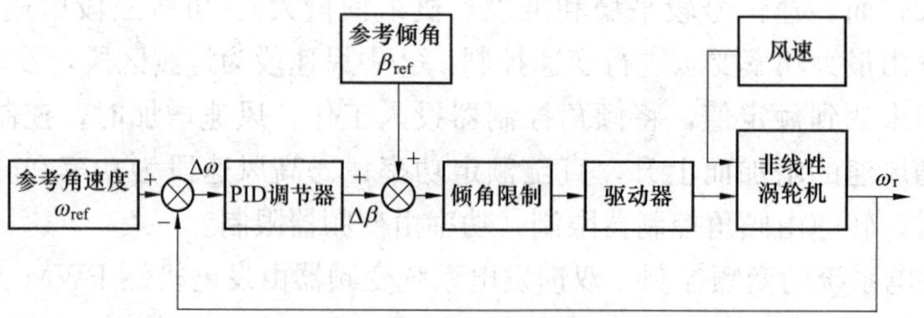

图 1-9 桨叶节距倾角控制系统

图 1-9 中倾角 β 主要由参考倾角 β_{ref} 所决定，β_{ref} 从维持发电机角速度 $\omega=\omega_N$ 要求出发，并由风速信号和风轮机特性关系曲线获得。闭环系统的给定值是参考角速度（额定转速）$\omega_{ref}=2\pi n_N/60$，反馈量是角速度实际值 ω_r，PID 控制器的输出是倾角给定的校正量 $\Delta\beta$，通过闭环校正输入误差 $\Delta\omega$，使转速实际值 ω_r 维持在额定值 ω_{ref} 附近。在低风速段，控制器输出置零（$\Delta\beta=0$），β_{ref} 设置到最小值，倾角被固定在最小位置。为防止机件疲劳损坏，需减少执行机构的动作次数，因此在控制器中设置了不灵敏区，当偏差小于预置的误差带时，执行机构不动作。

1.4.3 燃料电池发电系统

燃料电池从 1940 年就开始进入了实用化研究，目前已发展成固定式的燃料电池和车载专用移动式燃料电池。燃料电池的特点是变换效率高，对环境的污染几乎为零；体积小，可在任何时候和地方方便地使用；能使用多种燃料发电，可代替火力发电。燃料电池发电的低噪声、高效率、无污染符合未来社会对清洁能源需求的发展趋势，其优越的运行稳定性和简单的运行方式是火力发电难以比拟的。燃料的多样性和来源的方便性，又使燃料电池不存在应用上的障碍。

1. 燃料电池发电系统构成

燃料电池发电装置除了燃料电池本体外，还要和外围装置共同组成发电系统。燃料电池发电系统和燃料电池本体的形式与使用燃料的不同和用途的不同存在差异，主要包含燃料重整系统、空气供应系统、DC-AC 变换系统、余热回收系统和控制系统等。在高温燃料电池中还有剩余气体循环系统。燃料电池发电系统构成如图 1-10 所示，系统各组成单元及其作用为：①燃料重整系统，将得到的燃料转化为燃料电池能使用的以氢为主要成分的转换系统；②空气供应系统，一般使用送风机或空气压缩机；③DC-AC 变换系统，将燃料电池产生的直流电转变为交流电的逆变装置；④余热回收系统，用于回收燃料电池发电时产生的热能；⑤控制系统，燃料电池发电时的启动、停止、运行、外接负载切换等的控制装置；⑥剩余气体循环系统，在高温燃料电池发电装置中，由于燃料电池排热温度高，因此安装时可使用蒸汽轮机或燃气轮机利用余热气体的循环系统。

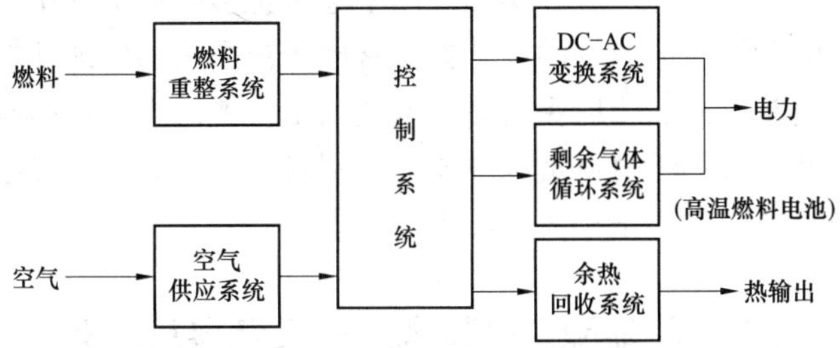

图1-10 燃料电池发电系统构成

2. 燃料电池发电控制系统

图1-11为燃料电池发电电源变换控制系统，系统主要由燃料供给、燃料处理器、燃料电池堆、燃料电池控制器、电力电子变换器（DC-DC、DC-AC）、电源变换控制器及中央动力控制单元等组成。燃料电池发电电源变换控制系统的工作方式与内燃机相似，必须不断地向电池内部输入燃料气体与氧化剂，才能确保其连续稳定地输出电能。同时还必须连续不断地排出相应的反应产物，如生成的水及热量等。氢气在进入燃料电池前必须经过重整改质，转化成富氢气体，并去除对阳极氧化过程有害的杂质。燃料电池的种类很多，分类方式也不同，常用的分类方式是按电解质性质的不同来区分，主要有碱性燃料电池（AFC，Alkaline Fuel Cell）、质子交换膜燃料电池（PEMFC，Proton Exchange Membrane Fuel Cell）、磷酸燃料电池（PAFC，Phosphoric Acid Fuel Cell）、熔融碳酸盐燃料电池（MCFC，Molten Carbonate Fuel Cell）、固态氧化物燃料电池（SOFC，Solid Oxide Fuel Cell）五种不同电解质的燃料电池。按其工作温度分类，则碱性燃料电池（AFC，工作温度为100℃）、质子交换膜燃料电池（PEMFC，也称为质子膜燃料电池，工作温度小于100℃）和磷酸燃料电池（PAFC，工作温度为200℃），统称为低温燃料电池；熔融碳酸盐燃料电池（MCFC，工作温度为650℃）和固态氧化物燃料电池（SOFC，工作温度为1000℃）称为高温燃料电池。高温燃料电池又被称为面向高质量排气而进行联合开发的燃料电池。另一种分类是按其开发顺序进行的，把PAFC称为第一代燃料电池，把MCFC称为第二代燃料电池，把SOFC称为第三代燃料电池。这些电池均需要可燃气体作为发电燃料。

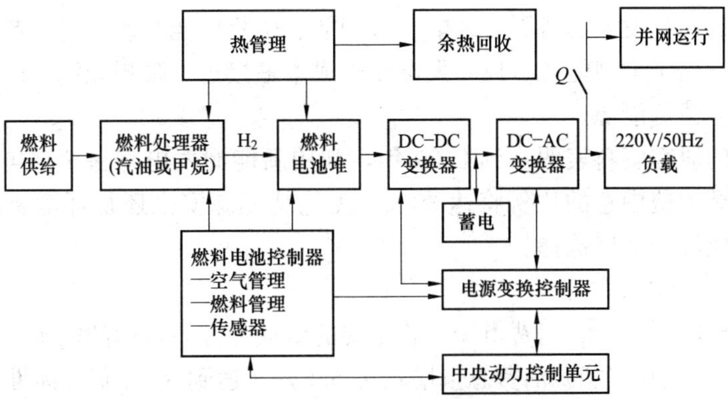

图1-11 燃料电池发电电源变换控制系统

单燃料电池产生的电压较低，难以直接供用电负载利用或回馈电网。以氢氧燃料电池为例，单电池的工作电压在0.6～0.9V，实际应用中通常把多个单电池串联起来，组成燃料电池堆以提高输出电压的等级。电池堆的设计首先考虑用户需求和电池性能来决定单电池的电极面积和串联数目，通常电极面积取决于燃料电池的工作电流大小，串联数目则取决于燃料电池堆工作电压的高低。若用于交流负载或要求并网发电，还必须通过电力电子变换装置将燃料电池产生的直流电逆变成50Hz的交流电。

1.5 新能源发电技术的未来发展及意义

随着我国经济持续高速增长，人民生活不断向小康迈进，我国国际地位不断提高，经济已进入新的上升期，因此，对能源的需求越来越大，能源问题已成为遏制我国经济和社会长期发展的战略瓶颈。与欧美发达国家甚至许多发展中国家相比，我国目前能源战略优势明显不足，加快进入新能源经济时代，是我国摆脱百年来科技和能源战略落后的最佳切入点。

1.5.1 能源对经济发展的作用

1. 世界能源现状和发展前景

据英国石油公司（BP）预测，2010—2030年世界一次能源需求年均增长率为1.7%，2030年将达到156.3亿t油当量。日本、欧盟等能源机构预计，全球能源消费峰值将出现在2020—2030年。

在21世纪，全球化石燃料类能源的枯竭是不可避免的。BP世界能源统计2011的数据表明，至2011年年底的探明石油储藏量为15 263亿桶，包括加拿大正在积极开发的油砂和委内瑞拉上调的储量。以2010年生产量为基准，全球储藏量可满足开采46.2年。按照同样基准，天然气储量可开采58.6年，煤炭为118年。据预测，未来石油需求增长的大多数将来自运输部门，运输部门占全球石油需求的份额将从现在的47%增加到2030年的54%。同时指出，CO_2 排放也将增多，减排温室气体是一个严峻的挑战。

面对日趋严峻的国际能源供给形势，新能源转换技术作为一门涉及多学科的新兴技术，已日益受到国际社会的青睐，自20世纪90年代以来，新能源利用发展很快，世界上许多国家都把新能源作为能源政策的基础。到2011年，全世界至少已有118个国家制定了各种可再生能源促进政策；至少有32个国家和5个地区，实行了鼓励新能源发电的强制上网政策。从世界新能源的利用与发展趋势看，风能、太阳能、生物质能和燃料电池产业前景最好，其开发利用增长率远高于常规能源。风力发电技术成本最接近于常规能源，因而也成为产业化发展最快的可再生清洁能源。

国际能源署的研究资料表明：到2020年，利用新能源发电将占全球电力消费的20%，可再生能源在能源消费中总的比例将达30%。无论从能源安全还是环境要求来看，可再生能源都将成为新能源的战略选择。

2. 中国能源现状与发展前景

我国作为全球能源生产和消费市场日趋重要的组成部分，目前的能源消费已占世界能源消费总量的17%，2010年能源消费总量增长了5.9%，达到32.5亿t标准煤，一次能源生产总量为29.9亿t标准煤，居世界第二位。在能源消费结构中，煤炭燃料占70.1%，油品燃料占18.7%，天然气占3.85%，水电、核电和风电占7.35%。目前，我国主要能源——煤炭、石油和天然气的储采比分别约为80、15和50，分别占全球平均水平的50%、40%和

70%左右，均大于全球化石能源枯竭速度。目前，我国煤炭产量基本能够满足国内消费量，原油和天然气的生产则不能满足需求，特别是原油的缺口最大。

3. 中国能源可持续发展战略与新能源利用

根据改革开放以来能源消费的弹性模量平均为 0.54，能源消费年均增长速度按 3.75%计算，到 2020 年我国能源消费总量约达到 38 亿 t 标准煤。要完成到 2020 年的目标，能源、资源和环境是最大的制约因素。新能源利用从广义化角度讲，应包括以下三个方面：

(1) 综合利用能源。以提高能源利用效率和节能为目标，加快转变经济增长方式。我国现有能源利用效率较低，每单位能源消耗所创造的 GDP 仅相当于发达国家的 1/4 左右，主要原因在于产业结构不合理，高耗能产业（冶金、水泥、交通运输）等比重过高，而耗能低、附加值高的产业（电子信息、精密制造、第三产业）比重较低。由于长期以来单纯追求经济增长速度和产品数量，忽视产品质量和经济效益，形成了以高消耗、高投入、低效益为特征的粗放型增长方式。从“十一五”开始，我国已确定大力调整产业结构，提高能耗低的技术密集型产业在工业中的占比，同时大力发展第三产业，通过结构调整实现能源的节约。

(2) 替代能源。以发展煤炭洁净燃烧技术和煤制油产业为目标，降低对石油进口的依赖。煤多油少是我国能源赋存结构的基本特点，确立我国的能源安全战略，必须从这一基本条件出发。预计到 2020 年，煤炭消耗在二次能源结构中仍会占 60%以上。解决燃料油供给问题，可立足于煤炭液化技术，这类项目的大规模展开，将有助于缓解石油进口的压力。此外，在煤炭深加工、高效燃烧及先进发电、燃烧污染控制与废弃物处理等领域应加快推广，使煤炭资源得到合理有效地利用，使之在未来能源供给中继续发挥主要作用。

(3) 新能源转换。大力发展以可再生能源为主的新能源利用体系，如太阳能、风能、生物质能、水能和海洋能等可再生能源及核能、地热能等清洁高效能源，调整、优化能源结构。在过去的 10 年中，新能源发电已成为我国发展最快的新兴产业之一。

1.5.2　新能源发电的意义

1. 新能源发电的资源保障

(1) 光伏发电。光伏发电是利用光伏电池将太阳产生的光能直接转换成电能的发电形式。太阳能的转换利用方式有光热转换、光电转换和光化学转换三种方式。从地球蕴藏的能源数量来看，自然界存在无限的能源资源。仅就太阳能而言，太阳每秒钟辐射到地球表面的能量就相当于 500 多万 t 标准煤燃烧释放的热量。这相当于一年中仅太阳能就有 130 万亿 t 标准煤的热量，大约为全世界目前一年耗能的 1 万多倍。太阳能是各种可再生能源中最重要的基本能源，也是人类可利用的最丰富的能源。所以说，它是“取之不尽，用之不竭”的能源。但如何合理利用太阳能发电，提高光电转换效率，降低开发和转化成本，是太阳能发电与控制技术面临的重要课题。

(2) 风能发电。风能发电是利用风力发电机组将风能转换为电能的发电形式。最古老的风能利用是人类利用风力机将风能转化为热能、机械能等各种形式的能量，用于提水、助航、制冷和制热等，风力发电是现代风能利用最主要的形式。我国的风能总储量估计为 1.6×10^9 kW，列世界第三位，有广阔的开发前景。但风能是一种自然能源，由于风的方向及大小都变幻不定，因此其经济性和实用性由风力机的安装地点、方向、风速等多种因素综合决定。

(3) 核能发电。核能发电是利用核反应释放出的核能量进行发电的形式。核能又称为原子能，是原子核结构发生变化时释放的能量。目前人类利用核能的方式主要有两种：重元素的原子核发生分裂反应（又称核裂变）与轻元素的原子核发生聚合反应（又称核聚变）时放出的能量，它们分别称为核裂变能和核聚变能。核能是快速发展的一种清洁、高效的新能源。

（4）小水力发电。简称小水电，是指装机容量5万kW以下水电站及其配电网的统称。因此，小水电也包括小小型（容量在101～500kW）和微型（小于100kW）水电站。小水电开发灵活，可分散开发、就地成网、分布供电；开发容量根据需要，能为户、村、乡（镇）及县（市）提供所需电力，具有极强的适用性和辐射性，是国际上大力提倡的可再生绿色能源，在环境保护、扶贫及提供农村能源等方面均具有显著作用。

（5）生物质能发电。生物质能发电是利用生物质转换过程形成的生物质燃气、油等通过燃烧发电的形式。生物质能是蕴藏在生物质中的能量，是绿色植物通过叶绿素将太阳能转化为化学能而储存在生物质内部的能量。生物质能，通常包括农业废弃物、林业废弃物、水生植物、油料植物、城市和工业有机废弃物、动物粪便等。在世界能耗中，生物质能约占14%，在不发达地区占60%以上。全世界约25亿人的生活能源的90%以上是生物质能。生物质能的优点是易于燃烧，污染少，灰分较低；缺点是热值及热效率低，直接燃烧的热效率仅为10%～30%，体积大而不易运输。

（6）海洋能发电。海洋能发电是利用海洋的各种能量，直接将其转换为电能的形式。海洋能主要包括潮汐能、波浪能、海流能、海水温差能、海水盐差能等。海洋能蕴藏丰富、分布广、清洁无污染，但能量密度低、地域性强，因而开发困难，并有一定的局限性。对海洋能开发利用的方式主要就是发电，其中潮汐发电和小型波浪发电技术已实用化。

（7）地热能发电。地热能发电是利用高温地热资源进行发电的形式。地热是指来自地下的热能资源，热能随自然涌出的热蒸汽和水到达地面，通过钻井，这些热能可从地下的储层引入水池、房间、温室和发电站。地球是一个巨大的地热库，仅地下10km厚的地层，储热量就达1.05×10^{26}J，相当于9.95×10^{15}t标准煤释放的热量。

2. 新能源发电的社会及经济意义

新能源市场化中遇到的最大障碍就是成本偏高，目前还无法与化石能源的成本竞争。此外，开发与利用新能源尚受到生产力、科学技术、地理原因及世界经济、政治等多方面因素的影响与制约，包括可再生能源在内的巨大的新能源市场，目前有效利用的部分仅占微小比例。人类能源消费的剧增、化石燃料的匮乏乃至枯竭，以及生态环境的日趋恶化，迫使人类不得不重新审视能源问题。目前除水电外，最具竞争潜力和增长速度最快的是风能和太阳能发电。

世界太阳能发电技术正处于不断完善和降低成本的过程中。但是，由于目前太阳能光电转换或光热转换设备与传统化石能源相比成本均太高，短期内大规模利用还缺乏竞争力。

作为替代石油的重要战略选择，生物质燃料也成为世界最新关注的热点。与太阳能、风能、水电等其他可再生能源不同，生物质能可直接生产和提供动力液体燃料，这对于解决交通能源十分重要。

核电是新能源体系中能量密度最大，运行成本较低的清洁能源。当前世界上已有450多座核反应堆电站并网发电，核电总装机容量已达3.5亿kW以上，约占世界发电总量的17%。尽管迄今核电站主要分布在工业发达国家，但是目前正在建设的32个核电站中有31座分布在亚洲、中欧和东欧地区。此外，现有核电站通过采取各种措施减少了发电成本并提高了安全性。虽然核电初期建造成本高于煤炭、石油、水电等，但其运行成本较低，投资回收快，在核电站全部寿命期的后期成本有较大幅度的降低。尽管 2011 年 3 月 11 日发生在日本宫城县以东太平洋海域里氏 9.0 级大地震，引发大规模海啸和福岛第一核电站发生核泄漏事故，引起世界一些拥有核电站的国家对核电安全的争议，甚至恐慌。但是，在油、气等化石燃料能源逐步枯竭和地球环境受到高度重视的 21 世纪，比起人类日益面临的能源危机，清洁、高密度的核能还是重要的选择，因此核电的地位同样重要。

本章小结

本章从能源可持续发展角度介绍了我国能源的结构储备和可持续发展战略。简介了能源的分类、特征，新能源概念及分布式新能源发电。介绍了新能源发电的类型及现状，以及常规能源发电中存在的主要问题。对太阳能光伏发电、风能发电等主要新能源发电系统控制技术做了简要介绍。阐述了新能源发电技术未来的发展前景及给经济和社会带来的效益。

思考题

1.1　传统能源包括哪些类型？新能源是如何划分和界定的，新能源与传统能源相比主要特点有哪些？

1.2　分布式能源发电的概念是什么？基于可再生能源前提下的分布式能源发电的重要意义是什么？

1.3　传统化石能源发电系统的主要问题有哪些？新能源发电是否能够有效解决这些问题？

1.4　新能源发电系统的类型主要有哪些？中长期来看哪些新能源发电更有前景，为什么？

1.5　新能源发电系统控制技术中的主要难点有哪些？应用发展状况及前景怎样？

1.6　新能源发电技术的前景及社会和经济意义有哪些？

第2章 生物质能发电

2.1 生物质及其特性

2.1.1 生物质基本概念

生物质能源简称生物质能，它是指蕴藏在生物质中的能量。能够作为能源使用的生物质资源有很多种，大致可分为植物和非植物两大类，其中植物类主要包括森林、农作物、草类等陆生植物和水草、藻类等水生植物；非植物类主要有动物粪便、动物尸体、废水中的有机成分、垃圾中的有机成分等。

生物质能是人类一直赖以生存的重要能源，是仅次于煤炭、石油和天然气而居于世界能源消费总量第四位的能源。2015年的统计数据表明，生物质能在世界能源总消费量中占15%，因而在整个能源系统中占有重要地位。有关专家估计，生物质能极有可能成为未来可持续能源系统的主要组成部分，到21世纪中叶，采用新技术生产的各种生物质替代燃料将占全球总能耗的40%以上。

我国拥有丰富的生物质能资源。据测算，我国理论生物质资源量约为50亿t/年，目前可供能源开发利用的资源主要为各类有机废弃物，如农作物秸秆、薪柴、禽畜粪便、工业有机废弃物和城市生活有机垃圾等。

2.1.2 生物质的重要性和作用

生物质能是第四大能源，生物质遍布世界各地，其蕴藏量极大。世界上生物质资源数量庞大，形式繁多，其中包括薪柴、农业和林业废弃物、食品加工和林产品加工的下脚料、城市固体废弃物、生活污水和水生植物等。

由于地球上生物数量巨大，由这些生物排泄和代谢出许多有机质，这些物质所蕴藏的能量是相当惊人的。根据生物学家估算，地球上每年生长的生物能总量约1400亿～1800亿t（干重），相当于目前世界总能耗的10倍。我国的生物质能也极为丰富，现在每年农村的秸秆量约6.5亿t，到2010年将达7.26亿t，相当于5亿t标准煤。薪柴和林业废弃物数量也很大，林业废弃物（不包括薪炭林）每年约达3700万m^3，相当于2000万t标准煤。如果考虑日益增多的城市垃圾和生活污水、禽畜粪便等其他生物质资源，我国每年的生物质资源达6亿t标准煤以上，扣除其中做饲料和其他原料的部分，可开发为能源的生物质资源达3亿t标准煤以上。随着农林业的发展，特别是随着速生薪炭林的开发推广，我国的生物质资源将越来越多，并具有非常大的开发和利用潜力。生物质的重要性和作用主要体现在以下几方面：

（1）生物质能是取之不尽的太阳能仓库。

（2）生物质可转化为液体燃料。

（3）生物质能可降低温室气体（CO_2）的效应。

（4）生物质能对生态环境具有保护作用。

（5）生物质能对国家能源安全建设具有重要作用。

（6）生物质能对我国农村能源建设具有重要作用。

2.1.3 生物质基本组成和结构

为有效利用植物生物质，需要通过化学和生物方法将其转化为清洁燃料和各种化学产品，为此，必须了解生物质的基本组成。一般而言，木质纤维素一类的生物质主要由纤维素、半纤维素和木质素，以及少量的灰分和提取物组成，一些生物质的典型组分分析见表2-1。

表2-1　几种生物质的组分分析　(%)

种类	灰分	溶剂可溶部分	水溶部分	木质素	半纤维素	纤维素
软木	0.4	2.0	—	27.8	24.0	41.0
硬木	0.3	3.1	—	19.5	35.0	39.0
小麦秆	6.6	3.7	7.4	16.7	28.2	39.9
稻秆	16.1	4.6	13.3	11.9	24.5	30.2
甘蔗渣	1.6	0.3	—	20.2	38.5	38.1

由于生物质的基本组成物都是由碳、氢、氧三种元素构成，故表2-2列出了碳、氢、氧三种元素在纤维素、半纤维素、木质素、淀粉、植物油、石油和煤中的统计比。

表2-2　植物生物质基本组成物及石油、煤的碳、氢、氧元素统计比

品名	C	H	O
纤维素	1	1.6	1
半纤维素	1	1.6	1
木质素	1	1.3	0.3
淀粉	1	2	>0.8
植物油	1	2	0.1
石油	1	1.6	0.05
煤	1	0.8	0.08

2.1.4 生物质工业分析及理化特性

生物质的元素分析不能反映生物质在热化学转化时的某些性质，如生物质的挥发分在燃烧过程中对生物质的着火影响很大，高挥发分着火迅速、火焰长、燃烧稳定，低挥发分不易着火、火焰短、燃烧不易稳定。因此，应该有一种能从应用角度来表征生物质某些特点的分析，这种分析称为生物质的工业分析。

生物质的工业分析是生物质的水分（M）、灰分（A）、挥发分（V）和固定碳（FC）四个分析项目的总称。生物质利用工业分析结果可初步判断生物质燃料的质量，表2-3是部分生物质的工业分析结果。

表2-3　部分生物质的工业分析结果

种类	水分（%）	灰分（%，干基）	挥发分（%，干基）	固定碳（%，干基）
豆秸	5.10	3.13	74.65	17.12
稻草	4.97	13.86	65.11	16.06

续表

种类	水分（%）	灰分（%，干基）	挥发分（%，干基）	固定碳（%，干基）
稻壳	4.70	15.8	69.30	10.12
玉米秸	4.84	5.93	71.95	17.75
高粱秸	4.71	8.91	68.90	17.48
谷草	5.33	8.95	66.93	18.79
麦草	4.93	8.90	67.36	19.35
棉花秸	6.87	3.97	68.54	20.71
杂草	5.43	9.46	68.71	16.40
杂树叶	11.82	10.12	61.73	16.33
杨树叶	2.34	13.65	67.59	16.42
桦木	9.06	2.36	74.90	13.68
柳木	6.72	3.67	77.17	12.44
杨木	6.26	3.50	73.68	16.56
水杉木	7.38	2.20	74.30	16.12
松木	6.25	0.76	78.95	14.04

表 2-4 列出了几种生物质在自然风干情况下的热值，对照表 2-3 可看出，含碳量高的生物质，其热值也高，豆秸、棉花秸的热值高于稻草的热值。一般分析计算时可认为秸秆的平均热值约为 14MJ/kg。

表 2-4　　几种生物质在自然风干情况下的热值

种类	豆秸	稻草	稻壳	玉米秸	高粱秸	谷草	麦草	棉花秸	杂草	树叶	牛粪
高位热值（MJ/kg）	17.59	15.24	15.67	16.90	16.37	16.31	16.67	17.37	16.26	16.28	12.84
低位热值（MJ/kg）	16.15	13.97	14.36	15.54	15.07	15.01	15.36	15.99	14.94	14.84	11.62

生物质的热值除与它的种类（主要是所含成分）有关外，与其含水量的关系也较大，含水量越高，燃烧时水分蒸发摄取的热量也越多，净得热量就越少，低位热值也就越低，表 2-5 所列是部分生物质的低位热值与其含水量的关系。

表 2-5　　部分生物质低位热值与其含水量的关系

含水率（%）		5	7	9	11	12	14	16	18	20	22
低位热值（MJ/kg）	豆秸	15.84	15.31	14.95	14.57	14.37	13.99	13.61	13.22	12.84	12.45
	稻草	14.18	13.83	13.48	13.13	12.95	12.60	12.25	11.90	11.55	11.19
	玉米秸	15.42	15.04	14.66	14.28	14.09	13.71	13.33	12.95	12.57	12.19
	高粱秸	15.74	15.36	14.97	14.59	14.39	14.01	13.62	13.24	12.85	12.46
	谷草	14.79	14.43	14.06	13.69	13.51	13.15	12.78	12.46	12.05	11.69
	麦草	15.44	15.06	14.68	14.30	14.15	13.73	13.36	12.97	12.60	12.22
	棉花秸	15.95	15.55	15.17	14.77	14.58	14.19	13.80	13.41	13.02	12.64
	柳树枝	16.32	15.93	15.52	15.13	14.93	14.54	14.13	13.74	13.34	12.95

续表

含水率（%）		5	7	9	11	12	14	16	18	20	22
低位热值（MJ/kg）	杨树枝	14.00	13.61	13.26	12.91	12.74	12.39	12.04	11.69	11.35	11.00
	牛粪	15.38	14.96	14.59	14.21	14.02	13.64	13.26	12.89	12.43	12.13
	马尾松	18.37	17.93	17.49	17.05	16.83	16.38	15.94	15.49	15.05	14.61
	桦木	16.97	16.42	16.13	15.72	15.51	15.10	14.69	14.28	13.87	13.46
	椴木	16.65	16.25	15.84	15.44	15.24	14.84	14.43	14.02	13.62	13.21

2.2　生物质及其型煤压缩成型燃料

2.2.1　生物质成型燃料概述及评价指标

1. 概述

生物质压缩成型燃料是生物质能的一种简单、实用、高效的利用形式，如用于发电、供热等，其既可补充常规能源的短缺，又具有重大的环境效益。

生物质成型燃料是以农、林废弃物为主原料，如秸秆、稻壳、锯末、木屑、生活垃圾等，经切片—粉碎—除杂—精粉—筛选—混合—软化—调质—挤压—烘干—冷却—质检—包装等工艺，最后制成成型的绿色环保燃料，使原分散、无定形的原料压缩成具有一定形状、密度较大的固体成型燃料，燃烧特性较成型前有明显改善，且储存、运输、使用方便，干净卫生，如图 2-1 和图 2-2 所示。这类燃料热值高、着火容易、燃烧完全，几乎不产生 SO_2，故也称为“清洁燃料”，有着广阔的发展前景。

生物质型煤把一次能源煤和生物质有机结合在一起，即煤经过筛选、破碎、掺混入生物质、固硫剂、添加剂等，按照严格的配方比例混合挤压成型，实现煤质互补，是新型清洁能源，充分利用煤炭资源和生物质资源，是一种新型复合燃料。其也是能源技术、减排技术和洁净煤技术相结合的新产品，为农业、工业有机废弃物能源化开辟了有效新途径，对节能减排、保护生态环境具有重要的意义，符合国家减排增效长期发展规划。生物质型煤的主要特点有：①易点燃，燃烧时间长，燃尽率高，热值高（不低于 4500kcal/kg）；②固硫效果明显，SO_2 排放量减少 50%以上；③二氧化碳排放量可减少 60%，烟气粉尘排放量减少 90%；④节煤率达 30%以上；⑤生物质型煤生产技术先进成熟，性价比高。

2. 评价指标

（1）松弛密度。松弛密度是成型燃料的重要参数，单位：kg/m^3、g/cm^3、t/m^3。生物质成型燃料在出模后，由于弹性变形和应力松弛，其压缩密度逐渐减小，一定时间后密度趋于稳定，此时成型燃料的密度称为松弛密度。密度越大，能量/体积比就越高。从运输、储存的角度来看，人们更青睐高密度产品。

（2）耐久性。成型燃料的耐久性作为反映其物理力学品质的一个重要特性，主要体现在不同使用性能和储藏性能方面，具体包括变形性、抗跌碎性、抗渗水性和抗吸湿性等几项性能指标。

（3）热值。热值也称为燃料发热量，是指单位质量（指固体或液体）或单位体积（指气体）的燃料经完全燃烧后的产物冷却至燃烧前的温度（一般为环境温度）时释放出来的热量。

图 2-1 生物质压缩成型燃料

型煤的热值因原料的种类不同而有较大差异。就某种成型燃料而言，其高位热值与其原料的高位热值相差不大，但其低位热值因成型时加热原料水分丧失较多，而比原料的低位热值高。

(4) 固硫率。固硫率直接反映生物质型煤燃烧时 SO_x 排放量。由于生物质较原煤先燃烧完，生物质型煤在燃烧过程中会形成一定的空隙，从而起到膨化疏松的作用，使固硫剂 CaO 颗粒内部不易发生烧结，甚至使孔隙率增加，加速 SO_2 和 O_2 向 CaO 颗粒内的扩散，提高了钙的利用率；同时，有利于固硫反应的 $CaSO_3$ 生成后迅速氧化为不易高温分解的 $CaSO_4$，提高了固硫率。此外，由于生物质型煤中原煤与固硫剂混合均匀，使得固硫率在较低的 Ca-S 比情况下也能达到 50%以上。

图 2-2 生物质型煤压缩成型燃料

(5) 燃烧特性。生物质型煤由着火点、燃尽率和燃烧效率来衡量燃烧特性，通常利用热重分析方法来研究其燃烧特性，研究表明，生物质型煤的着火点处于生物质和煤的着火点之间，生物质型煤的着火点随着生物质添加量的增加而降低，生物质型煤的燃烧性能有异于生物质与煤混燃，一方面，添加生物质增加了型煤燃烧初期的气相挥发分浓度，从而产生协同效应有利于着火温度的下降；另一方面，添加生物质有利于提高型煤的燃烧速度，其次，添加生物质有利于型煤的燃烧，起到一定的助燃作用。

2.2.2 影响成型燃料性能指标的主要因素

影响成型燃料性能指标的主要因素包括：

(1) 原料配比量。生物质与煤之间的作用力要比煤与煤之间小很多，当生物质含量较低时，影响型煤成型的主要因素是生物质和煤之间黏结力的大小。当生物质含量过高时，型煤成型率会下降。煤和生物质的配比量同时也会影响型煤的硫、热值、抗压强度等指标，型煤成型过程中应根据各工况要求调整原料配比量。

(2) 含水率。原料的含水率对成型燃料的成型过程及产品质量影响很大。水分含量适宜时，煤粒间、煤和生物质间的黏结力会增加，颗粒间的内聚力增大，摩擦力减小，从而有利于原料成型。若含水率过低，则难以在物料颗粒表面形成一定厚度的黏结性水膜，压制而成的型煤干燥，易松碎，成型率低，强度较差。若水分含量过高，颗粒间存在较多的自由水，则会使型煤强度下降，而且成型时会挤出较多水分，使型煤黏膜现象严重，影响成型率。通过相关研究表明，型煤冷压成型时，含水率为8%～13%较为合适。

(3) 原料粒径。通常粒径小的生物质原料容易压缩，粒径大的原料较难压缩。在相同压力下，原料粒径越小，其变形率越大，越易变形，然而原料煤的粒径不是越小越好或越粗越好，试验表明，粗细搭配的粒径能达到较好的成形效果，而且在细粒径占多数的情况下，成型燃料强度有较好的改善，粉煤粒径与生物质型煤体积、形状都有关系。

(4) 成型压力。成型压力是成型过程最基本的条件，只有施加足够的压力，型煤才能被压缩成型。如果压力过小，则型煤不够密实。压力增加时，则生物质和煤粒之间会愈加密集，但可能造成煤粒破碎或内应力激增，从而导致型煤易破碎。

（5）添加剂。在压缩成型过程中，型煤加入添加剂主要有两种目的，一是添加黏结剂，可增加其黏结力，减少动力输入，可更好地保型，提高型煤远距离运输能力；二是添加固硫剂，可使生物质型煤的固硫效果比较理想，在压缩过程中应保证理想的Ca－S比，以保证型煤燃烧时硫化物的排放量。

（6）原料种类。不同种类的原料，其压缩特性有很大差异。原料种类不但影响型煤的质量，如密度、抗压强度、热值等，而且还影响成型机的产量和动力消耗。当温度较低时，粉碎的木料比粉碎的秸秆难压缩，而当温度较高时，由于木本植物含木质素较多，它的软化、液化能起到黏结作用，此时，此种型煤则要比秸秆型煤更加牢固。

（7）成型温度。温度在高密度压缩成型过程中起着非常重要的作用，当物料加热到一定温度时，可增强生物质的黏结作用，提高型煤的松弛密度和耐久性。温度也可增强物料的塑性和流动性，使粒子更易嵌合。此外，当温度升高时可减小成型压力，减少了型煤压缩过程的能量消耗，且能缩短保压时间。在实际压缩过程中，尤其是螺杆挤压成型机和压辊式成型机的压缩过程，模子温度由于摩擦生热不经外接加热就会提高。在热压成型机中大多在模子外部设置一段加热装置，以提高物料压缩成型速度及型煤的松弛密度和耐久性，减小成型压力和能量消耗。

2.2.3　成型燃料对燃烧过程的影响因素

成型燃料对燃烧过程的影响因素包括：

（1）原料种类。对生物质气化过程而言，不同的生物质原料对气化过程中产生的可燃气体组分有影响。实验研究表明，在无催化剂的条件下，木屑气化后可燃气体中CO含量最高，稻草气化后 H_2 的含量最多；在原料加催化剂气化时，不同的温度条件下，无论是何种原料，CO和 H_2 的含量均是最高的，而 C_nH_m 产物含量最少，这一点与气体反映的原理吻合；在较高温度下，添加催化剂的气体热值略低于非催化气化热值，而在较低气化温度时，添加催化剂CaO会使得气体热值增加。在稻草、麦草、稻壳和木屑这几种原料中，由麦草气化产生的可燃气体热值比稻草高，而木屑气化产生的可燃气体热值是最高的，标准状态下可达 $9064kJ/m^3$。

（2）添加催化剂。气化过程中产生的焦油往往会降低产气率和气体的热值，且给气体的输送带来困难，降低气化气中焦油含量的方法包括提高气化温度和添加催化剂。常见的催化剂有镍基、木炭、白云石和石灰石等。镍基催化剂活性高，但是其活性表面容易被焦炭覆盖而很快失活，且价格昂贵，不宜普及使用。目前较常用的是白云石和石灰石催化剂。

生物质成型燃料是由催化剂与生物质料按比例混合后压缩成型的。在成型燃料的压缩成型过程中，加入石灰石粉、黏土、白云石等较为廉价的催化剂，一方面有利于气化过程的顺利进行，提高气化效率；另一方面添加的催化剂在成型过程中有利于燃料致密成型，在气化炉内催化裂解焦油，对减少焦油的含量也起到了很大的作用。这说明在成型燃料中添加催化剂可具有更优越的气化性能。

（3）颗粒尺寸及形状。颗粒尺寸的大小会影响加热速率，也会影响气体的产率。升温速率较高则可产生更多的可燃性气体及更少的碳和浓缩物。当成型燃料颗粒较小时有更大的表面积，且会有更高的升温速率，所以认为颗粒的尺寸会影响气化过程产生的气体组分和产量。

2.3 生物质气化发电系统控制技术

2.3.1 生物质气化发电原理及工艺过程

生物质气化发电技术的基本原理是把生物质转化为可燃气，再利用可燃气推动燃气发电设备进行发电。它既能解决生物质难于燃用且分布分散的缺点，又可充分发挥燃气发电技术设备紧凑且污染少的优点，所以是生物质能最有效、最洁净的利用方法之一。

生物质气化发电是把生物质转化为可燃气，再利用可燃气在燃气轮机或内燃机中燃烧发电。生物质气化发电工艺主要包括三部分：①生物质气化，把固体生物质转化为气体燃料；②将燃料气体净化，将燃气中的杂质脱除，以保证燃气发电设备的正常运行；③燃气发电，利用燃气轮机或燃气内燃机进行发电。有的工艺为了提高能源利用率，在燃气轮机发电之后增加余热锅炉和蒸汽轮机来提高能源利用率。典型的生物质气化发电工艺如图 2-3 所示。

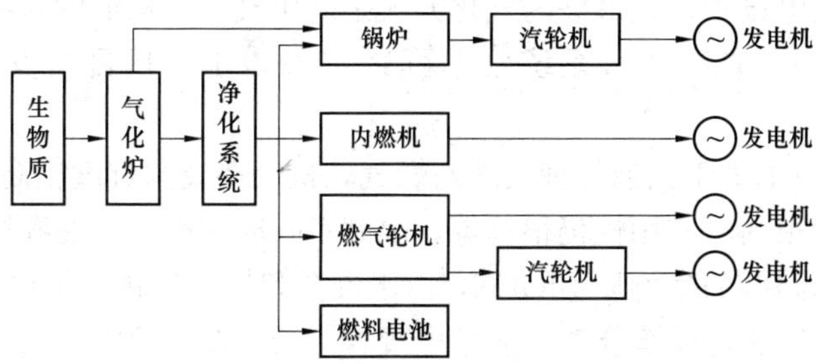

图 2-3 生物质气化发电工艺过程

经预处理（以符合不同气化炉的要求）的生物质原料，由进料系统送进气化炉内。由于有限地提供氧气，生物质在气化炉内不完全燃烧，发生气化反应，生成可燃气体。气化气一般要与物料进行热交换以加热生物质原料，然后经过冷却系统及净化系统。在该过程中，灰分、固体颗粒、焦油及冷凝物被除去，净化后的气体即可用于发电，通常采用内燃机、燃气轮机及蒸汽轮机进行发电。

2.3.2 生物质气化发电特点

生物质气化发电技术是生物质能利用中有别于其他可再生能源的独特方式，具有以下三个特点。

(1) 技术灵活性。由于生物质气化发电可采用内燃机，也可采用燃气轮机，甚至可结合余热锅炉和蒸汽发电系统，所以生物质气化发电可根据规模的大小选用合适的发电设备，保证在任何规模下都有合理的发电效率。这一技术的灵活性，能很好地满足生物质分散利用的特点。

(2) 较好的洁净性。生物质本身属于可再生能源，可有效减少 CO_2、SO_2 等有害气体的排放，而气化过程一般温度较低（700～900℃），NO_x 的生成量很少，所以能有效控制 NO_x 的排放。

(3) 经济性。生物质气化发电技术的灵活性，可保证该技术在小规模下有较好的经济性，同时燃气发电过程简单、设备紧凑，也使生物质气化发电技术比其他可再生能源发电技术投资更小，综合发电成本已接近小型常规能源的发电水平。

2.3.3 生物质气化发电分类

生物质气化发电系统由于采用的气化技术、燃气发电技术及发电规模的不同，其系统结构和工艺过程有很大的差别。

(1) 按气化形式不同分类。从气化形式上看，生物质气化过程可分为固定床和流化床两大类。另外，国际上为了实现更大规模的气化发电方式，提高气化发电效率，正在积极开发高压流化床气化发电工艺。

(2) 按燃气发电技术不同分类。从燃气发电过程上看，生物质气化发电主要有三种方式：①将可燃气作为内燃机的燃料，用内燃机带动发电机组发电；②将可燃气作为燃气轮机的燃料，用燃气轮机带动发电机组发电；③用燃气轮机和汽轮机实现两级发电，即利用燃气轮机排出的高温余热把水加热成蒸汽，再用蒸汽推动汽轮机带动发电机组发电。

燃气-蒸汽联合循环发电系统是在内燃机、燃气轮机发电的基础上增加余热蒸汽的联合循环，该种系统可有效地提高发电效率。一般来说，燃气-蒸汽联合循环的生物质气化发电系统采用燃气轮机发电设备，且最好的气化方式是高压气化，构成的系统称为生物质整体气化联合循环（BIGCC）。它的一般系统效率可达40%以上，是目前发达国家重点研究的内容。

生物质BIGCC技术由于焦油处理技术与燃气轮机改造技术难度很高，仍存在很多问题，如系统未成熟、造价很高、实用性仍很差等，限制了其应用推广。在我国目前条件下，研究开发与国外相同技术路线的生物质BIGCC，由于资金和技术问题，将更加困难。

(3) 按生物质气化发电规模分类。从发电规模上分，生物质气化发电系统可分为小型、中型、大型三种。

1) 小型生物质气化发电系统一般指采用固定气化设备，发电规模在200kW以下的气化发电系统，主要集中在发展中国家，特别是非洲、印度、中国及东南亚国家。美国、欧洲等发达国家虽然小型生物质气化发电技术非常成熟，但由于发达国家生物质能源相对较贵，而能源供应系统完善，因此，对劳动强度大、使用不方便的小型生物质气化发电技术的应用非常少。

小型气化发电系统简单灵活，主要功能为农村照明或作为中小型企业的自备发电机组，它所需的生物质数量较少，种类单一，所以可根据不同生物质形状选用合适的气化设备。

2) 中型生物质气化发电系统一般指采用流化床气化工艺，发电规模在400～3000kW的气化发电系统，在发达国家应用较早，技术较成熟，但由于该类型系统设备造价很高，发电成本居高不下，所以在发达国家应用极少，目前在欧洲有少量的几个项目。中型生物质气化发电系统主要作为大、中型企业的自备电厂或小型上网电厂，它可适用于一种或多种不同的生物质，所需的生物质数量较多，需要粉碎、烘干等预处理，所采用的气化方式主要以流化床气化为主。中型生物质气化发电系统是当前生物质气化技术的主要方式。

3) 大型生物质气化发电系统相对于常规能源系统仍是非常小的规模，所以大型生物质气化发电系统只是相对的。考虑到生物质资源分散的特点，一般把大于3000kW，而且采用了联合循环发电方式（BIGCC）的气化发电系统归入大型的行列。大型生物质气化发电系统主要功能是作为上网电厂，它可适用的生物质较为广泛，所需的生物质数量巨大，必须配套专门的生物质供应中心和预处理中心，是今后生物质利用的主要方面。大型生物质气化发电系统功率一般在5000kW以上，虽然与常规能源比仍显得非常小，但在生物质能发展成熟后，它将是今后替代常规能源电力的主要方式之一。

如何利用已较成熟的技术，研制开发在经济上可行，而效率又有较大提高的系统，是目前发展生物质气化发电的一个主要课题，也是发展中国家今后能否有效利用生物质的关键。由于生物质种类的复杂性和气化发电技术本身固有的特点，还有灰处理、气体净化、废水处理等问题有待解决。

2.3.4 生物质气化发电控制的关键技术

1. 生物质气化工艺的选择

生物质的气化有多种工艺过程。从理论上讲，任何一种气化工艺都可构成生物质气化发电系统，但从气化发电系统控制质量和经济性出发，生物质气化发电要求达到发电频率稳定、发电负荷连续可调两个基本要求。所以对气化设备而言，它必须达到燃气质量稳定，燃气质量可调，而且必须连续运行。在这些前提下，气化能量转化效率的高低才是气化发电系统运行成本的关键所在。表2-6为各种气化炉的特性，是气化发电系统选择气化炉形式和控制运行参数的重要条件。

表2-6 各种气化炉特性

特性	上吸式	下吸式	鼓泡流化床	循环流化床
原料适应性	适应不同形状尺寸原料，含水量在15%～45%之间，可稳定运行	大块原料不经预处理可直接使用	原料尺寸控制较严，需预处理过程	能适应不同种类的原料，但要求为细颗粒，原料需预处理过程
燃气特点，后处理过程的简单性	H_2和C_nO_m含量少，CO_2含量高，需要复杂净化处理	H_2含量增加，焦油经高温裂解含量减少	与直径相同的固定床比，产气量大4倍，焦油少，燃气成分稳定，后处理过程简单	焦油含量少，产气量大，气体热值比固定床气化炉高40%左右，后处理简单
设备实用性、单炉生产能力、结构复杂程度、制造维修费用	生产强度小，结构简单，加工制造容易	生产强度小，结构简单，容易实现连续加料	生产强度是固定床的4倍，但受气流速度的限制，故障处理容易，维修费用低	生产强度是固定床的8～10倍，流化床的2倍，单位容积的生产能力最大，故障处理容易，维修费用低
与发电系统的匹配性	安全稳定	安全稳定	操作安全稳定，负荷调节幅度受气速的限制	负荷适应能力强，启动/停车容易，调节范围大，运行平稳

从实际应用上考虑，固定床气化炉比较适于小型、间歇性运行的气化发电系统。它最大的优点是原料不用预处理，而且设备结构简单紧凑，燃气中含灰量较低，净化可采用简单的过滤方式，但其最大的缺点是固定床不便于放大，难以实现工业化，发电成本一般较高。另外，固定床由于加料和排灰问题，不便于设计为连续运行的方式，对气化发电系统的连续运行不利，且燃气质量容易波动，发电质量不稳定。这些方面都限制了固定床气化技术在气化发电系统中的大量应用，是小型生物质气化发电系统实现产业化的最大技术难题。

各种流化床气化技术，是比较适于气化发电工艺的气化技术。因为它包括如下优点：①运行稳定，包括燃气质量、加料与排渣非常稳定；②流化床的运行连续可调；③便于放大，适于生物质气化发电系统的工业应用。当然，流化床也有明显的缺点：①原料需进行预处理，使原料满足流化床与加料的要求；②流化床气化产生燃气中飞灰含量较高，不便于后续的燃气净化处理；③生物质流化床运行费用较高，不适于小型气化发电系统，只适于大、中型气化发电系统。

生物质流化床气化工艺有三种典型的形式，即鼓泡床气化、循环流化床气化及双流化床气化。其中以循环流化床气化速度最快，它适用于较小的生物质颗粒，在大部分情况下可不加流化床热载体，所以它运行最简单，但它的炭回流难以控制，在炭回流较少的情况下容易变成低速率的载流床。鼓泡床流化速度较慢，比较适于颗粒较大的生物质原料，且一般必须增加热载体。双流化床系统是鼓泡床和循环流化床的结合，它把燃烧和气化过程分开，燃烧床采用鼓泡床，气化床采用循环流化床，两床之间靠热载体进行传热。所以，控制好热载体的循环速度和加热温度，是双流化床系统最关键也是最难的技术。

2. 生物质燃气净化技术

生物质气化的目标是得到尽可能多的可燃气体产物，但在气化过程中，焦炭和焦油都是不可避免的副产物。其中，由于焦油在高温时呈气态，与可燃气体完全混合，而在低温（一般低于 200℃）时凝结为液态，所以其分离和处理更为困难。燃气净化的目标就是要根据气化工艺的特点，设计合理有效的净化工艺，保证气化发电设备不会因杂质而产生磨损腐蚀和污染等问题，其净化技术包括以下两种。

(1) 燃气高温过滤。生物质气化燃气含有大量的微小颗粒、焦炭和灰，由于焦炭的密度和直径都很小，一般旋风分离器难以去除；另外，由于焦油在 300℃以下开始少量地凝结析出，凝结的焦油容易堵塞管道和过滤材料，所以较好的方法是在高温下过滤。目前比较多的是采用烧结金属或烧结的陶瓷材料作为过滤器。高温蜂窝陶瓷或烧结金属过滤材料已有大量的研究，大部分在应用中遇到阻力增加过快的问题。

(2) 燃气焦油脱除技术。焦油的存在对气化有多方面的不利影响，首先它降低了气化效率；其次焦油在低温时凝结为液态，容易和水、焦炭等结合在一起，堵塞送气管道，使气化设备运行发生困难；另外，凝结为细小液滴的焦油比气体更难以燃尽，在燃烧时容易产生炭黑等颗粒，对燃气利用设备，如内燃机、燃气轮机等损害相当严重，大大降低了气化燃气的利用价值。所以针对气化过程产生的焦油，采取的办法是把它转化为可燃气。这样既可提高气化效率，又能降低燃气中焦油的含量，提高可燃气体的利用价值。

对生物质气化气体中的焦油进行处理是有效利用燃气必不可少的过程，其中焦油的催化裂解是最有效、最先进的办法。以往简单的水洗或过滤等办法只是把焦油从气体中分离出来，然后作为废物排放，既浪费了焦油本身的能量，又会产生大量的污染。焦油热裂解可把焦油分解为永久性气体，与可燃气一起被利用，所以它既减少了焦油含量，又利用了焦油中的能量，但热裂解需要很高的温度（1000～1200℃），所以实现较困难，而催化裂解可利用催化剂的作用，把焦油裂解的温度大大降低（约 750～900℃），并提高裂解效率，使焦油在短时间内的裂解率达 99%以上。大量实验表明，对焦油裂解催化效果较好又有应用前景的典型催化剂有木炭、白云石、镍基催化剂，它们的主要性能见表 2-7。

表 2-7　典型催化剂的主要性能

名称	反应温度（℃）	接触时间（s）	转化效率（%）	特点
木炭	800～900	0.5	91～99.5	(1) 木炭为气化自身产物，成本低 (2) 随反应进行，木炭本身减少
白云石[①]	800～900	0.5	95～99.8	转换效率高，材料分布广泛，成本低
镍基催化剂	750	1.0	97	反应温度低，转化效果好，材料较贵，成本较高

① 白云石主要成分为 $CaCO_3$ 和 $MgCO_3$，不同产地的成分略有不同。

从上面三种典型催化剂结果比较可知，镍基催化剂的效果最好，在 750℃时有很高的裂解率，而其他材料在 750℃时裂解的效果还不理想。但由于镍基催化剂较昂贵，成本较高，一般生物质气化技术难以应用，所以只能在气体需要精制或合成汽油的工艺中使用。木炭的催化作用实际在下吸式气化炉中即有明显的效果，但由于木炭在裂解焦油的同时参与反应，所以消耗很大。对大型生物质气化来说，木炭做催化剂不现实，但木炭的催化作用对气化炉及小型气化炉的设计有一定的指导意义。

白云石是目前为止研究最多和最成功的催化剂，虽然各地白云石的成分略有变化，但都有催化效果，一般当白云石中 $CaCO_3/MgCO_3$ 在 1～1.5 时效果较好。白云石作为焦油裂解催化剂的主要优点是催化效率高、成本低，所以具有很好的实用价值。关于白云石对焦油的裂解作用，有关研究者已取得一致结论。目前的主要课题是如何把该技术应用到实际气化工程中。由于催化裂解需要专门的设备，系统复杂，运行成本较高，小型气化系统很难使用，而生产实践中使用的大中型气化系统仍较少，所以目前实际上焦油催化裂解炉应用极少，只有少数的示范项目和小试验装置。

对于大、中型气化系统，气化炉和裂解炉一般都采用循环流化床形式，如图 2-4 所示。

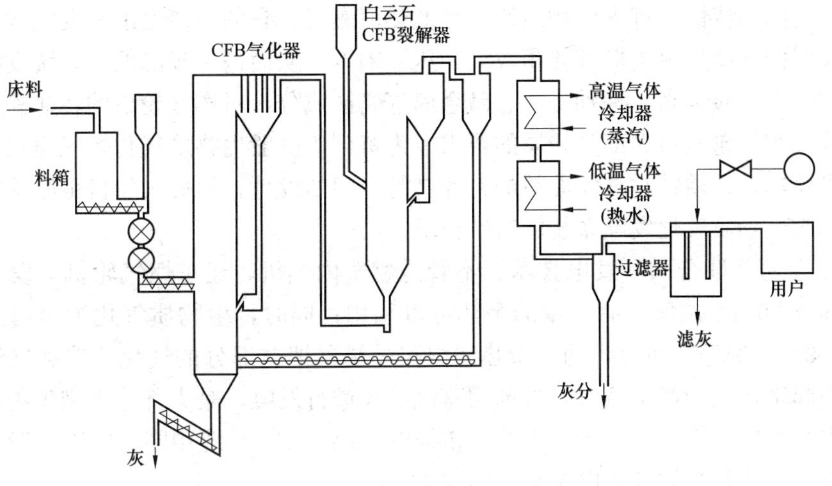

图 2-4　循环流化床气化和焦油催化裂解系统

由于裂解炉采用流化床反应器，白云石的磨损严重，所以需连续补充白云石的装置和复杂的除尘系统。这种工艺路线的特点适于大规模气化利用，焦油裂解效率较高，其缺点是系统复杂，出口燃气温度高。

对中、小型的气化装置，较适宜采用结构简单的固定床裂解器。为了解决裂解器出口燃气温度太高的难题，荷兰特温特大学提出了一种燃气可双向流动的裂解工艺，称为反吹反应器，如图2-5所示。它的基本原理是裂解气的流向每隔一段时间切换一次，一方面利用裂解器本身的蓄热把燃气加热；另一方面裂解后的气体经过一段温度较低的区域，使出口气体温度降低，这样可减少热损失，提高裂解器的热效率。这一工艺流程的优点是系统简单，裂解器可在较高温度（1000℃）下工作，而不必消耗很多热量；它的缺点是需要精密的切换阀，这种阀对耐热性和耐磨性的要求都很高。

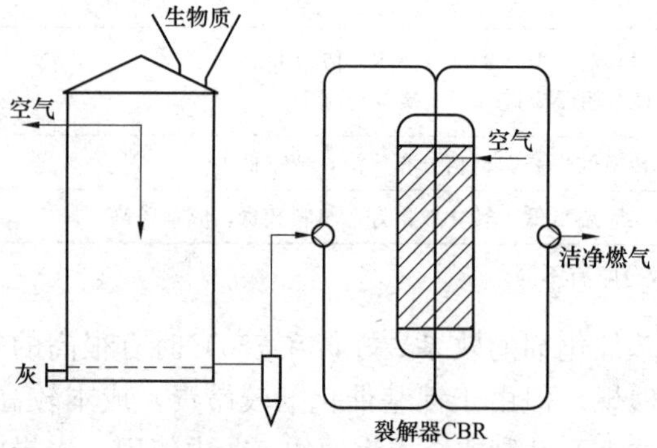

图2-5 反吹反应器

3. 生物质燃气发电技术

生物质燃气的特点是热值低（4～6MJ/m^3）、杂质含量高，所以生物质燃气发电技术虽然与天然气发电技术、煤气发电技术的原理一样，但它有更多的独特性，对发电设备的要求也与其他燃气发电设备有较大的差别。

（1）低热值燃气内燃机发电技术。气体内燃机是常用的燃气发电设备之一。燃气内燃机都要求有强制点火系统，点火系统的设计必须根据燃气燃烧速度等进行调整，同时还需要解决生物质燃气热值低引起内燃机出力大大降低、H_2 含量高可能引起的爆燃、焦油及含灰量的影响、排烟温度过高及效率过低等问题。正是由于这些难题，我国生物质燃气发电机组的产品开发很少，目前有200、500kW的机组，更大的机组还没有定型产品，正在开发之中。国外这方面的产品也很少，只有低热值与油共燃的双燃料机组。

（2）燃气轮机发电技术。燃气轮机是最常见的发电设备之一，生物质气化发电所需要的燃气轮机有它的独特性。首先生物质燃气是低热值燃气，它的燃烧温度和发电效率与天然气等相比明显偏低，而且由于燃气体积较大，压缩困难，从而进一步降低了系统发电效率。其次，生物质燃气杂质偏高，特别是含有碱金属等腐蚀成分，对燃气轮机的转速和材料都有更严格的要求。燃气轮机对大部分杂质的要求极为苛刻，一般生物质气化燃气净化过程很难满足燃气轮机要求，必须针对具体原料的特性进行专门的设计，而燃气轮机也必须经过专门的改造，以适应生物质气化发电系统的特殊要求。

（3）燃气-蒸汽联合循环发电技术。不管是燃气内燃机，还是燃气轮机，发电后的尾气温度都在500～600℃之间，有大量的余热可以利用；同时，生物质气化炉出口的燃气温度也很高（700～800℃）。所以，通过余热锅炉和过热器把这部分的气化余热和燃气发电设备的余热利用起来，用于产生蒸汽，再利用蒸汽循环进行发电，是大部分大型生物质气化发电系统采用的气化发电工艺。由于该工艺与传统的燃煤IGCC系统相同，所以一般将该工艺称为生物质整体气化联合循环发电系统（BIGCC）。

目前国际上正在建设的BIGCC示范项目大多在10MW左右，总的系统效率远比煤的IGCC系统低。即使这样，大部分生物质的BIGCC项目的效率都在35%以上，比一般简单的生物质气化内燃机发电系统高出近1倍。也是由于规模的原因，目前国外的BIGCC系统几乎全部采用专门改造的燃气轮机设备，但由于焦油处理技术与燃气轮机改造技术难度很高，所以仍存在很多问题，如系统未成熟、造价很高、实用性仍很差等，限制了其应用推广。

总的来说，生物质气化发电有两种基本的形式：一是采用内燃机，二是采用燃气轮机。为了提高系统效率，可考虑同时采用蒸汽联合循环发电系统。燃气内燃机与燃气轮机的选用与比较主要是根据气化发电系统的规模来确定的。虽然两者之间没有明显的界限，但在国际上，传统的观点认为燃气内燃机比较适合于5～10MW及以下的气化发电系统，燃气轮机比较适合于10～20MW的常压气化发电系统，但超过20MW的气化发电系统都带有燃气-蒸汽联合循环，效率也有明显提高。所以在大规模应用下，燃气轮机具有更明显的优势。

2.4 生物质燃烧发电系统控制技术

2.4.1 生物质燃烧发电工艺系统

生物质燃烧发电是指利用生物质燃烧后的热能转化为蒸汽进行发电，在原理上，与燃煤火力发电没什么区别。从原料上区分，生物质燃烧发电目前主要包括生物质（如农林废弃物、秸秆等）燃料的直接燃烧（简称“直燃”）发电和垃圾焚烧发电。

直燃发电是指把生物质原料送入适合生物质燃烧的特定蒸汽锅炉中，产生蒸汽，驱动蒸汽轮机发电机组发电。直燃发电的关键技术包括原料预处理技术、蒸汽锅炉的多种原料适用性、蒸汽锅炉的高效燃烧和蒸汽轮机的效率。

1. 生物质燃烧发电现状

生物质燃烧发电的技术已基本成熟，它已进入推广应用阶段。如美国大部分生物质采用这种方法利用，近年来已建成350多座生物质发电站，生物质能发电的总装机容量已超过10GW，单机容量达10～25MW，处理的生物质大部分是农业废弃物或木材厂、纸厂的森林废弃物。这种技术单位投资较高，大规模下的效率也较高，但它要求生物质集中，数量巨大，只适于现代化大农场或大型加工厂的废物处理，对生物质较分散的发展中国家不是很适合，如果考虑生物质大规模收集与运输，成本也较高。从环境效益的角度考虑，生物质直燃与煤燃烧相似，会放出一定的NO_x，但其他有害气体比燃煤要少得多。奥地利成功推行了建立燃烧木质能源的区域供电计划，目前已有80～90个容量为1000～2000kW的区域供热站，年供热1×10^{10}MJ。瑞典和丹麦正在实行利用生物质进行热电联产的计划，使生物质能在提供高品位电能的同时，满足供热要求。瑞典早在1999年地区供热和热电联产所消耗的能源中，生物质能就达到了26%。专家认为，生物电能这种再生能源具有非常大的潜力，它将为能源产业做出重大贡献。

芬兰是世界上利用林业废料、造纸废弃物等生物质发电最成功的国家之一，其技术与设备为国际领先水平。福斯特威勒公司是芬兰最大的能源公司，也是制造具有世界先进水平的燃烧生物质的循环流化床锅炉公司，最大发电量达30万kW。该公司可提供的生物质发电机组的功率为3～47MW，生产的发电设备主要利用木材加工业、造纸业的废弃物为燃料，废弃物的最高含水量可达60%，排烟温度为140℃，热效率达88%。

生物质能直燃发电方面，丹麦技术处于世界领先地位。利用丹麦技术，英国建设了世界上最大的秸秆直燃电厂，装机容量38MW，年耗秸秆约20万t。为方便运输和储存，秸秆电厂统一接受规格为120cm×130cm×240cm，质量约为520kg，平均密度约为130kg/m^3。为降低炉排的温度和便于排渣，采用水冷振动炉排；过热器采用独特的布置和新型防腐材料，降低了结渣和腐蚀的风险，蒸汽温度从450℃提高到540℃，蒸汽压力也从6MPa提高到高压9MPa甚至11MPa，从而提高发电效率。巴西和印度是发展中国家中利用农林生物质发电较好的国家。截至2002年，巴西生物质装机容量为1675MW，其中蔗渣是主要的燃料，约占生物质总装机容量的94%，印度的蔗渣直燃电厂总装机容量达710MW。东南亚国家在稻壳、蔗渣和棕榈壳等其他农业生物质的直燃发电方面也取得了一定的发展。

生物质燃烧发电的关键技术和设备是用于燃烧秸秆等生物质的专用锅炉，我国目前这方面的技术还较为缺乏，所以我国目前建设的大型生物质燃烧发电厂，大多数采用丹麦BWE公司的技术和设备。

2. 生物质燃烧发电系统

生物质燃烧发电系统的构成包括生物质原料收集系统、预处理系统、储存系统、给料系统、燃烧系统、热利用系统和烟气处理系统。

生物质燃烧发电厂的流程如图2-6所示，生物质原料从附近各个收集点运送至电站，经预处理（破碎、分选、压实）后存放到原料存储仓库，仓库容积至少保证可存放五天的发电原料量，然后由原料输送装置将预处理后的生物质送入锅炉燃烧，通过锅炉换热，把锅炉给水转化为蒸汽，为汽轮发电机组提供汽源进行发电。生物质燃烧后的灰渣落入除灰装置，由输灰机送到灰坑，进行灰渣处置。烟气经过处理后由烟囱排入大气中，其蒸汽发电部分与常规燃煤电厂的蒸汽发电部分基本相同。

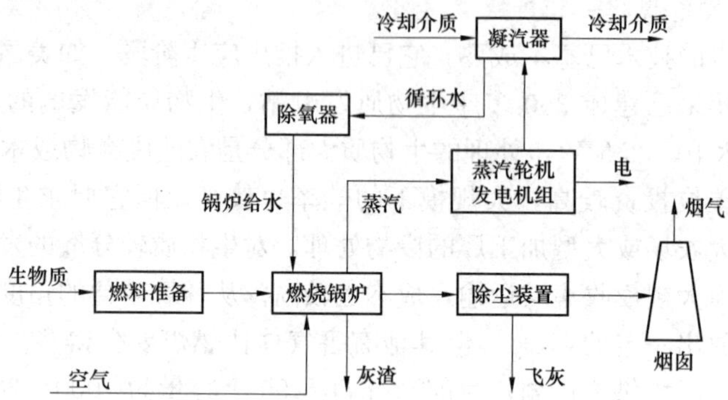

图2-6 生物质燃烧发电厂流程

2.4.2 生物质燃烧发电关键设备及控制技术

1. 生物质燃烧发电关键设备

生物质直燃发电关键设备主要指生物质直燃锅炉和生物质输送系统，而其他设备，如汽轮机、发电机等，与相同规模的国产燃煤机组基本相同。在国内，由于生物质燃烧发电技术起步较晚，并缺乏相应的重视，所以目前还不具备大容量秸秆锅炉的研发制造技术，国内已投资建设或投产的生物质发电工程所采用的锅炉技术主要依赖于进口。

2. 锅炉燃烧技术

秸秆直燃发电技术是将秸秆直接送往锅炉中燃烧，产生高温、高压蒸汽推动蒸汽轮机做功发电。相比秸秆气化发电技术，直燃发电技术具有结构简单、投资省、易于大型化等优点。与火电厂用煤相比，秸秆具有水分和挥发分较高，灰分、热值、灰熔点较低等特点，因此与煤粉的燃烧不同。此外，由于秸秆中碱金属含量较高，某些秸秆，如稻草中的氯元素和碱金属含量较高，增加了烟气对受热面的腐蚀速度，秸秆燃烧时还必须考虑这些不利因素的影响。用于秸秆发电的燃烧技术主要有炉排燃烧技术、水冷式振动炉排燃烧技术和循环流化床燃烧技术。

（1）炉排燃烧锅炉。炉排燃烧锅炉是当前各国采用较多的炉型，也是开发最早的炉型。它采用活动式炉排，该炉型的核心部分是炉排，炉排形式主要有逆折移动式、链条式、逆动翻转式、马丁反推式、阶段往复摇动式、DBA滚筒机械、阶梯往复式、底特律型等形式。炉排的布置、尺寸、形状随生物质水分、热值的差异及制造厂的不同而不同。炉排有水平布置，也有呈倾斜15°～26°布置的，炉排设计分为预热段、燃烧段、燃尽段，段与段之间有1m左右的垂直落差，也可没有落差，但炉排片通常由固定和运动炉排相间布置，炉排片用铬钢浇铸精加工制成。炉排下部为宫式冷风槽道，一次风通过炉排片间隙时冷却炉排片，并从炉排片前端及侧面进入炉排片上部，一次风同时还可起到吹扫炉排间隙中的生物质及灰渣的作用。

（2）水冷式振动炉排锅炉。现今较大规模的生物质燃烧发电工程主要集中在欧美等发达国家，由于资源情况不同，工程中大多数以木质类原料（如枝条、木片、废弃木材等）为主要燃料，仅有小部分掺烧部分农作物秸秆等，而且秸秆的比例往往不高。

传统的炉排燃烧技术具有燃料分布不均匀、空气容易短路、燃烧效率低等缺点。水冷式振动炉排采用振动炉排，减小了秸秆在炉排上分布的不均匀性。秸秆燃烧后灰量较小，采用水冷可保护炉排不被烧坏；尾部的过热器采用多级，并采用在竖直烟道中分开布置的方式，可有效降低碱金属等对受热面的腐蚀。

（3）循环流化床锅炉。循环流化床燃烧是固体燃料颗粒在炉床内经气体流化后进行燃烧的技术。当气流流过一个固体颗粒的床层时，若其流速达到使气流流阻压降等于固体颗粒层的重力（即达到临界流化速度）时，固体床本身会变得像流体一样，原来高低不平的界面会自动流出一个水平面来。换句话说，固体床料已被流态化了，流化床燃烧即利用了这一现象（流化床燃烧的床料包括化石燃料、各种生物质燃料）。如果把气流流速进一步加大，气体会在已流化的床料中形成气泡，从已流化的固体颗粒中上升，到流化的固体颗粒的界面时，气泡会穿过界面而破裂，就像水在沸腾时气泡穿过水面而破裂一样。因此这样的流化床又称为“沸腾床”“鼓泡床”，继续加大气流流速，当超过终端速度时，颗粒就会被气流带走，但如将被带走的颗粒通过分离器加以捕集并使之重新返回床中，就能连续不断地操作，因此称为循环流化床。

与常规燃烧方式相比，循环流化床锅炉燃烧技术具有以下优点：

1）燃料适应性广。由于循环流化床锅炉的入炉燃料一般仅占总床料的1%～3%，而且其燃烧室特殊的流体动力特性，使燃料在进入炉膛后很快与大量的炽热床料混合并被迅速加热着火，而床层温度并没有明显降低。因此，循环流化床锅炉（CFB）不仅可燃用烟煤、褐煤、贫煤、无烟煤等常规燃料，而且还可燃用常规锅炉不能适应的煤矸石、泥煤、石油焦、油页岩、废旧轮胎、垃圾等劣质燃料，对于水分含量很高而发热量偏低且不稳定的农林生物质燃料也可以很好地燃烧。

2）燃烧效率高。燃烧室内流体湍流流动剧烈，炉膛内不存在明显的界面，燃烧区域气固混合良好，燃烧速率高，且绝大部分未燃颗粒通过颗粒分离设备被回送至炉膛内反复循环燃烧。因此，循环流化床锅炉有较高的燃烧效率，通常可达97.5%～99.5%，高于鼓泡流化床锅炉和煤粉炉。

3）高效脱硫、低NO_x排放。循环流化床锅炉运行温度通常在850～930℃，这是一个理想的脱硫燃烧温度，可通过在燃烧过程中添加脱硫剂方便地实现炉内脱硫。而且，由于脱硫剂可在炉内反复循环利用，循环流化床锅炉的脱硫效率高。在Ca－S摩尔比约为1.5～2.5时，可实现脱硫效率达90%左右（取决于煤种及其含硫量），SO_2的排放量大大降低。另外，CFB锅炉较低的运行温度和分级送风燃烧方式也使得其NO_x的排放浓度很低，只有同容量煤粉炉的1/3～1/4。

4）燃烧强度高，炉膛截面积小。CFB锅炉的截面热负荷约为3.5～4.5MW/m^2，接近或高于煤粉炉。同样热负荷下，鼓泡流化床锅炉需要的炉膛截面积要比循环流化床锅炉大2～3倍。

5）燃烧稳定，负荷调节范围大，负荷调节快。CFB锅炉的炉床是个大热池，且炉膛内有大量的循环物料呈流动燃烧状态，锅炉自身的热容量大，不会出现在运行中突然熄火的情况，燃烧稳定；当负荷变化时，只需调节燃料供给量和空气量，不必像鼓泡流化床锅炉那样采用分床压火技术，因此负荷调节范围大。循环流化床锅炉负荷调节比可达3：1，不投油时，最低稳燃负荷可达30%，甚至更低；此外，由于炉膛截面风速高和吸热控制容易，CFB锅炉的负荷调节速率也很快，特别适于调峰机组。

6）节约水资源，易于实现资源综合利用。CFB锅炉可通过将石灰石粉直接送入炉内燃烧的方式达到一定的烟气脱硫效果，无须像煤粉炉采用烟气湿法脱硫耗用大量宝贵的水资源；另外，由于CFB锅炉燃料在燃烧室中强烈混合，多次循环，因此燃烧效率高，灰渣含碳量低，易于实现灰渣的综合利用。

7）投资与运行成本较低。目前，循环流化床锅炉的投资和运行费用略高于常规煤粉锅炉，但比配置脱硫、脱硝装置的煤粉炉低。国外研究结果表明，在无须装设烟气脱硫（FGD）装置时，煤粉炉要比CFB锅炉费用低5%～10%，而需要FGD装置时，则煤粉炉要比CFB锅炉费用高15%～30%。另外，由于CFB锅炉可燃用劣质燃料，燃料成本相应也比煤粉炉低。

循环流化床燃烧技术是一种先进的燃烧技术，十分适于秸秆的燃烧。循环流化床一般由炉膛、高温旋风分离器、返料器、换热器组成。流化床密相区的床料温度在800℃左右，热容量较高，即使秸秆的水分高达50%～60%，进入炉膛后也能稳定燃烧；加上密相区内燃料与空气接触良好，扰动剧烈，燃烧效率较高。因此，流化床燃烧技术具有布风均匀，燃料与空气接触良好，SO_x、NO_x排放少等优点，适合燃烧水分高、热值低的秸秆。

3. 燃料输送系统

生物质发电厂的燃料主要采用各类秸秆或速生林，燃料的粉碎等预处理由燃料的收集和储藏单位完成。燃料输送系统，是指生物质能发电厂内从卸料开始到将燃料送入锅炉料仓结束。由于生物质燃料自身的特性，如密度、湿度和堆积角等参数和煤相比有其特殊性，因此并不能将燃煤锅炉的输煤系统直接应用到生物质电厂燃料输送系统中。根据适应燃料的输送特点，输送系统可分为灰色秸秆（木质）燃料上料系统和黄色秸秆燃料上料系统。

（1）灰色秸秆（木质）燃料上料系统。灰色秸秆（木质）燃料上料系统是指将燃料颗粒运输至电厂，从计量、卸料、储存、装载送料到炉前输送分配的整套系统，由计量系统、卸料系统、储料系统、送料系统、事故系统、辅助设施、附属系统等部分组成。

(2) 黄色秸秆燃料上料系统。黄色秸秆燃料上料系统是指将送至电厂的黄色秸秆草捆从计量、卸料、储存、装载送料到炉前输送分配的整套系统，包括自动控制椅架移动式取捆和装载上料成套设备、炉前草捆输送分配系统。由于国内农林生物质直燃发电厂大多引进国外成熟的生物质直燃发电锅炉系统，黄色秸秆燃料捆形尺寸和密度相对固定，因而国内外黄色秸秆直燃发电厂所需上料系统原理一致、结构相似。自动控制椅架移动式取捆和装载上料成套设备集计量、卸料、储存、装载送料功能于一体，炉前草捆输送分配系统采用链板式输送分配系统。

4. 生物质电厂排放物综合利用

生物质发电过程中产生大量的灰分，这些灰分以锅炉飞灰和灰渣、炉底灰的形式被收集，灰分中含有丰富的营养成分，如钾、镁、磷和钙，可用作高效农业肥料。中国农田土壤普遍存在“缺磷少钾富氮”状况，随着农业的迅速发展，土壤中钾含量严重失衡。长期以来中国钾肥主要依赖进口，合理开发利用丰富的生物质资源中的钾，具有良好的市场前景，并可为中国丰富的生物质能资源寻找出路，治理秸秆焚烧污染，发展循环经济，促进农田生态系统的生物地球化学元素循环。还应将生物质发电厂灰渣进行综合利用，开展建设生物质肥料厂的可行性研究、技术方案的研究、样本测试和方案设计等，最终目标是建设与生物电厂配套的生物质肥料厂，使产业链得到有效延伸。

5. 生物质燃料深加工

(1) 高效廉价的颗粒压缩技术的研发。世界范围内，生物质能应用的瓶颈主要是原料储运、压缩成本过高。利用把生物质能原料压缩成高密度的成型燃料，可有效解决燃料的采集、存储、运输问题。只要能有效控制降低成本，就能解决生物质能源替代煤的经济性和实用性问题，从而建设超过100MW装机容量生物质能发电机组。因此，加强生物质能燃料颗粒压缩技术的研究，以及利用压缩成型颗粒建设大装机容量发电机组的研究，探索简单、低成本的生物质燃料颗粒压缩成型技术，解决生物质替代煤的经济性和实用性问题。

(2) 压缩成型燃料的储运。根据压缩成型燃料的燃烧特性及生物特性探索其储运和调度机制，有效解决燃料的采集、存储、运输问题。

(3) 压缩成型燃料燃烧技术。压缩成型燃料在生物质能发电中掺烧的锅炉技术，提高燃烧效率。

推动高效节能的民用和工业用燃烧锅炉改造工程，将生物质能压缩颗粒燃料广泛应用于民用及工业领域。

2.4.3 生物质燃烧发电热电冷三联产

热电联产是将汽轮机中部分蒸汽或乏汽用于向外界供热。热电联产有多种形式，其中按照供热机组类型可分为背压、抽气背压、单抽汽及双抽汽等，按照热电联产的规模可分为大型热电厂、区域性热电厂、企业自备热电厂等。

热电冷三联产是在热电联产基础上发展起来的，常见的热电冷三联产系统有两种：①基于热电厂的热电冷三联产系统，利用锅炉产生的高压高温蒸汽带动汽轮机发电，同时利用汽轮机的抽汽或排汽对外供热和驱动制冷机组制冷；②楼宇热电冷三联产，利用原动机发电，其排气余热直接或间接用于供热和带动制冷机组制冷。基于热电厂的热电冷三联产是在热电联产系统基础上，加上吸收式制冷机组合而成的。热电冷三联产系统形式多样，可组成多种配置方案，以满足不同用户对热电冷负荷的要求。利用农林废物直燃的热电冷三联产不仅可提高废物的能源利用率，还可提高其经济效益。

2.4.4 生物质燃烧发电技术的基本要求及经济指标

1. 生物质燃烧发电的基本要求

(1) 对生物质种类适应性较强。由于各种农作物的种植都有特定的季节性，大部分农业废弃物只在全年的某一段时间生产，不可能全年供应，而且农业废弃物大多密度低，体积庞大，要大量储存和管理都非常困难，成本也很高。所以为了保证生物质发电设备能全年运行，提高设备利用率，最合理的方法是生物质发电设备能适用于大部分农业废弃物，在不同的季节使用不同种类的生物质。

(2) 发电规模要有灵活性。中国农村十分广阔，各地自然条件差别很大，同时，由于中国仍属于发展中国家，农业现代化水平不高，很少有大规模的现代化农场或果园化的农业生产规模，大部分农村地区的农业发展模式仍是中小规模的承包经营或单户独产的家庭式操作，生物质在全国不同地区的密度差别很大。所以，如果要充分利用各种农业废弃物进行发电，必须根据生物质特点来确定发电设备的规模。例如，在农业比较发达的平原地区可能适合规模大的生物质发电设备，但在生物质较分散的地区必须使用效果较好的小规模发电技术，否则经济性将很差。这就要求生物质发电技术在规模上要有足够的灵活性，可根据不同的要求进行设计。

(3) 发电项目能适应不同资金条件。由于生物质发电项目规模小，收益受政策等外部情况影响较大，加上原料的不稳定性使投资项目的长期收益预测困难，这些因素使生物质发电技术很难吸引大集团和大规模资金很快进入该行业。特别因为生物质发电项目相对于其他发电项目，单个项目资金投入较小，大量投资进入时要求组织的项目很多，在这种情况下，大规模投资资金使用困难，管理工作繁重，资金管理成本非常高。所以大集团大量资金投入生物质发电项目的积极性受到较大的限制，真正感兴趣的投资者应是中、小企业和小规模的个人投资者。这些特点决定了生物质发电项目的资金来源应是比较分散的社会资金，投资主体主要是中、小规模的民营企业。但对这些企业来说，最主要的，也是普遍存在的问题是资金不足、融资困难。所以生物质发电技术的发展将明显受到资金的制约。

2. 生物质燃烧发电经济指标及存在的问题

生物质直燃电厂的技术经济指标与电厂的规模关系很大。对于6MW和25MW的生物质直燃电厂，其技术经济指标见表2-8和表2-9。

表2-8 6、25MW的生物质直燃电厂技术经济指标

技术经济指标	6MW	25MW
发电参数	3.43MPa/435℃	3.43MPa/435℃
长期运行负荷（%）	95	95
运行时间（h）	7500	7500
锅炉燃烧效率（%）	85	90
汽轮机效率（%）	22.9	24.5
系统发电效率（%）	19.5	22.1
自用电率（%）	8.0	8.0
运行人员（人）	80	120

表 2-9 6、25MW秸秆直燃经济效益估算

项目	6MW	6MW	25MW	25MW
设备来源	进口	国产	进口	国产
项目单位投资（元/kW）	12 000	6500	10 000	6000
项目总投资（万元）	7200	3900	25 000	15 000
系统热效率（%）	22.2	19.5	25	22.1
自用电率（%）	10	10	8	8
秸秆热值（kcal/kg） （kJ/kg）	3100.0 （12 975.05）	3100.0 （12 975.05）	3100.0 （12 975.05）	3100.0 （12 975.05）
秸秆价格（元/t）	170.0	170.0	190.0	190.0
运行时间（h/年）	7500	7500	7500	7500
总发电量（万 kWh/年）	4275	4275	17 812	17 812
可售电量（kWh/年）	3847	3847	14 250	14 250
秸秆总用量（t/年）	53 865	60 705	197 713	224 431
秸秆总费用（万元/年）	915.7	1032.0	3756.5	4264.2
人工开支（万元/年）	240.0	240.0	360.0	360.0
维护开支（万元/年）	72.0	60.0	250.0	150.0
耗材开支（万元/年）	215.0	215.0	890.0	890.0
管理开支（万元/年）	50.0	50.0	50.0	50.0
年总成本（万元/年）	1489.7	1597.0	5306.5	5714.2
直接发电成本（元/kWh）	0.387	0.415	0.372	0.401
电价（元/kWh）	0.5	0.5	0.5	0.5
年产值（万元/年）	1923.5	1923.5	7125.0	7125.0
年毛利（万元/年）	433.8	326.5	1819.0	1411.0
投资回收期（年）	＞20	15.5	18.7	13.5

由以上分析可知，生物质直燃发电系统采用国外设备时单位投资很高，资金投入量要求很大，虽然效率较高，运行成本和综合发电成本相对较低，但投资回收期较长；采用国产设备时投资较低，但效率也较低。对于较大规模（大于 20MW）的直燃发电厂，由于可采用高参数的发电设备，在原料价格较高时，这种电厂经济效益尚好，但在规模相对较小时（小于 10MW），由于发电参数的限制，这种电厂的效率也很低，总体的经济性较差。所以生物质直燃发电比较适于原料非常集中的地区，以便采用高参数发电设备的大规模电厂，同时必须有资金实力非常雄厚的投资者提供大量资金。

3. 生物质燃烧发电与燃煤发电相比的特点

（1）生物质是一种可再生的绿色能源，使人类有希望摆脱化石原料可能枯竭的威胁及大规模使用化石燃料带来的环境污染问题。

（2）与煤相比，生物质几乎不含硫，秸秆的平均含硫量只有 0.38%，远低于电厂用煤的平均含硫量 1%，无须配备昂贵的脱硫装置。

（3）灰分易于收集，无须配备静电除尘器而节约厂用电，而且灰渣可作为优质钾肥还田。生物质被誉为绿色煤炭，植物在生长过程中吸收大气中的二氧化碳，在其燃烧时又会释

放出二氧化碳。相对于燃用化石燃料会向大气中排放大量的二氧化碳，生物质的燃烧不会引起大气中二氧化碳的增加，这称为二氧化碳零排放。

4. 生物质燃烧发电存在的问题

(1) 对生物质燃烧特性研究不足。与电厂用煤相比，秸秆具有水分和挥发分较高，灰分、热值、灰熔点较低等特点。此外，由于秸秆中碱金属含量较高，某些秸秆如稻草中的氯离子含量较高，增加了烟气对受热面的腐蚀速度。因此，要加强对生物质燃烧特性的研究，在设计建造锅炉时充分考虑各种不利因素的影响。

(2) 缺乏核心技术和设备。到目前为止，用于生物质焚烧发电的锅炉及燃料输送系统的技术和设备均产自国外，或委托国内厂家制造，因此，该问题成为制约国内生物质发电产业的关键因素。同时，由于国内外生产运输方式、工作习惯和文化差异，对引进的技术和设备不能完全吸收及高效使用，使机组无法安全稳发、满发。另外，由于缺乏核心技术及备品配件，投产后的生物质发电企业很有可能将长时间受制于国外企业。

(3) 发电运营成本偏高。据国外生物质燃烧发电厂运行实绩统计和国内权威部门测算，生物质发电成本远高于常规能源发电成本，约为煤电的 1.5 倍。成本高的原因为：①初期投入高，生物质发电投入成本为 1 万元/kW 左右，而常规火电投资仅为 6000 元/kW 左右；②机组热效率低于常规火电，现在新建的常规火电机组容量一般都在 300MW 以上，而国内可建的生物质发电机组最大容量仅为 30MW；③燃料成本较高，由于生物质秸秆燃料发热量远远低于煤炭，且密度小，巨大的运输成本会导致燃料成本偏高。

(4) 生物质秸秆燃料组织困难。

1) 收购难。农民出售秸秆的意识不强，存在惜售心理。尤其是经济较发达的地区，因秸秆收购价格不可能太高，往往达不到农民的期望价格，影响农民出售秸秆的积极性，农村收集秸秆的力量不足。农作物秸秆收购往往集中在农忙季节，农民忙于收种，加上大量农村青壮年劳动力已转移到城市务工，仅剩下老弱妇幼，农村剩余劳动力不足。所以农民较多地将秸秆在田间焚烧或推下河道；农村缺乏秸秆收购组织机构或有一定经济实力的农民经纪人，且无成熟模式或经验可循。

2) 储存难。由于农作物秸秆收购具有很强的季节性要求，不能做到均衡连续的收购。生物质发电企业一般至少需储存半年的秸秆量，如 1 台 30MW 的机组需储存 15 万 t 秸秆燃料。同时。农作物秸秆密度较小，堆放存储场地要求较大，还需进行防雨、防潮湿、防火和防雷设施建设，故占用土地多，建设费用和维护费用投资大。

3) 运输难。生物质秸秆密度小，运输量巨大，对公路运输容量会形成压力。为方便运输、节约费用，需在田间地头对秸秆打包。必须投入大量资金购买较大量的打包机，且所打包块需符合锅炉燃料系统的技术要求。此外，我国农村运输工具多为小型拖拉机和农用运输车，对国外燃料系统设计使用所要求的大型包块难以运输；同时，打包用的打包带为生物质材料，可能经受不住多次倒运的需要。

2.5 垃圾焚烧发电系统控制技术

2.5.1 垃圾分类及处理

垃圾作为一种可再生资源逐渐引起全社会和民众的关注。目前世界每年排放各类垃圾近

100亿t。在我国，随着国民经济的发展和人民生活水平的提高，以及城市化进程的加快，全国城市生活垃圾年产量超过1.5亿t，并且每年以6%～10%的速度增长，生活垃圾堆存量已达60亿t，侵占土地面积5亿m^2。垃圾对环境的污染日益严重，全国600多个大、中型城市中，已有200个处于垃圾包围中，而且对大气环境、地下水源、土壤和农作物造成污染，垃圾中的病菌等散发到大气中，影响到城市居民的生活健康；垃圾中的重金属渗入土壤，进入地下水，造成对地下水源的污染，危及周围地区人民的健康及生命安全，并且此类污染的危害很难消除；另外垃圾中有机物含量高，垃圾发酵后会产生沼气，沼气的主要成分甲烷和二氧化碳是温室气体，将对大气产生污染，阻碍植物生长，破坏臭氧层。因此，对垃圾进行安全化、减量化和资源化利用日趋迫切和重要。

1. 垃圾的分类

随着社会经济发展和人民生活水平的提高，垃圾成分发生很大变化，具体表现为垃圾中有机物含量逐渐增多，垃圾热值逐渐增加。垃圾中可回收成分也在增多，垃圾构成趋于复杂，合理地分类对后续垃圾处理和利用极为重要，它可最大限度地回收利用垃圾中的物质和能量，并降低处理过程中及处理后的能耗，防止二次污染的发生。垃圾的主要分类方式有：

(1) 按形态分为固态垃圾、液态垃圾和气态垃圾。

(2) 按有毒和无毒分为无毒垃圾和有毒垃圾。

(3) 按经过简单分选后的可利用程度分为再生垃圾和不可再生垃圾。

(4) 按产生源分为生活垃圾、建筑垃圾、工业废弃物和特种垃圾（如医疗垃圾等）。

生活垃圾不仅是一种废弃物，也是一种资源，城市垃圾可分类为：

(1) 材料垃圾。从物质循环的角度来看属于原材料，可回收利用，如玻璃、金属、废纸、橡胶、塑料等。

(2) 有机垃圾。主要包括厨房垃圾（果皮、菜叶、菜根、剩饭、剩菜）等，属易腐蚀性生物垃圾，约占生活垃圾总量的1/3，具有分散、量大、处理困难、易污染环境等特点，对其进行集中处理不仅可减少污染，还可使其与其他垃圾成分分离，有利于垃圾的后续处理。

(3) 无机垃圾。主要有炉灰渣、砖瓦、陶瓷等。我国中、小城市能源消费结构主要以煤为主，加之居住、生活习惯等不可避免地产生大量无机垃圾，此类垃圾可制成建筑材料回收利用，多余部分最终将以填埋形式进入填埋场。

(4) 有毒有害垃圾。包括废旧电池、废荧光灯管、杀虫剂容器、过期药物及电视机、电话、电脑等废旧电器的电子垃圾，此类垃圾对环境的潜在危害很大，需要安全化处理利用。

2. 生活垃圾的处理

常用的生活垃圾处理方式有卫生填埋、堆肥、焚烧，此外还有热解气化、厌氧消化和高温高压液化等处理方法。

(1) 卫生填埋。卫生填埋又称卫生土地填埋，是从传统的堆放和填埋处理发展起来的一种城市生活垃圾最终处置技术。卫生填埋是按照环境卫生工程技术的要求对垃圾处理场进行施工，采用底层防渗，垃圾分层填埋压实后顶层覆盖土层，最大限度地减少填埋垃圾所产生的水、气和土壤污染，卫生填埋仍是大多数城市解决生活垃圾出路的主要方法之一，并且是一些不能处理的固态垃圾最终处理方式。卫生填埋的优点是投资较小、处理成本低、处理量大，厌氧发酵产生的沼气可作为能源进行利用；缺点是占地多，渗滤液难处理，防渗层难做好，防渗层一旦破裂将会对土壤和地下水造成严重的污染，厌氧发酵产生的沼气必须进行监控，控制其排放。

(2) 堆肥。堆肥是在一定条件下，依靠自然界广泛分布的细菌、放线菌、真菌等微生物让垃圾中的可降解成分转化为稳定的腐殖质，在农田中用作土壤改良剂或肥料。堆肥系统有多种分类方法，按堆制方式可分为间歇堆积法和连续堆积法；按原料发酵所处状态可分为静态发酵和动态发酵；按堆制过程的需氧程度可分为好氧法和厌氧法。堆肥的优点是投资成本小，操作简单，资源化效益明显；缺点是杂质、金属和重金属等有害物不能有效分离，长期施用堆肥产品，容易造成杂质在土壤表层沉积，而且堆肥过程中发出难闻的气味，产品有机物含量不稳定，堆肥过程中养分被大量释放降解，有效成分低，对垃圾中的病原体杀灭不彻底容易造成二次污染，而且堆肥受垃圾含水量限制。

(3) 焚烧。焚烧处理是将垃圾在焚烧炉中进行燃烧，将其中的各种有机物氧化分解释放出热能，用于余热回收、供热或发电。烟气净化后排出，剩余残渣填埋或作其他用途。焚烧处理技术的特点是处理量大、减容性好、无害化彻底，但垃圾焚烧带来一定的环境问题，由于垃圾成分的复杂性，垃圾焚烧同时会产生二次污染物。垃圾中的 Cl 元素会形成 Cl_2 和 HCl，含 S 物质会生成硫氧化物，垃圾中 Cl 和碳氢化合物会产生剧毒的二噁英类物质，同时会产生颗粒物和重金属等对人类健康有很大威胁的物质，如果对这些物质不加以处理将会带来严重的环境问题。

(4) 热解气化。垃圾的热解气化，是指有机可燃垃圾在无氧或缺氧的条件下，加热到500～1000℃，利用热能使有机物的化学键断裂，由分子量相对较大的有机物转化为分子量相对较小的可燃气体、液体和残渣的过程。

垃圾热解气化除了能够实现减小废物体积与重量，分解污染物、高温杀菌、获得能源、物质再利用等外，还可使资源能源利用率更高，环境污染更小，但热解气化处理技术复杂、投资很大。

(5) 厌氧消化。生活垃圾厌氧消化是指生活垃圾中有机物在特定的厌氧条件下，微生物将有机物分解，其中的 C、H、O 转化为沼气和二氧化碳，而 N、P、K 等微量元素则存留于残留物中，转化为易被动植物吸收利用的形式。厌氧消化技术处理生活垃圾，对垃圾中的有用物质及能量加以回收和利用，使其无用部分达到无害化、减量化，真正做到物尽其用。厌氧消化技术要求垃圾需经过前期处理和分拣。

(6) 高温高压液化。高温高压液化法是指将垃圾中的有机化合物在缺氧或无氧的较高压力条件下，利用高温热能使化合物的化合键断裂。将大分子有机化合物转化为小分子量的液化汽油、油脂类液状物及焦油等。液化所得产物与液化温度有关，液化所得的量与垃圾中的有机物量有关。液化将城市生活垃圾中部分有用物质转化为易储存、易运输的燃料油。但这种方法处理垃圾时，生成气体的用途还有待于进一步开发，液体需要精制，排水需要处理，成本较高。

2.5.2 垃圾焚烧发电及控制技术

垃圾焚烧处理已有 100 多年历史，1896 年和 1898 年，德国汉堡和法国巴黎先后建立了世界上最早的生活垃圾焚烧厂，1931 年，丹麦伟伦（Volund）公司在丹麦 Gentohe 建造了世界上第一个垃圾焚烧发电厂，处理能力为 288t/d。1965 年，联邦德国就已建有垃圾焚烧炉 7 台，垃圾焚烧量每年达 78 万 t，到 1985 年垃圾焚烧炉已增至 46 台，垃圾年焚烧量为 800 万 t，供电受益人口占总人口的 34.3%。到 2000 年，德国共有垃圾焚烧厂 53 座，规划建设中的还有24座。法国共有垃圾焚烧炉约300台，可烧掉40%的城市垃圾，法国巴黎建有4个垃圾焚烧厂，产生相当于20万t石油能源的蒸汽，供巴黎市使用。美国自20世纪80年代兴建垃圾焚烧厂，年处理垃圾总能力达到3000万t，20世纪90年代新建402座垃圾焚烧厂，焚烧率达18%，到2000年提高到40%。美国底特律市拥有世界上最大的日处理垃圾4000t的垃圾发电厂。日本每年焚烧处理量近4000万t，发电容量在320MW以上，单台设备最大处理垃圾能力为552t/d。新加坡于1986年建成一座2000t/d的大型垃圾电厂，现新加坡垃圾焚烧率已接近100%。

我国第一座垃圾焚烧发电厂于1988年在深圳建成，并投入运行，引进日本三菱重工两台炉排式垃圾焚烧炉，日处理垃圾150t，配置500kW的汽轮发电机组发电供热。1992年建设了一台杭州锅炉厂（引进日本三菱重工技术）制造的垃圾焚烧炉，日处理垃圾150t，配置1500kW汽轮发电机组。珠海市环卫处在珠海市建设了3×200t/d锅炉，配置6000kW发电机组的垃圾发电厂，炉排采用美国DetroilStoker公司的四阶梯顺推式往复炉排，在试运期间锅炉燃烧工况良好。目前全国最大的生活垃圾焚烧发电厂是上海浦东垃圾焚烧发电厂，工程建设3台垃圾焚烧锅炉，2×8500kW发电机组，发电厂有3条垃圾焚烧处理系统，每天可处理1000t城市生活垃圾。电厂烟气净化采用石灰脱酸、活性炭吸附和布袋除尘等多种方式，执行欧洲环保标准。南海区环保电厂为处理广州市、南海区、佛山市生活垃圾而建设，电厂分两期建设，一期安装两台200t/d生活垃圾焚烧炉和一台12MW汽轮发电机组，该电厂安装的焚烧炉是旅顺锅炉厂引进美国Basic公司技术设计制造的。上海港垃圾焚烧系统项目则由联合国全球环保基金会赠款所建。

虽然我国的垃圾焚烧处理刚刚起步，但前景乐观，现在全国城市每年因垃圾造成的损失近300亿元（运输费、处理费等），而将其综合利用却能创造2500亿元的效益。

1. 垃圾分选

垃圾中可被回收利用的物质包括玻璃、陶瓷碎片、铜和铅等金属物质，这些物质物理性的差异，决定了有不同手段对其进行分离。通常的分离方法是基于它们的密度、粒度、磁性、光电性和润湿性差异来进行的。分选方式主要有重力分选、筛选、磁选及手工分选等，在许多发达国家中还采用了浮选、光选、静电分离等方法。手工分选仍是一种最经济、最有效的分选方式。国外很多国家至今还采用人工分选，如德国和日本在先进的分选线上还保留了手工分选。我国垃圾灰渣的成分复杂，劳动力资源又特别丰富，采用机械式为主，以人工分选为辅的方式是合理有效的。下面简单介绍几种常用的分选工艺。

(1) 重力分选。重力分选简称重选，是根据固体废物中不同物质颗粒的密度差异及在运动介质中受到重力用力和其他机械力的不同，使颗粒群产生松散分层和迁移分离，从而得到不同密度产品的分选过程，常用的分选介质有空气、水等。根据分选介质和作用原理上的差异，重选可分为风力分选、重介质分选、跳汰分选、摇床分选、惯性分选等。

1) 风力分选。简称风选，是以空气为介质，基于固体颗粒在风力作用下，密度的大小影响颗粒沉降速度的快慢，使得密度大的物体运动距离较近，密度小的物体运动距离较远，使密度不同的物料得以分开。风选设备按气流吹入分选设备方向的不同可分为水平气流风选机（又称卧式风力分选机）和上升气流风选机（又称立式风力分选机）。

2) 重介质分选。重介质分选是将密度不同的两种颗粒群，用一种密度介于两者之间的介质作为分选介质，使轻颗粒上浮、重颗粒下沉，从而实现物质的分离。

3）跳汰分选。跳汰分选是使混合废物中不同密度的粒子群在垂直脉动运动介质中按密度的大小将重颗粒群（重质组分）分在下层，密度小的颗粒群分在上层，从而实现物料分离。跳汰介质可以是水或空气，用于固体废弃物分选的介质多用水。

4）摇床分选。摇床分选是在一个倾斜的床面上，借助床层的不对称往复运动和斜面物流的综合作用，使细粒固体废物按密度差异在床面上呈扇形分布而进行分选的一种方法。

5）惯性分选。惯性分选是基于混合固体废物中各组分的比重和硬度差异而进行分离的一种方法。主要应用于废物中金属、玻璃、陶瓷等密度和硬度较大组分的分选。惯性分选机械主要有弹道分选机、反弹滚筒分选机等。

（2）筛分。筛分过程利用垃圾的粒度差，使固体颗粒在具有一定大小筛孔的筛网上运动，把不同物质按照粒子大小不同进行分离的过程。松散物料在筛子上进行筛分时，其筛分过程可分为以下两个阶段：第一阶段，颗粒较细的物料在筛面和物料间的相对运动，以及自重的作用下，从粗颗粒的空隙处往下挤，逐渐与筛面接触，实现物料的分层；第二阶段，较细颗粒的物料在筛面和物料不断相对运动的作用下与一定尺寸的筛孔进行大小比较，小于筛孔尺寸的颗粒逐渐透过筛孔，大于筛孔尺寸的颗粒则留在筛面上，并渐次地向前（或向后）运动直至抛出。

筛分效率受筛子的振动方式、振动频率、振幅大小、振动方向、筛子角度、粒子反弹力差异、筛孔目数及与筛孔大小相近的粒子占总粒子的百分数等多种因素影响。筛分设备种类繁多，固体废物处理中几种常用的筛分设备有：

1）固定筛。固定筛是由一组平行排列的钢条或钢棒组成的，格条由横板连接在一起，位置固定不动。此种设备主要用于粗筛作业。

2）振动筛。振动筛是通过不平衡体旋转产生的离心力带动筛筐振动，从而实现物料筛分的一种设备，根据筛筐运动轨迹不同把振动筛分为圆运动和直线运动两类。目前在固体废物处理方面多采用直线振动筛也称惯性振动筛。惯性振动筛适用于细粒废物（0.1～15mm）的筛分，也可用于潮湿及黏性废物的筛分。

3）转动筛。又叫滚筒筛，筛面为多孔眼的圆柱形筒体，物料从倾斜滚筒的一端送入，借滚筒的转动作用发生翻滚，并向另一端移动，在移动过程中按筛面网眼大小进行分级，不能通过筛网的物质从出口排出。

4）共振筛。共振筛是根据共振原理对物质进行筛分的。

（3）磁选。磁选是利用固体废物中各种物质的磁性差异，在不均匀磁场中进行分选的一种处理方法。磁选主要用于从废物中分离回收罐头盒、铁屑等含铁物质。常用的磁选设备有悬挂带式磁选机和辊筒式磁选机两种。

（4）其他分选方式。

1）浮选法是依据各种物料的表面性质的差异，把固体废物和水调制成了一定浓度的料浆，并通入空气形成无数细小气泡，使欲选物质颗粒黏附在气泡上，随气泡上浮于料浆表面成为泡沫层，然后刮出回收，不浮的颗粒仍留在料浆内。

2）静电分选法是利用物质的电导率、热电效应及带电作用差异而进行物料分选的方法，可用于各种塑料、橡胶、合成皮革与胶卷、玻璃与金属的分离。

3）光学分离技术是利用物质表面光反射特性的不同而分离物料的方法。

4）涡电流分离技术是在废物中回收有色金属的有效方法，具有广阔的应用前景，当含有非磁导体金属（如铝、铜、锌等物质）的废物流以一定的速度通过交变磁场时，这些非磁导体金属中会产生感应涡流。由于废物流与磁场有了相对运动的速度，从而对产生涡流的金属有一个推力。利用此原理可使一些有色金属从混合废物中分离出来。

2. 垃圾焚烧发电工艺流程及关键控制技术

垃圾焚烧发电工艺流程分为垃圾焚烧前无分拣处理和有分拣处理两种。

(1) 垃圾焚烧前无分拣处理。图 2-7 为垃圾焚烧前无分拣处理的工艺流程。

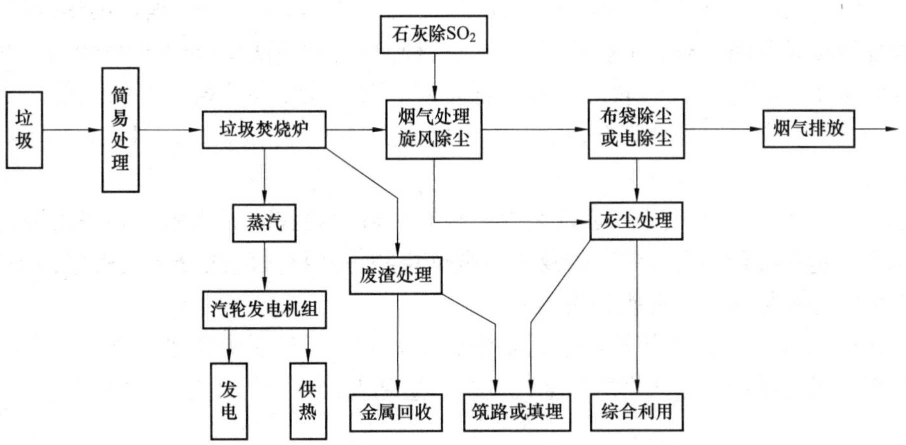

图 2-7 无分拣处理工艺流程

(2) 垃圾焚烧前有分拣处理。图 2-8 为垃圾焚烧前有分拣处理工艺流程。

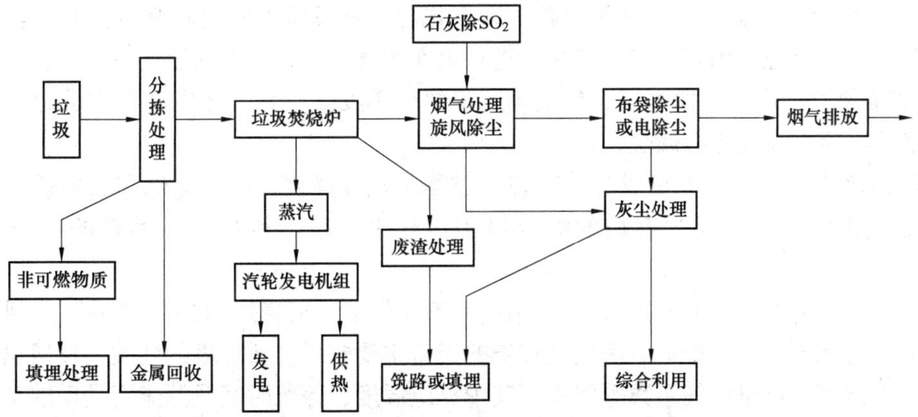

图 2-8 有分拣处理工艺流程

将垃圾运至电站经地磅称重后，卸入垃圾储坑中，储坑容积一般要足够堆放三天以上的焚烧量。垃圾在坑内发酵脱水后，由吊车将其送入给料器，并进入焚烧炉内焚烧。送风机从垃圾储坑中吸入空气，使垃圾储坑保持负压以避免坑中臭气外漏，空气经过空气预热器后作为锅炉的一次风和二次风。垃圾焚烧前，经一系列输送、筛选和粉碎装置，将不易处理和不能燃烧的垃圾清理掉。然后，送入垃圾焚烧炉在 1000℃高温下焚烧，形成的残渣、液态造粒（惰性灰渣）送出填埋；烟气在排放前经注入石灰、脱硫中和酸性气体，再传热到循环给水系统将水加热成过热蒸汽，进入汽轮发电机组发电，烟气经锅炉尾部受热面后，经布袋和静电除尘，除尘达标后经烟囱排放，静电除尘的细灰做建材综合利用。燃烧完全的灰渣送入灰渣处理系统，灰渣处理过程的污水和电厂内部的其他污水一起送到污水处理厂进行无害化处理。

3. 垃圾焚烧

(1) 垃圾焚烧过程。生活垃圾进入焚烧炉后，要经历干燥、热分解和燃烧过程。在实际焚烧过程中，这三个阶段没有明显的界限。

1) 干燥。生活垃圾干燥是利用热能使水分气化并排出水蒸气的过程，按热量传递方式，可将干燥分为传导干燥、对流干燥和辐射干燥三种方式。生活垃圾的含水率较高，在送入焚烧炉前其含水率一般为30%～40%，甚至更高，干燥过程需要消耗较多的热能。如果生活垃圾的水分过高，会导致炉温降低过大，着火燃烧困难，需添加辅助燃料，以提高炉温，改善干燥着火条件。

2) 热分解。生活垃圾热分解是垃圾中多种有机可燃物在高温作用下分解或聚合反应过程，反应产物包括各种烃类、固定碳及不完全燃烧物等。物质的热分解过程包括多种反应，这些反应可能是吸热的，也可能是放热的。

3) 燃烧。生活垃圾的实际焚烧过程是十分复杂的，经过干燥和热分解后，产生许多不同种类的气、固可燃物，这些物质与空气混合，达到着火所需的必要条件时就会形成火焰而燃烧。

根据可燃物质的种类，垃圾燃烧包括以下几种燃烧方式：

1) 蒸发燃烧。垃圾受热熔化成液体，继而气化，与空气扩散混合而燃烧，蜡的燃烧就属这一类。

2) 分解燃烧。垃圾受热后首先分解，碳氢化合物挥发留下固定碳及惰性物质，挥发分与空气扩散混合燃烧，固定碳与空气接触进行表面燃烧，木材和纸的燃烧属这一类。

3) 表面燃烧。固体（如木炭、焦炭等）受热后不发生融化、蒸发和分解等过程，而是在固体表面与空气反应进行燃烧。

生活垃圾中含有多种有机成分，其燃烧过程是蒸发燃烧、分解燃烧和表面燃烧的综合过程，是气相燃烧和非均相燃烧的混合过程，它比气态燃料和液态燃料的燃烧过程更复杂。

(2) 影响垃圾焚烧的主要因素。在实际燃烧过程中，焚烧炉内的条件不能达到理想效果，会导致燃烧不完全。影响生活垃圾焚烧的因素主要包括生活垃圾的性质、反应温度、停留时间、湍流度、过量空气系数等因素，其中反应温度、停留时间及湍流度是反映焚烧炉性能的主要指标。

1) 性质。生活垃圾的热值和尺寸是影响生活垃圾燃烧的主要因素，热值越高，燃烧过程越易进行，焚烧效果也就越好。生活垃圾组成成分的尺寸越小，单位质量或体积生活垃圾的比表面积越大，其与周围氧气的接触面积也就越大，焚烧过程中的传热及传质效果越好，燃烧越完全，反之传质传热效果较差，易发生不完全燃烧。因此，生活垃圾被送入焚烧炉前，对其进行破碎预处理，可增加其表面积，改善焚烧效果。

2) 反应温度。由于焚烧炉体积较大，炉内温度场分布不均，不同部位温度不同，焚烧的最高温度一般位于垃圾层上方并靠近燃烧火焰的区域内，可达800～1100℃。热值越高的生活垃圾，可达到的焚烧温度越高，也越有利于焚烧。

3）停留时间。停留时间包括两个方面的含义：①生活垃圾从进炉开始到焚烧结束，直至炉渣从炉中排出所需的时间；②生活垃圾焚烧产生的烟气在炉中停留时间，指生活垃圾焚烧烟气从产生到排出焚烧炉所需的时间。实际操作过程中，生活垃圾在炉中的停留时间必须大于理论上干燥、热分解及燃烧所需的总时间。同时，焚烧烟气在炉中的停留时间应保证烟气中气态可燃物达到完全燃烧，当其他条件保持不变时，停留时间越长，焚烧效果越好，但停留时间过长会使焚烧炉处理量减少，经济上不合理；停留时间过短会引起不完全燃烧，所以存留时间长短应由具体情况来定。在较高的焚烧温度下适当缩短停留时间，也可维持较好的焚烧效果。

4）湍流度。湍流度是表征生活垃圾和空气混合程度的指标，湍流度越大，生活垃圾与空气的混合程度越好，有机可燃物能及时充分地获取燃烧所需氧气，燃烧反应越完全。

5）过量空气系数。为了保证垃圾燃烧完全，通常要供给比理论所需空气量更多的空气量，供给适当的过量空气是有机物完全燃烧的必要条件。增大过量空气系数，不但可提供充足的氧气，而且可增加炉内的湍流度，有利于焚烧，但过大的过量空气系数可能使炉内温度降低，给焚烧带来副作用，还会增加输送空气及预热所需的能量。

6）其他因素。影响生活垃圾焚烧的其他因素包括垃圾在炉中的厚度及运动方式等。对炉中生活垃圾进行翻转、搅拌，可使生活垃圾与空气充分混合。炉中垃圾层的厚度必须适当。厚度太大，在同等条件下可能导致不完全燃烧，厚度太小又会减少焚烧炉的处理量。因此，在生活垃圾的焚烧过程中，应在可能的条件下合理控制各种影响因素，使其综合效应向着有利于生活垃圾完全燃烧的方向发展。但同时应该认识到，这些影响因素不是孤立的，它们之间存在着相互依赖、相互制约的关系，某种因素产生的正效应可能会导致另一种因素的负效应，所以应从综合效应来考虑整个燃烧过程的因素控制。

4. 垃圾焚烧发电过程控制策略

垃圾焚烧发电是资源化、无害化、减量化的有效措施之一，国外已普遍采用这种垃圾处理方式。我国在东南沿海、经济实力较强的城市已先后建设了多个垃圾焚烧发电厂，随着城市燃气率的提高，特别是“西气东输”工程的建设、垃圾热值的增加、城市经济实力的加强，使垃圾焚烧发电的条件日趋成熟。从长远看，垃圾发电在我国具有广阔的应用前景。

下面以国内某垃圾焚烧发电厂为例，简要说明垃圾焚烧发电厂的控制策略。

（1）垃圾焚烧锅炉控制。垃圾焚烧锅炉采用日本三菱马丁炉排垃圾焚烧处理技术，属反送式炉排焚烧炉。其特点是垃圾进厂后，除粗大垃圾须先经破碎处理外，其余垃圾不需要经过机械式的分类程序及粉碎等预处理，即可倒入垃圾储坑中，用起重机抓取投入进料斗，经滑槽由给料器推入焚烧炉内燃烧。垃圾通过炉排不同方式的运动，不停地被搅动，并在向出渣口移动的过程中完成干燥、燃烧及燃尽，最终残渣通过出渣口排出焚烧炉。炉膛燃烧温度在850～950℃之间，最高可达1100℃，因而垃圾在炉膛中的燃烧速度较快，各种不同特性的垃圾在高温下能得到较彻底处理，单台炉处理垃圾的能力较大。通过炉排的运动，使垃圾在焚烧炉炉膛内充分翻滚，以达到充分燃烧的目的。

垃圾焚烧锅炉的控制包括蒸发量（或炉温）控制、给料及炉排等动作控制、风门压力控制、风室温度控制、风量控制及锅炉水位控制等。

1）蒸发量（或炉温）控制。蒸发量（或炉温）控制由一个炉排燃烧控制器实现。该控制方式根据额定蒸发量（或炉温）的偏差设定上限值和下限值，给料器和炉排的动作由这两个限定值控制。

当蒸发量（或炉温）保持在上限值以上并在上升时，给料器和炉排的动作为“关”状态，促使蒸发量（或炉温）开始下降；当蒸发量（或炉温）在下降方向并穿过上限值时，给料器及炉排的动作变为“开”状态，蒸发量（或炉温）便开始回升；蒸发量（或炉温）在上升方向穿过上限值时，动作信号又为“关”状态；反之，在下降方向穿过下限值时，动作信号又将变为“开”状态。在其他功能中，采用预测控制系统，即给料器和炉排可根据蒸发量（或炉温）的变化率在达到设定值前进行控制。

当蒸发量（或炉温）急剧变化时启动控制系统，而在其他情况下控制系统处于关闭状态。

蒸汽流量（或炉温）的定值控制由简单控制回路组成，当实际值越过了上限值或下限值时，再参考其变化方向，来控制给料器和炉排的启停。当要处理垃圾数量增加或减少时，可调整蒸汽流量的设定值，同时考虑以下几点：目标垃圾流量、实际垃圾流量、平均垃圾流量及实际蒸汽流量。

2）各部分的动作控制。

a. 给料器。每台垃圾焚烧锅炉有两个给料器，每个给料器由一个液压缸驱动。垃圾进炉膛的数量取决于给料器的行程和速度。给料器动作行程为 0～1300mm，正常情况下为 250mm，随着垃圾情况的变化，可做相应的调整，湿垃圾为 200mm，正常情况为 250mm，干垃圾为 300mm。这些设定都是在试运行阶段做调整和设定，在正常情况下不需要调整。给料器的速度通过进入液压缸的油的流速来控制，具体的执行元件是流量控制四通阀（比例特性阀门）。此阀门根据 DCS 的控制信号自动控制油的流速及流量，控制范围为 0～100%。

两个给料器速度一样，并且由前后限位开关决定其运动的位置。当炉排的速度增加或减少时，给料器的速度必须同时增加或减少，始终与炉排的速度保持同步。适当地给料速度应该是动作时间及停止时间为 2～3min（相对于蒸汽流量定值控制）。

b. 炉排。炉排分为两部分，称为双炉排，由液压缸通过驱动杆驱动。两个炉排成相反方向运动，此运动的作用是使垃圾充分混合，使垃圾各层均匀，这样就使垃圾燃烧更有效。若炉排停止运动则会引起熄火，而如果炉排的运动加速，垃圾层又将变薄而引起熄火。炉排速度的调节与给料器相似，也由一只流量控制四通阀（比例特性）进行控制。

如果要保持稳定燃烧，应该将炉排的速度控制在使燃烧段超过整个炉排长度的 2/3，炉排上灰层的厚度一般为 800～1000mm。

c. 熔渣滚筒。每台垃圾焚烧锅炉有一个熔渣滚筒，由一个连杆把两个滚筒连在一起控制，由液压缸驱动。其作用是在炉排后部卸灰，使灰尘均匀。熔渣滚筒转动速度是由一只流量控制四通阀（比例特性）通过控制进入熔渣滚筒驱动液压缸的油的流速来控制。驱动液压缸油的流速在试运行期间由手动调节液压系统来标定，在正常运行期间保持恒定。所以熔渣滚筒速度是恒定的，可通过定时器控制其停止时间来控制其排灰速度。

d. 推灰器。每台垃圾焚烧锅炉有两个推灰器，由液压缸驱动，其调节方式同熔渣滚筒。这种调节方式的特点是只要设定了液压缸的停止时间，每小时的往复次数就确定了。推灰器速度控制也是在试运行期间由手动调节液压系统来标定，在正常运行期间保持恒定。推灰器停止时间只能通过定时器来调节，一般是1～3min。

e. 炉排筛。炉排筛安装在炉排下面，其后连接卸灰斜道，可引导空气到炉膛，同时引导筛下物到灰槽推灰器。筛下分5个仓室，各有一节流板来控制进仓室的燃烧空气。筛下物由一次风门输送。当筛下物落下时，5个仓室挡板依次打开，将筛下物送至推灰器时，以上动作为间歇动作，间歇时间由计时器设定，可为0～999min，一般设为30～60min。

f. 风室压力控制。风室压力控制通过控制一次风门挡板开度来实现。风室静压一般要求保持在39mbar（$1bar=10^5Pa$），这个值实际上也是整个炉排区域风压的要求。一次风门挡板的开度一般设定为35%～60%。

g. 一次风门温度控制。设定值在200℃，通过调节蒸汽空气预热器的加热蒸汽流量来实现。

h. 锅炉水位控制。该回路由单冲量（水位）给水调节和三冲量（水位、蒸汽流量、给水流量）给水调节单元组合而成。单冲量调节具有高水位、低水位、危水位报警和危低水位停炉保护等功能，同时控制和调节给水量。三冲量调节具有较强的动态功能，调节品质高，能较好地克服假水位现象。该回路配有压力补偿方式，具有清晰的参数图和给水流量、蒸汽流量等积算功能。

i. 过热蒸汽温度控制。采用炉膛出口蒸汽温度和减温器出口蒸汽温度作为前馈控制，以克服减温器的滞后对温度的影响。

j. 引风机风量挡板控制。炉膛负压控制采用总风量（送风量）前馈单回路控制，同时对过量空气进行补偿。

（2）垃圾焚烧发电系统蒸汽轮机控制。

1）电液调节系统。蒸汽轮机配有Woodward 505型电液调节系统，可靠性高、操作简单。在实际工程中该电液调节系统主要完成转速调节、入口蒸汽压力调节、发电机同步控制及负荷调整任务。

2）调节回路。除电液调节系统外，还配有下列调节回路：①热井水位调节，热井水位过低会影响汽轮机真空，过高则会对设备造成威胁，稳定的热井液位对机组的安全、经济运行十分重要；②冷凝泵最小流量控制，用于避免产生汽蚀对设备的损害；③轴封蒸汽压力调节，使真空得以维持；④除氧器压力调节，保证给水质量；⑤除氧器水位调节。

3）汽轮机保护控制系统。这个系统的主要作用是汽轮机安全联锁保护控制，包括汽轮机转速保护、汽轮机轴向位移保护、汽轮机真空保护、润滑油压联锁保护、除氧器抽汽联锁保护、汽轮机发电机联锁保护、射水泵汽轮机联锁保护等。此外，电气部分除继电保护和网控外，所有的电机控制、电气量等信号都通过I/O通道输入DCS。

（3）垃圾焚烧系统安全保护控制。垃圾焚烧系统的安全保护有以下方面：锅炉燃烧安全保护、主蒸汽压力安全保护、锅炉水位安全保护、引风机安全联锁保护、给水压力联锁保护。

（4）电能变换控制策略。垃圾焚烧发电一般是由焚烧炉加热锅炉，产生蒸汽驱动蒸汽轮机，并由与之相连的发电机直接发电。电能除了可直接并网供电外，也可利用电力电子技术对电能进行变换，然后再并入中、高压电网。

图2-9是垃圾焚烧发电控制系统。控制系统中的总协调控制器需要对垃圾焚烧全过程进行控制，包括控制方式的确定，并将逆变控制的方式下达给逆变控制器，将燃烧状态和要

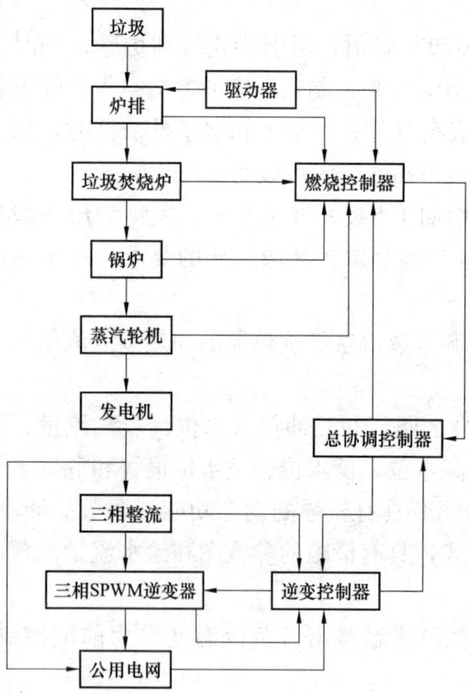

图 2-9 垃圾焚烧发电控制系统

求下达给燃烧控制器，起到整体的协调作用。逆变控制器采集公共电网的电压和相位等信号，并控制三相 SPWM 逆变器，实现同步并网，将发电机发出的交变电能变换成与电网同频率、同相位的交流电后，通过逆变匹配变压器输送到公共供电网络，而燃烧控制器采集相关的焚烧炉温度、锅炉温度与压力、汽轮机转速及工作状态，控制焚烧炉排的进给料速度，保持焚烧系统稳定。汽轮机带动发电机就可实现电能的产生，并在适当条件下可直接并入公共电网，但这种直接并网要求发电机输出的电压、频率、相位及三相平衡度等参数必须与公用电网一致，这就要求焚烧系统必须具备良好的功率调节性能。若采用三相逆变器变换后再进行并网，则并网控制全部由逆变控制器完成，对发电机及焚烧炉的要求要低得多，这种方式虽然提高了系统的造价，但对垃圾燃烧的控制要求却大为降低，因而这种方式适用于垃圾热值不稳定的场合。

2.6 沼气发电系统控制及综合利用

2.6.1 沼气的产生及净化处理

1. 沼气的产生

(1) 厌氧产沼气。沼气的来源广泛，垃圾填埋场及各类有机废水和有机垃圾的厌氧消化都会产生大量的沼气。无论以何种形式进行，沼气都是在厌氧环境中，其实质是微生物自身物质代谢和能量代谢的一个生理过程。厌氧产沼气过程中，微生物在厌氧的情况下为了取得自身的生活和繁殖所需的能量，而将一些高能量的有机物质分解，有机物质在转变为简单的低能量成分的同时放出能量以供微生物代谢之用。

有机物质的厌氧消化过程是一个非常复杂的由多种微生物共同作用的生化过程，随着人们对厌氧消化过程的认识不断深入，先后提出两阶段理论（酸性发酵和碱性发酵）和三阶段理论、四种群理论（水解发酵菌、产氢产乙酸菌、耗氢产乙酸菌、产甲烷菌）。目前，三阶段、四种群理论普遍为人们接受。三阶段理论的具体内容为：

第一阶段：水解发酵阶段。该阶段主要由发酵细菌的胞外酶，如纤维素酶、淀粉酶、蛋白酶和脂肪酶等对有机物质进行体外酶解，将多糖水解成单糖或二糖，蛋白质分解为多肽和氨基酸，脂肪分解成甘油和脂肪酸。通过这些微生物对有机物质进行体外酶解，把固体有机物转变成可溶于水的物质。这些水解产物可进入微生物细胞，并参与细胞内的生物化学反应。

第二阶段：产氢产乙酸阶段。上述水解产物进入微生物细胞后，在胞内酶的作用下，进一步将它们分解成小分子化合物，如低级挥发性脂肪酸、醇、醛、酮、酯类、中性化合物、氢气、二氧化碳、游离氨等。主要产物是挥发酸，其中乙酸比例最大，约占80%，故称为产酸阶段，参与该阶段的细菌统称为产酸菌。

在两阶段理论中，水解发酵阶段和产氢产乙酸阶段统称为不产甲烷阶段，但是在这两阶段中，碳水化合物、蛋白质和脂肪等被分解成小分子化合物，同时产生二氧化碳和氢气，为下一步合成甲烷提供基质。

第三阶段：产甲烷阶段。在这一阶段，产氨细菌大量繁殖和活动，氨态氮浓度增高，挥发酸浓度下降，为产甲烷细菌提供了适宜的生存环境，产甲烷细菌利用前阶段提供的小分子有机物、二氧化碳和氢等合成甲烷。

厌氧产沼气的两种方式为：

1）废水厌氧处理产沼气。工业有机废水、污水污泥、动物和人的排泄物、生活污水，以及造纸厂、酿酒厂、屠宰厂的废水等液态废弃物中均含有大量的有机物，这些废物都可作为沼气生产的原料，各种液态废弃有机物在密闭的沼气池内，在厌氧（缺氧气）条件下，被种类繁多的沼气发酵微生物分解转化，最终产生沼气。沼气是一种高效、高热值、高品位清洁能源，是各种有机物质在适宜的温度、湿度下，经过微生物的发酵作用产生的一种可燃气体。其主要成分是甲烷和二氧化碳，通常情况下甲烷（CH_4）占所产生的各种气体的50%～70%，二氧化碳（CO_2）占30%～40%，此外还有少量氢气（H_2）、氮气（N_2）、一氧化碳（CO）、硫化氢（H_2S）和氨气（NH_3）等。沼气是最合理利用、多次利用和综合利用生物质能的最有效形式。

2）固体有机废物厌氧处理技术。固体有机垃圾主要包括城市有机垃圾、城市污水污泥、农村秸秆、畜禽粪便，以及餐厨垃圾等几大类。有机垃圾的处理方法主要有填埋法、焚烧法和生物处理法。厌氧消化法和好氧堆肥法都属于生物处理法，不同之处在于前者是在厌氧条件下进行，后者则是在好氧条件下进行。大部分研究者认为固体有机废物的最好处理方式是厌氧消化，首先厌氧消化在生态环境保护方面具有突出优势，即应用生物处理释放的废气最少，生物处理能够最大限度地循环和再利用垃圾的成分，在厌氧处理中所有的气体都被收集了，厌氧消化比好氧堆肥更重要；其次厌氧消化在经济上有利，厌氧消化工程的先期投资较大，但投入运行后，由于能量平衡较好，所以经济效益优于其他处理方法。厌氧消化可消纳大量的有机垃圾，并且可产生数量可观的传统能源替代品——沼气，所以厌氧消化工艺在世界范围内应用越来越广泛。

（2）垃圾填埋场产沼气。

1）产气过程。城市生活垃圾卫生填埋的生物降解过程可以分为五个阶段，即：

a. 初始调整阶段：在填埋作业过程中，被填埋垃圾携带一定数量的空气进入垃圾体内，因此，该阶段实际上是以好氧发酵为主，垃圾中气体的主要成分为N_2、O_2和CO_2。

b. 过程转换阶段：随着垃圾堆体内氧气逐渐被好氧菌消耗，厌氧条件开始形成，垃圾进入厌氧发酵初始阶段，气体的主要成分为N_2、H_2和CO_2。

c. 酸性阶段：此阶段产酸菌繁殖加快，产生大量的有机酸，其主要成分为甲酸、富里酸和其他有机酸的中间产物，为甲烷生成菌的繁殖创造了条件，初始阶段CH_4产生量不断增加，气体中的主要成分为CO_2。

d. 稳定产气阶段：气体的主要成分为CH_4和CO_2，此阶段有机酸仍然大量产生，但速率明显减缓。

e. 降解终止阶段：CH_4 和 CO_2 的产生量不断下降，大气逐步渗入填埋场的垃圾层中。垃圾填埋场产生的沼气又称为填埋气，主要成分也是甲烷和二氧化碳。填埋气的产量是随着垃圾组分、填埋区容积、填埋深度、填埋场密封程度、集气设施、垃圾含水量、垃圾体温度和大气温度而变化的。一般来说，垃圾组分中的有机物含量越多、填埋区容积越大、填埋深度越深、填埋场密封程度越好、集气设施设计越合理，气体产量就越高；当垃圾含水量略超过垃圾干基重量时，气体含量较高；垃圾体的温度在30℃以上时，产气量较大；大气温度可影响垃圾体温度，从而影响产气量。

国外研究表明，第四阶段稳定产甲烷期会历时20～30年，属于气体回收利用期。垃圾中的有机物不可能全部进行生物分解从而在填埋场中消失，而且分解后的有机物也不会全部变成沼气。一般来说，填埋作业分期进行，所收集的沼气是从新旧垃圾层所产生出来的混合气体，气体向水平方向扩散，再流向填埋场外，而且有相当一部分沼气还透过覆盖土散逸到大气中去。因此，测定填埋场的沼气发生量是很困难的。通常采用理论计算和经验公式法得到的数据只能作为参考，再结合试验测试对填埋气产量进行粗略估计。

2）填埋场气体收集。垃圾填埋场的气体收集系统不同于一般的厌氧消化工艺的沼气收集系统，它包括场内收集系统、抽气系统、气体输送系统等。

2. 沼气的净化处理

沼气发酵时除了产生大量的甲烷，还会有相当部分的二氧化碳、硫化氢和甲基硫醇等，它们在燃烧过程中会产生碳酸、硫酸等，这些酸性副产物会严重腐蚀部件。大多数的厌氧消化器所产沼气都含有约40%的二氧化碳和0.3%～2%的 H_2S [约（3～20 000）$\times10^{-6}$]，以及相当量的硫醇，有时也含极少量的有机硫。H_2S 是一种腐蚀性很强的气体，它对输气管、仪器仪表、燃烧设备有很强的腐蚀作用，其燃烧产物二氧化硫也是一种腐蚀性很强的气体，同时进入大气能产生“酸雨”，H_2S 本身及燃烧时生成的 SO_2、H_2SO_3 和 H_2SO_4 对人都有毒害作用。为保证人体健康和保护大气环境，延长燃气设备等的使用寿命，必须进行脱硫，将沼气中的部分有害物质在一定程度上分离出来，满足工艺、环境、安全或经济的需要。沼气净化处理使硫化氢体积含量从0.01减少到（5～10）$\times10^{-4}$，此过程价格昂贵，可在进料废水中加入三氯化铁以减少硫化氢的生成，但对于长期运行的消化器，这同样是一个非常昂贵的方法，并且氯还会腐蚀管道，对消化器内的微生物也有中毒作用。

关于硫化氢气体的净化和利用，已有很多年的研究。然而由于国内诸多条件的影响，针对沼气中硫化氢的净化并未得到广泛重视，很多农村使用沼气时并未进行脱硫处理，即使处理也仅仅是采用简单的方法来脱硫，这势必对环境产生不良影响。

另外，还会有水分蒸发进入沼气，由于微生物对蛋白质的分解或硫酸盐的还原作用也会有一定量硫化氢（H_2S）气体生成，并进入沼气。二氧化碳和水的存在会降低沼气的热值，影响沼气燃烧。水蒸气的冷凝会造成管路堵塞，有时气体流量计中也充满了水。

因此，在大型沼气工程应用中，如沼气发电或进行集中供气的工程必须设法脱除沼气中的 H_2S 和水。一般情况下，沼气的预处理包括除杂脱水、脱硫过程。由于厌氧反应过程中产生热量，部分水分蒸发成水蒸气混在气体中，收集来的沼气往往含有饱和水蒸气。中温35℃运行的沼气池，沼气中的含水量为 $45g/m^3$，冷却到20℃时，沼气中的含水量只有 $19g/m^3$。沼气中水蒸气的去除方法有冷却分离法、溶剂吸收法和固体物理吸收法。对于大型沼气利用工程，沼气的脱水可在板式塔或填料塔内完成，对于小型沼气利用系统，可采用干燥剂脱水或冷凝器脱水。

2.6.2 沼气发电技术控制策略

1. 沼气产生的原理

沼气是由多种厌氧微生物混合作用后发酵而产生的。在这些厌氧微生物中，按微生物的作用不同，可分为纤维素分解菌、脂肪分解菌和果胶分解菌等；按它们的代谢产物不同，可分为产酸细菌、产氢细菌和产烷细菌等。在发酵过程中，这些微生物相互协调、分工合作，完成沼气发酵过程。沼气发酵过程可分为两个阶段，即不产甲烷（CH_4）阶段和产甲烷阶段。其中不产甲烷阶段又可分为两个过程，即水解液化过程（消化过程）和产酸过程。水解液化过程中多个菌种将复杂的有机物分解成较小分子的化合物，例如纤维分解菌分泌纤维素酶，使纤维素转化为可溶于水的二糖和单糖。产酸过程中由细菌、真菌和原生物把可溶于水的物质进一步转化为小分子化合物，并产生 CO_2 和 H_2。产甲烷阶段是由产甲烷菌把 H_2、CO_2、乙酸、甲酸盐、乙醇等分解并生成甲烷和 CO_2。沼气发酵产生的物质主要有三种：①沼气，以甲烷和 CO_2 为主，其中甲烷含量在55%～70%，是一种清洁能源；②消化液（沼液），含可溶性N、P、K，是优质肥料；③消化污泥（沼渣），主要成分是菌体、难分解的有机残渣和无机物，是一种优良有机肥，具有土壤改良功效，沼气的生成物有很高的应用价值。沼气发酵过程如图2-10所示，传统的消化池示意如图2-11所示。

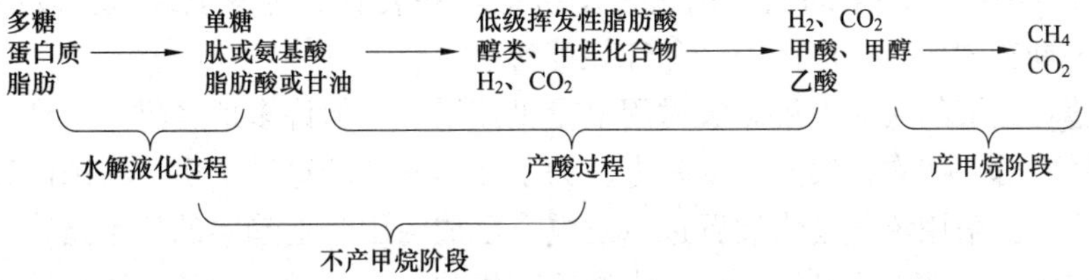

图2-10 沼气发酵过程

2. 沼气发酵的特点

(1) 沼气微生物自身耗能少。沼气发酵过程中，沼气微生物自身繁殖需要的能量是好氧微生物的1/30～1/20。对于基质来说，大约90%的化学需氧量（COD）已被转化为沼气。

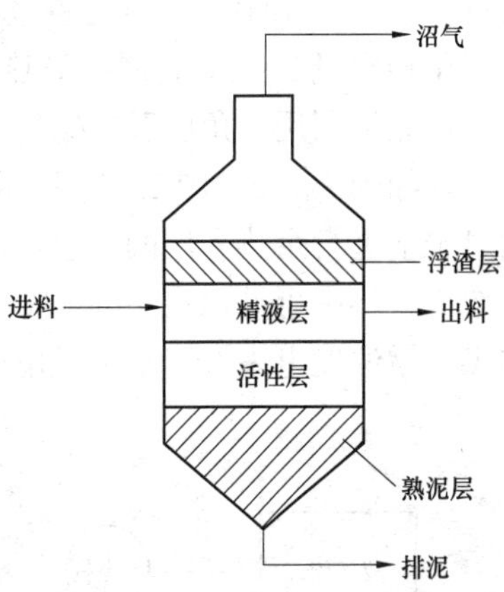

图2-11 传统消化池示意

(2) 沼气发酵能处理高浓度的有机废物。在好氧条件下，一般只能处理COD含量在10 000mg/L以上。酒精醪液、白酒废水、黄酒废水、制革废水、柠檬酸废水、淀粉废水、豆制品废水、造纸黑液、制药废液、乳品加工废水、高浓度啤酒废水、味精废水、糖蜜酒精废水、猪粪水、鸡粪水、奶牛粪水等各种农产品加工废水，都可作为沼气发酵的原料。

(3) 沼气发酵能处理的废物种类多。沼气发酵可处理人、畜粪便，作物秸秆，农产品加工企业的废水、废渣等。沼气发酵除去了90%的有机物质，余下的部分再经过好氧处理，便可达到国家排放标准。

(4) 沼气发酵受温度影响较大。沼气发酵可分为高温（50～60℃）、中温（30～35℃）和常温（自然温度）。高温发酵处理能力最强，中温次之，但需要一定的热能来维持所需要的温度。

沼气由沼气发酵池产生，能否快速、高效、高质地产生沼气与沼气池的设计密切相关。根据应用环境的不同，沼气池可分为城镇工业化发酵装置和农村家用沼气装置。工业化发酵装置包括单级发酵池、二级高效发酵池和三级化粪池高效发酵池。农村家用沼气池包括水压式沼气池、浮动罩式沼气池和薄膜气袋式沼气池。

2.6.3 沼气发电工艺系统

1. 国内外沼气发电技术现状

沼气发电是一种重要的沼气利用方式。沼气发电在发达国家已受到广泛重视和推广，美国在沼气发电领域有许多成熟的技术和工程，处于世界领先水平，已有 61 个填埋场使用沼气发电，发电装机总容量已达 340MW。我国沼气发电研发有 20 多年的历史，目前国内 0.8～5000kW 沼气发电机组均已先后投产。未来主要发展方向之一是高效沼气和发电工程系统研究，其目的是提高大型养殖场禽畜粪便沼气池产气率，由目前的 $2.2m^3/(m^3 \cdot d)$ 提高到 $3m^3/(m^3 \cdot d)$ 以上；发电过程中沼气消耗量由 $0.6\sim0.7m^3/kWh$ 下降到 $0.5m^3/kWh$ 左右。

2. 沼气发电工艺

沼气发电是随着大型沼气池建设和沼气综合利用的不断发展而出现的一项沼气利用技术，它将厌氧发酵处理产生的沼气用于发动机上，并装有综合发电装置，以产生电能和热能。沼气发电具有创效、节能、安全和环保等特点。

近年来随着经济的快速发展，农村用电量迅速增加，但许多地区仍得不到满足，尤其是夏天用电高峰要对一些农村实施拉闸限电。为了缓解农村的这种矛盾，我国已投入大量人力物力开发新能源。采用沼气动力装置进行发电，已成为国际上趋同的技术路线。

沼气是在厌氧条件下由秸秆、禽畜粪便等有机物经多种微生物的分解与转化作用后产生的可燃气体，其主要成分是甲烷和二氧化碳，其中甲烷含量一般为 60%～70%，二氧化碳含量为 30%～40%。沼气是性能较好的燃料，纯燃气热值为 $21.98MJ/m^3$，甲烷含量 60%、二氧化碳含量 20%时，属中等热值可再生能源燃料。

从能量利用的角度看，碳氢燃料可被多种动力设备使用，如内燃机、燃气轮机、蒸汽轮机等，如图 2-12～图 2-14 所示，燃料燃烧放出的热量通过发电机组和热交换器进行利用，相对于不进行余热利用的机组，其综合热效率要高。图 2-15 是采用不同种类动力发电装置的效率，从中可见，在 4000kW 以下的功率范围内，采用内燃机具有较高的利用效率。相对燃煤、燃油发电来说，沼气发电的特点是中小功率性，对于这种类型的发电动力设备，国际

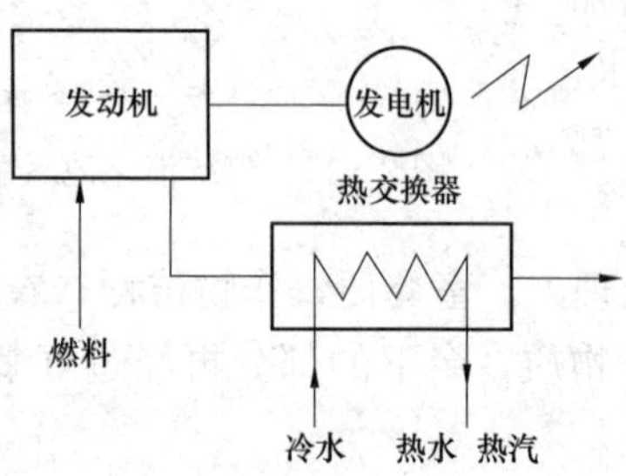

图 2-12 内燃机发电系统

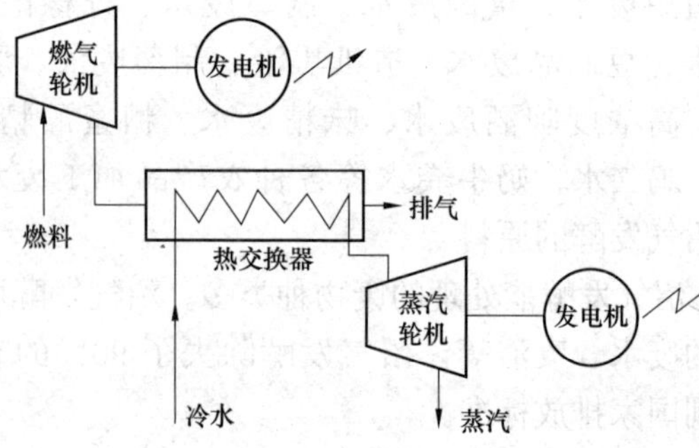

图 2-13 燃气轮机发电系统

上普遍采用内燃机发电机组进行发电，否则在经济性上不可行。因此采用沼气发动机发电机组，是目前利用沼气发电的最经济高效的途径。

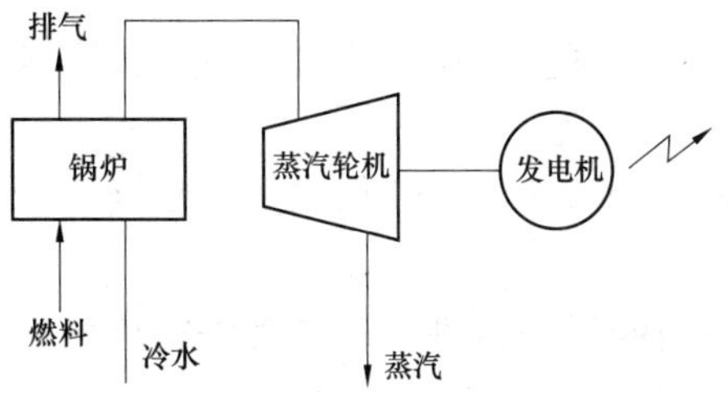

图 2-14　蒸汽轮机发电系统

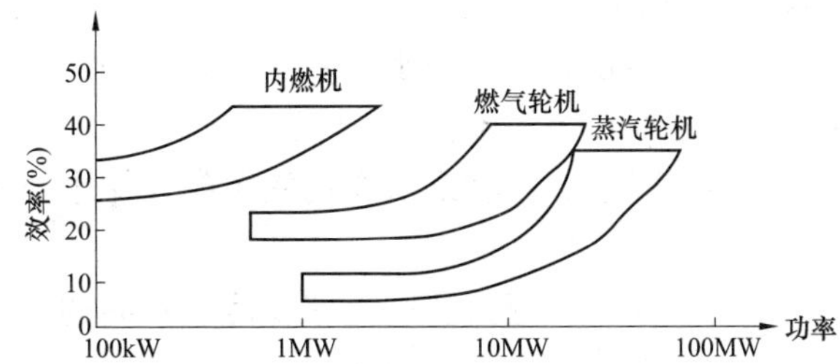

图 2-15　不同功率发电装置效率

目前国内外有不少污水处理厂采用这种方式，如天津市东郊污水处理厂和纪庄子污水处理厂等。日本 17 座污水处理厂应用沼气发电，1kg 干污泥在标准状态下约产生 0.35m^3 沼气，可发电 0.7kWh。图 2-16 为日本某污水处理厂沼气发电系统流程。

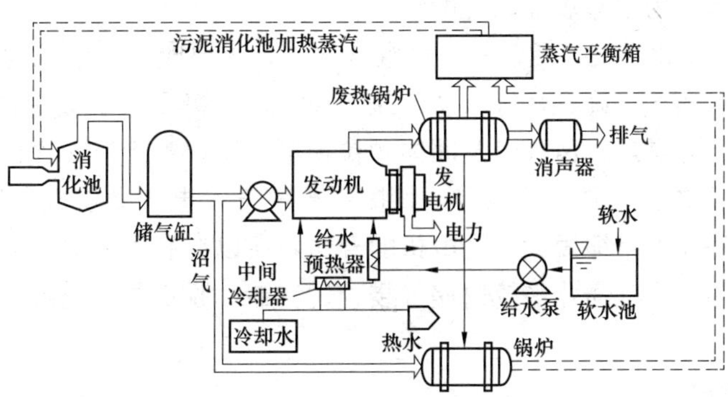

图 2-16　日本某污水处理厂沼气发电系统流程

沼气发电典型工艺流程：沼气池→沼气→脱水脱硫→气水分离→过滤→压缩→气水分离→冷却→发电机组→配电室→用户→循环冷却。

一个完整的大、中型沼气发电工程，无论其规模大小，都包括了如下的工艺流程：原料的收集、预处理、厌氧消化系统、出料后处理系统、沼气净化系统、沼气发电系统、电气及控制系统、余热利用系统等、循环冷却系统、静音系统等。

（1）原料收集：充足稳定的原料供应是厌氧消化工艺的基础。原料收集方式又直接影响原料质量，如一个猪场采用自动化冲洗，其污水总固体浓度（TS）一般只有 1.5%～3.5%，若采用粪板刮出，则原料 TS 浓度可达 5%～6%，如手工清运，TS 浓度可达 20%左右。因此，在养殖场或沼气厂设计时应当根据当地条件合理安排畜禽粪污的收集方式和集中地点，以便就近进行沼气发酵处理。

（2）原料预处理：原料常混杂有各种杂物，为便于用泵输送及防止发酵过程中出现故障，或为了减少原料中的悬浮固体含量，有的在进入消化器前还要进行升温或降温等，因而要对原料进行预处理。在预处理时，牛和猪粪中的长草、鸡粪中的鸡毛都应去除，否则极易引起管道堵塞。采用搅龙除草机去除牛粪中的长草，可收到较好的效果，再配用切割泵进一步切短残留的较长纤维和杂草可有效地防止管路堵塞。鸡粪中含有较多贝壳粉和砂砾等，必须进行沉淀清除，否则会很快大量沉积于消化器底部，不仅难以排除，而且会影响沼气池容积。

(3) 厌氧消化系统：

1) 第一阶段，粪污在水解与发酵细菌的作用下，使碳水化合物、蛋白质与脂肪经水解和发酵转化为单糖、氨基酸、脂肪酸、甘油、二氧化碳和氢等。

2) 第二阶段，是在产氢产乙酸菌的作用下，把第一阶段的产物转化成氢、二氧化碳和乙酸。

3) 第三阶段，通过两组生理物性上不同的产甲烷菌的作用，将氢和二氧化碳转化为甲烷或对乙酸脱羧产生甲烷发酵阶段，脂肪酸在专性厌氧菌——产甲烷菌的作用下转化为 CH_4 和 CO_2。

(4) 出料（沼渣、沼液）的后处理：出料后处理的方式多种多样，最简便的方法是直接用作肥料施入农田土壤或排入鱼塘，但施肥有季节性，而且单位面积有施肥限制，因此这类工程需养殖场周边有足够的农田、鱼塘、植物塘等，能够完全消纳经厌氧发酵后的沼渣、沼液，使沼气利用工程成为生态农业园区的纽带。

(5) 沼气储存及净化系统：沼气是一种混合气体，主要成分是甲烷，其次还含有二氧化碳、硫化氢、饱和水蒸气、高碳烃等（从乙烷 C_2H_6 到庚烷 C_7H_{16}），有时还含有一氧化碳、氮气、氨气、氢气、硅氧烷、卤代烃及固体颗粒物等杂质。由于沼气含有以上杂质且沼气的流量、压力、温度、浓度等都很不稳定，直接用于燃气发电势必造成燃气发电机的设备腐蚀、研磨等问题，从而严重缩短燃气发电机的寿命，所以在利用之前，必须对沼气进行净化处理以解决上述问题。沼气净化系统由储气袋、过滤器、脱水器、脱硫塔、精滤器、阻火器等组成。

2.6.4 余热利用系统

沼气燃烧发电机组排放的尾气温度很高，一般在 450～550℃，一台 800kW 进口机组尾气排放量约为 3100m^3/h，若直接排入大气，不仅造成能源浪费，降低能源利用率，并且会对环境造成影响，为了充分、合理地利用这部分余热，采用热回收技术，在尾气排放管道上设置余热锅炉，将燃气内燃机中的润滑油、中冷器、缸套水和尾气排放中的热量充分回收利用，有效吸收高温尾气中的热量。余热锅炉加热软化水，软化水再去加热厌氧消化部分，确保消化池内维持 35℃中温消化所需温度，冬季用于采暖及生活热水，夏季可与溴化锂吸收式制冷机连接，作为空调制冷；污水处理厂可利用该热量给消化池进行加热。由于沼气中含有微量杂质和腐蚀性物质，因此，要求沼气发动机尾气排放温度要比其他燃气发动机尾气排放温度高几十度，回水温度相应就要略高一些。图 2-17 为常规燃气内燃机热电冷三联供工艺系统。

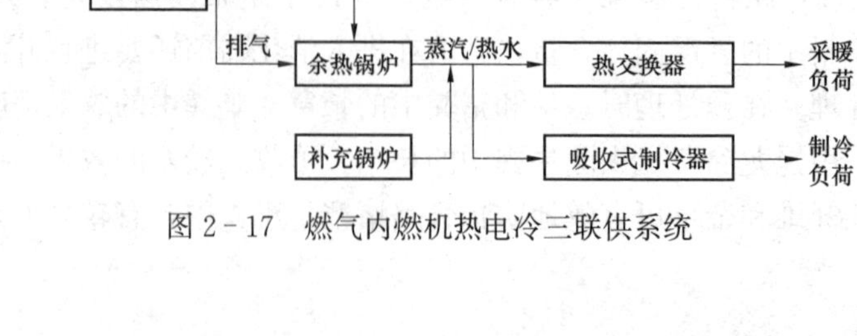

图 2-17 燃气内燃机热电冷三联供系统

目前国外已有先进技术把余热利用设备与发电机组集成一体化，即换热装置在机组内部，不用单独配置，出来直接是热水。设备只需三个接口：进水接口、回水接口和沼气接口，既简化了系统，减少了设备及占地面积，同时也减少了系统及工程总投资。图 2－18 为新型热电一体式联供系统，图 2－19 为热电一体化的沼气联供机组在污水处理厂的应用系统流程。

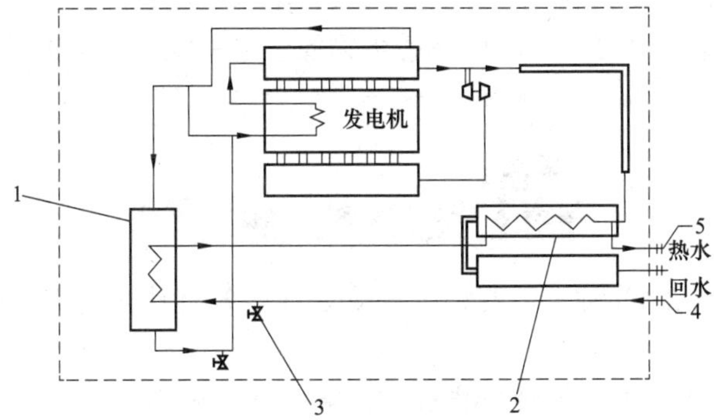

图 2－18 热电一体式联供系统

1—缸套水换热器；2—烟气换热器；3—疏水阀；4—回水接口；5—热水出口

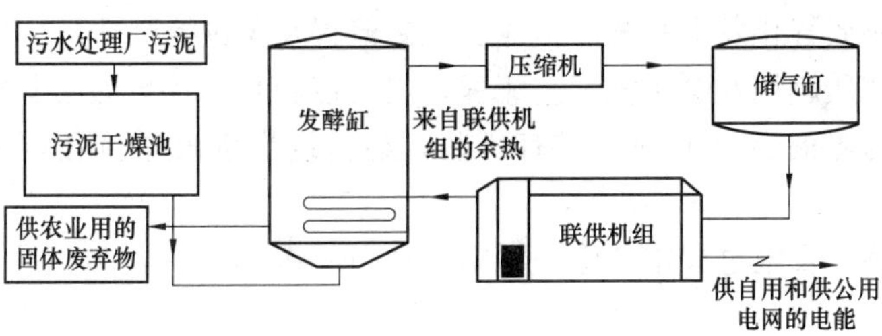

图 2－19 污水处理厂流程

2.6.5 沼渣和沼液的综合利用

众所周知，养殖场产生的粪便，气味非常浓，而且与外界接触多，所以细菌比较多，施入田间后病原菌滋生，导致病虫害加重，非常不利于田间作物的生长。但是，禽畜粪便经过厌氧发酵后，各种活性物质就会明显增加，同时有害生物含量大幅度降低，去除率可达 70％，其中寄生虫卵可全部杀死，大肠杆菌及细菌消灭率达 99％，有效地控制蚊蝇滋生，保证了肥料的清洁度。因此，沼液和沼渣是将禽畜粪便经过充分的无氧发酵后的残留物，是生物质经过沼气池厌氧发酵的产物，总称为沼肥，是一种优质的天然绿色有机肥料。经过沼气发酵后，各种养分元素基本保留在剩余物中，而且其中的有机物质分解充分、有效养分释放快，并且保肥效果好，其中水溶性的物质保留在沼液中，而不溶解或难分解的有机、无机固形物等则保留在沼渣中，并在沼渣表面吸附了大量可溶性有效养分。

所以沼渣含有非常全面的养分元素和丰富的有机物质，具有速缓兼备的肥效特点，与未发酵禽畜粪便和堆沤肥相比，沼肥是一种富含养分且很有实用价值的有机肥料。

本章小结

本章介绍了生物质基本概念、重要性和作用，生物质成型燃料的评价指标及影响成型燃料性能指标的因素。在此基础上，重点对目前国内外应用较为广泛的生物质气化发电系统、生物质燃烧发电系统、垃圾焚烧发电系统、沼气发电系统的特点、分类及工艺过程和控制技术做了介绍。通过本章内容可初步了解熟悉生物质发电系统的基本类型、组成和控制系统的关键技术。

思考题

2.1 生物质能包括哪些种类，资源蕴藏量如何，各有什么特点，开发生物质资源的重要性和作用是什么?

2.2 生物质成型燃料的主要评价指标和影响因素有哪些?

2.3 生物质成型燃料品质对生物质气化燃烧及直接燃烧会产生哪些影响?

2.4 生物质燃料气化燃烧过程中产生的主要污染物有哪些，在成型燃料压缩成型过程中应考虑哪些因素、采取什么方法，可有效去除或减少这些污染物?

2.5 简述生物质气化发电系统的组成、工艺流程及关键控制技术。

2.6 简述生物质燃烧发电系统工艺流程，主要控制系统及与燃煤发电的主要区别。

2.7 生物质与煤混燃发电的形式有哪些，与传统燃煤发电的主要差异和重要意义是什么?

2.8 生物质燃烧发电过程中产生的污染物成分主要是什么，目前国内外一般采用哪些控制策略方法来解决?

2.9 垃圾焚烧发电系统主要由哪几部分组成，其和常规燃煤发电系统的主要差异在哪里，该系统哪些指标和参数需要严格控制，采用哪些控制技术?

2.10 垃圾焚烧发电过程中的核心环节有哪几部分，其对发电及生态环境系统会产生哪些影响?

2.11 沼气生产的主要来源和途径有哪些?

2.12 沼渣和沼液的基本性质和特点是什么，哪些生物质原料可有效生产沼渣和沼液，为什么沼渣和沼液是绿色有机肥料，其主要用途有哪些?

2.13 简述沼气发电系统工艺过程，分析沼气发电中存在的问题及关键控制技术。

第3章 太阳能发电

3.1 太阳能及太阳能利用

人类社会进入21世纪后面临着重大的能源挑战。随着全球经济的发展，能源的需求量也不断增加。在过去20年中，全世界能源消耗量增加了40%，其中85%以上使用的是矿物燃料，而矿物燃料的储藏量是有限的。随着人类对能源需求量的剧增，矿物燃料储藏量将迅速减少，如不采取有效措施，到21世纪中叶，人类必将面临矿物燃料枯竭的能源危机局面。同时，矿物燃料燃烧时会产生温室气体，单是CO_2排放量全球每年就超过500亿t，而且还在不断增加，因此造成了大气污染，形成的酸雨使土壤退化，危害生物。全球气候变暖还可能产生灾难性后果。

全世界普遍认识到需要逐步改变现有的能源结构。大力开发利用新能源是保证全球能源长期稳定供应，保护人类生态环境，实现人类可持续发展的有效手段。在新能源中，应用最广、最有发展前景的是太阳能。太阳能具有安全可靠、使用寿命长、维护简单、随处可用、不需要长距离输送、没有活动部件、不容易损坏、无噪声、不需要燃料、不污染环境等优点，是理想的清洁新能源。

我国太阳能资源非常丰富，每年的理论储量相当于1.7万亿t标准煤。太阳能资源开发利用的潜力非常大，全国大多数地区年平均日辐射量在$4GJ/m^2$以上，西藏日辐射量最高达$7GJ/m^2$，年日照时数大于2000h。我国太阳能资源与同纬度的其他国家相比，与美国相近，比欧洲、日本优越得多，具有很大的开发利用潜能。

人类对太阳能的利用有着悠久的历史。我国早在两千多年前的战国时期就利用铜制四面镜聚焦太阳光来点火，利用太阳能来干燥农副产品。发展到现代，太阳能的利用已日益广泛，它包括太阳能的光热利用、光电利用和光化学利用等。目前，太阳能的利用主要有光热和光电两种方式。

太阳能的转换与利用包括了太阳能的采集、转换、储存、传输与应用等方面。

1. 太阳能采集

太阳辐射的能流密度低，在利用太阳能时为了获得足够的能量，或者为了提高温度，必须采用一定的技术和装置（集热器），对太阳能进行采集。集热器按是否聚光，可划分为聚光集热器和非聚光集热器两大类。非聚光集热器（平板集热器、真空管集热器）能够利用太阳辐射中的直射辐射和散射辐射，集热温度较低；聚光集热器能将阳光汇聚在面积较小的吸热面上，可获得较高温度，但只能利用直射辐射，且需要跟踪太阳。

（1）平板集热器。历史上早期出现的太阳能装置，主要为太阳能动力装置，大部分采用聚光集热器，只有少数采用平板集热器。平板集热器是在17世纪后期发明的，但直至1960年以后才真正进行深入研究和规模化应用。在太阳能低温利用领域，平板集热器的技术经济性能远比聚光集热器好。为了提高效率、降低成本，或者为了满足特定的使用要求，人类开发研制了多种平板集热器。按工质划分有空气集热器和液体集热器，目前大量使用的是液体集热器。按吸热板芯材料划分有钢板铁管、全铜、全铝、铜铝复合、不锈钢、塑料及其他非金属集热器等；按结构划分有管板式、扁盒式、管翅式、热管翅片式、蛇形管式集热器，还有带平面反射镜集热器和逆平板集热器等；按盖板划分有单层或多层玻璃、玻璃钢或高分子透明材料、透明隔热材料集热器等。目前，国内外使用比较普遍的是全铜集热器和铜铝复合集热器。

(2) 真空管集热器。为减少平板集热器的热损、提高集热温度，国际上20世纪70年代研制成功真空集热管，其吸热体被封闭在高度真空的玻璃真空管内，大大提高了热性能。将若干支真空集热管组装在一起，即构成真空管集热器，为了增加太阳光的采集量，有的在真空集热管的背部还加装了反光板。真空集热管大体可分为全玻璃真空集热管、玻璃U形真空集热玻璃管、金属热管真空集热管、直通式真空集热管和储热式真空集热管等。我国还研制成功了全玻璃热管真空集热管和新型全玻璃直通式真空集热管。

(3) 聚光集热器。主要由聚光器、吸收器和跟踪系统三大部分组成。按照聚光原理区分，聚光集热器基本可分为反射聚光和折射聚光两大类，每类中按照聚光器的不同又可分为若干种。为了满足太阳能利用的要求，简化跟踪机构，提高可靠性，降低成本，已研制开发的聚光集热器品种很多，但推广应用的数量远比平板集热器少，商业化程度也较低。在反射式聚光集热器中应用较多的是旋转抛物面镜聚光集热器（点聚焦）和槽形抛物面镜聚光集热器（线聚焦）。前者可获得高温，但要进行二维跟踪；后者可获得中温，只要进行一维跟踪。

其他反射式聚光器还有圆锥反射镜、球面反射镜、条形反射镜、斗式槽形反射镜、平面反射镜、抛物面镜聚光器等。此外，还有一种应用在塔式太阳能发电站的聚光镜——定日镜。定日镜由许多平面反射镜或曲面反射镜组成，在计算机控制下这些反射镜将阳光都反射至同一吸收器上，吸收器可达到很高的温度，获得很大的能量。利用光的折射原理可制成折射式聚光器，曾有人在法国巴黎用两块透镜聚集阳光进行熔化金属的试验。有人利用一组透镜并辅以平面镜组装成太阳能高温炉。显然，玻璃透镜较重、制造工艺复杂、造价高，很难做得很大。

2. 太阳能转换

太阳能是一种辐射能，具有即时性，必须即时转换成其他形式的能量才能储存和利用。将太阳能转换成不同形式的能量需要不同的能量转换器，集热器通过吸收面可将太阳能转换成热能，利用光伏效应太阳电池可将太阳能转换成电能，通过光合作用，植物可将太阳能转换成生物质能等。原则上，太阳能可直接或间接转换成任何形式的能量，但转换次数越多，最终太阳能转换的效率便越低。

(1) 太阳能-热能转换。黑色吸收面吸收太阳辐射，可将太阳能转换成热能，其吸收性能好，但辐射热损失大，所以黑色吸收面不是理想的太阳能吸收面。选择性吸收面具有高的太阳吸收比和低的发射比，吸收太阳辐射的性能好，且辐射热损失小，是比较理想的太阳能吸收面。这种吸收面由选择性吸收材料制成，简称为选择性涂层。

(2) 太阳能-电能转换。电能是一种高品位能量，利用、传输和分配都比较方便。将太阳能转换为电能是大规模利用太阳能的重要技术基础，世界各国都十分重视，其转换途径很多，有光电直接转换、光热电间接转换等。

(3) 太阳能-氢能转换。氢能是一种高品位能源，太阳能可通过分解水或其他途径转换成氢能，即太阳能制氢，其主要方法如下：

1）太阳能电解水制氢。电解水制氢是目前应用较广且较成熟的方法，效率较高（75%～85%），但耗电大，使用常规电解水制氢，从能量利用而言得不偿失。所以，只有当太阳能发电的成本大幅度下降后，才能实现大规模电解水制氢。

2）太阳能热分解水制氢。将水或水蒸气加热到3000K以上，水中的氢和氧便能分解。这种方法制氢效率高，但需要高倍聚光器才能获得如此高的温度，一般不采用这种方法制氢。

3）太阳能热化学循环制氢。为了降低太阳能直接热分解水制氢要求的高温，研发了一种热化学循环制氢方法，即在水中加入一种或几种中间物，然后加热到较低温度，经历不同的反应阶段，最终将水分解成氢和氧，而中间物不消耗，可循环使用，热化学循环分解的温度一般为900～1200K，这是普通旋转抛物面镜聚光器比较容易达到的温度，其分解水的效率在17.5%～75.5%。存在的主要问题是中间物的还原，即使按99.9%～99.99%还原，也还要作0.1%～0.01%的补充，这将影响氢的价格，并造成环境污染。

4）太阳能光化学分解水制氢。这一制氢过程与上述热化学循环制氢有相似之处，在水中添加某种光敏物质作催化剂，增加对阳光中长波光能的吸收，利用光化学反应制氢。日本有人利用碘对光的敏感性，设计了一套包括光化学、热电反应的综合制氢流程，每小时可产氢97L，效率达10%左右。

5）太阳能光电化学电池分解水制氢。科学家于1972年发现太阳光照N_2TiO_2半导体能分解水得到氢，开始了人类利用太阳能直接光解水制氢的研究。从TiO_2光解水催化剂到其他光解催化剂，对光解水催化材料进行了大量的研究，已在光解水催化剂的制备、改性，以及光催化理论等方面取得很大进展。利用TiO_2半导体电极作阳极，而以铂黑作阴极，制成太阳能光电化学电池，在太阳光照射下，阴极产生氢气，阳极产生氧气，两电极用导线连接便有电流通过，即光电化学电池在太阳光的照射下同时实现了分解水制氢、制氧和获得电能。但是，光电化学电池制氢效率很低，仅0.4%，只能吸收太阳光中的紫外光和近紫外光，且电极易受腐蚀、性能不稳定，所以很难达到实用要求。

6）太阳光络合催化分解水制氢。科学家于1972年发现双核联吡啶钌络合物的激发态具有电子转移能力，并从络合催化电荷转移反应，提出利用这一过程进行光解水制氢。这种络合物是一种催化剂，它的作用是吸收光能、产生电荷分离、电荷转移和集结，并通过一系列偶联过程，最终使水分解为氢和氧。

7）生物光合作用制氢。绿藻在无氧条件下，经太阳光照射可放出氢气；蓝、绿藻等许多藻类在无氧环境中适应一段时间，在一定条件下都有光合放氢作用。由于对光合作用和藻类放氢机理了解还不够，藻类放氢的效率很低，要实现工程化产氢还有相当大的距离。据估计，如藻类光合作用产氢效率提高到10%，则每天每平方米藻类可产9g氢分子。

（4）太阳能-生物质能转换。通过植物的光合作用，太阳能把二氧化碳和水合成有机物（生物质能）并释放出氧气。光合作用是地球上最大规模转换太阳能的过程，人类所用燃料都是远古和当今光合作用的结果。目前，光合作用机理尚不完全清楚，能量转换效率一般只有百分之几，今后对其机理的研究具有重大的理论意义和实际意义。

（5）太阳能-机械能转换。物理学家实验证明光具有压力，提出利用在宇宙空间中巨大的太阳帆，在阳光的压力作用下可推动宇宙飞船前进，将太阳能直接转换成机械能。通常，太阳能转换为机械能需要通过中间过程进行间接转换。

3. 太阳能储存

地面上接收到的太阳能，受气候、昼夜、季节的影响，具有间断性和不稳定性。因此，太阳能储存十分必要，尤其对于大规模利用太阳能更为必要。太阳能无法直接储存，必须转换成其他形式的能量才能储存。大容量、长时间、经济地储存太阳能，在技术上比较困难。

(1) 热能储存。

1) 显热储存。利用材料的显热储能是最简单的储能方法，在实际应用中，水、沙、石子、土壤等都可作为储能材料，其中水的比热容最大，应用较多。

2) 潜热储存。利用材料在相变时放出和吸入的潜热储能，其储能量大，且在温度不变的情况下放热。在太阳能低温储存中常用含结晶水的盐类储能，如十水硫酸钠、十水氯化钙、十二水磷酸氢钠等，但在使用中要解决过冷和分层问题，以保证工作温度和使用寿命。太阳能中温储存温度一般在100℃以上、500℃以下，通常在300℃左右。适宜于中温储存的材料有高压热水、有机流体、多晶盐等。太阳能高温储存温度一般在500℃以上，目前正在试验的材料有金属钠、熔融盐等。1000℃以上极高温储存，可采用氧化铝和氧化锗耐火球。

3) 化学储热。利用化学反应储热，储热量大、体积小、重量轻，化学反应产物可分离储存，需要时才发生放热反应，储存时间长。真正能用于储热的化学反应必须满足以下条件：反应可逆性好、无副反应，反应迅速，反应生成物易分离且能稳定储存，反应物和生成物无毒、无腐蚀、无可燃性，反应热大、反应物价格低等。目前已筛选出一些化学吸热反应能基本满足上述条件，如 $Ca(OH)_2$ 的热分解反应，利用上述吸热反应储存热能，用热时则通过放热反应释放热能。但是，$Ca(OH)_2$ 在大气压下脱水反应温度高于500℃，利用太阳能在这一温度下实现脱水十分困难，加入催化剂可降低反应温度，但仍相当高。其他可用于储热的化学反应还有金属氢化物的热分解反应、硫酸氢铵循环反应等。

4) 塑晶储热。1984年，美国在市场上推出一种塑晶家庭取暖材料。塑晶学名为新戊二醇（NPG），它和液晶相似，有晶体的三维周期性，但力学性质像塑料，它能在恒定温度下储热和放热，但不是依靠固-液相变储热，而是通过塑晶分子构型发生固-固相变储热。塑晶在恒温44℃时，白天吸收太阳能以储存热能，晚上则放出白天储存的热能。

5) 太阳池储热。太阳池是一种具有一定盐浓度梯度的盐水池，可用于采集和储存太阳能。它简单、造价低、宜于大规模使用，因此引起了人们的重视。

(2) 电能储存。电能储存比热能储存困难，常用的是蓄电池，正在研究开发的还有超导储能。铅酸蓄电池利用化学能和电能的可逆转换，实现充电和放电，价格较低，但使用寿命短；体积大、重量重、需要经常维护。目前，与光伏发电系统配套的储能装置，大部分为铅酸蓄电池。现有的蓄电池储能密度较低，难以满足大容量、长时间储存电能的要求。某些金属或合金在极低温度下成为超导体；理论上电能可在一个超导无电阻的线圈内储存无限长的时间。这种超导储能不经过任何其他能量转换直接储存电能，效率高、启动迅速、可安装在任何地点，尤其是消费中心附近，不产生任何污染，但目前超导储能在技术上尚不成熟，尚在研究开发。

(3) 氢能储存。氢可大量、长时间储存。它能以气相、液相、固相（氢化物）或化合物（如氨、甲醇等）形式储存。

1) 气相储存：储氢量少时，可采用常压湿式气柜、高压容器储存；大量储存时，可储存在地下储仓、不漏水土层覆盖的含水层、盐穴和人工洞穴内。

2）液相储存：液氢具有较高的单位体积储氢量，但蒸发损失大。将氢气转化为液氢需要进行氢的纯化和压缩、正氢-仲氢转化，最后进行液化。液氢生产过程复杂、成本高，目前主要用作火箭发动机燃料。

3）固相储氢：利用金属氢化物固相储氢，储氢密度高，安全性好。目前，基本能满足固相储氢要求的材料主要是稀土系合金和钛系合金。

（4）机械能储存。太阳能转换为电能，推动电动水泵将低位水抽至高位，便能以位能的形式储存太阳能；太阳能转换为热能，推动热机压缩空气，也能储存太阳能，但在机械能储存中最受人关注的是飞轮储能。近年来，由于高强度碳纤维和玻璃纤维的出现，用其制造的飞轮转速大大提高，增加了单位质量的动能储量；电磁悬浮、超导磁浮技术的发展，结合真空技术，极大地降低了摩擦阻力和风力损耗；电力电子的新进展，使飞轮电机与系统的能量交换更加灵活。在太阳能光伏发电系统中，飞轮可代替蓄电池用于蓄电。

4. 太阳能传输

太阳能不像煤和石油一样用交通工具进行运输，而是应用光学原理，通过光的反射和折射进行直接传输，或者将太阳能转换成其他形式的能量进行间接传输。

（1）直接传输适用于较短距离，方法有：①通过反射镜及其他光学元件组合，改变阳光的传播方向，到达用能地点；②通过光导纤维，将入射在一端的阳光传输到另一端，传输时光导纤维可任意弯曲；③采用表面镀有高反射涂层的光导管，通过反射可将阳光导入室内。

（2）间接传输适用于各种不同距离，方法有：①将太阳能转换为热能；②将太阳能转换为氢能或其他载能化学材料；③空间电站将太阳能转换为电能，通过微波或激光将电能传输到地面。

5. 太阳能应用

（1）太阳辐射热能利用。我国有13亿人口，3.5亿个家庭，若每日每户供应60℃热水100L，全年需电能6643亿kWh，约为全国年发电量的一半，折合电费约为4000亿元。由于市场需求大，太阳能热水器是光热利用最成功的领域。我国在太阳能热水器的基础理论、工艺材料及应用研究、技术标准、制造水平、产品质量等方面，总体处于国际先进水平。太阳能热水器主要有玻璃真空管式、热管真空管式、平板式和少量闷晒式，其中玻璃真空管式占80%以上。

（2）太阳能光热利用。除太阳能热水器外，还有太阳房、太阳灶、太阳能温室（薄膜大棚）、太阳能干燥系统、太阳能土壤消毒杀菌技术等。

（3）太阳能光伏发电。通过太阳能光伏电池将太阳辐射能转换成电能利用的发电技术，又称为太阳能光伏发电技术。

（4）太阳能热发电。太阳能热发电是太阳能热利用的一个重要发展方向，这项技术利用集热器把太阳辐射的热能集中起来给水加热产生蒸汽，然后通过汽轮发电机组发电。根据集热方式的不同，又分为高温发电和低温发电。

（5）太阳能综合利用。用太阳能全方位地解决建筑内热水采暖、空调和照明用能问题，是最理想的方案。太阳能与建筑（包括高层）一体化研究与实施，是太阳能开发利用的重要方向。

3.2　太阳能光伏发电系统组成及工作原理

太阳能光伏发电是根据光生伏特效应原理，利用太阳电池将太阳能直接转化为电能。不论是独立使用还是并网发电，光伏发电系统主要由太阳电池板（组件）、控制器和逆变器三大部分组成，它们主要由电子元器件构成，不涉及机械部件，所以，光伏发电设备精炼、可靠、稳定、寿命长，安装维护简便。理论上讲，光伏发电技术可用于任何需要电源的场合，上至航天器，下至家用电器，光伏电源无处不在。目前，光伏发电系统主要用于三大方面：①为无电场合提供电源，主要为广大无电地区居民生活生产提供电力，微波中继电源及一些移动电源和备用电源等；②太阳能日用电子产品，如各类太阳能充电器、路灯、草坪灯和交通信号警示灯等；③并网发电，在发达国家已大面积推广实施。

3.2.1 太阳能光伏发电原理

太阳电池的原理是基于半导体的光伏效应，将太阳辐射直接转换为电能。所谓光伏效应是指光照使不均匀半导体或半导体与金属结合的不同部位之间产生电位差的现象。它首先是由光子（光波）转化为电子、光能量转化为电能量的过程；其次，是形成电压过程，有了电压，就会形成电流的回路。所谓光电效应，就是指物体在光的照射下，某些物质内部的电子会被光子激发出来而形成电流，即光生电，吸收光能后，其内部能传导电流的载流子分布状态和浓度发生变化，由此产生电流和电动势的效应。在气体、液体和固体中均可产生这种效应，而半导体光伏效应的效率最高。当太阳光照射到半导体的PN结上时，就会在其两端产生光生电压，若在外部将PN结短路，就会产生光电流。光伏电池正是利用半导体材料的这些特征，把光能直接转化成电能。而且在这种发电过程中，光伏电池本身不发生任何化学变化，也没有机械磨损，因而在使用中无噪声、无气味，对环境无污染。

根据固体物理理论，晶体中的所有电子都具有一定的能量，每个电子具有的能量分布于不同的能级，从低到高依次排列。按照这种结构特征，可将物质分为导体、绝缘体和半导体三种类型。

一般的半导体结构如图3-1所示。

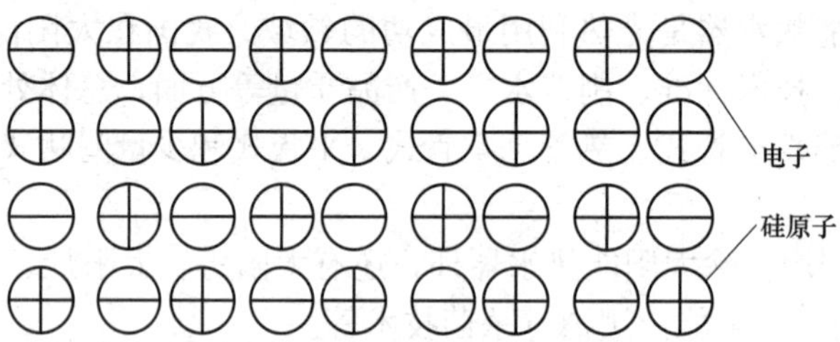

图3-1 一般半导体结构

图3-1中，正电荷表示硅原子，负电荷表示围绕在硅原子周边的4个电子。当硅晶体中掺入其他的三价或五价杂质原子（如硼、磷等）时，与相邻硅原子结合就会在杂质周围形成空穴或多余电子，成为P型或N型半导体硅材料。当掺入硼时，硅晶体中就会多出空穴，它的形成如图3-2所示，其中，正电荷表示硅原子，负电荷表示围绕在硅原子周边的4个电子，因为掺入的硼原子周围只有3个电子，所以就会产生多余的空穴，这些空穴因为没有电子而变得很不稳定，容易吸收临近电子而产生中和作用，并形成与电子移动反方向的电流，这种硅称为P型半导体。同样，掺入磷原子后，因为磷原子有5个电子，所以就会有一个多余的电子变得非常活跃，它的移动形成电流，由于电子是负的载流子，因此这种硅称为N型半导体，如图3-3所示。

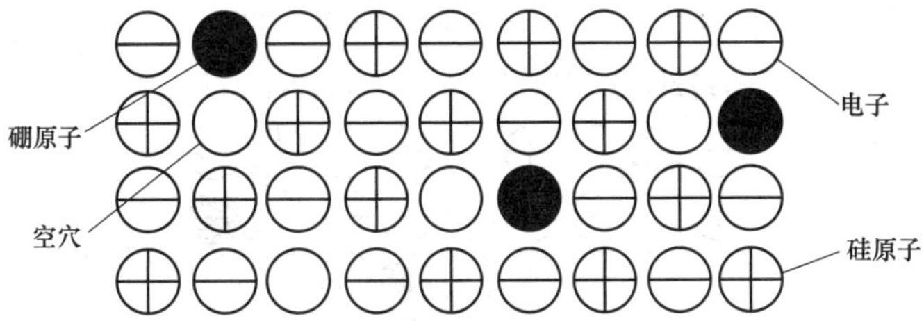

图 3-2　P 型半导体

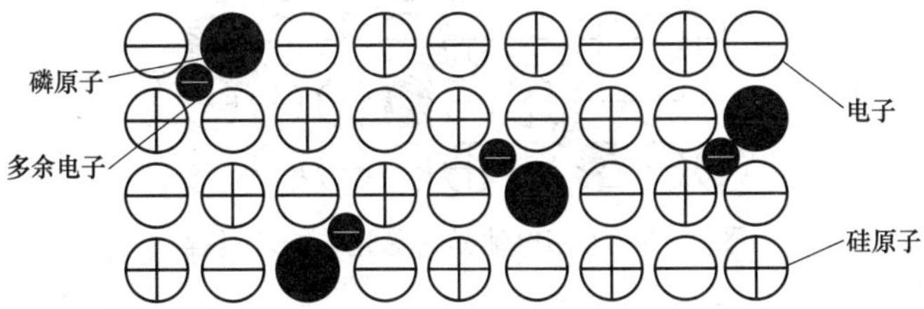

图 3-3　N 型半导体

P 型半导体中含有较多的空穴，而 N 型半导体中含有较多的电子，当把 P 型和 N 型半导体结合在一起时，就形成了 PN 结，受光照射后在接触面就会形成电势差。这种含 PN 结的新型复合半导体晶片就是太阳电池晶片，如图 3-4 所示。

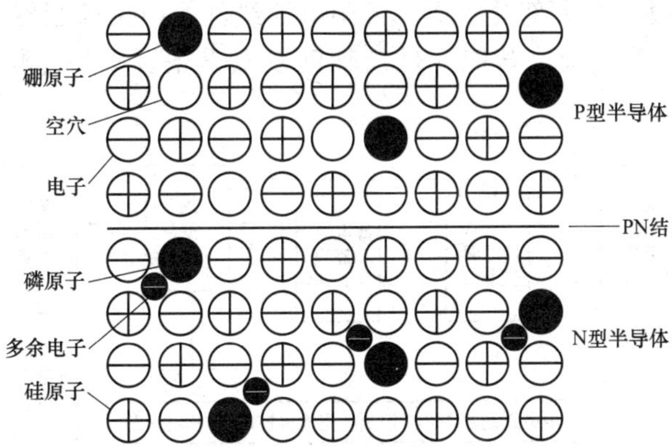

图 3-4　太阳电池晶片

当太阳电池晶片受光后，PN 结附近的 N 型半导体区域的电子将向 P 区扩散，而 P 型半导体区域的空穴往 N 区扩散，从而形成从 P 区到 N 区的电流，并在 PN 结中形成电势差，这个电势差就形成太阳电池的电压，太阳电池晶片受光的物理过程如图 3-5 所示。

由太阳电池晶片组成单体光伏电池，具有光电转换特性，直接将太阳辐射能转换为电能，构成光伏发电的基本单元。光伏电池的输出电流受自身面积及日照强度的影响，面积大的电池产生较强电流。将一系列单体光伏电池进行串联而成串联电池组，可得到较高的输出电压；将一系列单体光伏电池进行并联，可获得较大的输出电流；将多组串联电池组进行并联，可获得较高的输出电压与较大的输出电流，使光伏电池的输出功率较大。

光伏发电系统将光伏电池组获得的电能，经过一次甚至多次电力电子变换及能量储存，

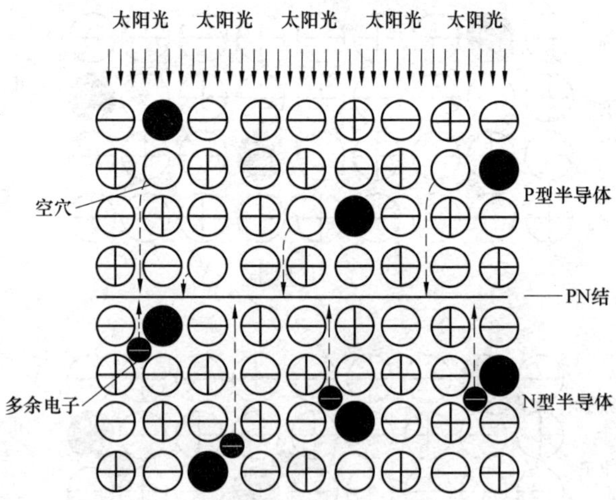

图 3-5 太阳电池晶片受光的物理过程

最终向电力负载提供电能，完成发电过程。

3.2.2 太阳能光伏发电系统的构成与分类

1. 太阳能光伏发电系统的构成

太阳能光伏发电系统是利用太阳电池半导体材料的光伏效应，将太阳光辐射能直接转换为电能的一种新型发电系统。

光伏发电系统一般由三大部分组成：太阳电池组件，中央控制器（MPPT 控制、充放电控制、逆变控制），蓄电池、蓄能元件及辅助发电设备。典型光伏发电系统如图 3-6 所示。

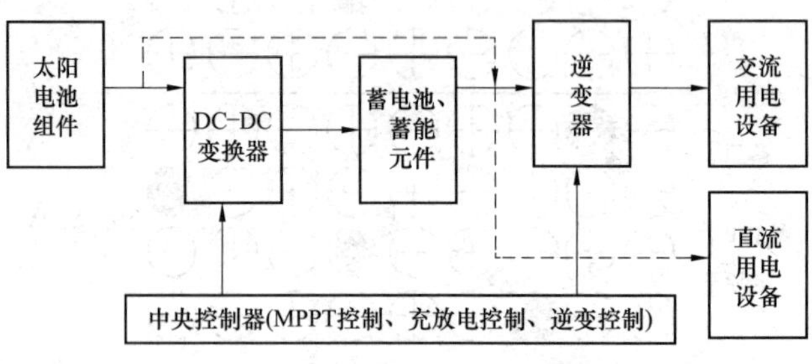

图 3-6 典型光伏发电系统

(1) 太阳电池组件。太阳电池组件也称光伏阵列，是由太阳电池（光伏电池）按照系统需要串联或并联而组成的矩阵或方阵，它能在太阳光照射下将太阳能转换成电能，是光伏发电的核心部件。

(2) 中央控制器。该部分除了对蓄电池或其他中间蓄能元件进行充放电控制外，一般还要按照负载电源的需求进行逆变，使光伏阵列转换的电能经过变换后可提供给一般用电设备使用。该环节要完成许多比较复杂的控制，如提高太阳能转换最大效率的控制，跟踪太阳的轨迹控制，以及可能与公共电网并网的变换控制与协调等。

(3) 蓄电池、蓄能元件及辅助发电设备。蓄电池或其他蓄能元件（如超导、超级电容器等）是将太阳电池阵列转换后的电能储存起来，以使光伏发电系统无光照时也能连续、稳定地输出电能，满足用电负载需求。蓄电池一般采用铅酸蓄电池，对于要求较高的系统，通常采用深放电阀控式密封铅酸蓄电池或深放电吸液式铅酸蓄电池等。

2. 太阳能光伏发电系统的分类

太阳能光伏发电就是在太阳光照射下，将太阳电池产生的电能通过对蓄电池或其他中间储能元件进行充放电控制，或者直接对直流用电设备供电，或者将转换后的直流电经由逆变器逆变成交流电源供给交流用电设备，或者由并网逆变控制系统将转换后的直流电进行逆变并接入公共电网实现并网发电。光伏发电系统一般可分为独立系统、并网系统及混合系统。根据光伏系统的应用形式、应用规模和负载的类型，可将光伏发电系统分为小型太阳能供电系统，简单直流供电系统，大型太阳能供电系统，交流、直流混合供电系统，并网发电系统，混合供电系统，并网混合供电系统。

(1) 小型太阳能供电系统（Small DC）。如图 3－7 所示，该系统的特点是系统中只有直流负载且功率较小，整个系统结构简单，操作简便。如在我国的西北地区大面积推广使用了这种类型的光伏系统，负载为直流节能灯、家用电器等，用来解决无电地区家庭的基本照明和供电问题。

(2) 简单直流供电系统（Simple DC）。如图 3－8 所示，该系统的特点是系统中负载为直流负载，而且负载的使用时间没有特别要求，负载主要在日间使用，系统中没有蓄电池，也不需要控制器。整个系统结构简单，直接使用光伏阵列给负载供电，光伏发电的整体效率较高，如光伏水泵就使用了这种类型的光伏系统。

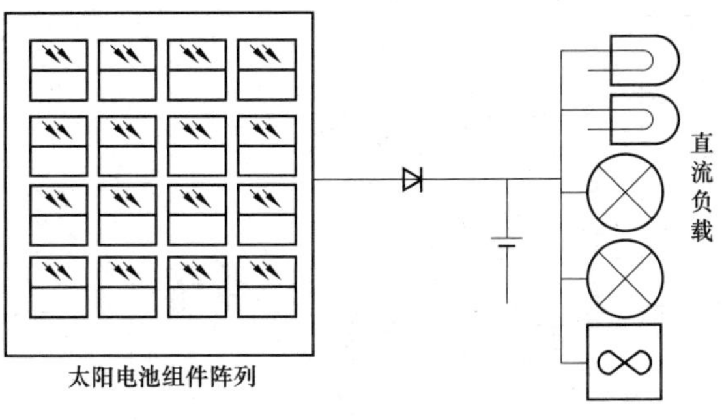

图 3－7 小型太阳能供电系统

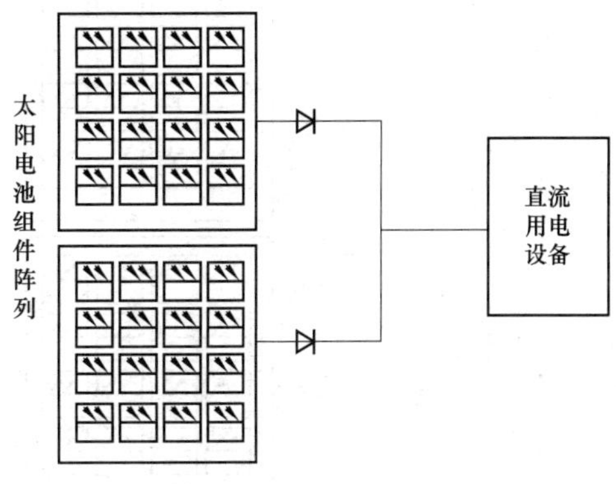

图 3－8 简单直流供电系统

(3) 大型太阳能供电系统（Large DC）。如图 3－9 所示，该系统特点是系统中用电设备也是直流负载，但负载功率较大，整个系统规模也较大，需要配备较大的太阳能光伏阵列和较大的蓄电池组。该系统常应用于通信、遥测、监测设备电源，农村集中供电站，航标灯塔，路灯等领域。如在我国的西部地区，部分乡村光伏电站便用了这种类型的光伏系统，中国移动和中国联通公司在偏僻无电地区的通信基站等也有使用。

(4) 交流、直流混合供电系统（AC－DC）。如图 3－10 所示，该系统的特点是系统中同时含有直流负载和交流负载，整个系统结构比较复杂，规模也比较大，同样需要配备较大的太阳能光伏阵列和较大的蓄电池组。如在一些同时具有交流和直流负载的通信基站或其他一些含有交流和直流负载的光伏电站中使用了这种类型的光伏系统。

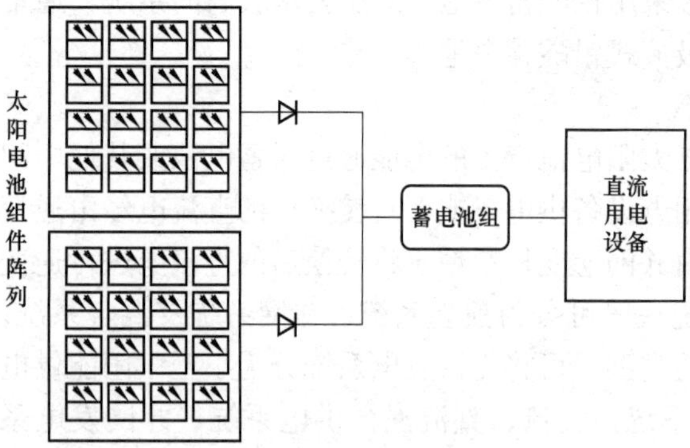

图 3-9 大型太阳能供电系统

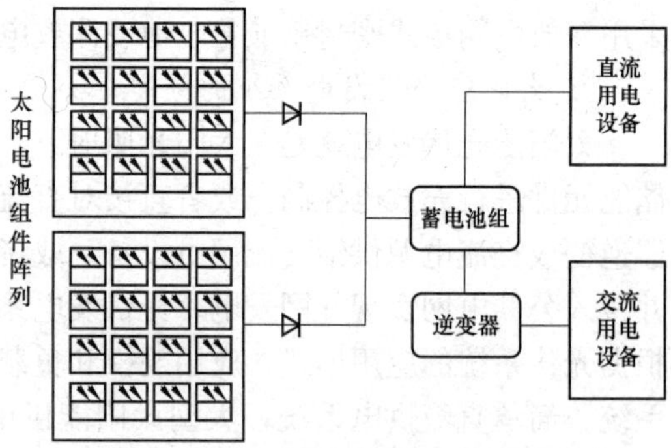

图 3-10 交流、直流混合供电系统

(5) 并网发电系统（Utility Grid Connect)。如图 3-11 所示，这种系统的最大特点是光伏阵列转换产生的直流电经过三相逆变器（DC-AC）转换成符合公共电网要求的交流电并直接并入公共电网，供公共电网用电设备使用和远程调配。这种系统中所用的逆变器必须是专用的并网逆变器，以保证逆变器输出的电力满足公共电网的电压、频率和相位等指标要求。这种系统通常能够并行使用市电和光伏阵列作为本地交流负载的电源，降低了整个系统的负载缺电率，而在夜晚或阴雨天气，本地交流负载的供电可从公共电网获得。

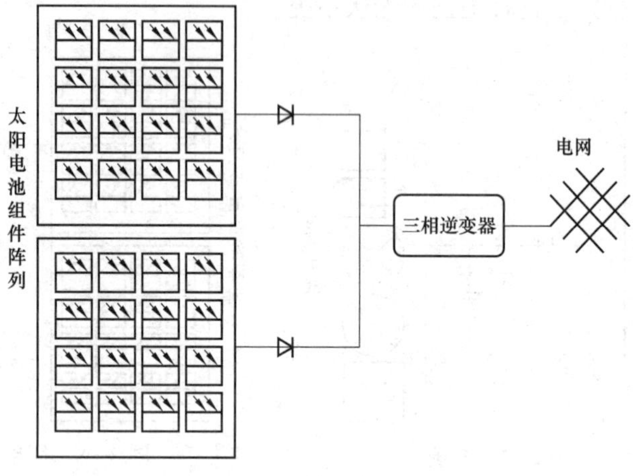

图 3-11 并网发电系统

并网光伏发电系统不需要蓄电池，而且可对公共电网起到调峰作用，但它作为一种分布式发电系统，对传统集中供电电网系统会产生一些不良的影响，如谐波污染及孤岛效应等。

(6) 混合供电系统（Hybrid)。该系统中除了太阳能光伏发电系统将光伏阵列转换的电能经过变换后供用电负载使用外，还使用了燃油或燃气发电机作为备用电源。这种系统综合利用各种发电技术的优点，弥补各自的不足，而使整个系统的可靠性得以提高，能够满足负载的各种需要，并且具有较高的灵活性，如图 3-12 所示。但是，这种系统的控制相对较复杂，初期投入较大，存在一定的噪声和污染。这种系统可应用于偏远无电地区的通信电源和民航导航设备电源。在我国新疆、云南建设的许多乡村光伏电站也采用这种综合发电的方式。

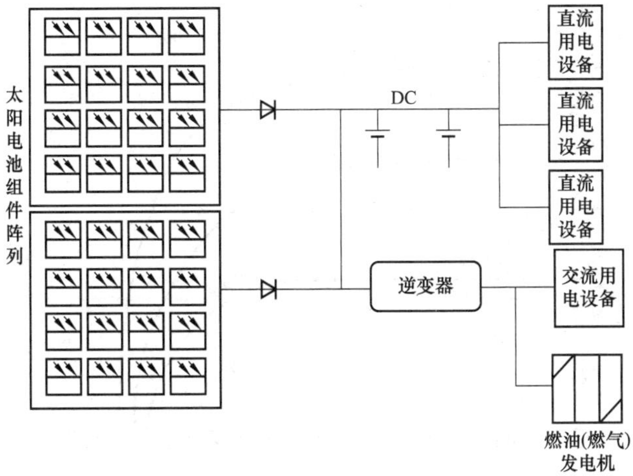

图 3-12　混合供电系统

(7) 并网混合供电系统。在混合供电系统之上再增加并网逆变控制器，即可实现混合发电并网供电系统。这种系统通常将控制器与逆变器集成在一起，进行协调控制，综合利用各种能源，可进一步提高系统的负载供电保障率，如图 3-13 所示。

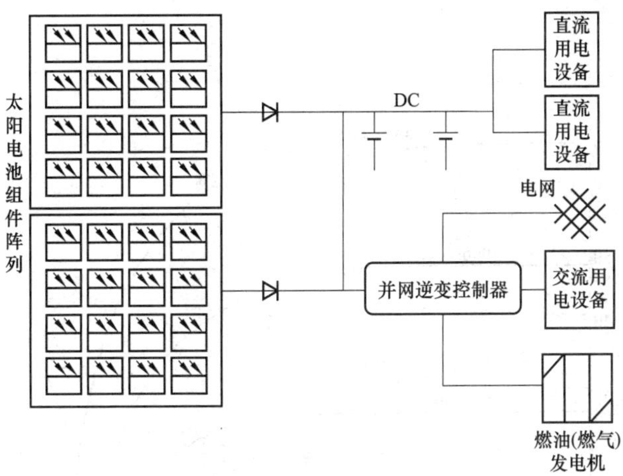

图 3-13　并网混合供电系统

3.3　光伏发电系统 MPPT 控制技术

3.3.1　光伏电池最大功率点

由于在不同的光照强度下，光伏电池的输出电压和电流也不同，可得到不同光照强度下的伏安特性，如图 3-14 所示。

由光伏电池的伏安特性可知，当光照强度发生变化时，为获取最大输出功率，需要相应地调节负载。如图 3-15 所示，当光照强度由 50mW/cm^2 变为 100mW/cm^2 时，最大功率点相应地由 P_{m1} 变化为 P_{m2}，为使光伏电池的输出保持最大功率值，就需要调节负载阻抗，

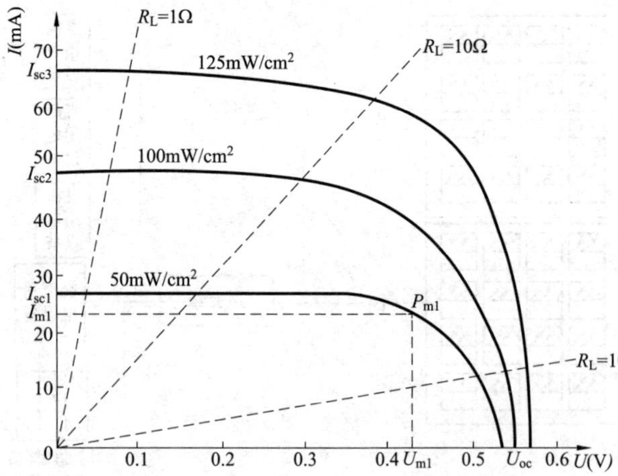

图 3-14 不同光照强度下光伏电池伏安特性

相应地，由 R_{L1} 变化为 R_{L2}。

最大功率点跟踪（MPPT，Maximum Power Point Tracking）控制是实时检测光伏阵列的输出功率，采用一定的控制算法预测当前工作状态下光伏阵列可能的最大功率输出，通过改变当前的阻抗来满足最大功率输出的要求，使光伏系统可运行于最佳工作状态的控制方式。

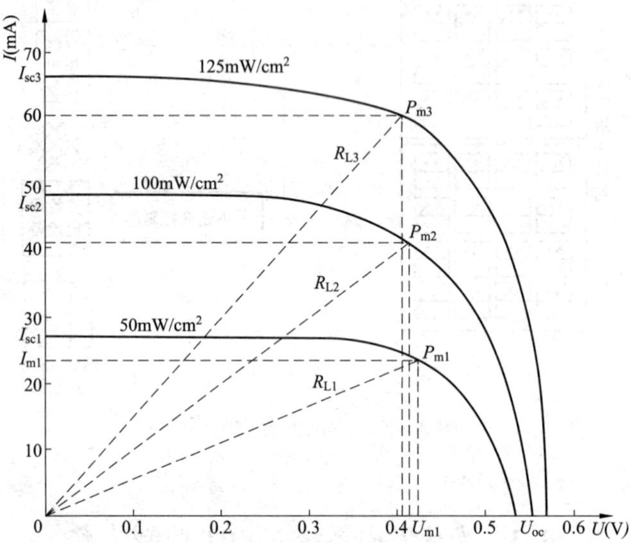

图 3-15 不同光照强度下的光伏电池最大功率点

3.3.2 最大功率点跟踪控制

MPPT 的实现是一个动态自寻优过程，通过对光伏阵列当前的输出电压和电流的检测，得到当前阵列的输出功率，与已被存储的前一时刻功率进行比较，舍小存大、再检测、再比较，如此周而复始。MPPT 控制算法主要有固定电压跟踪法（CVT）、扰动观察法、增量电导法、模糊逻辑控制法，以及最优梯度法等。

1. 固定电压跟踪法

该方法是对最大功率点曲线进行近似，求得一个中心电压，并通过控制使光伏阵列的输出电压一直保持该电压值，从而使光伏系统的输出功率达到或接近最大功率输出值。

这种方法具有使用方便、控制简单、易实现、可靠性高、稳定性好等优点，而且输出电压恒定，对整个电源系统是有利的。但是这种方法控制精度较差，忽略了温度对光伏阵列开路电压的影响，而环境温度对光伏电池输出电压的影响往往是不可忽略的。为克服使用场所冬夏、早晚、阴晴、雨雾等环境温度变化给系统带来的影响，在CVT的基础上可采用人工调节或计算机查询数据表格等方式进行修正。

2. 扰动观察法

根据光伏阵列工作时不间断地检测电压扰动量，即根据输出电压的脉动增量ΔU的输出规律，测得阵列当前输出功率为P_d，而被存储的前一时刻输出功率被记忆为P_j，若$P_d>P_j$，则$U=U_j+\Delta U$；若$P_d<P_j$，则$U=U_j-\Delta U$；扰动观察法实现MPPT过程如图3-16所示。

实际上，这是一种寻优搜索过程，在寻优过程中不断更新参考电压，使其逼近光伏阵列对应的最大功率点电压值。由于光伏阵列的输出特性是单值函数，故只需保证光伏阵列的输出电压在任何光照条件及环境温度下都能与该条件下的最大功率点对应，就可保证光伏阵列工作于最大功率点。该方法的优点是可实现模块化控制，跟踪方法简单，在系统中容易实现；其缺点是只能使光伏输出电压在最大功率点附近振荡运行，而导致部分功率损失，并且初始值及跟踪步长的给定对跟踪精度和速度有较大影响。

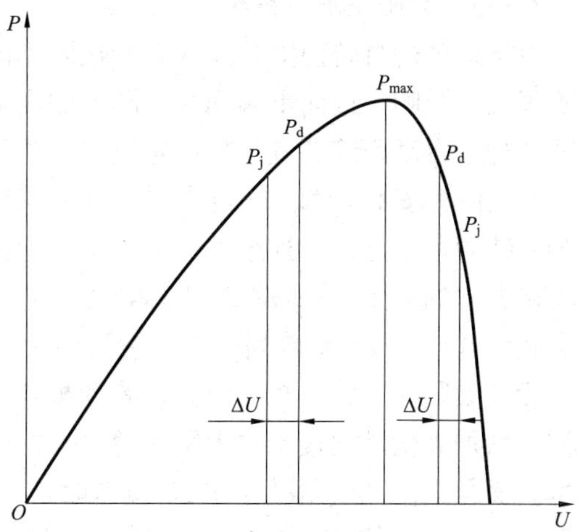

图3-16　扰动观察法实现MPPT过程

3. 增量电导法

增量电导法也是MPPT控制常用算法之一。由光伏阵列的$P-U$曲线可知，当输出功率P为最大时，即P_{max}处的斜率为零，可得

$$\frac{dP}{dU}=I+U\frac{dI}{dU}=0 \tag{3-1}$$

式（3-1）经整理得

$$\frac{dI}{dU}=-\frac{I}{U} \tag{3-2}$$

式（3-2）为光伏阵列达到最大功率点的条件，即当输出电压的变化率等于输出瞬态电导的负值时，光伏阵列即工作于最大功率点。

增量电导法通过比较光伏阵列的电导增量和瞬间电导来改变控制信号，这种方法也需要对光伏阵列的电压和电流进行采样。由于该方法控制精度高，响应速度较快，因而适用于大气条件变化较快的场合。同样由于整个系统的各个部分响应速度都较快，故其对硬件的要求，特别是传感器的精度要求较高，导致整个系统的硬件造价较高。

4. 模糊逻辑控制法

由于受太阳光照强度的不确定性、光伏阵列温度的变化、光伏阵列输出特性的非线性及负载变化等因素的影响，实现光伏阵列的最大功率输出或最大功率点跟踪时，需要考虑的因素很多。模糊逻辑控制法不需要建立控制对象精确的数学模型，是一种比较简单的智能控制方法，采用模糊逻辑的方法进行 MPPT 控制，可获得比较理想的效果。使用模糊逻辑控制方法，通常需要确定以下几个方面：①确定模糊控制器的输入变量和输出变量；②拟定适合系统的模糊逻辑控制规则；③确定模糊化和逆模糊化方法；④选择合理的论域，并确定有关参数。

5. 最优梯度法

最优梯度法是一种以梯度算法为基础的多维无约束最优化问题的数值计算方法，其基本思想是选取目标函数的负梯度方向作为每步迭代的跟踪方向，逐步逼近函数的最小值或最大值，具有运算简单、鲁棒性好的特点。

3.3.3 太阳光跟踪系统

由于地球的自转使太阳光入射光伏阵列的角度时刻在变化，使得光伏阵列吸收太阳辐射受到很大的影响，进而影响到光伏阵列的发电能力。光伏阵列的放置形式有固定式和自动跟踪式两种，自动跟踪装置包括单轴跟踪系统和双轴跟踪系统。

光伏阵列安装有两个角度参量，即光伏阵列安装倾角和光伏阵列安装方位角。其中光伏阵列安装倾角指光伏阵列组件一面与水平地面的夹角；安装方位角指光伏阵列组件的垂直面与正南方向的夹角。一般在北半球，光伏阵列组件朝向正南（光伏阵列组件的垂直面与正南的夹角为 0）时，光伏阵列的发电量为最大。

设计太阳光跟踪系统可使光伏阵列板随太阳的运行而自动跟踪移动，使其表面一直朝向太阳，增加光伏阵列接受的太阳辐射量。对于一般不带太阳光聚光的光伏阵列，当光伏阵列的垂直面与太阳光线角度存在 25°偏差时，可使光伏阵列的输出功率下降 10%，而采用理想跟踪系统，则可使能量收集率提高 30%以上。但对于带有一定弧度（如抛物面、双曲面）或角度的镜面结构，通过反射或折射原理将太阳光聚集到光伏电池的聚光型光伏阵列，随着聚光倍数的增加，对太阳光跟踪精度的要求就越高，跟踪偏差带来的影响也越大。例如，聚光倍数为 40 倍的聚光器，跟踪偏差只要为 0.5°，就会使输出功率下降 10%；如果偏差大于 5.5°，聚光点将偏离光伏电池，造成功率输出为零。

单轴跟踪可分为东西水平轴跟踪、南北水平轴跟踪和极轴跟踪三种；双轴跟踪可分为赤道轴跟踪和水平轴跟踪两种。对聚焦精度要求不高的平板光伏阵列和弧线型聚焦聚光器可采用控制相对简单的单轴跟踪，而对点型聚焦的聚光器则应采用双轴跟踪。

东西水平轴跟踪和南北水平轴跟踪方式分别是将光伏阵列固定在东西方向水平轴上或南北方向水平轴上，然后以该轴为旋转轴，不断改变光伏阵列与水平面的夹角，以达到跟踪太阳移动的目的。极轴跟踪是指将光伏阵列固定在方位角为 0°，且倾斜角为当地纬度的极轴上，并使其以地球自转角速度旋转，达到跟踪太阳的目的。

水平轴跟踪系统是使光伏阵列绕垂直轴旋转，以改变其方位角，用以跟踪太阳的方位；绕水平轴旋转以改变其仰角，用以跟踪太阳的高度角。

赤道轴跟踪系统使光伏阵列绕天轴和赤纬轴旋转，跟踪太阳的方位和高度角。

太阳跟踪系统有手动跟踪和自动跟踪两种形式。手动跟踪系统常用于平板式光伏阵列，工作人员每隔1～2h移动光伏阵列板一次，使其与最佳角度相差小于10%。自动跟踪系统包括太阳传感器、电机传动系统及控制电路等。基本控制原理是由光敏传感器将太阳与光伏阵列之间的位置偏差信号和光强信号反馈给控制器，经数据处理和放大，产生控制信号给电机执行器，控制传动系统电动机，带动相应的传动机构使光伏阵列的位置和角度跟踪太阳，系统框图如图3-17所示。

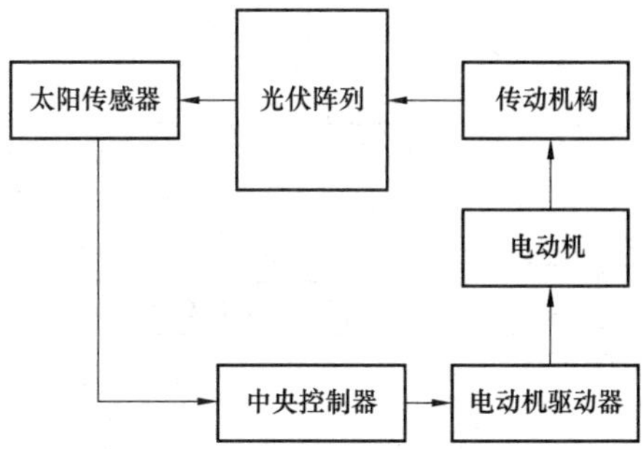

图3-17 太阳光自动跟踪系统框图

由于跟踪装置比较复杂，初始成本和维护成本比较高，安装跟踪装置获得额外的太阳能辐射产生的效益短期内无法抵消安装该系统所需的成本，因而目前的太阳能光伏阵列发电系统中较少使用太阳光自动跟踪系统。

3.4 独立式光伏发电系统控制技术

根据负载的用电要求对光伏电池板进行选择，组成适合要求的光伏阵列后，在光照条件下，将太阳能转换为直流电能。该直流电一般要经过变换，才能供各种用电设备使用，因而变换器是光伏发电系统的关键部件之一。

变换器可分为直流变换器和交流变换器两种，直流变换器的功能是将一种直流电压或电流变换为另一种所需的直流电压或电流，交流变换器则将直流电经过逆变，变换为通用的工频交流电或其他所需的交流电形式。

3.4.1 独立式光伏发电系统结构及工作原理

独立式光伏发电系统指光伏发电所产生的直流电及经过二次变换后的交流电能，直接向用电负载提供，但该系统中也需要对储能单元进行电能管理。独立式光伏发电系统将太阳电池产生的电能通过对蓄电池或其他中间储能元件进行充放电控制，或直接对直流用电设备供电，或将转换后的直流电经由逆变器逆变成交变电源供给交流用电设备。如图3-7所示的小型太阳能供电系统、图3-8所示的简单直流供电系统、图3-9所示的大型太阳能供电系统，以及图3-10所示的交流、直流混合供电系统等均属于独立式光伏发电系统。

独立式光伏发电主要解决偏远无电地区和特殊领域的供电问题，且以户用及村庄用的中、小系统居多，从目前的使用情况及今后一段时期的发展来看，由于光伏发电的设备成本较高，大部分光伏发电不是应用在并网系统中，而是作为独立的光伏发电站。独立式光伏发电系统的基本结构如图3-18所示。

独立式光伏发电系统一般包括光伏电池最大功率点跟踪（MPPT）控制器、蓄电池充放电控制器、直流输电用升压或降压变换器，以及交流逆变器等。

独立式光伏发电系统一般应用于中、小型系统，主要包括光伏阵列、DC-DC变换器、蓄电池组、高频逆变器、低通滤波器及工频升压变压器。其中，DC-DC变换器将光伏阵列输送的直流电升压后为蓄电池组充电，又为高频逆变器提供直流电能，同时还实现光伏阵列的最大功率点跟踪控制；高频逆变器采用SPWM控制方式进行逆变，交流侧经LC滤波后

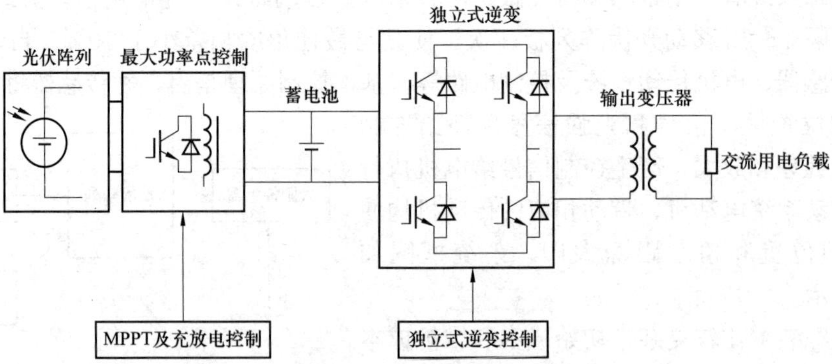

图 3-18　独立式光伏发电系统的基本结构

得到 220V/50Hz 的交流电供负载使用。

独立式光伏发电系统的控制，除 MPPT 控制外，输出电压的控制也是十分重要的。图 3-19 为一种光伏发电系统输出电压控制原理，其中输出电压的采样由霍尔传感器完成，经调理电路送入控制单元进行 A/D 转换，由此得到输出的反馈信息，将采样输出电压反馈值与给定值进行比较，得到偏差信号，经控制算法计算得到输出 SPWM 信号。其中，Tr 表示磁耦合电路。

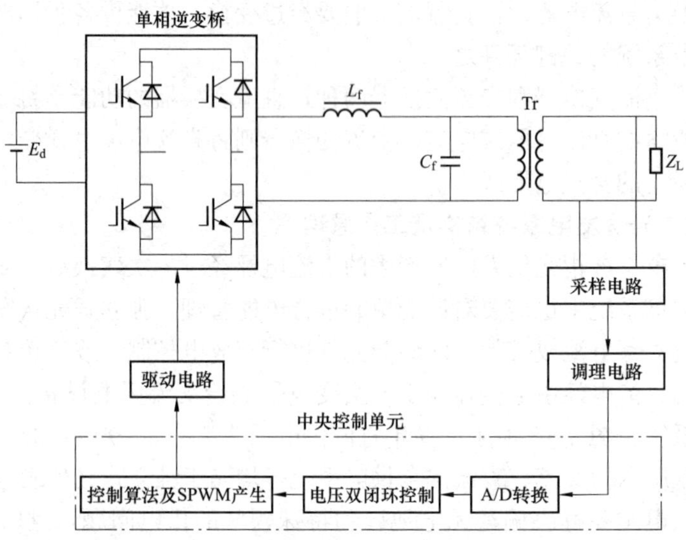

图 3-19　光伏发电系统输出电压控制原理

3.4.2　独立式光伏发电系统储能与充放电控制

独立式光伏发电系统虽然功率不大，但是由于太阳辐射能的不稳定性，以及考虑到夜间用电，需要配置有足够容量的中间储能环节，并且对储能单元实施有效的能量管理。考虑价格因素及技术成熟度因素，目前中间储能环节大多采用的是在直流母线侧装置蓄电池，而对蓄电池合适的充放电控制，是保证蓄电池性能及其寿命的关键之一。考虑到光伏发电产生的直流电压或电流的不稳定性，而蓄电池的电压相对稳定，要求直流侧必须配有相应的直流变换器并进行有效的控制。

1. 直流输电用升压及降压变换器

独立式光伏发电系统中的直流变换器，包括升压变换器和降压变换器，统称为 DC－DC 变换器。其中升压变换器主要用于光伏发电系统向配电网直流输电，或将光伏电池或蓄电池的低电压经升压变换后输出，向高压用电器供电；降压变换器主要用于光伏工作点功率控制、负载调节控制及蓄电池充电控制等。

2. 蓄电池充放电控制器

蓄电池的充放电控制器通常为 DC－DC 变换器，通过调节充电器的直流电压和电流输出值，以达到对蓄电池充电电流或充电电压等不同目标的控制，实现不同策略的充电控制。恒流充电是以使蓄电池充电电流保持恒定为控制目标的充电模式，恒压充电是以蓄电池电压保持恒定为控制目标的充电模式。蓄电池是光伏阵列发电系统中一个重要的蓄能中间环节，它担负着光伏电能在用电低峰时储存电能，而在光伏电能较低时释放电能的任务，使发电系统能较平稳地对负载供电。光伏阵列发电系统中的蓄电池一般采用铅酸蓄电池，只有良好地应用铅酸蓄电池的充放电特性，对其实施充放电管理，才能使铅酸蓄电池处于最佳工作状态。

如果蓄电池始终按照可接受的电流进行充电，那么在任何时间 t，存储于蓄电池内的电荷量 Q 都是电流从时间 0 到 t 的积分，即

$$Q=\int_0^t i\,\mathrm{d}t=\int_0^t I_0\mathrm{e}^{-\alpha t}\,\mathrm{d}t=\frac{I_0}{\alpha}(1-\mathrm{e}^{-\alpha t}) \tag{3-3}$$

由式（3－3）可知，充电结束（$t\to\infty$）时，充入蓄电池的电量是原蓄电池放出的电荷量，即

$$Q=\frac{I_0}{\alpha} \tag{3-4}$$

$$\alpha=\frac{I_0}{Q} \tag{3-5}$$

式中：α 为蓄电池充电电流接受比，是一个重要的参数；I_0 为蓄电池可接受的初始充电电流；Q 为存储于蓄电池内的电荷量。

1972 年美国科学家马斯提出了著名的马斯三定律，即蓄电池的充放电过程受三个基本定律的支配和影响。这三个基本定律如下：

（1）第一定律。对于任意给定的放电电流，α 与放电容量 c 的二次方根成反比，即

$$\alpha=\frac{K}{\sqrt{c}} \tag{3-6}$$

式中：K 为放电电流常数。

K 视放电电流的大小而定，表明蓄电池可接受的初始充电电流 I_0 与蓄电池的容量 c 有关，随放电深度不同，接受能力的变化。

（2）第二定律。对于任意给定的放电量，蓄电池充电电流接受比 α 与放电电流 I_d 的对数成正比，即

$$\alpha=K\lg(kI_d) \tag{3-7}$$

式中：K、k 为常数。

将式（3-7）代入式（3-5），可得

$$I_0=\alpha Q=QK\lg(kI_d) \tag{3-8}$$

由式（3-8）可知，蓄电池接受充电电流的能力与蓄电池的放电电流有关，放电电流越大，蓄电池可接受充电电流的能力也越强。

（3）第三定律。蓄电池以不同的放电率放电后，可接受的充电电流是各个放电率的可接受充电电流之和，即

$$I_s=I_1+I_2+I_3+\cdots \tag{3-9}$$

由此可得

$$\alpha_s=\frac{I_s}{Q_s} \tag{3-10}$$

式中：I_s 为总的可接受充电电流；Q_s 为蓄电池释放出的全部电量；α_s 为总充电电流接受比。

以上三个基本定律是铅酸蓄电池充放电的理论基础，揭示了蓄电池可接受充电电流与放电量之间的内在联系，并指出了在充电过程中对蓄电池实施一定深度的放电是提高充电电流接受比，从而实现快速充电过程的有效途径。铅酸蓄电池的理想可接受充电电流曲线如图 3-20 所示。

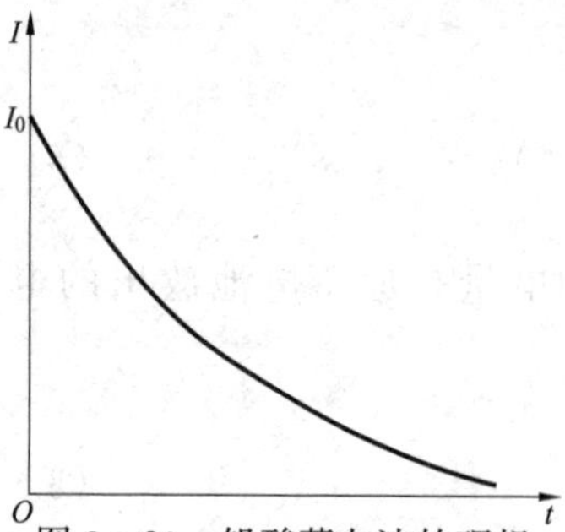

图 3-20　铅酸蓄电池的理想可接受充电电流曲线

在实际应用过程中，使充电电流实现该曲线规律有一定的困难，因为初始充电电流很大，但衰减快，维持大电流充电的时间不长。对于铅酸蓄电池，影响蓄电池充电速度和充电电流的主要因素是充电过程中产生的极化现象。为使蓄电池充电时间短，充电效率高，且不缩短蓄电池寿命，最好能将蓄电池的充电电压控制在蓄电池析气电压以下。铅酸蓄电池在端电压上升到析气电压时充入的电量取决于充电电流的大小，即充电电流越大，充电电压越大，电压上升越快，充入的电量越少。为提高蓄电池充电效率并达到快速充电的目的，必须尽可能采取措施降低充电电压，在蓄电池端电压达到析气电压之前尽可能多地充电。

铅酸蓄电池的充电过程主要包括充电程度判断，从放电状态到充电状态的自动转换，以及充电各阶段模式的自动转换和停止控制等方面。

充电过程一般分为主充、均充和浮充三个阶段，有时在充电末期以微小充电电流长时间持续进行涓流充电。主充一般为快速充电，有两阶段充电，变流间歇式充电和脉冲式充电模式；以慢充为主充模式的一般采用低充电电流的恒流充电模式。由于铅酸蓄电池在深度放电或长期浮充条件下，串联中的单体蓄电池的电压和容量都可能出现不平衡现象，而导致这种不平衡现象的充电方式称为均衡充电，简称均充。为保证蓄电池不过充，在蓄电池快速充电至 80%～90%的容量后，一般转为浮充，即恒压充电模式，为适应充电后期蓄电池可充电电流的减小，当浮充电压值与蓄电池端电压相等时即自动停止充电。为防止可能出现蓄电池充电不足，还可用微小的充电电流进行滑流充电，使充电更彻底。

对于充电程度的判断有三种方法：检测蓄电池去极化后的端电压变化，检测蓄电池的实

际容量，检测蓄电池的端电压。对于充电各阶段的自动转换方法有三种：采用定时控制方式，比较充电电流或充电电压是否达到设定值，采用积分电路在线监测蓄电池的容量。

对于蓄电池停止充电的控制方法有四种：定时控制、蓄电池的温度控制、蓄电池端电压负增量控制、蓄电池极化电压控制。

对蓄电池充电控制的实现方法有经典充电控制与智能充电控制两大类。

(1) 经典充电控制：一般包括充电电流检测与自动调整、消除极化放电、自动停止充电检测等功能。

(2) 智能充电控制：由于蓄电池充电过程为非线性，为使充电过程最优，可采用各种智能控制方法，如模糊控制、神经元网络控制及自适应控制等，可实现对充电电流的高精度控制，并保证充电各阶段动作得到及时转换。

3.5 并网式光伏发电系统控制技术

光伏阵列的太阳能转换由于太阳辐射因时因地的不同而不断地变化，因而要求光伏阵列并网逆变器应具有以下特点：具有较宽的直流输入电压范围、具有较高的可靠性和可恢复性、具有较高的逆变效率、具有较小的输出失真度。

光伏阵列发电的并网系统根据容量的大小，可分为单相并网和三相并网。单相并网系统一般仅用于系统容量较小的不间断电源系统中，不具备真正意义上的并网，因而一般的并网系统指三相并网系统。

3.5.1 并网式光伏发电系统结构及工作原理

并网式光伏发电系统最终输出至供电电网，而其直流侧直接接到光伏阵列的输出，或者由光伏阵列经过DC-DC变换后输出。三相光伏阵列并网逆变器根据直流侧电源的类型分为电压源型和电流源型两大类，而根据逆变器的级数可分为单级式并网逆变、两级式并网逆变及多级式并网逆变等形式。

1. 电压源型光伏阵列逆变并网

图3-21为典型电压源并网逆变器拓扑结构，其中U_{dc}为光伏阵列将太阳能转换后产生的直流电压源。由于逆变器输出电压一般为PWM方波，因而将输出电压接入公共电网侧时必须增加缓冲电感L_a、L_b、L_c。大容量光伏阵列并网逆变器一般采用多重化逆变形式或多电平结构的逆变器。

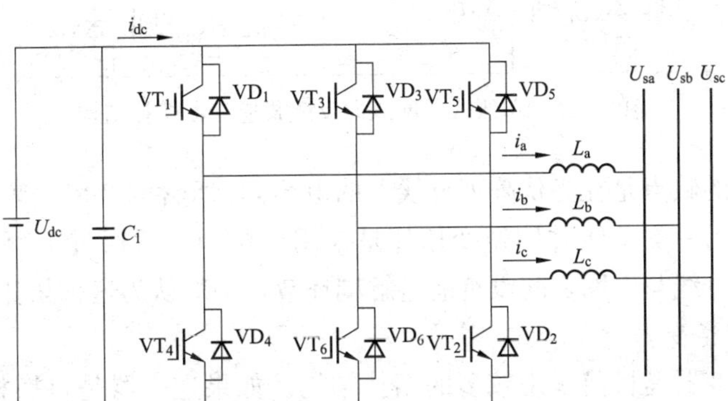

图3-21 典型电压源并网逆变器拓扑结构

这种光伏逆变装置白天向公共电网输送功率，其输出电流与电网电压同相，通过MPPT控制策略调节输出电流大小，控制输出功率的大小。

2. 电流源型光伏阵列逆变并网

图 3-22 为典型电流源并网逆变器拓扑结构，其中的 i_{dc} 为光伏阵列将太阳能转换后产生的直流电流源，L 为直流平波电抗器，它使脉动直流电流成为平稳的电流。由于逆变器通常采用负载（电网）换相形式逆变，只需适当调节逆变输出侧输出电流的相位与幅值，就可向公共电网输出功率，因而接入公共电网的电压端时不必增加缓冲电感。为了改善输出电压的波形，在交流侧要增加滤波电容。

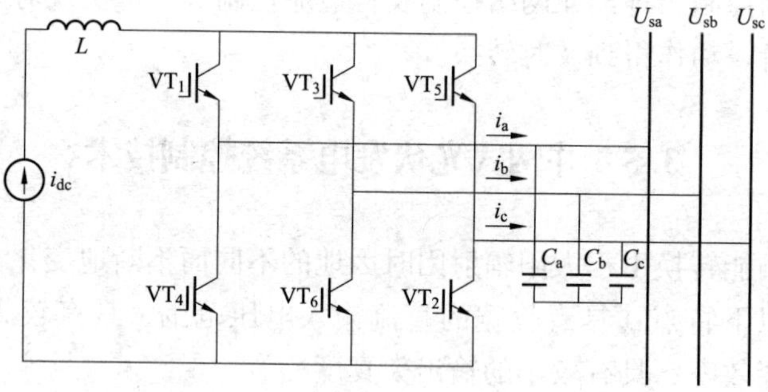

图 3-22 典型电流源并网逆变器拓扑结构

3. 单级式并网逆变器

单级式并网逆变器必须能在功率变换环节上实现升压、最大功率点跟踪、DC-AC 变换及光伏阵列与公共电网之间的电气隔离，因而这种变换器拓扑结构中需要变压器。图 3-23 所示为单级式并网双向反激式逆变器（BDFB，Bi-directional Fly-back Inverter）的拓扑结构。主电路具有双向电流传导能力，并可保持输出电流连续。

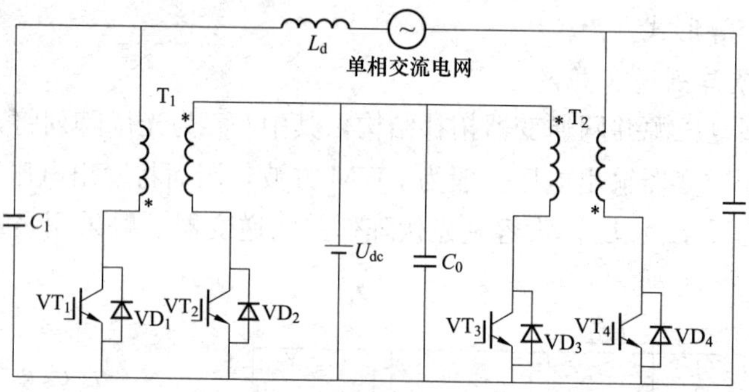

图 3-23 单级式并网双向反激式逆变器拓扑结构

这种拓扑结构的缺点是在光伏阵列母线上的电容 C_0 所含的 2 倍工频纹波电压较大，要求该电容值较大。另一类单级并网逆变拓扑是采用全桥逆变后通过工频变压器直接接入电网。由于光伏直流母线与电网之间没有能量解耦环节，一般认为这种拓扑结构的效率较低。

4. 两级式并网逆变器

两级式并网逆变器是目前采用较多的拓扑结构。如果逆变器是自换相的，通过在 DC-DC 变换后的高压直流母线上并联一个电容，可很好地实现能量解耦。主电路一般分为

DC－DC变换环节和自换相或电网换相DC－AC逆变环节，如图3－24所示。

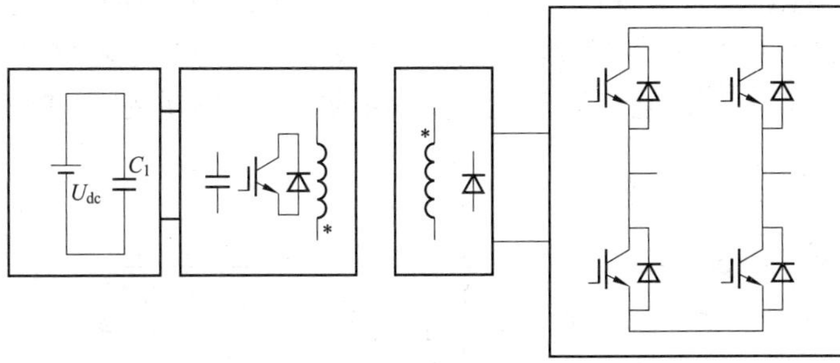

图3－24 两级式并网逆变器拓扑结构

另一种两级式并网逆变器拓扑结构与图3－24基本相同，只是逆变桥不是经典的全桥拓扑结构，而是在两个桥臂之间串入两只隔离二极管，如图3－25所示。这种拓扑结构的优点是：①当光伏阵列没有输出时，电网的交流电压不能通过逆变全桥上的反并联二极管整流到高压直接母线上，消除了夜间并网逆变器的待机损耗；②逆变全桥的两个桥臂工作在不同的开关频率，其中左桥臂开关频率为20～80kHz，起正弦波调制作用，右桥臂为2倍于公共电网频率的开关频率，起换相作用，这样可把开关损耗降低一半。

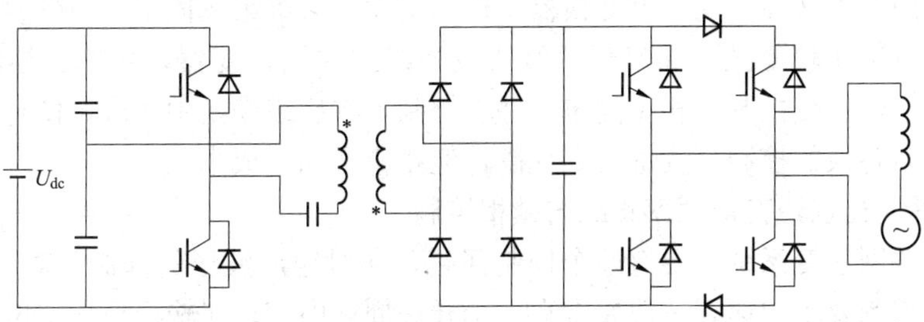

图3－25 一种改进型两级式并网逆变器拓扑结构

5．多级式并网逆变器

一般认为，多级并网拓扑结构会增加并网逆变器的复杂程度和成本，但它可同时实现多种功能，如逆变桥低开关频率（2倍工频）、DC－DC变换器正弦半波直流输出、光伏电池与电网之间的能量解耦等。因而多级式并网逆变器可在降低损耗的同时很好地实现最大功率点跟踪。

一种Sunmaster130S多级式并网逆变器的拓扑结构如图3－26所示。

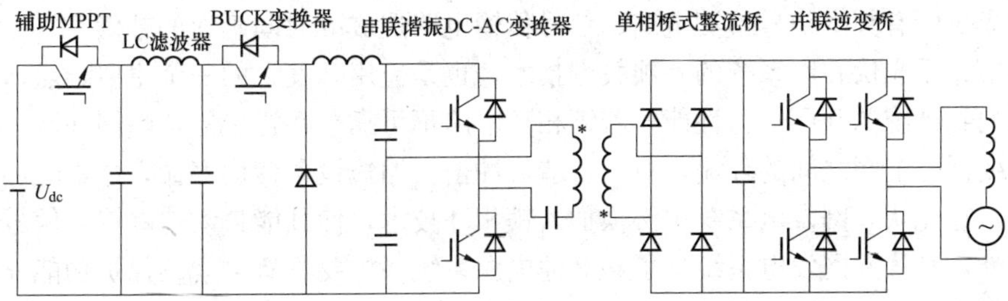

图3－26 Sunmaster130S多级式并网逆变器拓扑结构

图 3 - 27 是另一种多级式并网逆变器的拓扑结构。前级采用 Boost 拓扑结构将光伏阵列的输出电压升高到 200V，同时实现最大功率点跟踪。Boost 电路中的电感上还有一个绕组为辅助电源电路（APSU）供电。中间级为推挽式逆变器，使输出电流波形为整流正弦波，同时也实现了电网与光伏阵列的电气隔离。最后一级为 2 倍工频逆变器，起换相作用。

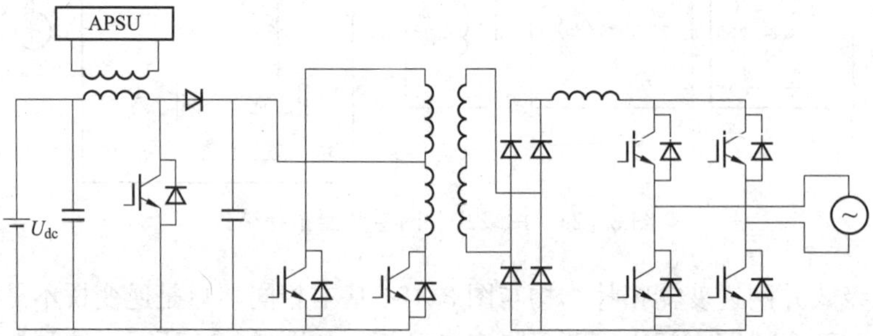

图 3 - 27 多级式并网逆变器拓扑结构

以上几种并网逆变器都实现了相同的功能，既提高了光伏阵列的输出电压，又逆变到了公共电网。逆变器的拓扑结构一般为半桥或全桥结构，不同的并网逆变器拓扑结构也决定了系统中 MPPT 控制策略实现方法的不同。例如，在单级式并网逆变器中，MPPT 控制、逆变控制、相位同步等必须在同一个变换器中得到实现，系统组成简单，但各参变量之间耦合程度高，控制算法比较复杂，而对于两级式或多级式并网逆变器，MPPT 控制一般在第一级变换中实现，而逆变控制、相位同步、并网控制等在后级变换中实现，使整个系统控制的复杂程度降低，各级的控制精度都得到提高，但相应增加了成本。

3.5.2 并网光伏逆变器频率跟踪与锁相控制

光伏阵列并网逆变系统主要有两个控制回路，即对输出波形的控制、对功率点的控制。对输出波形的控制要求快速，一般要求在一个开关周期内实现对输出电压或电流的跟踪，而对光伏阵列功率点控制的速度要求不是很快。

为使光伏阵列产生的直流电源逆变成交流电后向公共电网并网供电，就必须对逆变器的输出波形实时跟踪控制，使逆变器的输出电压波形、幅值及相位等与公共电网一致，实现无扰动平滑并网供电。目前逆变器多采用 PWM 控制方式，对逆变器的功率半导体开关器件进行适当的驱动控制，保证逆变器输出电流时刻跟踪参考电流。在光伏并网发电系统中，首要目标就是实现频率的自动跟踪，而频率跟踪实质就是相位的跟踪，实现方法通常采用锁相环（PLL，Phase-Locked Loop）技术。锁相环通过改变压控振荡器的频率来减小输入电压和负载电流信号之间的相位差，最终实现逆变器工作频率跟踪公共电网电压频率。相位校正电路主要是完成对所有频率信号检测电路、信号传输电路造成的时间延迟的补偿。

同步锁相是光伏并网系统的一项关键技术，也是应用开发上的一个主要难点，其控制精度直接影响到系统的并网运行性能。若锁相环电路不可靠，在逆变器与电网并网工作切换中会产生逆变器与电网之间的环流，对设备造成冲击，缩短设备使用寿命，严重时还将损坏设备。因此，在光伏并网发电系统中必须加入锁相环技术，使其能自动追踪输入信号的频率与相位。另外，光伏并网发电系统除了和其他电源系统一样要具有常规的保护功能外，还必须具有孤岛保护功能，而孤岛保护法中的主动频率扰动法效果的好坏很大程度上取决于锁相环的质量。

锁相环是个闭环自动控制系统，基本原理如图 3-28 所示。其主要由相位比较器或称检相器（PD，Phase Detector）、环路（低通）滤波器（LF，Loop Filter）及压控振荡器（VCO，Voltage Controlled Oscillator）三个基本部件构成。相位比较器将输入的信号与反馈信号作比较获取相位差信息；环路滤波器滤除相位比较器输出信号的高频成分同时调整环路参数，对整个锁相环的性能起着至关重要的作用，环路滤波器输出信号用于控制压控振荡器的输出频率与相位；压控振荡器根据反馈的相位差信息调节输出信号的频率与相位，逐步实现与输入信号同频同相，这样就实现了基本锁相环路的工作原理。

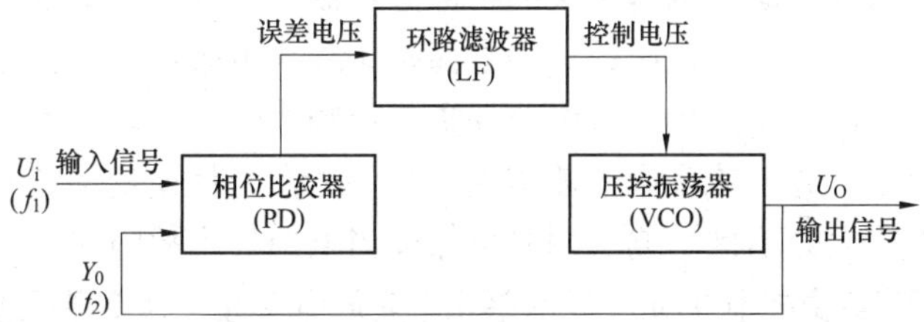

图 3-28　锁相环基本原理

锁相环控制电路与其他具有相同功能的电子线路相比有如下特点：

（1）可实现理想的频率控制。当锁相环路处于锁定状态时，输出信号与输入信号频率相等，即稳态频率差为零。

（2）良好的窄频带跟踪特性。压控振荡器的输出信号能够跟踪输入载波信号的变化。当压控振荡器的频率锁定在输入信号频率上时，位于输入信号频率附近的绝大部分干扰会受到环路滤波器低通特性的抑制，从而减小了对压控振荡器的干扰作用。锁相环路对干扰的抑制作用，就相当于一个窄带的高频带通滤波器。

（3）良好的频率跟踪特性。锁相环路中的压控振荡器，其输出频率可跟踪输入信号瞬时频率的变化，表现了良好的调制跟踪性能。

在光伏并网发电系统中，基本趋向于采用数字控制方式。由于数字控制的优点突出，数字锁相环以其参数调节方便、成本低廉等众多优势受到越来越多的关注，传统的模拟锁相环被数字锁相环取代。其基本原理如图 3-29 所示，信号调整电路先对输入电网电压信号和并网电流信号进行低通滤波，之后再由过零比较电路获得方波信号送入数字控制环节，经数字控制算法对信号进行处理，获取频率与相位信息后对输出进行控制。对于数字控制光伏并网逆变器，可通过控制系统产生的 SPWM 载波比调整载波频率进行输出频率微调，从而实现频率锁定与相位跟踪。

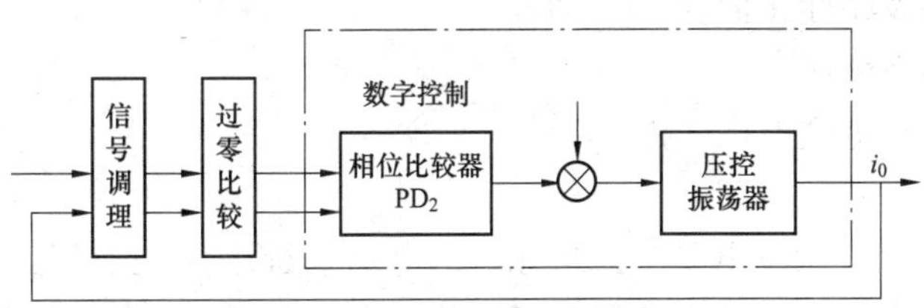

图 3-29　数字锁相环基本原理

3.5.3　并网式光伏发电系统的并网安全运行与防护措施

并网式光伏发电系统按照规模大小，有大、中、小型之分，由于受光照强度影响（白天与夜晚、晴天与阴天)，光伏发电存在很大的波动，特别是对小型的并网光伏组成的微电网，这种影响更为严重。光伏发电系统的安全运行不仅涉及自身的安全运行，而且还直接影响到电力系统的稳定可靠。因而在不同运行模式下，需要并网逆变系统采用不同的控制策略，分别采用孤岛控制策略和并网运行控制策略以解决光伏发电中的安全运行问题。在孤岛运行模式下，逆变系统一般可采用具有下垂特性的电压与频率控制，而在并网运行模式下，逆变系统一般采用有功与无功控制策略。

1. 光伏阵列发电并网系统的保护

光伏阵列发电并网系统作为电力系统的一部分，需要设计有相应的保护和检测装置，一方面保护光伏发电系统防止孤岛效应；另一方面防止线路事故或功率失稳。常用光伏并网保护功能有欠电压保护、过电压保护、过电流保护、低频率保护、超频率保护和孤岛保护等。

光伏并网保护功能一般由功率调节器实现，它保证在光伏逆变系统发生异常时，光伏发电系统不对电网产生较大的不良影响，同时也保证当电网发生故障时，不至于对光伏发电系统造成破坏。功率调节器由控制单元、显示单元、充放电单元、逆变单元及并网保护装置等组成。一般功率调节器采用模块化设计逆变单元和功能单元，灵活组合，各单元之间按照主-从控制运行方式，并有独立运行功能，可根据需要设置为低压并网、高压并网、独立运行和防灾运行等方式。

为保证光伏发电系统的安全运行，除以上孤岛效应保护外，还需要考虑以下保护类型：

(1) 电网过电压及欠电压保护。

(2) 电网超频及欠频保护。

(3) 逆变器交流输出短路保护。

(4) 逆变器过热保护。

(5) 逆变器过载保护。

(6) 直流极性反接保护。

(7) 直流过电压及欠电压保护。

(8) 逆变器对地漏电保护，以及防雷与接地保护。

(9) 逆变器内部自检保护（防雷器损坏、接触器故障、变压器过热、A/D 通道损坏、IGBT 损坏等)。

同时，并网发电系统还需要考虑以下保护类型：

(1) 低电压穿越（LVRT）保护。

(2) 输出直流分量超标保护。

(3) 输出电流谐波超标保护。

(4) 三相电网不平衡保护。

(5) 并网系统存在电磁干扰保护。

2. 孤岛问题

当分散的电源（如光伏发电系统）从原有的电网中断开后，虽然输电线路已断开，但逆变器仍在运行，逆变器失去了并网赖以参考的公共电网电压，这种情况称为孤岛效应。孤岛效应的产生可能会使电网的重新连接变得复杂，且会对电网中的元件产生危害。为了解决这个问题，目前已有多种方案提出，在孤岛效应比较明显的场合已基本得到解决，但当孤岛效应不是很明显时，现有的方法有可能无法判断出发电站与负载之间功率的失配，因而孤岛问题仍是一个未彻底解决的问题。

孤岛效应的检测有两种方法，即被动检测与主动检测。被动检测是指当电网失电时，电网电压的幅值、频率、相位和谐波等参数将产生跳变信号，通过检测跳变信号来判断电网是否失电；主动检测是指在并网点处向电网注入很小的干扰信号，通过检测反馈信号来判断电网是否失电，其中一种方法就是通过在并网电流中注入很小的失真电流，通过测量逆变器输出的电流相位和频率，采用正反馈的方案，加大注入量，从而在电网失电时，能够很快检测出异常值。

利用功率调节器可实现对孤岛的检测和对电压的自动调整功能，当出现剩余功率逆潮流时，由于系统阻抗高，并网点的电压会升高，甚至可能超过电网的规定值。为避免这种情况，功率调节器设有两种电压自动调整功能：①超前相位无功功率控制，电网提供超前电流给功率调节器，抑制电压升高，这种控制方式会使功率调节器的视在功率在调节时增加，变换效率略微降低；②输出功率控制，当超前相位无功功率控制对电压升高的抑制达到临界值时，系统电压转由输出功率控制，限制功率调节器的输出功率，使电压升高，这种方式使光伏阵列的发电功率利用率有所降低。

为了解决逆变器的某些控制策略只能输送有功功率而无法注入无功功率的问题，通常采用有功和无功综合控制方法。利用PWM电路中植入一个扰动发生电路，使它产生与逆变器输出值有一定关联的偏移，通过检测由于频率变化产生的符号变化量和代数运算，就可更好地检测出孤岛效应。这种方法的特点是：①逆变器可同时提供有功和无功功率，避免交流侧功率因数的恶化；②当孤岛效应不明显时，发电站与负载的功率不匹配也可更有效地检测出来；③计算过程及电路设计容易实现，计算和运行费用较少。

为了能主动检测孤岛效应，可在逆变控制器中加入能产生微小不平衡的正弦波形的电路。如果控制器的参考正弦波中存在一个微小的不对称，则会在逆变器的电流输出中产生同样大小的畸变。在正常运行情况下，这种畸变是可以忽略的，然而一旦孤岛效应发生，这种畸变可通过检测很容易地辨识出来，即可采用合适的畸变作为有效辨识孤岛效应的指示器。

3.6 太阳能热发电系统控制技术

3.6.1 概念

太阳能热发电是将太阳辐射能转换为热能，再通过各种发电装置将热能转换为电能的发电技术。太阳能热发电系统一般由太阳能集热系统、蓄热与换热系统和汽轮机发电系统组成。与常规热发电的不同是太阳能热发电必须考虑太阳能能量密度低、间歇性、不稳定性等因素。太阳能热发电的集热系统用聚光集热装置将太阳能收集起来，将集热工质加热到一定的温度，经过换热器将热能传递给动力回路中循环做功的工质，或产生高温高压的过热蒸汽驱动汽轮发电机组发电；从汽轮机做功后的乏气，其压力和温度已大大降低，再经凝汽器凝结成液体后，被重新送入换热器，开始新的循环。太阳能电站一般带有储热装置。太阳能热发电与常规的化石能源热力发电方式的热力学工作原理相同，都是通过朗肯（Rankine）循环、布雷敦（Brayton）循环或斯特林（Stirling）循环将热能转换为电能，区别仅在于两者的热源不同。

太阳能进行热发电的能量转换过程首先是将太阳辐射能转换为热能，然后通过热机将热能转换为机械能，最后再将机械能转换为电能。因此，整个太阳能热发电系统的效率也是由这三个部分的效率决定，即太阳场效率、动力系统效率和发电机效率三者的乘积。太阳场效率随着集热温度的上升逐渐降低；动力系统的效率则受制于卡诺定律，随着集热温度的上升逐渐增加。太阳能热发电系统一般由六大部分组成：太阳能集热子系统、吸热与输送热量子系统、蓄热子系统、蒸汽发生系统、动力子系统、发电子系统。其中，前两部分简称为太阳场，是太阳能热发电技术的核心。由于太阳能供应不稳定、不连续，为保障热发电系统稳定运行，通常在系统中配置蓄能子系统，将收集到的太阳能热能存储起来，以保证在夜间或太阳辐照不足时发电，或是将太阳能与其他能源组成综合互补的发电系统，在太阳能供应不足的情况下，由其他形式的能源供应。在配置蓄能子系统的发电方式中，太阳能聚光装置将太阳能聚集到吸热器上，被吸热器中的传热介质吸收，并输送到蓄热子系统中，将能量存储起来，当需要能量时，蓄热介质通过蒸汽发生器将热量传递给动力子系统的工质，产生的高温、高压工质进入动力装置做功，但目前还没有成熟的低成本蓄热技术，而太阳能与其他能源组成综合互补的发电系统则可降低太阳能发电的成本，虽然与太阳能热发电的初衷有悖，但仍不失为实际应用中的选择。在一般商业化的太阳能电站中，化石燃料作为辅助能源的贡献率一般限制在总发电量的15%以内。

3.6.2 槽式太阳能热发电系统

1. 系统原理及构成

槽式太阳能热发电系统，是利用槽式抛物面反射镜聚光的太阳能热发电系统的简称。槽式抛物聚光镜面从几何上看是将抛物线平移而形成的槽式抛物面，它将太阳光聚在一条线上，在这条焦线上安装有管状集热器，以吸收聚焦后的太阳辐射能。槽式太阳能热发电系统常常将众多的槽式抛物面串并联成聚光集热器阵列，其槽式抛物面对太阳辐射多进行跟踪控制（设备轴线南北放置，东西旋转跟踪），几何聚光比在10～100之间，温度可达400℃左右。整个槽式太阳能热发电系统包括聚光集热子系统、换热子系统、发电子系统、蓄热子系统和辅助能源子系统。

（1）聚光集热子系统：由聚光镜、接收器和跟踪装置构成，是系统的核心。

（2）换热子系统：当系统工质为油时，采用双回路，即接收器中工质油被加热后，进入换热子系统中产生蒸汽，蒸汽进入发电子系统发电。换热子系统一般由预热器、蒸汽发生器、过热器和再热器组成。直接采用水为工质时，可简化此子系统。

（3）发电子系统：按照工质是水还是气体选用汽轮机组或燃气轮机组，其基本组成与常规发电设备类似，但需要设置工作流体在接收器和辅助能源系统之间循环的切换装置。

（4）蓄热子系统：太阳能热发电系统在早晚或云遮间隙必须依靠储存的能量维持系统正常运行。蓄热的方法主要有显式、潜式和化学蓄热三种。

（5）辅助能源子系统：在夜间或阴雨天，一般采用辅助能源系统供热。蓄热系统应设计合理，过大会引起初始投资的增加。

图3-30为槽式太阳能热发电系统示意。由图可见，利用导热油作为集热介质，293℃的低温导热油从储油罐中送入槽式太阳能集热场，被加热到390℃，然后依次通过再热器、预热器、蒸发器、过热器等，将收集到的太阳热能交换给动力回路中的蒸汽，产生10.4MPa/370℃的过热蒸汽进入汽轮发电机组做功。该系统中集热油回路和动力蒸汽回路相互分离，经过一系列换热器来交换热量。当太阳能供应不足时，利用一个辅助加热器将油回

路中的导热油加热，从而实现系统的稳定连续运行。

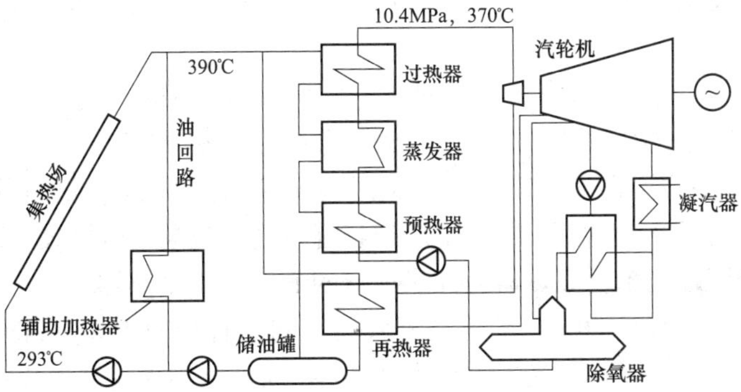

图 3-30　槽式太阳能热发电系统示意

槽式太阳能热发电系统具有三种工作模式，分别为直通模式、注射模式和循环模式。

(1) 直通模式中的水经过预热、蒸发、过热后直接推动汽轮机发电。该模式最简单、投资较少，但控制复杂。

(2) 注射模式中水分别从集热管不同的地方注入。该模式正常运行需要必要的测试系统，由于系统的复杂性和系统投资较大，已经不具有竞争力。

(3) 循环模式是目前最有竞争力的方式，在集热管路的蒸发段的末端安装一个汽水分离装置，注入蒸发段的水量大于系统可以蒸发的水量，过量的水就通过分离器被循环泵送到集热环路的进水入口段，而蒸汽经过汽水分离器进入到集热管的过热段。这种模式具有高度可控性，但是循环管路的存在及汽水分离装置等增加了系统的投资。

太阳能集热器只能收集太阳的直射光线，而对散射部分无能为力，因此集热器的聚光系统必须使光轴指向太阳，即跟踪太阳。要使槽式太阳能热发电系统正常运行、提高系统效率，需采用自动跟踪装置，使槽式聚光器时刻对准太阳，以保证从源头上最大限度地吸收太阳能。据统计，采用跟踪比非采用跟踪所获得的能量要高出 37.7%。由于太阳时刻处于运动状态，再加上自然天气随时变化，因此全天候、全自动太阳跟踪装置的设计就成了一个难点。

太阳能热发电跟踪系统按照入射光线和主光轴位置关系可划分为两轴跟踪系统和单轴跟踪系统。

(1) 两轴跟踪系统根据太阳高度角和赤纬角的变化情况设计，它要求入射光和主光轴方向一致。两轴跟踪系统具有最理想的光学性能，是最好的跟踪方式，能够使入射光与主光轴方向一致，获得最多的太阳能，但设备结构复杂，制造和维修成本高。

(2) 单轴跟踪系统只要求入射光线位于含有主光轴和焦线的平面就行，结构简单，但跟踪准确度不高。一般在阳光充裕的地方优先考虑单轴跟踪。

跟踪太阳的检测控制方式大致可分为两类：光电跟踪和根据视日运动轨迹跟踪。光电跟踪的优点是灵敏度高，结构设计较为方便，缺点是受天气的影响很大。根据视日运动轨迹跟踪则是通过数学对太阳轨迹的预测，从理论上精确地计算太阳运行轨迹，按一定的程序驱动运行设备跟踪太阳，缺点是有累积误差。根据视日运动轨迹跟踪和传感器联合控制则集中了二者的优点，程序计算聚光镜位置和太阳轨迹，再利用传感器进行校正，以避免累积误差。

现在这种联合控制方式越来越多地被采用。

槽式太阳能热发电系统具有规模大、寿命长、成本低等特点，非常适合商业并网发电。

2. 应用状况

美国鲁兹（LUZ）公司是槽式太阳能热发电技术应用的先行者，1985—1991 年间，LUZ 公司在美国南加州先后建成 9 座槽式太阳能热发电站（SEGS，Solar Energy Generating Systems），总装机容量 353.8MW，是世界上规模最大、成效最高的太阳能热发电工程。其中最为典型的是 80MW 装机容量的 SEGSⅧ电站，该电站的槽式抛物面反射镜为东西向放置，采用单轴跟踪技术。集热器为性能优越的 LS-3 型集热器。LS-3 型集热器使用的是真空管环形接收器，直径 70mm 的不锈钢管装在同心直径为 115mm 的圆柱形玻璃套内，玻璃管上涂覆双层减反射膜，阳光透过率为 0.965，玻璃管内保持真空以减少热损失，不锈钢管表面采用磁控溅射涂覆高温选择性吸收涂层，其可见光吸收比达 0.966，红外发射比为 0.19，不锈钢管和玻璃套管间采用可阀封接，集热器工作介质为导热油，工作温度为 391℃。整个电站共使用了 900 个 LS-3 型太阳集热器。抛物面反射镜的开口面积达 545m^2，使用了 224 块扇形玻璃镜片，镜片背面镀银，每片镜片由 4 个圆形托盘托付在支架上，支架上装有太阳辐射传感器，经液压传动机构驱动支架跟踪太阳，如遇恶劣天气，支架会自动翻转、镜面开口向下，使镜面和接收器得到保护。SEGSⅧ电站的峰值太阳能热电转换效率为 24%，循环效率为 38.4%，年平均太阳能热电转换效率为 4%，初始投资为 2560 美元/kW，发电成本为 8 美分/kW。

LUZ 公司在已建成 9 座槽式太阳能热发电站的基础上，对系统中的组件不断进行技术改进，在欧洲的西班牙热发电研发中心 psA 进行试验。系统采用更先进的聚光器，其结构形式由轴式单元发展为衍架式单元，如图 3-31 所示。

聚光器单列长度由 100m 增长为 150m，这样一套驱动机构可带动更长的聚光器阵列（图 3-32 所示为 SEGS 电站采用的衍架式聚光器阵列）；此外，在聚光镜材料、玻璃厚度等方面最大限度地降低整机重量，同时，采用极轴跟踪技术，充分考虑方位角和高度角的影响，聚光集热器阵列由原来的南北向水平放置改为南北向的倾斜轴（倾斜角度与纬度有关），从而更有效地接收太阳辐射能。系统还采用高性能的高温真空管接收器，由以色列 Solel 公司（前身为 LUZ 公司）提供。德国 Schott 公司对高温真空管做了改进：①防止两端温度过高影响封接质量，在局部增加了太阳辐射反射圈；②力求最大限度减少遮光面积，使真空管

图 3-31 衍架式单元聚光器阵列

图 3-32 SEGS 电站衍架式聚光器阵列

有效利用长度大于96%；③调整相关玻璃材料配方，使可阀与玻璃管封接更好。此次试验还采用DSG技术，即直接用水作为介质的新型槽式发电技术，利用这一技术可取代大量的换热器，进而达到简化系统、提高效率、降低成本的目的，目前过热蒸汽的工作参数已达到400℃、10MPa。

3.6.3 塔式太阳能热发电系统

1. 系统原理及构成

塔式太阳能热发电系统是一种中央式聚光太阳能热发电系统，主要由布置在太阳能场上的定日镜阵列、中心接收器、控制中心和发电系统组成。该系统由定日镜阵列将入射太阳光反射和汇聚于设置在高塔上的中心接收器的吸收表面，产生高温高压蒸汽或气体（550～700℃），驱动发电系统发电。

塔式太阳能热发电系统包括聚光子系统、集热子系统、发电子系统、蓄热子系统和辅助能源子系统。

塔式太阳能热发电系统具有规模大、热传递路径短、热损耗少、聚光度较高和温度较高等特点，极适合大规模并网发电，是近年来建设的获得大功率发电能力的一种太阳能热发电系统，如图3-33所示。

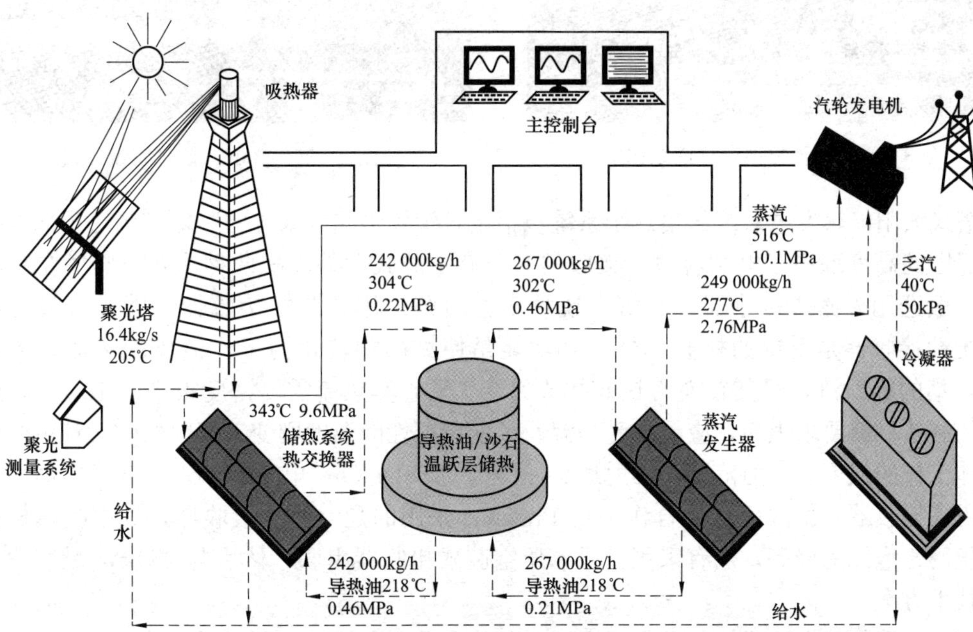

图3-33 塔式太阳能热发电系统

塔式太阳能热发电系统的聚光子系统包括定日镜群和跟踪装置，采用双轴跟踪，以确保每台定日镜的反射光线进入集热系统的接收器内；定日镜微弧度的镜面保证太阳光聚焦到塔顶的接收器。塔式太阳能热发电系统中采用的聚光器聚集的光斑应始终落在接收器的范围内，但它并不正对太阳，其法线与太阳光成一个有规律的夹角。聚光器自动跟踪系统除与当地的经纬度和时间密切相关外，还与定日镜在镜场中的位置有关。由于塔式电站具有庞大的定日镜场，每台定日镜都需单独控制跟踪太阳，所以在太阳能热发电站中塔式电站的定日镜控制系统最为复杂。定日镜的控制一般采用计算聚光镜位置和太阳轨迹的程序控制，存在累积误差，需要定期校正。

塔式太阳能热发电系统的技术及投资关键是定日镜阵列，镜面场的布置需保证有足够高的镜面利用系数，并与接收器相匹配以得到最高的聚光比。

定日镜是塔式系统中投资最大的部件，其成本占总投入的一半以上。国际上在定日镜光学性能、结构、控制方式及制造成本等方面不断投入重要力量进行研究。以单块定日镜面积为例，当初美国 Solar One 电站采用的定日镜面积为 $40m^2$ 已经相当大了，但现在单块定日镜的面积更大，如美国先进的太阳能热系统定日镜面积为 $150m^2$，科学应用国际公司的定日镜为 $170m^2$，德国 Steinmuller 系统的定日镜 $150m^2$，西班牙的 GM－100 系统则采用 $100m^2$ 的定日镜等。图 3－34 所示为两种定日镜的典型结构，图 3－35 所示为 $200m^2$ 定日镜设计概念。

图 3－34 两种类型定日镜结构

图 3－35 $200m^2$ 定日镜设计概念

塔式太阳能热发电系统的集热子系统包括定日镜场中间或南方的竖塔及竖塔顶部的接收器。竖塔的高度取决于电站容量，接收器主要有空腔式和外露式两种形式，竖塔在镜场中间时一般选用外露式接收器，竖塔在镜场南方时则选用空腔式接收器。塔式太阳能热发电系统的接收器是系统的核心部件，其功能是使太阳能转化为工作流体的热能。接收器吸收聚集的辐射流，将其转换为热能并传递给工质，其热流需要密度很高的工质，因此接收器的制造材料要求很高，应能承受高温及长期周期性的温度剧变。接收器的设计主要取决于流体工作的温度和压力范围、辐射通量。美国的 Solar One 电站和 Solar Two 电站采用的是外露式接收器；德国西班牙合作项目 Phoebus 采用的是空腔式接收器，其中吸热材料为金属丝网、泡沫陶瓷等，也有采用三只承压空腔式接收器串联，然后与 250kW 燃气轮机结合的技术方案。

塔式太阳能热发电系统的发电子系统、蓄热子系统和辅助能源子系统的功能与槽式太阳能热发电基本相同。由于可获得 500℃以上的高温，塔式太阳能热发电系统可用蒸汽动力循环，也可用气体动力循环。为了保持整个系统相对持续的运行，需设置一定容量的储能系统，一般采用共熔混合物为储热介质。

2. 应用状况

1950 年，苏联设计了世界上第一座塔式太阳能热发电站的小型试验装置。同年，意大利等欧洲国家在西西里岛联合建造了世界首座并网运行的塔式太阳能热电站，这座电站塔高 50m，镜场配置 70 台 $5m^2$ 和 112 台 $23m^2$ 的聚光镜，额定功率为 1000kW，总占地 2 万 m^2。每台聚光镜由两部电动机带动并实现了双轴跟踪，镜面把阳光聚集成光束反射到塔顶锅炉，锅炉内产生高达500℃的水蒸气驱动汽轮发电机组发电。由于该电站具有良好的储能设施，无论是白天黑夜，阴天雨天都能保证连续发电，银光闪烁，被人们称为西西里岛的“聚宝盆”。

1980年，美国在加利福尼亚州南部巴斯托（Barstow）沙漠地区兴建了一座大型塔式太阳能热电站Solar One，额定功率为10MW，占地超过7万m^2，塔高90m，采用了1818台聚光镜，接收器内产生516℃水蒸气驱动汽轮发电机组发电。1996年，美国在Solar One原址建造了10MW的塔式太阳能热发电系统Solar Two。Solar Two采用硝酸盐作为蓄热介质，接收器内的硝酸盐被加热到565℃，用来直接生产蒸汽或储存在绝热的储槽内，供多云时段或日落后使用。由于增加了有效的蓄热手段，日落后Solar Two可向1万个家庭供电3h。该系统的设计商业运行寿命为25～30年。美国加利福尼亚州槽式太阳能SEGSⅥ电站和塔式太阳能Solar One电站的技术指标，见表3-1。

表3-1　美国加利福尼亚州槽式太阳能SEGSⅥ电站和塔式太阳能Solar One电站的技术指标

电站名称	Solar One	SEGSⅥ
电站类型	塔式	槽式
所在地	美国加利福尼亚州	美国加利福尼亚州
额定功率（MW）	10	30
年运行小时数（h）	2700	3019
年净发电量（$\times 10^6$kWh）	27	90.6
聚光方式	平面反射镜	圆柱抛物面反射镜
反射镜总面积（m^2）	72 540	188 000
反射镜数（面）	1818	960 000
汽轮机蒸汽参数（℃/bar）	510/104	371/100
总投资（亿美元）	1.4	1.16
投资比（美元/kW）	14 000	3870
使用寿命（年）	30	30

20世纪90年代后期，以色列魏兹曼科学研究所对塔式系统进行了改进。该设计利用一组独立跟踪太阳的定日镜，将阳光反射到固定在塔顶部的初级反射镜——抛物镜上，然后由初级反射镜将阳光向下反射到次级反射镜——复合抛物聚光器（CPC），最后由CPC将阳光聚集在其底部的接收器上，通过接收器的空气被加热到1200℃，推动燃气轮机发电机组，燃气轮机排放的500℃左右气体再用于推动另一台发电机组，从而使系统的总发电效率达到25%～28%。

近年来，中国工程院院士张耀明教授带领南京春辉科技实业有限公司（南京玻璃纤维研究设计院三所）科技人员，在太阳能热发电研究领域中取得了自动跟踪太阳、聚光、集热等方面的技术突破。由南京春辉科技实业有限公司、河海大学新材料新能源研究开发院联合建设的国内首座“70kW塔式太阳能热发电系统”于2005年10月底在南京市江宁太阳能试验场顺利建成，并成功投入并网发电。经过连续并网发电运行测试表明：该发电系统运行稳定性、操控机动性、安全可靠性等方面均达到研发建设目标。我国70kW塔式太阳能热发电系统主要由定日镜、高温接收器、燃气发电机组及相应水冷却系统、天然气供气系统、控制系统等组成，其工作原理如图3-36所示。我国70kW塔式太阳能热发电系统的主要技术指标为：塔高 33m，额定功率 70kW，效率不小于 20%；采用 32 面 $20m^2$ 定日镜，双轴跟踪误差不大于 2m/rad；镜面反射率不小于 85%；接收器为以空气为介质的空腔式结构，工作温度不小于 900℃。

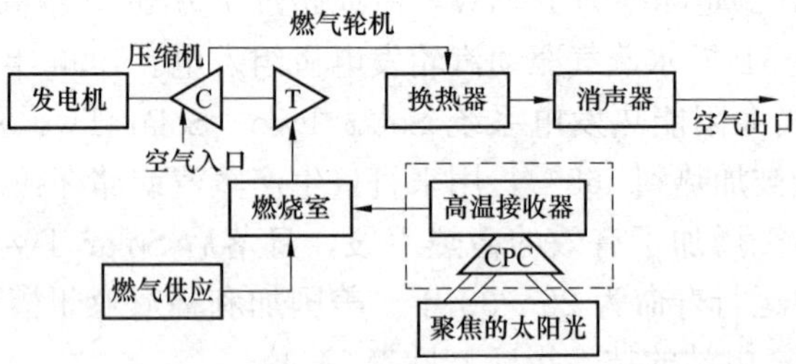

图 3-36　国产 70kW 塔式太阳能热发电系统

3.6.4　碟式太阳能热发电系统

1. 系统原理及构成

碟式太阳能热发电系统是利用旋转抛物面反射镜，将入射阳光聚集在焦点上，放置在焦点处的太阳能接收器收集较高温度的热能，加热工质，驱动发电机组发电，或者在焦点处直接放置太阳能斯特林（Stirling）发电装置发电。由于碟式太阳能热发电系统聚光比可达 3000 以上，这样使接收器的吸热面积可以很小，从而达到较小的能量损失，同时可使接收器的接收温度达 800℃以上。因此碟式太阳能热发电的效率非常高，目前该系统太阳能转化电能效率达到了 30%，一般旋转抛物面反射镜直径为 5～15m，系统功率为 5～50kW。碟式太阳能热发电系统包括旋转抛物面聚光器、接收器、跟踪装置和热机系统等，系统构成如图 3-37 所示。

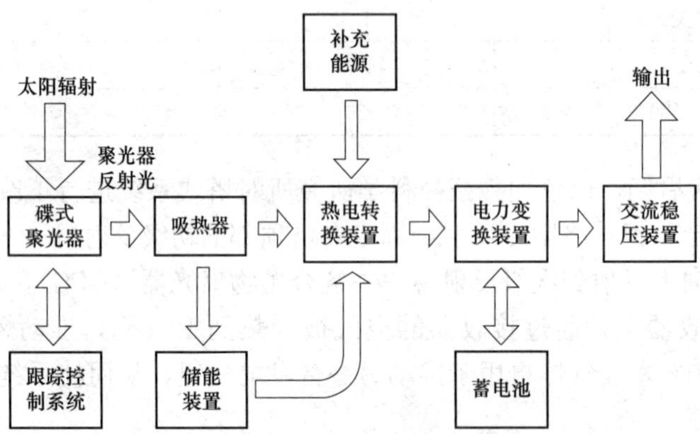

图 3-37　碟式太阳能热发电系统构成

2. 聚光器

聚光器是将来自太阳的平行光聚焦。目前研究和应用较多的碟式聚光器主要有玻璃小镜面式、多镜面张膜式、单镜面张膜式等，如图 3-38 和图 3-39 所示。

玻璃小镜面式聚光器将大量的小型曲面镜逐一拼接起来，固定于旋转抛物面结构的支架上，组成一个大型的旋转抛物面反射镜。这类聚光器由于采用大量小尺寸曲面反射镜作为反射单元，可达到很高的精度，而且可实现较大的聚光比，从而提高了聚光器的光学效率。

图 3-38 单碟式太阳能发电机组

图 3-39 多碟式太阳能发电机组

多镜面张膜式聚光器的聚光单元由多个圆形张膜旋转抛物面反射镜组成。这些圆形反射镜以阵列的形式布置在支架上，并且使其焦点皆落于一点，从而实现高倍聚光。

单镜面张膜式聚光器只有一个抛物面反射镜。它采用两片厚度不足 1mm 的不锈钢膜，四周焊接在宽度约 1.2m 的圆环的两个端面上，然后通过液压气动载荷将其中的一片压制成抛物面形状，两层不锈钢膜之间抽成真空，以保持不锈钢膜的形状及相对位置。

3. 接收器

接收器是碟式太阳能热发电系统的核心部件，它包括直接照射式和间接受热式，如图 3-40 所示。

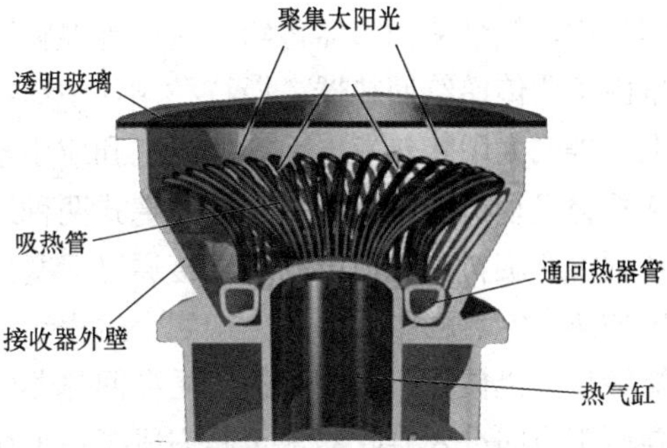

图 3-40 碟式太阳能接收器

(1) 直接照射式接收器是将太阳光聚集后直接照在热机的换热管上，换热管内工作介质高速流过，吸收太阳辐射的能量，达到较高的温度和压力，从而推动斯特林发动机运转，国外的碟式太阳能热发电系统多采用直接式接收器。

(2) 间接受热式接收器则是通过某种中间介质将太阳能传递到热机。这些中间介质主要为液态碱、金属钠、钾或钠钾合金（它们在高温条件下具有很低的饱和蒸汽压力和较高的汽化潜热）。间接受热式接收器利用的是液态金属相变换热性能机理，利用液态金属的蒸发和冷凝将热量传递至斯特林热机的接收器。间接受热式接收器具有较好的等温性，从而延长了热机加热头的寿命，同时提高了热机的效率。在对接收器进行设计时，可对每个换热面进行单独的优化。这类接收器的设计工作温度一般为 650～850℃。间接受热式接收器包括池沸腾接收器、热管式接收器及混合式热管接收器等。

1) 池沸腾接收器通过聚集到吸热面上的太阳能加热液态金属池，产生的蒸汽冷凝于斯特林热机的换热管上，从而将热量传递给换热管内的工作介质，冷凝液由于重力作用又回流至液态金属池，完成一个热质循环。这类接收器结构简单，加工成本较低，适应性强，适合在较大的倾角范围内运行，金属蒸汽直接冷凝于热机换热管，效率较高，但由于要求工质的充装量较大，一旦发生泄漏将非常危险。液态金属传热特性特别是在交变热流密度条件下沸腾传热的特性，如沸腾不稳定性、热启动问题及膜态沸腾和溢流传热引起的传热恶化等问题仍处于探索、研究中。

2）热管接收器采用一般被加工成拱顶形的受热面，上面布有毛细吸液芯，吸液芯结构将液态金属均匀布置在加热表面。吸液芯结构可有多种形式，如不锈钢丝网、金属毡等。分布于吸液芯内的液态金属吸收太阳能量后产生蒸汽，蒸汽通过热机换热管将热量传递给管内的工作介质，蒸汽冷凝后的冷凝液由于重力作用又回流至换热管表面。由于液态金属始终处于饱和状态，使得接收器内的温度始终保持一致，从而使热应力达到最小，有研究表明这种热管接收器相对于直接照射式接收器可将碟式太阳能热发电系统的效率提高约 20%。

3）混合式热管接收器是由热管接收器改造而成的以气体燃料作为能量补充的接收器。

太阳能热发电系统若要连续、稳定地发电。必须考虑阳光不足或夜间运行的能量补充问题，其解决方案有蓄热和燃烧两种。在碟式太阳能热发电系统中多采用燃料燃烧的方式来补充能量，即在原有的接收器上添加燃烧系统。目前接收器研究的重点为进一步降低接收器的成本及提高接收器的可靠性和效率。

4. 热机系统

碟式太阳能热发电系统中采用的热力循环一般有斯特林（Stirling）、布雷敦（Brayton）循环两种。应依据热力循环方式选用不同的热机。斯特林循环是目前碟式太阳能热发电技术中研究和应用最多的一种，它是利用高温高压的氢气或氦气作为工质，通过两个等容过程和两个等温过程组成的可逆循环。气缸中装有两个对置的活塞，中间设置一个回热器用于交替的吸热和放热，活塞和回热器之间为膨胀腔和压缩腔。膨胀腔始终保持高温，压缩腔则始终保持低温。斯特林循环由以下四个换热过程组成：等温压缩，热量从工质传递给外部低温热源；等容过程，热量从回热器传给工质；等温膨胀，热量从外部高温热源传递给工质；等容过程，热量由工质传递给回热器。斯特林循环中斯特林发动机的理论效率接近卡诺循环效率，因此国际上对碟式太阳能热发电系统的研究和应用绝大多数采用的是斯特林循环。用于太阳能热发电的斯特林发动机有联动式和自由活塞式两种结构，前者通过与活塞连接的旋转曲轴输出能量；后者则没有旋转曲轴的结构，直接通过活塞的运动输出能量。理想的布雷顿循环由绝热压缩、等压加热、绝热膨胀和等压冷却四个过程组成。高温高压循环工质在燃气轮机内膨胀做功，把热能转化为机械能，做功后的工质在回热器中将热量传递给由压缩机送出的高压工质，预热后的高压工质即进入接收器，至此完成了一个循环。透平、压缩机和发电机为同轴布置，即由高温高压循环工质推动燃气轮机运转带动发电机发电，实现光、热、电的转换。

碟式太阳能热发电系统具有寿命长、效率高、灵活性强等特点；因其体积小、效率高、投资少、安装方便，可单台供电，也可多套并联使用；具有较大的发展潜力，主要适合分布式应用。特别是碟式斯特林系统，由于较高的工作温度可获得较高的转化效率，所以发展潜力很大，备受关注。碟式斯特林太阳能热发电装置如图 3-41 所示。

5. 应用状况

相对于槽式和塔式太阳能热发电技术，碟式太阳能热发电技术起步较晚，但发展较快。从 20 世纪 70 年代末到 80 年代初，由瑞典的 USAB 及美国的多家机构发起研究，此后德国、韩国等国家的科研部门相继展开碟式太阳能热发电的研制开发，并完成样机测试。在这项研

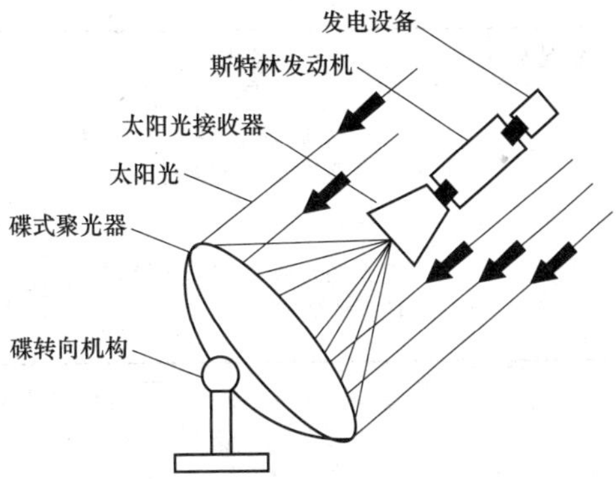

图 3-41 碟式斯特林太阳能热发电装置

究中，光电转换效率最高达 29.4%，吸热器效率为 65%～90%。

1982 年，美国加利福尼亚州建造了碟式斯特林太阳能热发电实验装置，其聚光器直径为 11m，由 320 个小镜面组成，镜面总面积 89m^2，焦距 6.6m，工作温度达 1090℃，光电转换效率 29%，最大功率 24.6kW。2004 年，美国 SES 公司在桑迪亚（Sandia）国家实验室建造了 5 套 25kW 碟式斯特林系统。2005 年 8 月，SES 公司建造了由 40 套 25kW 组成的 1MW 碟式系统，以便为 850MW 电站建设积累经验。由德国研发的 6 套 9～10kW 碟式斯特林系统在西班牙 PSA 进行了商业化示范，并累计达到 3 万 h 的运行纪录。为进一步降低系统成本，SBP 公司已实施了由德国环境部资助的六台新碟式斯特林系统发展计划。1994 年，澳大利亚建造了一套旋转抛物反光镜面积达到 400m^2 的 50kW 碟式系统，工质为水，产生的蒸汽驱动汽轮机发电。

在国内，上海交通大学、天津大学和南京航空航天大学等高等院校和中科院、上海 711 研究所等科研单位在碟式系统方面做过研究，并取得了很多宝贵经验。

6. 未来发展需要考虑的问题

（1）扩大生产规模。与塔式、槽式太阳能热发电系统相比，碟式系统可通过标准化、规模化生产大大降低成本。生产一台 10kW 碟式斯特林发电系统制造成本为 12000 美元/kW；年产 100 台时，制造成本为 8500 美元/kW；年产 1000 台时，制造成本为 4500 美元/kW；当年生产达到 10 000 台时，制造成本仅为 1920 美元/kW，其发电成本可降至 5～6 美分/kWh。

（2）在接收器上采用热管技术。接收器是太阳能热发电的核心，目前国际上多采用空腔式接收器，光热转换率达 90%以上。由于碟式太阳能热发电聚光比高，一般在 500～6000 之间，因而到达单位面积接收器上的能量很高；另外由于接收器受光和冷流体分布的不均匀性，在接收器内易产生“热点”，在这种情况下，轻则损坏接收器，重则破坏整个系统，产生安全事故。在太阳能热发电中利用热管的高效传热性能、优良的均温性能，可解决高温太阳能接收器的“热点”问题，提高接收器和发电系统的效率和安全性能；其单向传热特性、结构可异型性能，可解决高温太阳能热发电中的蓄能问题，从而解决太阳能热发电连续性问题。热管技术应用于高温太阳能接收器中，既拓展了热管技术的应用领域，又解决了太阳能高温热发电中的难题，具有很高的实用价值。采用混合式热管技术，使碟式斯特林发电系统接收器解决吸热、蓄热问题，提高了系统效率，降低了系统成本。

目前，太阳能热发电技术得到了较大发展，在过去几十年中，世界各国兴建了许多类型的实验与示范电站。表 3-2 给出了三种太阳能热发电站的发展状况及特点。

表 3-2　　太阳能热发电站的发展状况及特点

发展状况及特点	塔式	槽式	碟式
发展状况	提供高温热，可联网发电运行，处于实验示范阶段，最大容量为 10MW	提供中温热，可联网发电运行。商业化阶段，最大容量为 80MW，总容量为 354MW	提供高温热，分散独立运行，处于实验示范阶段，独立系统容量小于 50kW

续表

发展状况及特点	塔式	槽式	碟式
优点	长远发展前景好，效率高、可通过蓄热或互补降低成本	具有商业化运行的经验，互补方式已得到验证	较高的转化效率，可模块化或复合运行
缺点	聚光场与吸热场优化配合问题还需要研究	真空管的寿命还没有得到大规模的验证，定日镜更换成本高	没有商业化的与碟式聚光器配合的斯特林（Stirling）机

本章小结

本章主要介绍了太阳能及其利用技术，包括太阳能光伏发电系统组成及工作原理，独立式光伏发电及并网式光伏发电系统控制技术。介绍了太阳能热发电系统的基本概念和原理，重点对槽式太阳能热发电系统、塔式太阳能热发电系统及碟式太阳能热发电系统的结构组成、工作原理，以及聚光器、热能接收器和热循环工艺控制过程做了深入的分析。介绍了三种典型太阳能热发电系统在国内外的应用发展状况及存在的问题。

思考题

3.1 简述太阳能光伏发电系统的组成及工作原理。

3.2 分析光伏发电系统实现最大功率点跟踪（MPPT）技术的原理。

3.3 简述独立式光伏发电系统和并网式光伏发电系统的异同点。

3.4 什么是光伏效应和光电效应，二者主要的差异是什么？

3.5 简述太阳能热发电系统的基本组成及工作原理。

3.6 槽式太阳能热发电系统由哪几部分构成，简述其发电原理。该系统的工作模式有哪几种，各有什么特点，系统发电过程中主要控制环节和部件是什么？

3.7 简述塔式太阳能热发电系统的原理及构成，系统的主要组成设备和部件有哪几种，各有什么作用，应用现状如何？

3.8 简述碟式太阳能热发电系统的主要组成部件，各部件的主要功能有哪些，该系统热能循环过程原理及关键控制如何实现？

3.9 太阳能热发电系统中辅助供能系统应当如何考虑，一般辅助供能系统主要采用哪些形式，辅助系统与主系统之间的热能转换控制逻辑如何实现？

第4章 风 能 发 电

4.1 风能发电的特点及国内外发展概况

风能作为一种清洁的可再生能源，越来越受到世界各国的重视。风能蕴量巨大，全球的风能约为 2.74×10^{9}MW，其中可利用的风能为 2×10^{7}MW，比地球上可开发利用的水能总量还要大 10 倍。我国风能储量居世界首位、分布面广，仅陆地上的风能储量就有约 2.53 亿 kW。风能是太阳能的一种转换形式，是一种重要的自然能源，也是一种巨大的、无污染、永不枯竭的可再生能源。风的形成是空气流动的结果，风的产生是随时随地的，其方向和大小不定。风能的特点是能量巨大，但能量密度低，具有随机性，并随高度的变化而变化。随着全球经济的发展，风能市场也将迅速发展。

风能的主要应用是风力发电，风力发电是通过风力发电机组实现风能到机械能，再到电能的转换。风力机和发电机组成了风力发电机组，风力机有水平轴和垂直轴两种，其中以水平轴为主；发电机中除传统的交直流发电机外，还出现了一些新型风力发电机。风力发电机组的控制系统是一个综合性控制系统，并网型风力发电机组的控制有定桨距失速调节、变桨距调节和主动失速调节三种。不同的风力发电机组的并网技术和方式不同：风力同步发电机组的并网方法以自动准同步并网为主；风力异步发电机组的并网以晶闸管软并网为主。对于并网运行的风力异步发电机组一般通过补偿装置进行无功功率的补偿。风力发电的经济技术评价可通过经济性指标来衡量。

2014 年，中国风电新增风电装机量刷新历史记录。据统计，全国（除台湾地区外）新增装机 13 121 台，新增装机容量 23 196MW，同比增长 44.2%；累计安装风电机组 76 241 台，累计装机容量 114 609MW，同比增长 25.4%。

2014 年，我国各省区市风电新增装机容量中，排名前五的省份有甘肃、新疆、内蒙古自治区、宁夏和山西，占全国新增装机容量的 52.6%。其中甘肃同比增长 488.3%，宁夏同比增长 91.44%，新疆同比增长 2.23%，内蒙古同比增长 29.46%，山西同比增长 17.97%。

2014 年，我国风电累计装机容量（除台湾地区外）为 114 608.89MW，其中，内蒙古自治区依然保持全国首位，累计装机容量达到 22 312.31MW，占全国 19.5%，其次为甘肃，占全国 9.36%，河北和新疆占比相当，分别为 8.61%和 8.44%。

2014 年，我国海上风电新增装机 61 台，容量达到 229.3MW，同比增长 487.9%，其中，潮间带装机容量为 130MW，占海上风电新增装机总量的 56.69%。截至 2014 年年底，中国已建成的海上风电项目装机容量共计 657.88MW，我国潮间带累计风电装机容量达到 434.48MW，占海上装机容量的 65.6%，近海风电装机容量占 34.4%，其中，规模化项目为东海大桥海上项目（102MW）及其二期项目，龙源如东海上（潮间带）示范风电场，还有江苏如东扩建项目，其余主要为各风电机组制造商安装的实验样机。

2014 年，我国新增装机的风电机组平均功率达到 1768kW，与 2013 年的 1720kW 相比，增长 2.81%；累计装机的风电机组平均功率为 1503kW，同比增长 3.8%。2014 年，我国新增风电机组中，1.5MW 和 2MW 风电机组占据市场主体地位，占全国新增装机容量的

87%；与2013年相比，1.5MW机组市场份额下降了5个百分点，而2MW机组所占市场份额上升了10个百分点。另外，1.5～2MW机组的市场份额为2%，2～3MW机组的市场份额占到7%，3MW及以上机组的市场份额占到4%。

2014年，我国累计风电装机中，1.5MW的风电机组仍占主导地位，占总装机容量的61%；2MW的风电机组市场份额上升至22%，2～3MW机组占到4%，3MW及以上的风电机组所占比例不断升高，达到2%。另外，小于1.5MW的机组占到10%。

4.2 风能发电系统及其工作原理

4.2.1 风力发电机组的分类及构成

1. 风力发电机组分类

风力发电包含两个能量转换过程，即风力机（风轮）将风能转换为机械能和发电机将机械能转换为电能。风力发电装置称为风力发电机组。风力发电机组的分类有很多种，从风轮轴的安装形式上可分为水平轴风力发电机组和垂直轴风力发电机组两种；按风力发电机的功率可分为四种，分别为微型（额定功率为50～1000W）、小型（额定功率为1.0～10kW）、中型（额定功率为10～100kW）和大型（额定功率大于100kW）风力发电机组；按运行方式可分为独立运行和并网运行两种方式的风力发电机组。

2. 风力发电机组的构成

风力发电机组中，水平轴风力发电机组是目前技术最成熟、应用最广泛的形式；垂直轴风力发电机组因其效率低、需启动设备等技术原因应用较少，因此以下主要介绍水平轴风力发电机组的结构组成。

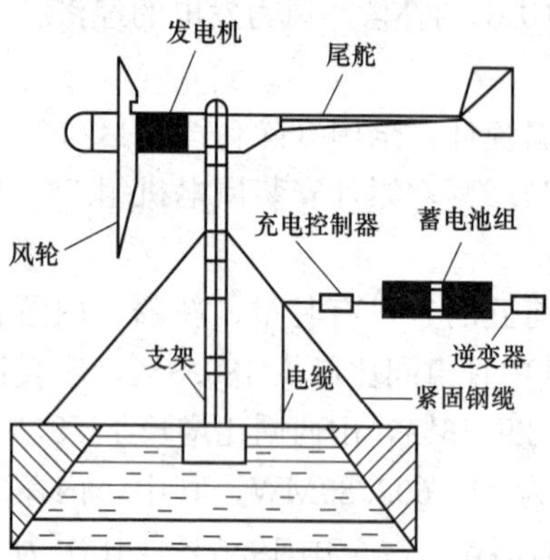

图4-1 水平轴独立运行的风力发电机组结构

（1）独立运行的风力发电机组。水平轴独立运行的风力发电机组由风轮（包括尾舵）、发电机、支架、电缆、充电控制器、逆变器、蓄电池组等组成，其主要结构如图4-1所示。

（2）并网运行的风力发电机组。并网运行的水平轴风力发电机组由风轮、增速齿轮箱、发电机、偏航装置、控制系统、塔架等部件组成，图4-2所示为并网运行的水平轴风力发电机组的原理结构，图中电容补偿用于异步风力发电机系统。

图4-3所示为大型风力发电机组的基本结构，它由叶片、轮毂、主轴、增速齿轮箱、调向机构、发电机、塔架、控制系统及附属部件（机舱、机座、回转体、制动器）等组成。

3. 风力发电机组的工作原理

在并网运行的风力发电机组中，当风以一定速度吹向风力机时，在风轮的叶片上产生的力驱动风轮叶片低速转动，将风能转换为机械能，通过传动系统由增速齿轮箱增速，将动力传递至发电机，发电机匀速运转，把机械能转变为电能。整个机舱由高大的塔架举起，由于风向经常变化，为了有效地利用风能，机组安装有迎风装置。迎风装置根据风向传感器测得

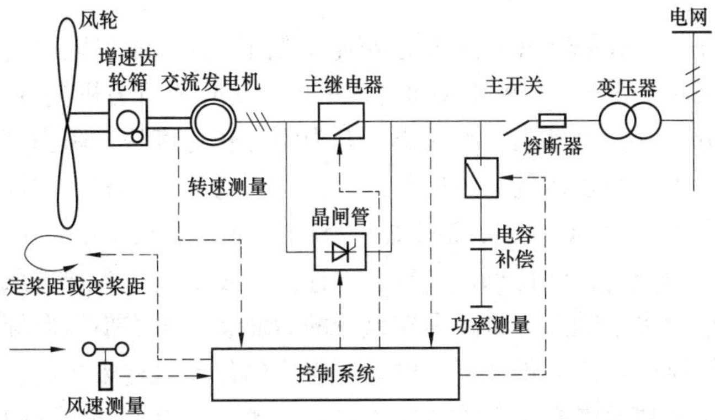

图 4-2 并网运行的水平轴风力发电机组原理

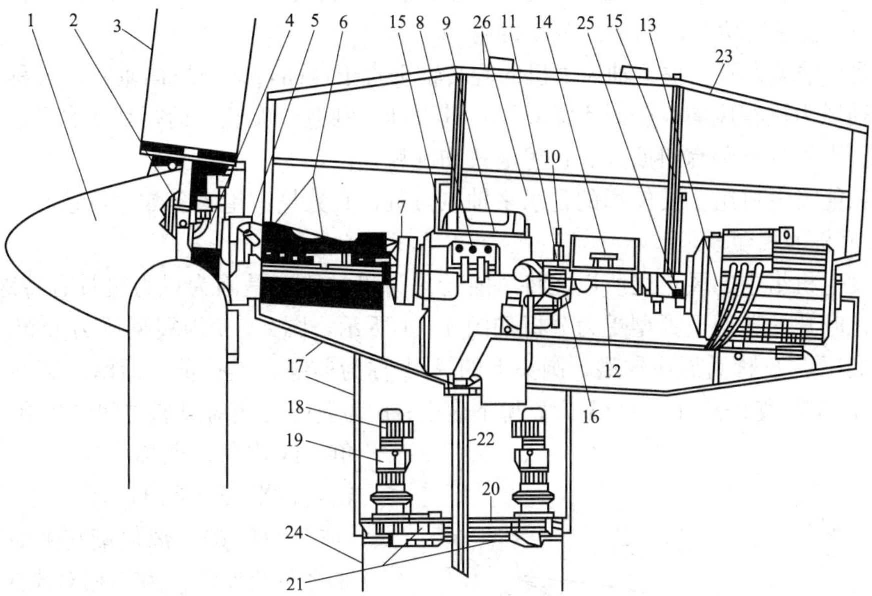

图 4-3 大型风力发电机组基本结构

1—导流罩；2—轮毂；3—叶片；4—叶尖刹车控制系统；5—集电环；6—主轴；
7—收缩盘；8—锁紧装置；9—增速齿轮箱；10—刹车片；11—刹车片厚度检测器；12—万向联轴器；
13—发电机；14—安全控制箱；15—舱盖开启阀；16—刹车汽缸；17—机舱；18—偏航电动机；19—偏航齿轮；
20—偏航圆盘；21—偏航锁定；22—主电缆；23—风向风速仪；24—塔架；25—振动传感器；26—舱盖

的风向信号，由控制器控制偏航电动机，驱动与塔架上大齿轮相啮合的小齿轮转动，使机舱始终对准风的方向。尾舵的作用也是使风轮对准风向，以捕获最大的风能。

4.2.2 风力机及风能转换原理

风力机又称为风轮，主要有水平轴风力机和垂直轴风力机。风轮包括叶片和轮毂等，叶片安装在轮毂上，一般为 1～4 片，通常为 2～3 片。由于叶片是风力发电机接受风能的部件，其叶片的扭曲、翼型的各种参数及叶片的结构都直接影响叶片接受风能的效率和叶片的寿命。

1. 风力机的结构

(1) 水平轴风力机。水平轴风力机的旋转轴与风向平行，即与地面成水平状态，主要有荷兰式、农庄式（又称美洲式）、桨叶式和自行车式。桨叶式风力机是目前广泛使用的一种。水平轴风力机又可分为升力型和阻力型两类。升力型旋转速度快，阻力型旋转速度慢，风力发电一般多采用升力型。由于风轮的转速较低，而且风力的大小和风向经常变化，使转速不稳定，所以在带动发电机之前，还必须附加一个把转速提高到发电机额定转速的齿轮变速箱，再加一个调速机构使转速保持稳定，然后再连接到发电机。为保持风轮始终对准风向以获得最大的功率，小型水平轴风力机还需在风轮的后面装一个类似风向标的尾舵，而对于大型的风力机，则利用风向传感元件及伺服电动机组成的传动机构来控制。

水平轴风力机主要技术参数有：①风轮直径，一般风力机的功率越大，风轮直径越大；②叶片数量，高速发电机的风力机叶片数为2～4片，低速风力机叶片数大于4片；③风能利用系数，一般在0.15～0.5之间；④启动风速，一般为3～5m/s；⑤停机风速，一般为15～35m/s；⑥输出功率，几十瓦至几兆瓦。

(2) 垂直轴风力机。垂直轴风力机的旋转轴垂直于地面，即与风向垂直，又称为立轴风力机。立轴风力机在风向改变时无需对风，其设计、制造、安装、运行都比水平轴风力机简单和方便。常见的有萨窝纽斯式、达里厄式和旋翼式。

目前风能发电机组主要使用的是水平轴风力机，其数量占绝大多数，可达98%以上。

2. 风力机的气动原理

风力发电机组中的风轮之所以能将风能转化为机械能，是因为风力机具有特殊的翼型。现代风力机叶片的翼型及翼型受力分析如图4-4所示，图4-5为翼型压力分布。图4-4中的翼型尖尾点B称为后缘翼型，圆头上的A点称为前缘，连接前、后缘的直线AB称为翼弦；ACB为翼型上表面，ADB为翼型下表面；α为翼弦与相对风速之间的夹角，称为迎角（或攻角，也称为功角）；翼弦与风轮旋转平面之间的夹角θ称为安装角（或桨距角β）；风轮旋转平面与相对风速之间的夹角ϕ称为相对风向角。

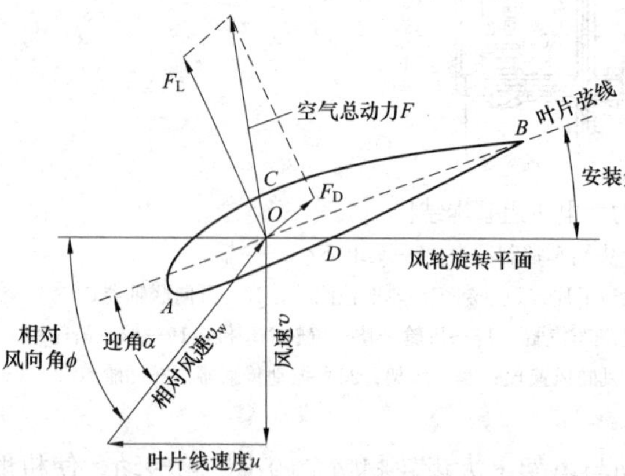

图4-4 风力机的叶片翼型及受力

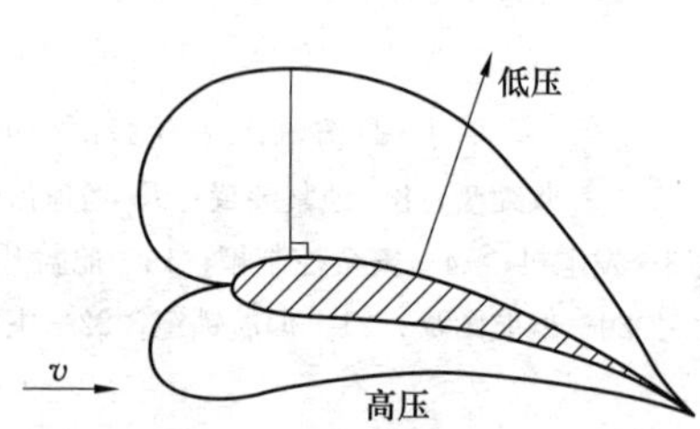

图4-5 翼型压力分布

当风轮不动，风以速度矢量$\boldsymbol{v}$吹向叶片时，在翼型的上表面，风速减小，形成低压区，翼型的下表面，风速增大，形成高压区，上下表面间形成压差，产生垂直于翼弦的力F（空气总动力），力F可分解为与相对风速方向平行的阻力F_D和垂直于风向的升力F_L，升力使风力机旋转，实现能量的转换。

合力F可表示为

$$F=\frac{1}{2}\rho CSv^2 \tag{4-1}$$

式中：F 为合力的大小，N；ρ 为空气质量密度，kg/m^3；S 为叶片面积，m^2；C 为总气动力系数；v 为风速，m/s。

力 F 的两个分力——阻力 F_D 和升力 F_L 的大小分别为

$$\begin{cases}F_D=\frac{1}{2}\rho C_D Sv^2\\ F_L=\frac{1}{2}\rho C_L Sv^2\end{cases} \tag{4-2}$$

式中：C_L 和 C_D 为翼型的升力和阻力系数。

由于 F_D 和 F_L 互相垂直，因此有

$$\begin{cases}F^2=F_L^2+F_D^2\\ C^2=C_L^2+C_D^2\end{cases} \tag{4-3}$$

翼型的升力和阻力随迎角 α 的变化而变化，其中升力随迎角 α 的增加而增加，阻力随迎角 α 的增加而减小。当迎角 α 增加到某一临界值时，升力突然减小而阻力急剧增加，此时风轮叶片突然丧失支承力，这种现象称为失速。

3. 风力机叶片的速度

由图 4-4 可知

$$v_w=u+v \tag{4-4}$$

式中：v_w 为相对速度，m/s；u 为叶片线速度，m/s；v 为风速，m/s。

其中

$$u=\omega r_i=\frac{2\pi r_i n}{60} \tag{4-5}$$

式中：ω 为叶片角速度，rad/s；r_i 为叶片计算速度点到转动中心的距离，m；n 为叶片转速，r/min。

4. 风力机的输出功率

当风吹向叶片时，风力机的主要作用是将风能转化为机械能，风力机的机械输出功率可表示为

$$P_a=\frac{1}{2}C_p A\rho v^3 \tag{4-6}$$

$$A=\pi r^2$$

式中：P_a 为风力机的机械输出功率，W；A 为风力机的扫风面积，m^2；C_p 为风力机的利用系数（一般取 1/3～2/5）；r 为风轮半径，m。

根据式（4-6），风力机的机械输出功率主要与风力机的利用系数、扫风面积、空气质量密度及风速有关，其与风速的三次方成正比，可见风速对能量转化的影响。对于已安装完成的风力机，其输出功率主要取决于风速和风轮的利用系数。风轮的利用系数最大只能达到 0.593，实际应用时，该系数与风速、风力机的转速及风力机叶片参数有关，一般为 $C_p=C_p(\beta,\lambda)$，其中 λ 为叶尖速比，即风轮的叶尖速度与风速之比，β 为桨距角。在 β 一定时，风力机的利用系数 C_p 与叶尖速比 λ 的关系如图 4-6 所示。对应于最大的风力机利用系数 C_{pm} 有一个叶尖速比 λ_m，因风速经常变化，为实现风能的最大捕获，风力机应变速运行，以维

持叶尖速比 λ_m 不变。

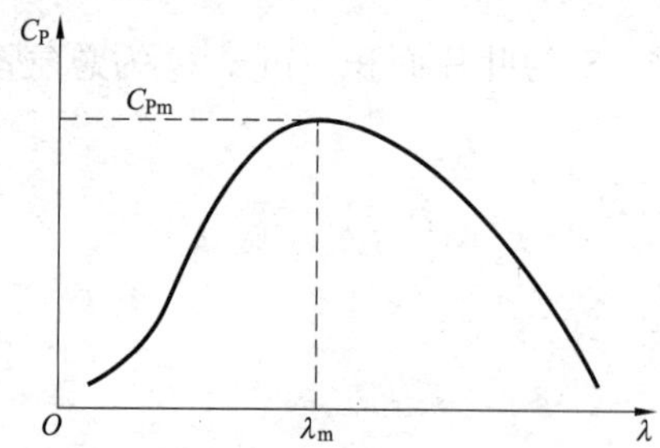

图 4-6 风力机利用系数与叶尖速比关系

4.2.3 风力发电机组工作原理

在由机械能转换为电能的过程中，发电机及其控制器是整个系统的核心，它不仅直接影响整个系统的性能、效率和供电质量，而且也影响到风能吸收装置的运行方式、效率和结构。风力发电机的运行方式不同，一般所用的发电机也不同。独立运行的风力发电机组所用的发电机主要有直流发电机、永磁式交流同步发电机、硅整流自励式交流同步发电机及电容自励式异步发电机。并网运行的风力发电机组使用的发电机主要有同步发电机、异步发电机、双馈发电机、低速交流发电机、无刷双馈发电机、交流换向器发电机、高压同步发电机及开关磁阻发电机等。下面分别介绍这两种运行方式中的主要发电机。

1. 独立运行的风力发电机组

独立运行的风力发电机容量较小，一般在 7.5kW 以下，适用于户用型的离网供电系统。系统通常与蓄电池和功率变换器配合实现直流电和交流电的持续供给。通过控制发电机的励磁、转速及功率变换器以产生恒压恒频的交流电。独立运行的交流风力发电机系统结构如图 4-7所示。

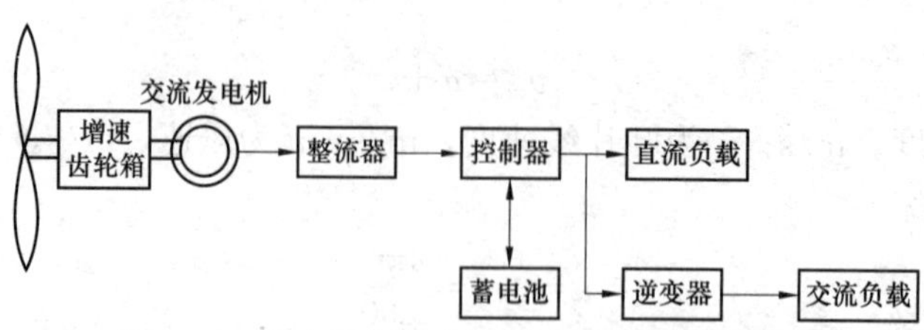

图 4-7 独立运行的交流风力发电机系统结构

独立运行的异步发电机带负载运行时，负载的大小和性质对发电机输出的电压及频率都有影响。一般发电机的负载为感性负载，当负载增大时，感性电流将抵消一部分容性电流，导致励磁电流的减小，使发电机的端电压下降，因此随着感性负载的增大，必须增加并接的电容数量，以维持励磁电流的大小不变。为了维持发电机的频率不变，当发电机的负载增大时，还必须相应地提高发电机转子的转速。

2. 并网运行的风力发电机组

(1) 异步发电机。

1) 异步发电机的结构。异步发电机的定子为三相绕组，可采用星形或三角形联结；转子绕组为笼型或绕线型，与电容自励式异步发电机相同，也是采用定子绕组并接电容器来提供无功电流建立磁场，发电机转子的转速略高于旋转磁场的同步转速，并且恒速运行，发电机运行在发电状态。图 4-8 为三相绕线转子异步发电机转子绕组接线。

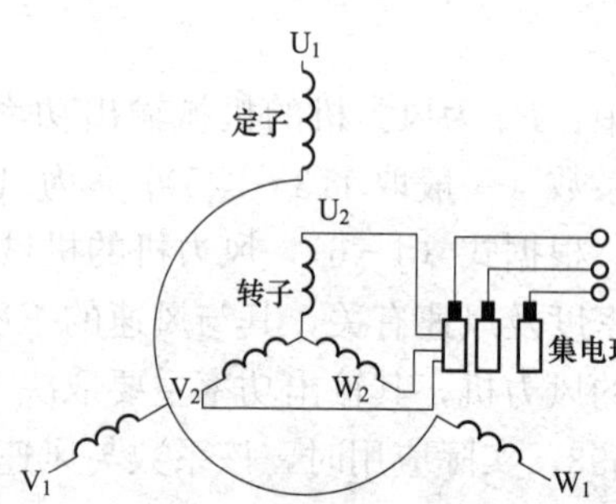

图 4-8 三相绕线转子异步发电机转子绕组接线

因风力机的转速较低，在风力机和发电机之间需经增速齿轮箱传动来提高转速以达到适合异步发电机运转的转速。一般与电网并联运行的异步发电机为4极或6极发电机，当电网频率为50Hz时，发电机转子的转速必须高于1500r/min或1000r/min，才能运行在发电状态向电网输送电能。

2）异步发电机的工作原理。根据电机学理论，当异步电机接入频率恒定的电网上时，由定子三相绕组中的电流产生的旋转磁场的同步转速 n_1 取决于电网的频率 f_1 和电机绕组的极对数 p，三者的关系为

$$n_1=\frac{60f_1}{p} \tag{4-7}$$

异步电机中旋转磁场同步转速 n_1 和转子转速 n 之间的相对转速与同步转速的比值称为异步电机的转差率，用 S 表示，即

$$S=\frac{n_1-n}{n_1} \tag{4-8}$$

异步电机可工作在不同的状态。当转子的转速小于同步转速时（$n<n_1$），电机工作在电动状态，电机中的电磁转矩为拖动转矩，电机从电网中吸收无功功率建立磁场，吸收有功功率将电能转化为机械能；当异步电机的转子在风力机的拖动下，以高于同步转速旋转时（$n>n_1$），电机运行在发电状态，电机中的电磁转矩为制动转矩，阻碍电机旋转，此时电机需从外部吸收无功电流建立磁场（如由电容提供无功电流），而将从风力机中获得的机械能转化为电能提供给电网。此时电机的转差率 S 为负值，一般其绝对值在2%～5%，并网运行的较大容量异步发电机的转子转速一般在（1～1.05）n_1。

风力异步发电机并入电网运行时，只要发电机转速接近于同步转速就可以并网，对机组调速要求不高，不需要同步设备和整步操作。异步发电机输出功率与转速近似呈线性关系，可通过转差率来调整负载。风力异步发电机与电网的并联可采用直接并网、降压并网和通过晶闸管软并网三种方式实现。

（2）同步发电机。

1）普通同步发电机。

a. 同步发电机结构。同步发电机是目前使用最多的一种发电机。同步发电机的定子由定子铁心和三相定子绕组组成；转子由转子铁心、转子绕组（励磁绕组）、集电环和转子轴等组成，转子上的励磁绕组经集电环、电刷与直流电源相连，通以直流励磁电流来建立磁场；为了便于启动，磁极上一般还装有笼型启动绕组。同步发电机的转子有隐极式和凸极式两种，其结构如图4-9所示。隐极式同步发电机转子呈圆柱体状，其定、转子间的气隙均匀，励磁绕组为分布绕组，分布在转子表面的槽内。凸极式转子具有明显的磁极，绕在磁极上的励磁绕组为集中绕组，定转子间的气隙不均匀。凸极式的同步发电机结构简单、制造方便，一般用于低速发电场合；隐极式同步发电机结构均匀对称，转子机械强度高，可用于高速发电。

b. 同步发电机工作原理。同步发电机在风力机拖动下，转子（含磁极）以转速 n 旋转，旋转转子磁场切割定子上的三相对称绕组，在定子绕组中产生频率为 f_1 的三相对称感应电动势和电流，从而将机械能转化为电能。由定子绕组中的三相对称电流产生的定子旋转磁场的转速与转子转速相同，即与转子磁场相对静止。因此发电机转速、频率、极对数之间有着

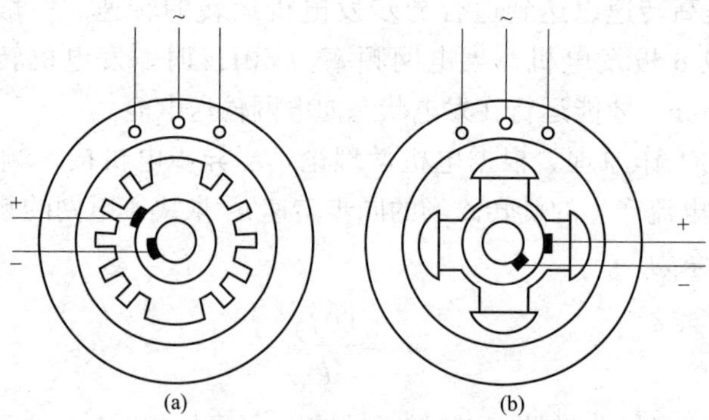

图 4-9 同步发电机结构

(a) 隐极式；(b) 凸极式

严格不变的固定关系，即

$$f_1=\frac{pn}{60}=\frac{pn_1}{60} \tag{4-9}$$

当发电机转速一定时，同步发电机的频率稳定，电能质量高。同步发电机运行时可通过调节励磁电流来调节功率因数，既能输出有功功率，也可提供无功功率，可使功率因数为1,因此被电力系统广泛接受。但在风力发电中，由于风速的不定性使得发电机获得不断变化的机械能，给风力机造成冲击和高负载，对风力机及整个系统不利。为了维持发电机发出的电能频率与电网频率始终相同，发电机的转速必须恒定，这就要求风力机有精确的调速机构，以保证风速变化时维持发电机的转速不变，即等于同步转速。为了改善同步发电机的性能，出现了一些新型的同步发电机。

2）新型同步发电机。

a. 低速同步发电机。低速同步发电机的转子极数很多，转速较低，径向尺寸较大，轴向尺寸较小，发电机呈圆盘形，可直接与风力机相连接，省去了齿轮箱，减小了机械噪声和机组的体积，从而提高了系统的整体效率和运行可靠性，但其功率变换器的容量较大，成本较高。

b. 高压同步发电机。高压同步发电机的定子绕组采用高压圆形电缆取代普通同步发电机中的扁绕组，以提高耐压等级，其电压可提高到 10～20kV，甚至可达 40kV 以上，因此可不用升压变压器而与电网直接相连，避免了变压器运行的损耗，同时也提高了运行可靠性。转子用永磁材料制成，且为多极式的，转速较低，可省去齿轮传动机构而直接与风力机连接，减小了齿轮传动的机械噪声和机械损耗，降低了机械维护工作量。此外，转子上无励磁绕组，不需要集电环，无励磁铜损耗和集电环的摩擦损耗，系统的效率提高，但这种发电机为满足绕组匝数的要求，定子铁心槽形为深槽形，定子齿的抗弯强度下降，必须采用新型坚固的槽楔来压紧定子齿，因发电机采用永磁转子，需要大量稳定性高的永磁材料，与电网并联的高压同步发电机对风电场的有关方面也提出了较高的要求。

风电场中的每台高压同步发电机发出的交流电能可先经整流器变换为高压直流电输出，并接到直流母线上，实现并网，再将直流电由逆变器转化为交流电，输送到地方电网，当远距离输电时，可采用升压变压器接入高压输电线路，如图 4-10 所示。

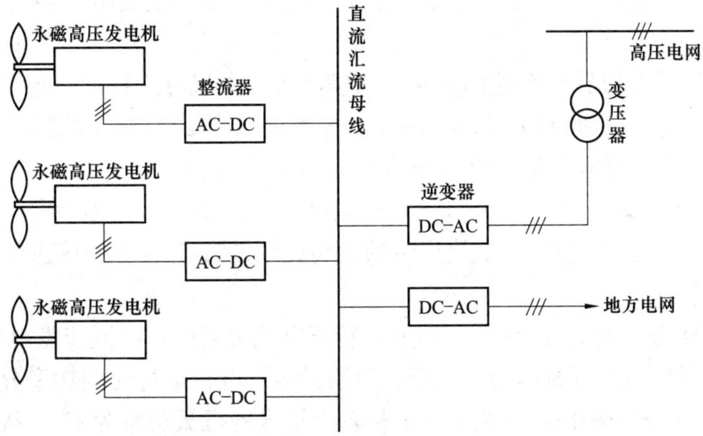

图 4-10 采用高压同步发电机技术的风电场电气连接

(3) 双馈异步发电机。

1) 双馈异步发电机结构。双馈异步发电机是最有发展前途的一种发电机。它由一台带集电环的绕线转子异步发电机和变频器组成，变频器有 AC-AC 变频器、AC-DC-AC 变频器及正弦波脉宽调制双向变频器三种。AC-DC-AC 变频器中的整流器通过集电环与转子电路连接，将转子电路中的交流电整定成直流电，经平波电抗器滤波后再由逆变器逆变成交流电回馈电网。发电机向电网输出的功率由两部分组成，即直接从定子输出的功率和通过逆变器从转子输出的功率。双馈异步发电机的系统结构如图 4-11 所示。图中 P_w 为风力机的输入功率，P_a 为风力机的输出功率。

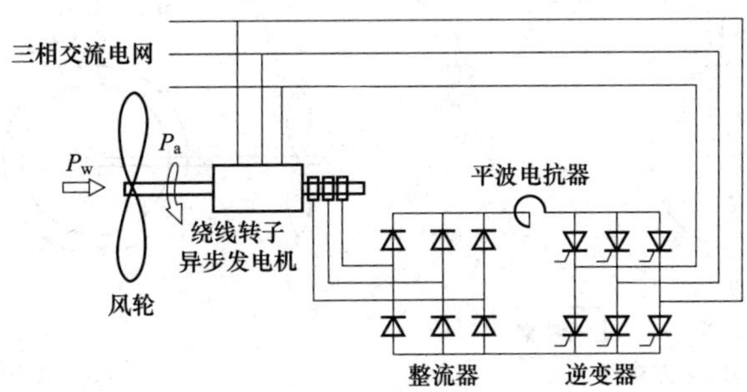

图 4-11 双馈异步发电机系统结构

2) 双馈异步发电机工作原理。异步发电机中定、转子电流产生的旋转磁场始终是相对静止的，当发电机转速变化而频率不变时，发电机转子转速和定、转子电流的频率关系可表示为

$$f_1=\frac{p}{60}n\pm f_2 \tag{4-10}$$

$$f_2=Sf_1$$

式中：f_2 为转子电流频率（Hz），又称为转差频率。

由式（4-10）可知，当发电机转速 n 变化时，可通过调节 f_2 来维持 f_1 不变，以保证与电网频率相同，实现变速恒频控制。此时风力机的速度随着风速的变化而变化，可通过发电机的控制使风力机运行在最佳叶尖速比，以实现整个运行速度范围内均有最佳功率利用因数。

根据双馈异步发电机转子转速的变化，双馈异步发电机有三种运行状态：

a. 亚同步运行状态。此时 $n<n_1$，转差率 $S>0$，式（4-10）取正号，频率为 f_2 的转子电流产生的旋转磁场转速与转子转速同方向，功率流向如图 4-12（a）所示。

b. 超同步运行状态。此时 $n>n_1$，转差率 $S<0$，式（4-10）取负号，转子中的电流相序发生了改变，频率为 f_2 的转子电流产生的旋转磁场的转速与转子转速反方向，功率流向如图 4-12（b）所示。

c. 同步运行状态。此时 $n=n_1$，$f_2=0$，转子电流为直流，与同步发电机相同。

3）双馈异步发电机运行时的功率分析。双馈异步发电机运行时的功率分析与其他发电机不同。若不计定、转子的铜损耗，风力发电机轴上输入的机械功率为 P_1，从转子传送到定子上的电磁功率为 P_{em}，定子输出的电功率为 $(1-S)P_{em}$，转子输入的电功率为 SP_{em}，有

$$P_1=P_{em}=(1-S)P_{em}+SP_{em} \tag{4-11}$$

由式（4-11）可见，亚同步运行状态时，转差率 $S>0$、$SP_{em}>0$，需要向转子绕组馈入电功率，由原动机转化过来并由定子输出的电能只有 $(1-S)P_{em}$，比转子传送到定子上的电磁功率 P_{em} 小；超同步运行状态时，转差率 $S<0$，转子输入的电功率 SP_{em} 为负值，定、转子同时发电，转子发出的电能经双向变流器馈入电网，总的输出电能为 $(1+|S|)P_{em}$，大于 P_{em}，这是双馈异步发电机的一个重要特性。不同状态时的功率流向如图 4-12 所示。

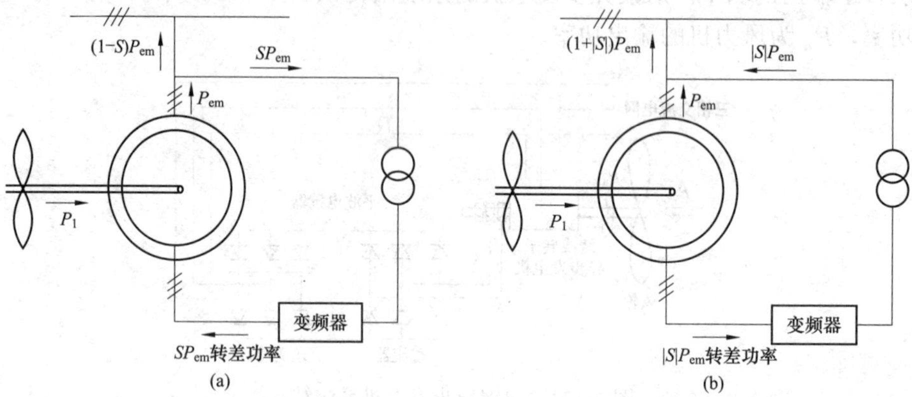

图 4-12　双馈异步发电机运行时功率流向

（a）亚同步运行；（b）超同步运行

双馈异步发电机的转子通过双向变频器与电网连接，可实现功率的双向流动，功率变换器的容量小，成本低，既可亚同步运行，也可超同步运行，因此调速范围宽，可跟踪最佳叶尖速，实现最大风能捕获，可对有功功率和无功功率进行控制，提高功率因数；能吸收阵风能量，减小转矩脉动和输出功率的波动，因此电能质量高，是目前很有发展潜力的变速恒频发电机。其缺点是系统的控制部分复杂，转子上的电刷和集电环降低了系统运行的可靠性，增大了系统维护的工作量。为解决其不足，出现了无刷双馈异步发电机。

(4) 无刷双馈异步发电机。无刷双馈异步发电机的基本原理与双馈异步发电机相同，不同之处是取消了电刷和集电环，系统运行的可靠性增大，但系统体积也相应增大，常用的有级联式和磁场调制式两种类型。级联式无刷双馈异步发电机由两台绕线转子异步发电机同轴相连，一台作为主发电机（功率电机），另一台作为励磁电机（控制电动机），由于两个电机的磁路彼此独立，很容易实现有功功率和无功功率的解耦控制，但系统体积增大、损耗也增大，如图 4－13 所示。

磁场调制式无刷双馈异步发电机的定子侧有两套极对数不同的绕组，极对数为 p_p 的定子绕组称为功率绕组，极对数为 p_c 的定子绕组称为控制绕组；转子采用不同的磁阻转子通过限制磁通路径以产生交、直轴方向上的磁阻差别，来调制定子绕组产生不同极数的气隙磁场；两套定子绕组在电路和磁路方面是解耦的，如图 4－14 所示。

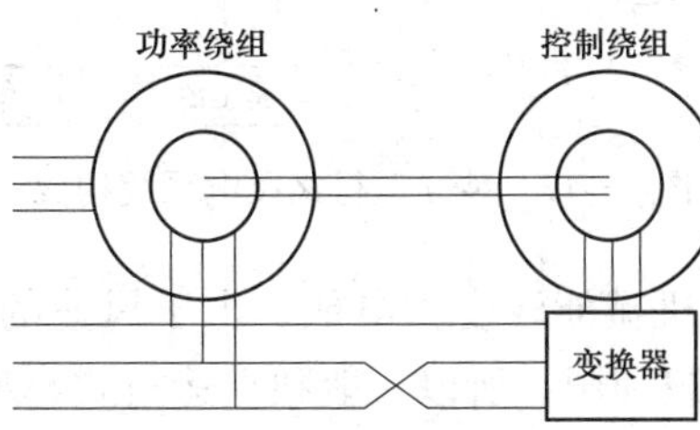

图 4－13 级联式无刷双馈异步发电机接线

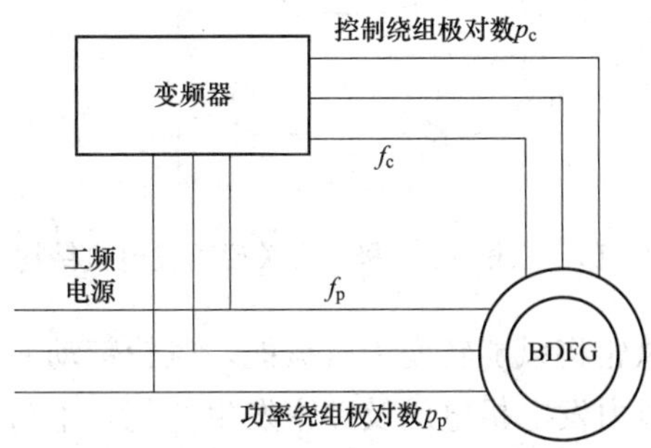

图 4－14 磁场调制式无刷双馈异步发电机接线

(5) 开关磁阻发电机。开关磁阻发电机又称为双凸极式发电机，定转子的凸极均有普通硅钢片叠压而成，定子极数一般比转子的极数多，转子上无绕组，定子凸极上安放有彼此独立的集中绕组，径向独立的两个绕组串联起来构成一相。与三相电机不同，各相绕组在物理空间上是彼此独立的，其结构如图 4－15 所示。图中 S_1、S_2 为功率变换器中的电力电子开关，以控制各相电路的导通与关断，VD_1、VD_2 为续流二极管。

开关磁阻发电机用作风力发电机时，其系统一般由风力机、开关磁阻发电机及功率变换器、控制器、蓄电池、逆变器、负载，以及辅助电源等组成，其系统组成如图 4－16 所示。对于开关磁阻发电机来说，机械能转化为电能是利用控制器使相电流与转子位置合适地进行同步来实现的。通过功率变换器使相绕组中获得励磁电流。发电工作时，相励磁电流通常在定、转子磁极重合的附近加入，以得到与转速相反方向的电磁转矩，实现机械能向电能的转换。当可控开关器件关断时，相绕组中的能量通过续流二极管流回电源，该返回的能量比励磁期间相绕组吸收的能量大得多。

开关磁阻发电机结构简单、控制灵活、效率高且转矩大，在风力发电系统中可用于直接驱动、变速运行，有一定的开发、研究价值。

4.2.4 独立运行式风力发电机组控制系统

独立运行式风力发电机组一般是 1～10kW 风力发电系统，适用于远离电网、有一定用电量的家庭农场，公路、铁路养护站，小型微波发射站，移动通信发射站，光纤通信信号放大站，输油管线保护站等用户。典型独立运行式风电系统如图 4－17 所示，主要组成部分包括风力机、发电机、蓄电池、逆变器及控制系统。

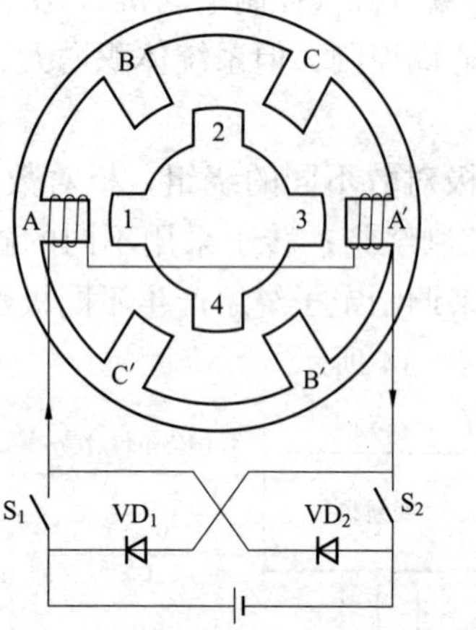

图 4-15 三相（6/4 极）开关磁阻发电机结构

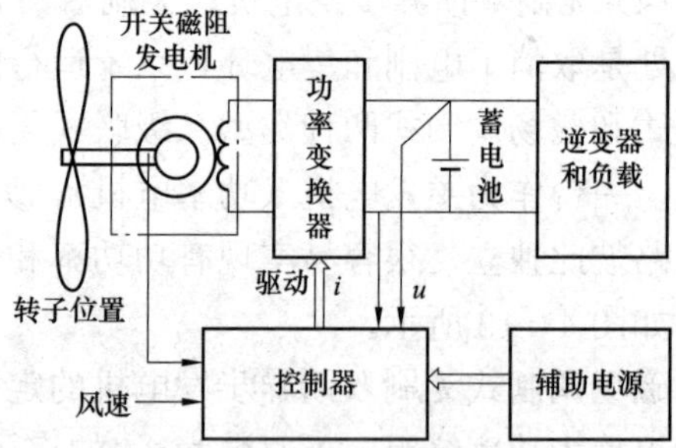

图 4-16 开关磁阻发电机系统组成

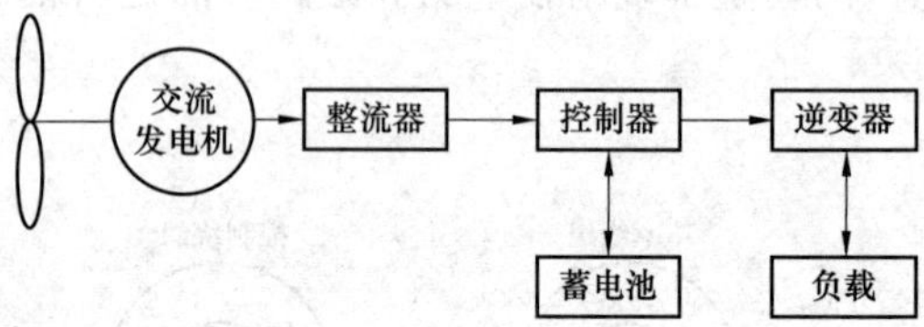

图 4-17 独立运行式风电系统构成

风轮将风能转变为机械能，风轮带动发电机再将机械能转变为电能。由于风速的多变，使得风力发电机电压及频率发生变化，不易直接被负载利用，所以一般独立运行式小型风力发电系统通过“AC-DC-AC”的方式供电，并且由于无风季节的存在，使用了蓄电池进行储能。先用整流器将发电机的交流电变成直流电向蓄电池充电，再用逆变器把直流电变换成电压和频率都很稳定的交流电输出供给负载。

1. 电力变换单元控制

由于风能的随机性，发电机发出电能的频率和电压都是不稳定的，以及蓄电池只能存储直流电能，无法为交流负载直接供电。因此，为了给负载提供稳定、高质量的电能和满足交流负载用电，需要在发电机和负载之间加入电力变换装置，由整流器、DC-DC 变换器和逆变器组成。

(1) 整流器。独立运行的小型风力发电系统中，有风轮驱动的交流发电机需要配以适当的整流器，才能对蓄电池充电。根据风力发电系统的容量不同，整流器分为可控与不可控两种，可控整流器主要应用在功率较大的系统中，可减小电感过大带来的体积大、损耗大等缺点；不可控整流器主要应用于小功率系统中。

可控整流器可实现电压的可调，目前在独立运行小型风力发电系统中大量使用的是桥式不可控整流方式，它由二极管组成，具有功耗低、电路简单等特点。三相整流器除了把输入的三相交流电能整流为可对蓄电池充电的直流电能外，另外一个重要的功能是在外界风速过小或基本没风的时候，风力发电机的输出功率也较小，由于三相整流桥的二极管导通方向只能是由风力发电机的输出端到蓄电池，所以防止了蓄电池对风力发电机的反向供电。

(2) DC-DC 变换器。DC-DC 变换器将直流电源能量传送到负载并加以控制，得到另一个直流输出电压或电流。通过对开关管导通或关断时间长短的控制，即控制从电源端到负载端传送的能量。DC-DC 变换器输入阻抗的大小可通过控制开关电源的占空比来人为改变。这种控制性能正好被用于小型风力发电系统中，通过控制发电机的输出电流，改变风力发电机负载特性，即调节了发电机的转矩-转速特性，从而控制风力机转速用来改变叶尖速比，从而控制了风能转换效率和风力发电机输出功率。

(3) 逆变器。逆变器的功能是将蓄电池存储和整流桥输出的直流电能转换为负载、需要的交流电能。目前独立运行小型风电系统的逆变器多数为电压型单相桥式逆变器。在风力发电中使用的逆变器主要要求具有较高的效率，特别是轻载时的效率要高，这是因为风电系统经常运行在轻载状态。另外，由于输入的蓄电池电压随充、放电状态改变而变动较大，这就要求逆变器能在较大的直流电压变化范围内正常工作，而且要保证输出电压的稳定。

2. 控制器

控制器在独立运行系统中是一个非常重要的部件，它不但控制、协调整个系统的正常运行，而且实时检测系统各参数以防异常情况出现，一旦检测到异常，能够自动保护并报警。这些保护包括蓄电池组过电压、欠电压保护，发电机超速、过电流保护。由于风速和用户负载是不断变化的，控制器用于调节发电机输出与负载用电量以与蓄电池所能储存的能量总和匹配，使得风力机能及时捕获到随机波动的风能；一个好的控制器对蓄电池的使用寿命具有举足轻重的作用，控制器对风力发电机输出的不稳定功率（尤其输出电压大范围波动）进行调节，完成对蓄电池的合理充电功能。

3. 最大功率控制

当风力发电机捕获的风能不能满足负载用电和蓄电池充电时，需要调节风力机按照最佳叶尖速比运行，跟踪最大功率。现有最大功率控制策略主要有两种：

(1) 采用风速信号的控制方法。测出风速信号，用它与风力机的转速信号相比较，组成闭环控制系统，用来控制风力发电机的电功率输出，使风力机的转速正比于风速而变化，当转速与风速的关系偏离设定比例时，则产生误差信号，得到误差量，经过 PI 调节器调节发电机输出电流的大小，最终实现发电机输出功率的调节，直到满足设定的比例关系，从而实现最佳叶尖速比控制运行。

(2) 采用功率信号的控制方法。由于在最佳叶尖速比运行条件下，风力机的机械功率与转速的三次方成比例，如果用风力机的机械功率信号与转速信号的三次方相比较，以比较所得误差信号来调节发电机的输出，就可使风力机按最大功率运行。由于取得风力机的机械功率信号比较困难，需专为控制而装设转矩测量装置，增加了小型风电机组的复杂性和造价。实际电路中可用发电机输出电功率来代替机械功率信号。

4. 负载跟踪控制

独立运行系统与并网运行系统的最大区别就是负载是不断变化的，捕获的风能要与负载用电量匹配。当捕获的风能大于负载功率和充入蓄电池的功率时，风力机处于过功率状态，需要综合考虑负载功率和蓄电池充电情况来增大发电机输出电流，即增大阻转矩，使风轮转速下降，减小风能利用系数 C_p 值，使风力机在较低的效率下运行，减小风轮吸收的风能，使风能与负载功率和蓄电池充入功率平衡。

负载跟踪与蓄电池充电集成控制如图 4-18 所示。电流环的给定包括负载电流和充电电流两部分，前者用于实现负载跟踪控制，即根据负载电流来调节变换器输出电流，后者用于蓄电池充电控制。将负载电流 I_L 与充电电流 I_B 之和作为给定输入与 DC-DC 变换器输出电流 I 比较，将其误差 ΔI 的大小作为控制器输入，经过 PI 调节后产生 PWM 控制信号调节 DC-DC 变换器占空比。这样变换器输出电流始终满足蓄电池和负载的需要，使得发电机输出功率始终与负载功率和充入蓄电池的功率相匹配。

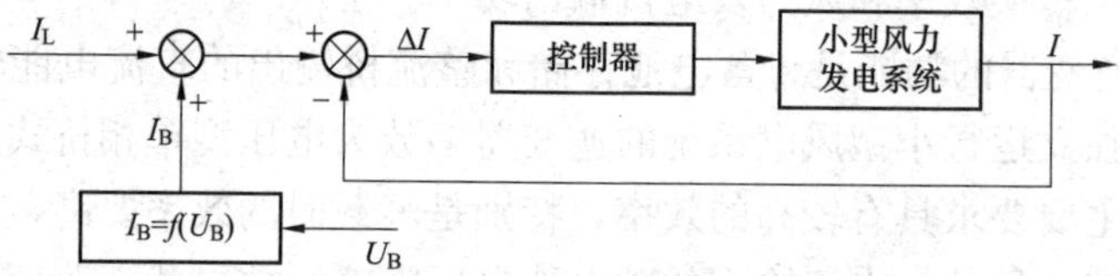

图 4－18 负载跟踪与蓄电池充电集成控制

4.3 风能发电系统控制

风力机和发电机是风力发电系统的两个重要组成部分，有限的机械强度和电气性能使其速度和功率受到限制，因此风力机和发电机的功率和速度控制是其关键技术之一。风力发电机组在超过额定风速（一般为 12～16m/s）后，由于机械强度和风力机、发电机、电力电子容量等物理性能的限制，必须降低风能捕获的能量，使功率输出保持在额定值附近，即保持功率输出恒定，同时减少叶片承受的负荷和整个风力机受到的冲击，保证风力机不受到伤害。

风力机的功率调节利用的是气动调节原理，主要有定桨距失速调节、变桨距调节和主动失速调节三种，如图 4－19 所示，下面主要介绍前两种调节方式。

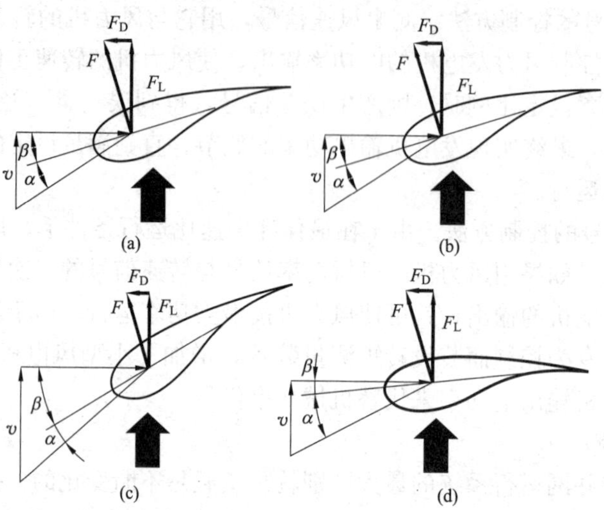

图 4－19 风力机功率调节原理

(a) 额定风速桨叶状态；(b) 定桨距失速；(c) 变桨距；(d) 主动失速

v—轴向风速；β—桨距角；α—攻角；F—作用力；F_D—阻力；F_L—升力

4.3.1 风力机的定桨距失速调节与控制

定桨距失速调节一般用于恒速控制，定桨距是指桨叶与轮毂作刚性连接。定桨距风力发电机组的主要结构特点是桨叶与轮毂的连接是固定的，即当风速变化时，桨叶的迎风角度不能随之变化，风力机的功率调节完全依靠叶片的气动特性。这种调节方式的基本原理是利用桨叶翼型本身的失速特性，当桨距角 β 固定不变时，随着风速的增加，增加到高于额定风速时，气流的功角 α 增大，分离区形成大的涡流，流动失去翼型效应，与未分离时相比，上下翼面压力差减小，致使阻力增加，升力减小，造成失速条件，其效率降低，从而达到限制功率的目的。这种调节方式优点是结构简单、性能可靠。为了解决低风速或低负载时的效率问题，定桨距风力发电机组普遍采用设计有两个不同功率、不同极对数的双速异步发电机。大功率高转速的发电机工作于高风速区，小功率低转速的发电机工作于低风速区，由此来调整叶尖速比 λ，追求最佳风能利用系数 C_p。当风速超过额定风速时，通过叶片的失速或偏航控制降低 C_p，从而维持功率恒定。实际上定桨距风力发电机组输出功率的大小受到空气密度、叶片安装角度、高风速的影响较大，因此难以做到功率恒定，通常会有些下降。

4.3.2 风力机的变桨距调节与控制

1. 变桨距调节控制过程

变桨距风力机的整个叶片可绕叶片中心轴旋转，使叶片的功角在一定范围（0～90°）变化，变桨距调节是指通过变桨距机构改变安装在轮毂上的叶片的桨距角的大小，使风轮叶片的桨距角随风速的变化而变化，一般用于变速运行的风力发电机，主要目的是改善机组的启动性能和功率特性。根据作用可分为三个控制过程：启动时的转速控制、额定转速以下（欠功率状态）的不控制和额定转速以上（额定功率状态）的恒功率控制。

（1）启动时的转速控制。变桨距风轮的桨叶在静止时，桨距角 β 为 90°，这时气流对桨叶不产生转矩，实际上整个桨叶是一块阻尼板。当风速达到启动风速时，桨叶向 0°方向转动，直到气流对桨叶产生一定的功角，风力机获得最大的启动转矩，实现风力发电机的启动，因此不再需要其他的辅助启动设备。在发电机并入电网前，变桨距系统的桨距角的给定值由发电机的转速信号控制。转速调节器按一定的速度上升斜率给出速度参考值，变桨距系统根据给定的速度参考值与反馈信号比较来调整桨距角，进行速度闭环控制。当转速反馈值超过给定值（同步转速）时，桨距角 β 向迎风面积减小的方向转动一个角度，β 增大，功角 α 减小；反之则向迎风面积增大的方向转动，β 减小，功角 α 增大。为减小并网时的冲击，保证平稳并网，可以在一定的时间内，保持发电机的转速在同步转速附近，寻找最佳时间并网。

当风力发电机需要脱离电网时，变桨距系统可先转动叶片使其功率减小，在发电机与电网断开前，功率减小到零，因此当发电机与电网脱开时，没有转矩作用于风力发电机组，避免了在定桨距风力发电机组上每次脱网时要经历的突甩负载过程。

（2）额定转速以下（欠功率状态）的不控制。发电机并网后，当风速低于额定风速时，发电机运行于额定功率以下的低功率状态，称为欠功率状态。早期的变桨距风力发电机组对此状态不做控制，控制器将叶片桨距角置于 0°附近，与定桨距风力发电机组相似，发电机的功率根据叶片的气动性能随风速的变化而变化。为了改善低风速时的桨叶性能，近年来，在并网运行的异步发电机上，利用新技术，根据风速的大小调整发电机的转差率，使其尽量运行在最佳叶尖速比上，以优化功率输出。

（3）额定转速以上（额定功率状态）的恒功率控制。当风速过高时，通过调整桨叶节距，改变气流对叶片的功角，使桨距角 β 向迎风面积减小的方向转动一个角度，β 增大，功角 α 减小，从而改变风力发电机组获得的空气动力转矩，使功率输出保持在额定值附近，这时风力机在额定点附近具有较高的风能利用系数。图 4－20 为变桨距和定桨距风力发电机组在不同风速下的输出功率曲线，由图可见，在额定风速以下，两者相似，但在额定风速以上，变桨距风力发电机组的输出功率维持恒定，而定桨距风力发电机组的输出功率由于风力机的失速，随着风速增大而减小。

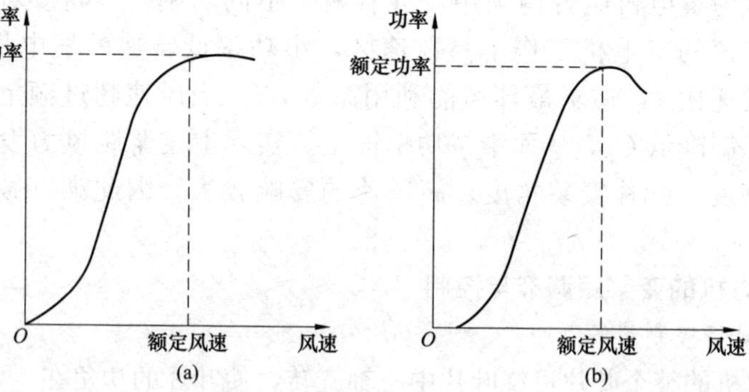

图 4-20 变桨距和定桨距风力发电机组不同风速下的输出功率曲线
(a) 变桨距风力发电机组的功率曲线；(b) 定桨距风力发电机组的功率曲线

2. 变桨距风力发电机组控制系统

传统的变桨距风力发电机组控制系统如图 4-21 所示。在启动时实现转速控制，由速度控制器起作用，启动结束后，在额定风速以下，转速环开环，系统不进行控制。当风速达到或超过额定风速时，切换到功率控制，功率控制器根据给定与反馈功率信号比较后进行功率控制，以维持额定功率不变。由于风速变化很快，变桨距系统的动态响应难以达到要求，因此在功率控制过程中，对于绕线转子异步发电机采用了新型控制系统，变桨距系统由风速的低频分量和发电机转速控制。风速的低频分量通过功率控制实现，风速的高频分量产生的机械能波动，通过控制发电机中的转子电流对发电机转差进行控制，从而快速改变发电机的转速。当风速高于额定风速时，允许发电机转速升高，将瞬变的风能以风轮的动能的形式储存起来，当转速降低时再将动能释放出来，使功率曲线更加平稳。

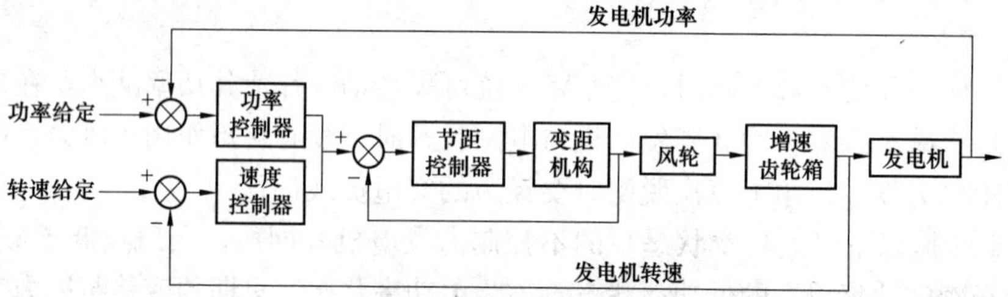

图 4-21 传统变桨距风力发电机组控制系统

新型控制系统与传统控制系统的主要区别是采用了两个速度控制器及增加了转子电流控制。其中一个速度控制器的作用与传统的速度控制器相同，即启动时和同步转速附近的转速控制；另一个速度控制器的作用是在并网后，与功率控制器一起通过转子电流的控制实现发电机转差即转速的控制。该控制器受发电机转速和风速的双重控制，在达到额定值之前，速度给定值随功率给定值增大；当风速高于额定风速时，发电机的转速通过改变风力机节距来跟踪相应的速度给定值，维持功率恒定。

带转子电流控制器的绕线转子异步发电机系统如图 4-22 所示。转子电流控制器安装在绕线转子异步发电机的转子轴上，通过集电环与转子电路相连，转子电路中外接三相电阻，使其通过一组电力电子器件来调整转子回路电阻，从而调节发电机的转差率，实现调速的目的，其控制系统原理如图4-23所示。图中的开关S代表机组启动并网前的控制方式，为转速闭环控制；开关R代表机组并网后的控制方式，为功率闭环控制。控制过程可分为三种情况：当风速达到启动风速时，风力机开始启动，随着转速的升高，变桨距控制使风力机的叶片节距角连续变化，发电机的转速上升到给定转速值（同步转速）后，发电机并入电网；发电机并网后，通过转速控制、功率控制和转子电流的控制使发电机转差率调到最小（1%，发电机转速大于同步转速1%），同时由变桨距机构将叶片功角调到零，以获得最大风能；当风速大于额定风速时，由于转子电流控制环节的动作时间远比变桨距机构的动作时间快，通过转子电路中电力电子装置的PWM控制来调节转子电路中所串的电阻值，从而改变发电机的转差率，以维持转子电流不变，因此发电机输出功率也将维持不变，从而实现恒功率输出。

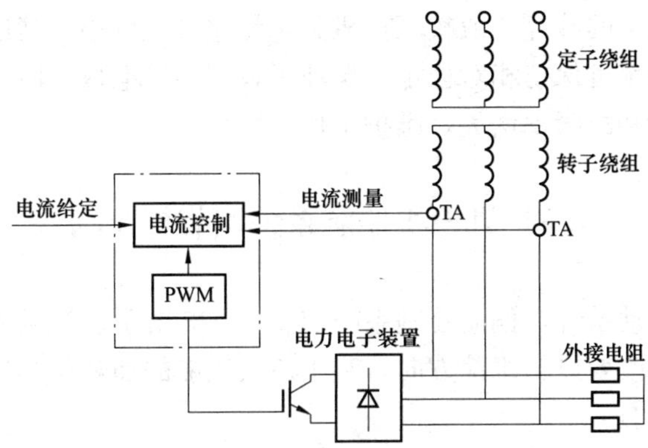

图4-22　带转子电流控制器的绕线转子异步发电机系统

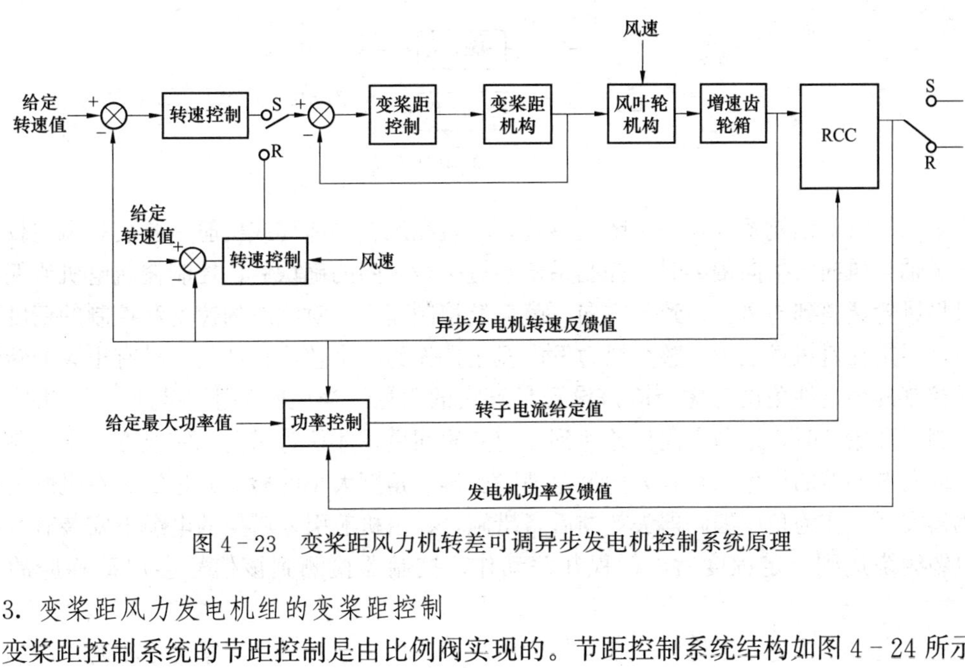

图4-23　变桨距风力机转差可调异步发电机控制系统原理

3. 变桨距风力发电机组的变桨距控制

变桨距控制系统的节距控制是由比例阀实现的。节距控制系统结构如图4-24所示，控制器根据功率或转速信号给出－10～10V的控制电压，通过比例阀控制器转换成一定范围的电流信号，控制比例阀输出流量的方向和大小，变桨距液压缸按比例阀输出的方向和流量操纵桨叶节距角在5°～88°变化。

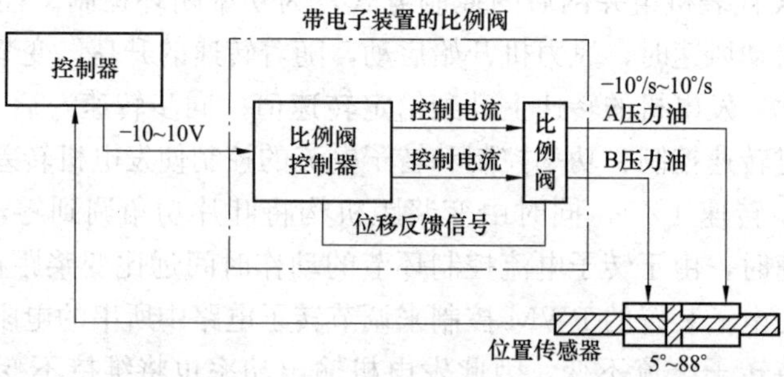

图4-24　节距控制系统结构

变桨距风力发电机组的叶片一般较轻，机头重量比失速机小，其启动和制动性能好，在额定风速之后，输出功率可保持相对稳定，保证了较高的发电量，但由于增加了一套变桨距机构，导致系统复杂度和故障率增大，维护工作量增大。

4.4　风力机偏航系统调节与控制

偏航系统是一个随动系统，偏航控制系统如图4-25所示。对风力发电机组的偏航控制主要完成两个功能：①改变风轮跟踪方向，利于最大风能的捕获；②当机舱内的电缆发生缠绕时自动解缆。

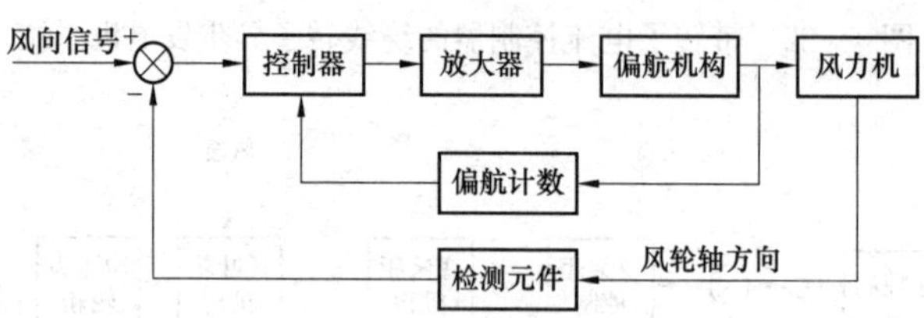

图4-25　偏航控制系统

正常工作时，偏航系统是一个随动系统，一般在风轮的前部或机舱一侧装有风向仪，当风轮的主轴与风向仪指向偏离时，控制系统经过一段时间的确认后，控制偏航电机或偏航液压电机将风轮调整到与风向一致的方向。就偏航控制而言，对响应的速度和控制的精度要求并不高，但是在对风过程中，整个风力发电机组是作为一个整体转动的，具有很大的转动惯量，从控制的稳定性角度考虑，应该设置足够大的阻尼。当风轮的主轴与风向仪指向偏离时，控制器开始计时，这种方向偏差达到一定的时间后，才认为风向确实改变，由控制器发出向左或向右偏航的指令，直到方向偏差消除。偏航角度大小的检测通过安装在机舱内的角度编码器实现。作为角度编码器失效的后备措施，在由机舱引入塔架的电缆上安装有行程开关，电缆缠绕达到一定程度后，行程开关动作，控制器检测到该信号会启动相应的处理程序。

风力发电机组无论处于运行状态还是待机状态均可主动对风。当紧急停车时，需要通过偏航调节使机舱经过最短的路径与风向成90°夹角。

在风力发电机组工作时，如果向一个方向偏航的角度过大，将使由机舱引入塔架的各类电缆发生缠绕，影响整个发电机组的正常工作。因此当达到风力发电机规定的解缆圈数时，系统应自动解缆，此时启动偏航电机向相反方向转动缠绕圈数，将机舱返回电缆无缠绕位置。解缆完成后，发电机组再进入正常发电工作状态。

4.5 风力发电机组的控制策略

4.5.1 风力发电机组变速恒频控制策略

为实现风能利用和功率输出最大化且稳定，变速恒频风力发电系统的基本控制策略一般确定为低于额定风速时，跟踪最大风能利用系数，以获得最大能量；高于额定风速时，跟踪最大功率，并保持输出功率稳定。

1. 转速控制策略

低于额定风速时，为了保持在最佳叶尖速比下工作，必须根据风速的变化随时调节发电机转子的转速，一般通过控制发电机的电磁转矩实现转速的控制，图4-26为最佳转矩-转速曲线。

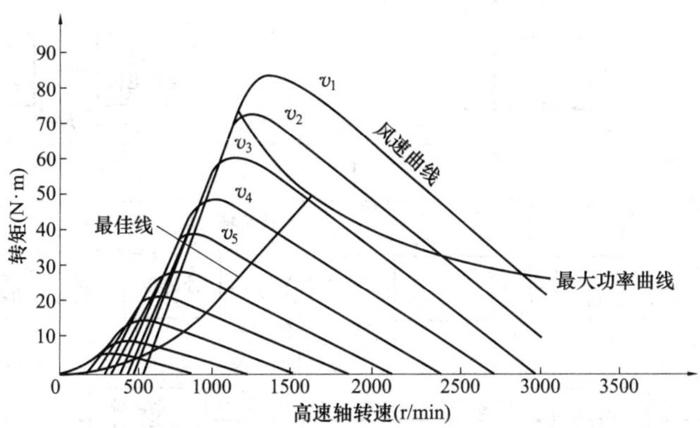

图4-26 最佳转矩-转速曲线

为实现对最佳转矩-转速曲线的跟踪，一般有间接速度控制和直接速度控制两种方法。

风力机机械转矩为

$$T_a=\frac{1}{2}\rho\pi C_T\ (\lambda,\ \beta)\ r^3v^3 \tag{4-12}$$

$$\lambda=\frac{\omega_a r}{v}$$

式中：T_a为风力机的机械转矩；r为风轮桨叶半径；C_T（λ，β）为优化转矩系数；β为桨距角，低速时为定值；λ为叶尖速比；ω_a为叶尖速度；ρ为空气质量密度；v为风速。

而发电机转矩期望值与转速关系为

$$T^*=K_{opt}\omega^2 \tag{4-13}$$

式中：T^*为转矩的期望值；K_{opt}为具有最佳C_p值的比例系数。

间接速度控制就是利用式（4-13）关系控制转矩，因风力机的转速不是直接被控制的，因此称为间接速度控制。直接速度控制是将任一给定时刻所需的最佳发电机的转速设置为风速的函数，通过转矩观测器预测风力发电机的机械传动转矩加以控制。发电机参考转速的设定式为

$$\omega^* = \sqrt{\frac{T_m}{K_{opt}}} \tag{4-14}$$

式中：ω^* 为发电机转速的参考值；T_m 为转矩的观测值（包含对传动损耗的补偿）。

发电机转矩的设定式为

$$T_e = K_{opt}\omega^2 - B\omega \tag{4-15}$$

式中：B 为系统的摩擦转矩系数。

间接速度控制和直接速度控制的控制策略如图 4-27 所示。图中系统的给定 ω_{opt} 为对应最佳风能利用系数时的转速值，ω_{opt} 与有效风速 v 之间的关系可从式（4-16）的叶尖优化速比得到：

$$v = \frac{\omega_{opt} r}{\lambda_{opt}} \tag{4-16}$$

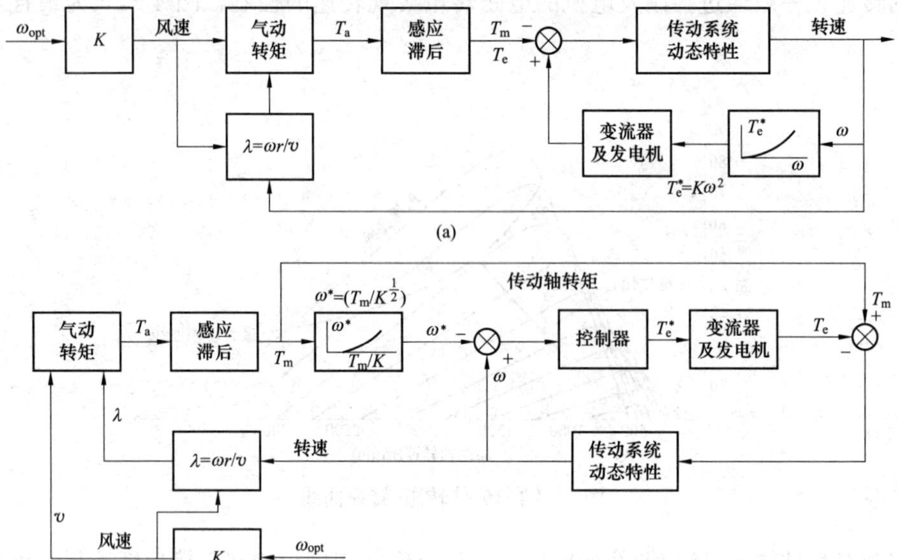

(b)

图 4-27　速度控制策略

(a) 间接速度控制策略；(b) 直接速度控制策略

风力机随风速的三次方获取能量，因此在风速大幅度、快速变化时，控制增益也应变化，风力机的转速控制实为跟踪控制，对应最大能量捕获的转速值就是系统的输入，由于机械转矩滞后于电磁转矩，所以在动作上有一个感应滞后环节。

2. 功率控制策略

高风速时，为保持发电机输出功率的恒定，控制系统通过调节风力机的功率系数，将功率输出限制在允许范围内，同时使发电机的转速能随功率的输入做快速变化，以保证发电机在允许的转速范围内持续工作，并保持传动系统具有良好的柔性。风轮功率系数的控制一般

采用两种方法：①控制发电机的电磁转矩来改变发电机的转速，得到 P_{max}，对风能实现最大利用；②改变桨叶节距角来改变空气动力转矩，维持最大（额定）功率不变，或者将两种方法结合起来，以改善性能。图 4-28 为功率控制系统总框图，图 4-29 为改变桨叶节距角控制系统，为限制最大功率输出，对最大节距角进行了限制。当转速高于参考转速时，控制器输出节距角偏差值 $\Delta\beta$ 与参考节距 β^* 比较，由桨叶节距调节器调节节距以维持功率恒定。控制器可采用 PI 或 PID 调节器。

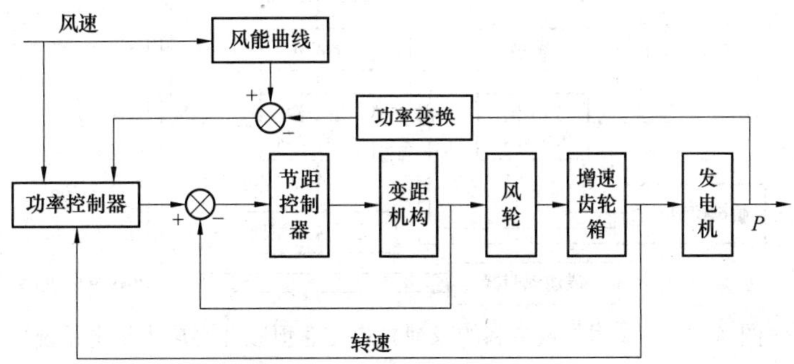

图 4-28　功率控制系统总框图

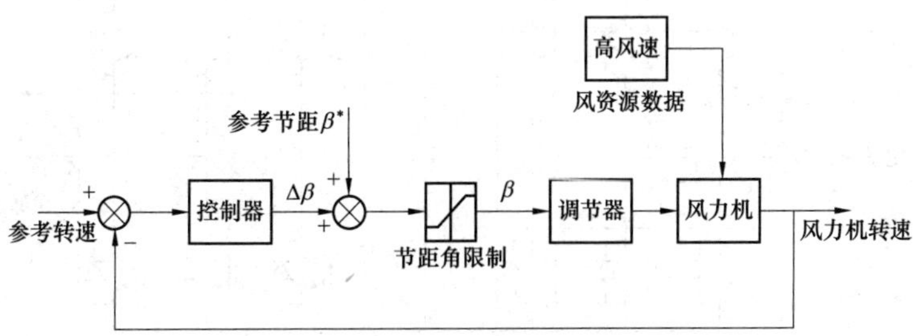

图 4-29　桨叶节距角控制系统

4.5.2　双馈异步风力发电机组变速恒频控制策略

实现变速恒频的方法很多，由于双馈异步风力发电机组具有控制灵活、能量双向传输、电机可四象限平滑运行、电力电子变换装置功率小（约 30%的电机容量）等一系列优点，在大、中型风力发电系统中优势显著。双馈异步发电机系统中的变频器采用双 PWM 变频器，发电机根据风力机转速的变化调节转子励磁电流的频率，实现恒频输出，再通过矢量变换控制实现发电机的有功功率和无功功率的独立调节，进而控制发电机组的转速实现最佳风能的捕获。采用矢量控制技术的双馈异步发电机构成的变速恒频并网风力发电系统如图 4-30所示，图中 DFIG 为双馈异步发电机的简称。系统采用如下控制技术。

1. 背靠背双 PWM 变频器

为实现转子中能量的双向流动，转子中的变频器采用背靠背方式的双 PWM 变频器，它是由两个 PWM 功率变换器背靠背组成的，图 4-31 为由 IGBT 电力电子器件组成的双 PWM 变频器的主电路。变频器中的两个 PWM 变换器经常变换运行状态，在不同能量流向下分别实现整流和逆变的功能，与电网相连的变换器称为网侧变换器，与转子绕组相连的称为转子侧变换器。

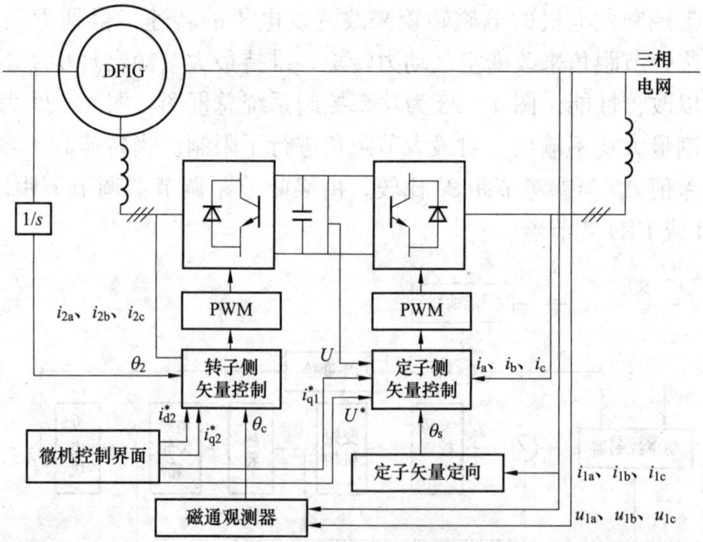

图 4－30　采用矢量控制的双馈异步变速恒频并网风力发电系统

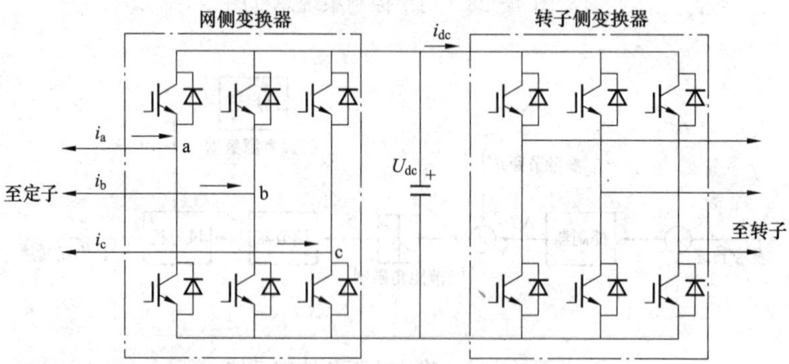

图 4－31　双 PWM 变频器电路

2. 双馈发电机的矢量控制

由于双馈发电机的电路存在着磁路上的耦合，双馈发电机在三相坐标下的数学模型是非线性、时变的高阶系统，为达到直流电机的控制性能，实现励磁电流和转矩电流即有功电流和无功电流的解耦控制，双馈发电机一般采用矢量控制技术。基本方法是通过三相静止绕组 a、b、c 到两相同步旋转的 d/q 轴绕组的变换，将定子电流分解为 d 轴的无功励磁电流分量和 q 轴的有功转矩电流分量，通过对 d 轴电流的调节可实现磁场调节和无功功率的调节，而通过控制 q 轴电流可实现转矩即转速的调节。

通过三相静止绕组 a、b、c 到两相静止绕组 α、β 的变换，再将两相静止绕组变换到两相以同步转速旋转的 d/q 轴绕组，可得 d/q 轴坐标系下的方程式。其中电压方程式（按电动机惯例）为

$$\begin{cases} u_{d1}=R_1 i_{d1}+P\psi_{d1}-\omega_1\psi_{q1} \\ u_{q1}=R_1 i_{q1}+P\psi_{q1}+\omega_1\psi_{d1} \\ u_{d2}=R_2 i_{d2}+P\psi_{d2}-\omega_s\psi_{q2} \\ u_{q2}=R_2 i_{q2}+P\psi_{q2}+\omega_s\psi_{d2} \end{cases} \tag{4-17}$$

其中，$$w_s = s w_1$$

式中：u_{d1}、u_{q1}、u_{d2}、u_{q2} 为定、转子上 d、q 轴的电压分量；i_{d1}、i_{q1}、i_{d2}、i_{q2} 为定、转子上 d、q 轴的电流分量；R_1、R_2 为定、转子电阻；ψ_{d1}、ψ_{q1}、ψ_{d2}、ψ_{q2} 为定、转子上 d、q 轴的磁链分量；P 为微分算子；ω_1、ω_s 为同步角速度和转差角速度。

磁链方程为

$$\begin{cases} \psi_{d1} = L_1 i_{d1} + L_m i_{d2} \\ \psi_{q1} = L_1 i_{q1} + L_m i_{q2} \\ \psi_{d2} = L_2 i_{d2} + L_m i_{d1} \\ \psi_{q2} = L_2 i_{q2} + L_m i_{q1} \end{cases} \tag{4-18}$$

式中：L_1、L_2、L_m 为定、转子自感和互感。

运动方程和电磁转矩方程为

$$\begin{cases} T_a - T_e = \dfrac{J}{p} P\omega \\ \omega = P\theta_2 \\ T_e = pL_m\ (i_{q1} i_{d2} - i_{d1} i_{q2}) \end{cases} \tag{4-19}$$

式中：T_a 为风力机输出转矩；T_e 为发电机电磁转矩；J 为系统的转动惯量；P 为发电机的极对数；ω 为转子的角速度；θ_2 为转子转过的角度。

定子中的有功功率和无功功率分别为

$$\begin{cases} P_1 = \dfrac{3}{2}\ (u_{d1} i_{d1} + u_{q1} i_{q1}) \\ Q_1 = \dfrac{3}{2}\ (u_{d1} i_{q1} + u_{q1} i_{d1}) \end{cases} \tag{4-20}$$

为简化有功功率和无功功率的计算，双馈发电机采用定子磁场定向技术，将定子磁链 ψ_1 的方向取在 d 轴上，其定子磁场矢量如图 4-32 所示，由图可知

$$\begin{cases} \psi_{d1} = \psi_1 \\ \psi_{q1} = 0 \end{cases} \tag{4-21}$$

考虑发电机工作在同步频率下时，由发电机定子电阻产生的电压降比电动势小得多，忽略电阻压降，可得

$$\begin{cases} u_{d1} = 0 \\ u_{q1} = u_1 = \omega_1 \psi_1 \end{cases} \tag{4-22}$$

式中：u_1 为定子电压。

由式（4-22）可得

$$\psi_1 = \frac{u_1}{\omega_1} \tag{4-23}$$

式（4-23）表明，在 ω_1 一定时，ψ_1 只与 u_1 有关。

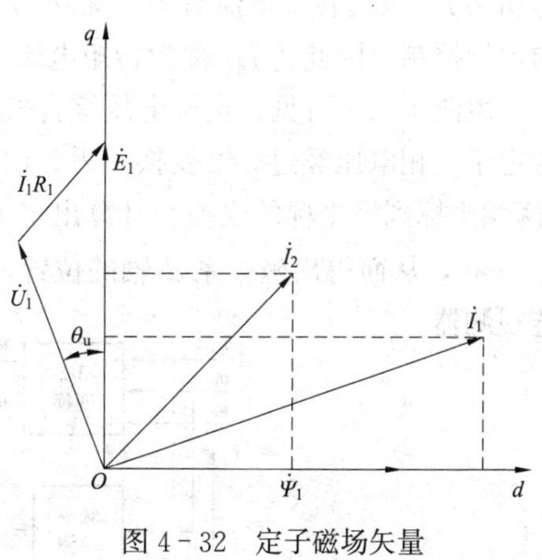

图 4-32　定子磁场矢量

由上述推导关系式可得定、转子侧电流为

$$\begin{cases} i_{d1}=\dfrac{P\psi_1}{R_1} \\ i_{q1}=\dfrac{u_1-\omega_1\psi_1}{R_1} \\ i_{d2}=\dfrac{(R_1+L_1P)}{R_1}\psi_1 \\ i_{q2}=-\dfrac{L_1}{L_{\mathrm{m}}}i_{q1}=\dfrac{L_1\omega_1}{L_{\mathrm{m}}R_1}\psi_1 \end{cases} \tag{4-24}$$

将式（4-24）代入转子电压方程式（4-17）可得转子电压为

$$\begin{cases} u_{d2}=R_2i_{d2}+\sigma L_2Pi_{d2}-\omega_s\sigma L_2i_{q2} \\ u_{q2}=R_2i_{q2}+\sigma L_2Pi_{d2}+\omega_s\left(\dfrac{L_{\mathrm{m}}}{L_1}\psi_1+\sigma L_2i_{d2}\right) \end{cases} \tag{4-25}$$

其中，$\sigma=L_2-L_{\mathrm{m}}^2/L_1$。

将电流计算结果式（4-24）代入电磁转矩方程式（4-19）可得电磁转矩为

$$T_{\mathrm{e}}=\frac{PL_{\mathrm{m}}}{L_1}\psi_1i_{q2} \tag{4-26}$$

将电压和电流的计算结果代入功率方程式（4-20），可得定子上的有功功率和无功功率为

$$\begin{cases} P_1=-\dfrac{1.5L_{\mathrm{m}}}{L_1}\psi_1\omega_1i_{q2}=-\dfrac{1.5L_{\mathrm{m}}}{L_1}u_1i_{q2} \\ Q_1=\dfrac{1.5}{L_1}\psi_1\omega_1(\psi_1-L_{\mathrm{m}}i_{d2})=\dfrac{1.5}{L_1}u_1\left(\dfrac{u_1}{\omega_1}-L_{\mathrm{m}}i_{d2}\right) \end{cases} \tag{4-27}$$

当发电机并入电网后，定子电压 u_1 恒定，则 ψ_1 也不变，由式（4-26）和式（4-27）可知，发电机电磁转矩可通过转子中的 q 轴电流 i_{q2} 进行控制，达到调速的目的，而定子有功功率 P_1 只与转子电流有关，无功功率 Q_1 只与 i_{d2} 有关，从而实现了有功功率和无功功率的解耦控制，因此将 i_{q2} 称为转矩电流，i_{d2} 称为励磁电流。

由图 4-32 可见，定子电压综合矢量超前定子磁链矢量近似 90°，由磁通观测器观测到的定子三相电压经过 3/2 变换，得到两相静止坐标系的定子电压 u_α、u_β，然后经 K/P 变换（两相坐标到极坐标的变换）计算出定子电压矢量位置给定 θ_u，则定子磁链矢量位置为 $\theta_s=\theta_u+90^\circ$，从而得出坐标系 d 轴的位置，ψ_1 也可由式（4-23）计算得出，图 4-33 为定子磁链观测器。

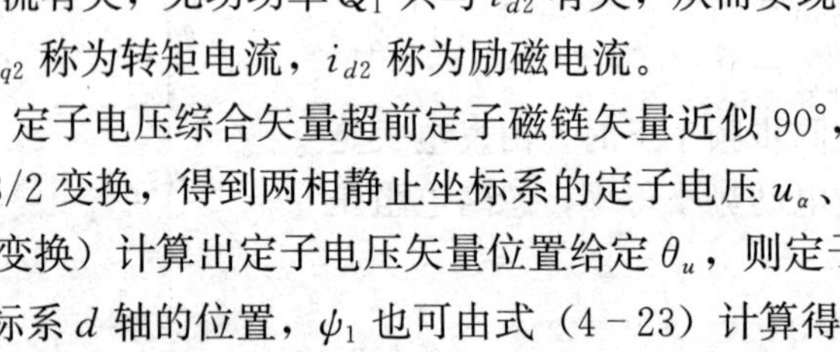

图 4-33　定子磁链观测器

3. 网侧变换器矢量控制

双馈发电机网侧变换器的矢量控制如图 4－34 所示。由计算机输入的电压和电流的给定值分别为U^*和i_{q1}^*，电压给定值与来自变频器直流侧的电压反馈信号U进行比较，通过 PI 调节器输出电流参考信号i_{d1}^*，根据实测的定子侧电压和电流，经矢量变换计算出电流i_{d1}和i_{q1}，i_{d1}^*与i_{d1}比较后经 PI 控制器输出 PWM 控制信号，i_{q1}^*与i_{q1}比较后也经 PI 控制器输出 PWM 控制信号，两者共同控制网侧变换器。

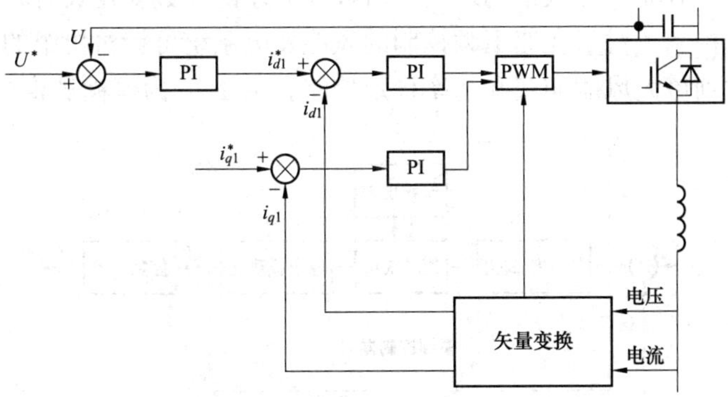

图 4－34 双馈发电机网侧变换器矢量控制

4. 转子侧变换器的矢量控制

图 4－35 为双馈发电机转子侧变换器的矢量控制，图中Q_1^*、P_1^*分别为定子的无功功率和有功功率给定值，给定值与来自发电机模型中经矢量变换和计算得到的反馈值比较，经 PI 调节器调节后分别输出电流给定值i_{d2}^*、i_{q2}^*，电流给定值与电流反馈值比较后经 PI 调节器输出 PWM 控制信号，通过对转子侧变换器的矢量控制，实现定子有功功率和无功功率的解耦控制。同理，发电机电磁转矩和转速的控制也可通过矢量控制实现。

由上可见，双馈发电机由于网侧和转子侧变换器均采用了矢量控制，通过三相a、b、c到两相d、q的变换，实现了d、q轴电流的解耦，通过磁通观测器观测磁通，分别对d、q轴电流进行控制可实现转矩、有功功率和无功功率的控制，从而控制转速和改善电网的功率因数。

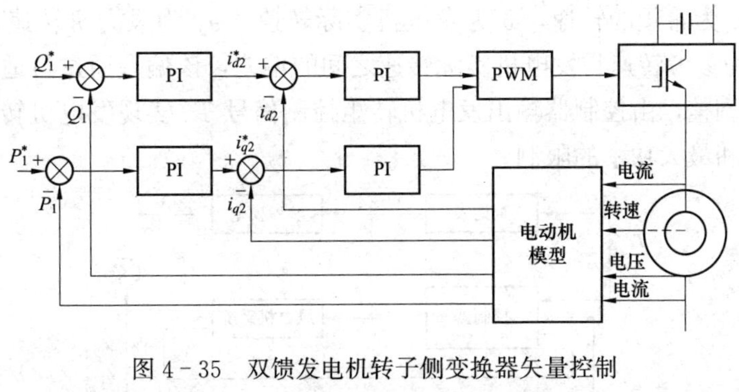

图 4－35 双馈发电机转子侧变换器矢量控制

4.5.3 风能发电系统的智能控制

风能发电系统是一个复杂、多变量、多干扰、非线性随机系统。基于系统精确数学模型的传统控制方法对其而言并不适用，即便应用也只能保证在线性化工作点附近的控制效果，因此近年来研究的各种智能控制由于具有非线性、自寻优、变结构等功能使其非常适于风能发电系统控制，是控制领域研究的热点之一，其中以模糊控制、神经网络控制、模型参考自适应控制等为主要研究和应用的方法。

1. 模糊控制

模糊控制可将专家的经验和知识表示为语言规划用于控制器的设计，不需要被控对象精确的数学模型，能克服非线性因素的影响，对被控对象的参数变化具有较强的鲁棒性，非常适于风能发电系统控制。对于变速恒频控制的风能发电系统可针对机组的不同状态设计相应的模糊控制器，达到最大风能捕获和功率稳定控制。图 4-36 为模糊逻辑控制系统。

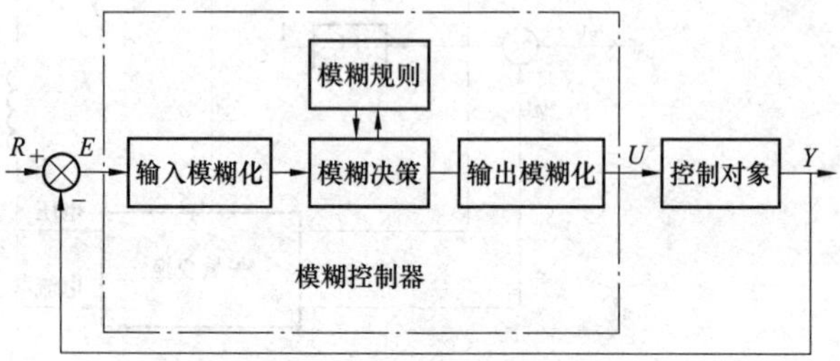

图 4 - 36　模糊逻辑控制系统

风能发电系统的模糊逻辑控制策略一般由五个部分组成：①输入文字控制变量（如电网电压、电网频率、调向误差、发电机温升等）；②通过适当的模糊隶属关系将文字控制变量模糊化；③由控制策略制定判定规则；④将控制变量非模糊化；⑤反馈输出信号，通过适当的调节器控制发电机的运行。使用模糊控制策略的风力发电机组可得到在低、高速条件下的良好动态特性，有效地抑制系统的扰动，实现风能利用最大化和电能质量的提高。

2. 模型参考自适应控制

针对风能发电系统的复杂性、不确定性、不稳定性和模型难建立的特点，采用模型参考自适应控制，通过参考模型的建立和自适应机构进行控制器参数的适时修正来降低不确定性对系统的影响，实现风力发电机组转速和功率的控制。模型参考自适应控制系统如图 4 - 37 所示，图中的查询表部分为根据最佳叶尖速比计算出的气动转矩 T_a 和发电机转速 ω_{opt} 之间的曲线关系，ω_{opt} 为希望的转速，ω 为发电机实际转速，ω_w 为风力机转速，v 为风速，ω^* 为参考转速，e 为参考转速与发电机实际转速之间的偏差，该偏差通过自适应机构对控制器中相关参数进行调整，由控制器输出发电机转矩控制信号 T_e 实现发电机转速控制，以获得最佳风能的捕获和最大功率的限制。

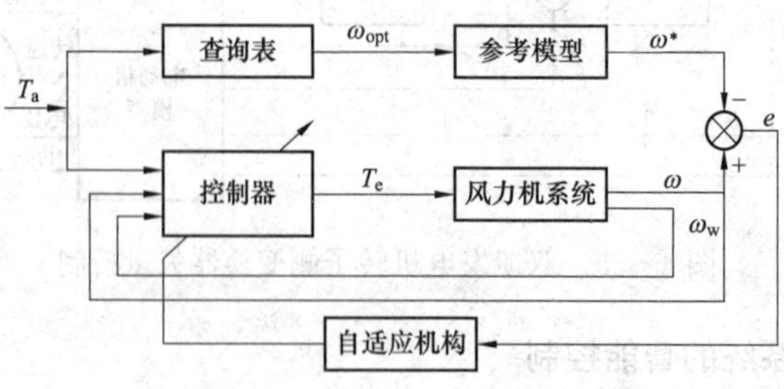

图 4 - 37　模型参考自适应控制系统

3. 神经网络控制

人工神经网络具有可任意逼近任何非线性模型的非线性映射能力，利用网络的学习和自收敛性可设计自适应控制器，从而提高系统的控制精度，增强系统对环境的适应能力，因此在风能发电系统中也有相应的应用研究。神经网络控制还可与模糊控制结合，实现风力发电机组的模糊神经网络控制。

除以上三种智能控制方法外，滑模变结构控制、H_∞控制等新型智能控制方法在风能发电系统的控制中也有一定的应用研究。

4.6 风力发电机组的并网控制技术

4.6.1 同步风力发电机组的并网控制技术

同步发电机的转速和频率之间有着严格不变的固定关系，同步发电机在运行过程中，可通过励磁电流的调节，实现无功功率的补偿，其输出电能频率稳定，电能质量高，因此在发电系统中，同步发电机也是应用最普遍的。

1. 同步风力发电机组的并网条件和并网方法

(1) 并网条件。同步风力发电机组与电网并联运行的电路如图 4-38 所示，图中同步发电机的定子绕组通过断路器与电网相连，转子励磁绕组由励磁调节器控制。

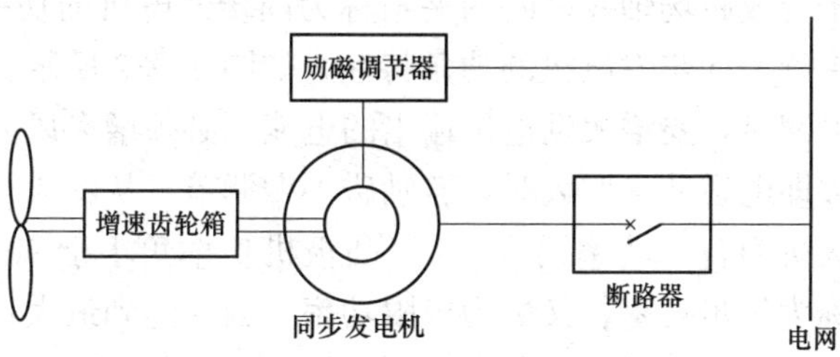

图 4-38 同步风力发电机组与电网并联运行电路

同步风力发电机组并联到电网时，为防止过大的电流冲击和转矩冲击，风力发电机输出的各相端电压的瞬时值要与电网端对应相电压的瞬时值完全一致，具体有 5 个条件：①波形相同；②幅值相同；③频率相同；④相序相同；⑤相位相同。

在并网时，因风力发电机旋转方向不变，只要使发电机的各相绕组输出端与电网各相互相对应，条件④就可满足，而条件①可由发电机设计、制造和安装保证；因此并网时，主要是其他三条的检测和控制，其中条件③是必须满足的。

(2) 并网方法。

1) 自动准同步并网。满足上述理想并联条件的并网方式称为准同步并网方式，在这种并网方式下，并网瞬间不会产生冲击电流，电网电压不会下降，也不会对定子绕组和其他机械部件造成冲击。

同步风力发电机组的启动与并网过程如下：偏航系统根据风向传感器测量的风向信号驱动风力机对准风向，当风速达到风力机的启动风速时，桨距控制器调节叶片桨距角使风力机启动。当发电机在风力机的带动下转速接近同步转速时，励磁调节器给发电机输入励磁电流，通过励磁电流的调节使发电机输出的端电压与电网电压相近。在风力发电机的转速几乎达到同步转速、发电机端电压与电网电压的幅值大致相同和断路器两端的电位差为零或很小时，控制断路器合闸并网。同步风力发电机并网后通过自整步作用牵入同步，使发电机电压频率与电网一致。

2）自同步并网。自动准同步并网的优点是合闸时没有明显的电流冲击，缺点是控制与操作复杂、费时。当电网出现故障而要求迅速将备用发电机投入时，由于电网电压和频率出现不稳定，自动准同步法很难操作，往往采用自同步法实现并联运行，自同步并网的方法是同步发电机的转子励磁绕组先通过限流电阻短接，电机中无励磁磁场，用原动机将发电机转子拖到同步转速附近（差值小于5%）时，将发电机并入电网，再立刻给发电机励磁，在定、转子之间的电磁力作用下，发电机自动牵入同步。由于发电机并网时，转子绕组中无励磁电流，因而发电机定子绕组中投有感应电动势，不需要对发电机的电压和相角进行调节和校准，控制简单，并且从根本上排除了不同步合闸的可能性。这种并网方法的缺点是合闸后有电流冲击和电网电压的短时下降现象。

2. 同步风力发电机组的功率调节和补偿

(1) 有功功率调节。同步风力发电机中，风力机输入的机械能首先克服机械阻力，通过发电机内部的电磁作用转化为电磁功率，电磁功率扣除电机绕组的铜损耗和铁损耗后即为输出的电功率，若不计铜损耗和铁损耗，可认为输出功率近似等于电磁功率。同步发电机内部的电磁作用可看成是转子励磁磁场和定子电流产生的同步旋转磁场之间的相互作用。转子励磁磁场轴线与定、转子合成磁场轴线之间的夹角称为同步发电机的功率角 δ，电磁功率 P_{em} 与功率角 δ 之间的关系称为同步发电机的功角特性，如图 4－39 所示。当由风力驱动的同步发电机并联在无穷大电网时，要增大发电机输出的电能，必须增大风力机输入的机械能。当发电机的输出功率增大即电磁功率增大时，若励磁不做调节，从图 4－39 可见，发电机的功率角也增大。对于隐极机而言，功率角为 90°（凸极机功率角小于 90°）时，输出功率达最大，这个最大的功率称为失步功率，又称为极限功率。因为达到最大功率后，如果风力机输入的机械功率继续增大，功率角超过 90°，发电机输出的电功率反而下降，发电机转速持续上升而失去同步，机组无法建立新的平衡。例如一台运行在额定功率附近的风力发电机，突然的一阵飓风可能导致发电机的功率超过极限功率而使发电机失步，这时可增大励磁电流，以增大功率极限，提高静态稳定度，这就是有功功率的调节。

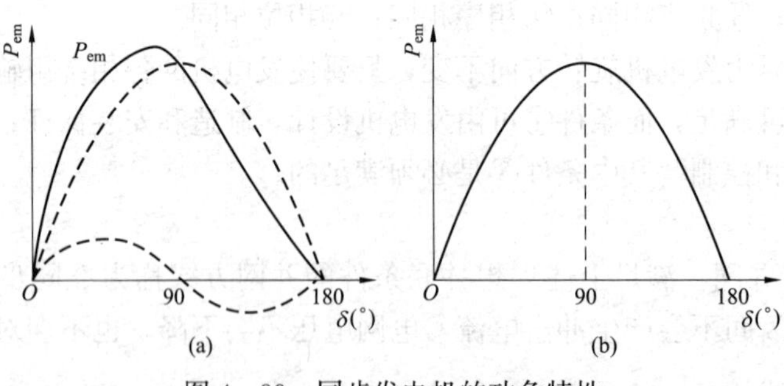

图 4－39 同步发电机的功角特性

(a) 凸极机；(b) 隐极机

并网运行的风力同步发电机当功率角变为负值时，电机将运行在电动机状态，此时风力发电机相当于一台大风扇，电机从电网吸收电能。为避免发电机电动运行，当风速降到一临界值以下时，应及时地将发电机与电网脱开。

(2) 无功功率的补偿。电网所带的负载大部分为感性的异步电动机和变压器，这些负载需要从电网吸收有功功率和无功功率，如果整个电网提供的无功功率不够，电网的电压会下降；同时同步发电机带感性负载时，由于定子电流建立的磁场对电机中的励磁磁场有去磁作用，发电机的输出电压也会下降；因此，为了维持发电机的端电压稳定和补偿电网的无功功率，需增大同步发电机的转子励磁电流。同步发电机的无功功率补偿可用其定子电流 I 和励磁电流 I_f 之间的关系曲线来解释。在输出功率 P_2 一定的条件下，同步发电机的定子电流 I 和励磁电流 I_f 之间的关系曲线也称为 V 形曲线，如图 4－40 所示。

从图 4－40 中可看出，当发电机工作在功率因数为 1 时，发电机励磁电流为额定值，此时定子电流为最小；当发电机励磁大于额定励磁电流（过励）时，发电机的功率因数为滞后的，发电机向电网输出滞后的无功功率，改善电网的功率因数；而当发电机励磁小于额定励磁电流（欠励）时，发电机的功率因数为超前的，发电机从电网吸收滞后的无功功率，使电网的功率因数更低。另外，这时的发电机还存在一个不稳定区（对应功率角大于 90°），因此，同步发电机一般工作在过励状态下，以补偿电网的无功功率和确保机组稳定运行。

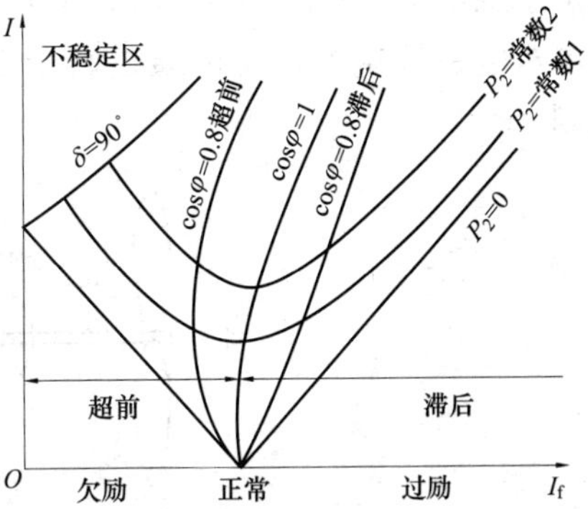

图 4－40 同步发电机的 V 形曲线

3. 带变频器的同步风力发电机组的并网

同步发电机可通过调节转子励磁电流，方便地实现有功和无功功率的调节，这是其他发电机难以与其相比的优点。在恒速恒频的风力发电系统中，同步发电机和电网之间为“刚性连接”，发电机的输出频率完全取决于原动机的转速，并网之前发电机必须经过严格的整步和（准）同步，并网后也必须保持转速恒定，因此对控制器的要求高，控制器结构复杂。

在变速恒频风力发电系统中，同步发电机的定子绕组通过变频器与电网连接，如图 4－41所示，图中为交流同步发电机，变频器为 AC－DC－AC 变频器。当风速变化时，为实现最大风能捕获，风力机和发电机的转速随之变化，发电机发出变频交流电，通过变频器转化后输出恒频交流电，再与电网并联。由于同步发电机与电网之间通过变频器相连接，发电机的频率和电网的频率彼此独立，并网时一般不会发生因频率偏差而产生较大的电流冲击和转矩冲击，并网过程比较平稳。缺点是电力电子装置价格较高、控制较复杂，同时非正弦逆变器在运行时产生的高频谐波电流流入电网，将影响电网的电能质量。

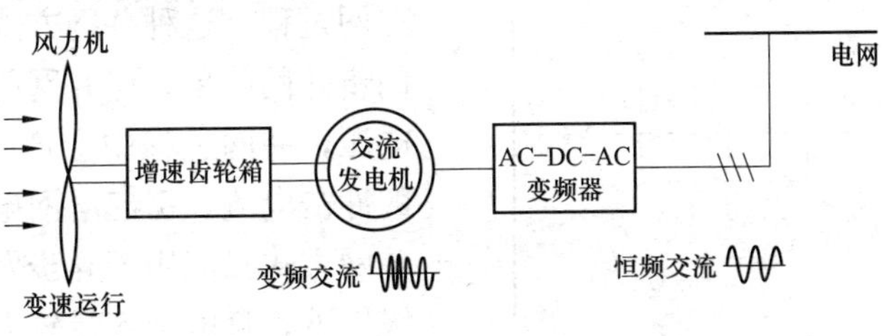

图 4－41 变速恒频风力同步发电机组经变频器与电网的连接

4.6.2 同步风力发电机的并网运行

同步发电机一般构成变速恒频风力发电系统，为了解决风力发电机中的转子转速和电网频率之间的刚性耦合问题，在同步发电机和电网之间加入 AC－DC－AC 变频器，可使风力发电机工作在不同的转速下，省去调速装置。而且可通过控制变频器中的电流或转子中的励磁电流来控制电磁转矩，以实现对风力机转速的控制，减小传动系统的应力，使之达到最佳运行状态。

同步发电机的变速恒频风力发电系统如图 4－42 所示，图中，P_w 为风力机输入功率，P_1 为发电机输入功率，I_f 为励磁电流，与笼型异步发电机相同，同步发电机的变频器也接在定子绕组中，所需容量较大，但其控制比笼型异步发电机简单，除利用变频器中的电流控制电机电磁转矩外，还可通过转子励磁电流的控制来实现转矩、有功功率和无功功率的控制。

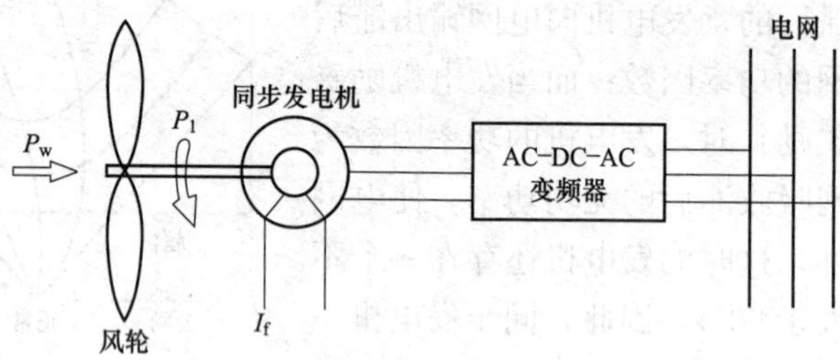

图 4－42 同步发电机变速恒频风力发电系统

4.6.3 异步风力发电机组并网控制技术

异步发电机具有结构简单、价格低廉、可靠性高、并网容易、无失步现象等优点，在风力发电系统中应用广泛，但其主要缺点是需吸收 20%～30%额定功率的无功电流以建立磁场，为提高功率因数必须另加功率补偿装置。

1. 异步风力发电机组的并网

异步风力发电机组的并网方式主要有三种：直接并网、降压并网和通过晶闸管软并网。

(1) 直接并网。异步风力发电机组直接并网的条件有两条：一是发电机转子的转向与旋转磁场的方向一致，即发电机的相序与电网的相序相同；二是发电机的转速尽可能接近于同步转速。其中第一条必须严格遵守，否则并网后，发电机将处于电磁制动状态，在接线时应调整好相序；第二条的要求不是很严格，但并网时发电机的转速与同步转速之间的误差越小，并网时产生的冲击电流越小，衰减的时间越短。异步风力发电机组与电网的直接并联如图 4－43 所示。当风力机在风的驱动下启动后，通过增速齿轮箱将异步发电机的转子带到同步转速附近（一般为 98%～100%）时，测速装置给出自动并网信号，通过断路器完成合闸并网过程。这种并网方式比同步发电机的准同步并网简单，但并网前由于发电机本身无电压，并网过程中会产生 5～6 倍额定电流的冲击电流，引起电网电压下降。因此这种并网方式只能用于异步发电机容量在百千瓦级以下，且电网容量较大的场合。

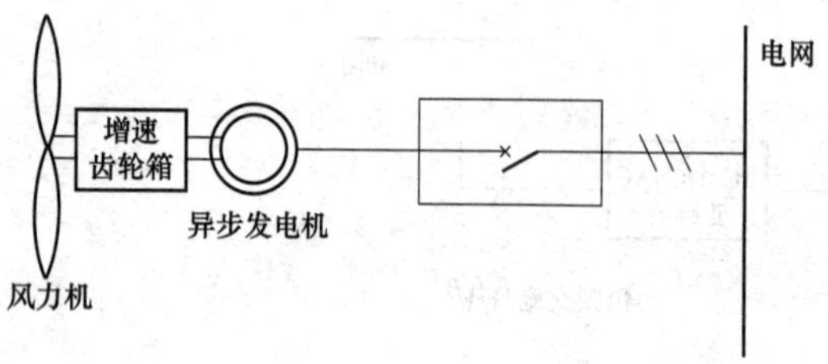

图 4－43 异步风力发电机组与电网的直接并联

(2) 降压并网。降压并网是在发电机与

电网之间串接电阻或电抗器，或者接入自耦变压器，以降低并网时的冲击电流和电网电压下降的幅度。发电机稳定运行时，将接入的电阻等元件迅速从线路中切除，以免消耗功率。这种并网方式的经济性较差，适用于百千瓦级以上、容量较大的机组。

(3) 晶闸管软并网。晶闸管软并网是在异步发电机的定子和电网之间通过每相串入一只双向晶闸管，通过控制晶闸管的导通角来控制并网时的冲击电流，从而得到一个平滑的并网暂态过程，如图 4-44 所示。其并网过程如下：当风力机将发电机带到同步转速附近时，在检查发电机的相序和电网的相序相同后，发电机输出端的断路器闭合，发电机经一组双向晶闸管与电网相连，在计算机控制下，双向晶闸管的触发延迟角由 180°到 0°逐渐打开，双向晶闸管的导通角则由 0°到 180°逐渐增大，通过电流反馈对双向晶闸管的导通角实现闭环控制，将并网时的冲击电流限制在允许的范围内，从而异步发电机通过晶闸管平稳地并入电网。并网的瞬态过程结束后，当发电机的转速与同步转速相同时，控制器发出信号，利用一组断路器将双向晶闸管短接，异步发电机的输出电流将不经过双向晶闸管，而是通过已闭合的断路器流入电网。但在发电机并入电网后，应立即在发电机端并入功率因数补偿装置，将发电机的功率因数提高到 0.95 以上。

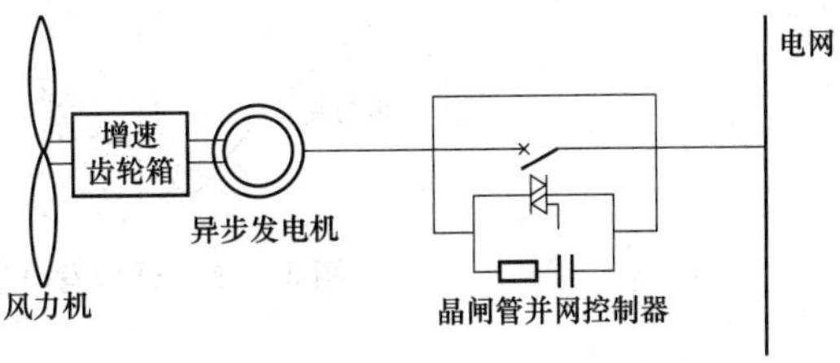

图 4-44　异步风力发电机晶闸管软并网

晶闸管软并网是目前一种先进的并网技术，在其应用时对晶闸管器件和相应的触发电路提出了严格的要求，即要求器件本身的特性要一致、稳定；触发电路工作可靠，门极触发电压和触发电流一致；开通后晶闸管压降相同，只有这样才能保证每相晶闸管按控制要求逐渐开通，发电机的三相电流才能保证平衡。在晶闸管软并网方式中，目前触发电路有移相触发和过零触发两种方式。其中移相触发的缺点是发电机中每相电流为正负半波的非正弦波，含有较多的奇次谐波分量，对电网造成谐波污染，因此必须加以限制和消除；过零触发是在设定的周期内，逐步改变晶闸管导通的周波数，最后实现全部导通，因此不会产生谐波污染，但电流波动较大。

2. 并网运行时的功率输出及无功功率的补偿

(1) 并网运行时的功率输出。异步发电机的转矩-转速关系曲线如图 4-45 所示，并网后，发电机运行在曲线的直线段，即发电机的稳定运行区域。发电机输出的电流大小及功率因数决定于转差率 S 和发电机的参数，而转差率大小由发电机的负载决定。当风力机传给发电机的机械功率和机械转矩增大时，发电机的输出功率及转矩也随之增大，由图 4-45 可见，发电机的转速将增大，发电机从原来的平衡点 A_1 过渡到新的平衡点 A_2 继续稳定运行。但当发电机的输出功率超过其最大转矩对应的功率时，随着输入功率的增大，发电机的制动转矩不但不增大反而减小，发电机转速迅速上升而出现飞车现象，十分危险。因此必须配备可靠的失速桨叶或限速保护装置，以确保在风速超过额定风速及阵风时，从风力机输入的机械功率被限制在一个最大值范围内，从而保证发电机输出的功率不超过其最大转矩对应的功率。

电网电压变化对并网运行的异步风力发电机有一定的影响。因为发电机的电磁制动转矩与电压的二次方成正比，当电网电压下降过大时，发电机也会出现飞车，而当电网电压过高时，发电机的励磁电流将增大，功率因数下降，严重时将导致发电机过载运行。因此对于小容量的电网，一方面选用过载能力大的发电机，另一方面配备可靠的过电压和欠电压保护装置。

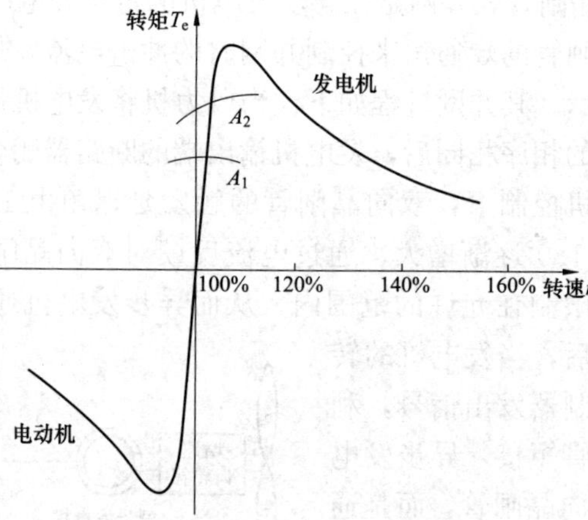

图 4-45　异步发电机转矩-转速关系曲线

(2) 并网运行时无功功率的补偿。异步风力发电机在向电网输出有功功率的同时，还必须从电网中吸收滞后的无功功率来建立磁场和满足漏磁的需要。因一般大、中型异步发电机的励磁电流为其额定电流的 20%～30%，如此大的无功电流的吸收，将加重电网无功功率的负担，使电网的功率因数下降，同时引起电网电压下降和线路损耗增大，影响电网的稳定性。因此并网运行的异步风力发电机必须进行无功功率的补偿，以提高功率因数及设备利用率，改善电网电能质量和输电效率。目前调节无功的装置主要有同步调相机、有源静止无功补偿器、并联补偿电容器等。其中以并联电容器应用得最多，因为前两种装置的价格较高，结构、控制比较复杂，而并联电容器的结构简单、经济、控制和维护方便、运行可靠。并网运行的异步发电机并联电容器后，其所需要的无功电流由电容器提供，从而减轻了电网的负担。

在无功功率的补偿过程中，发电机的有功功率和无功功率随时在变化，普通的无功功率补偿装置难以根据发电机无功电流的变化及时地调整电容器的数值，因此补偿效果受到一定的影响。为了实现无功功率及时和准确的补偿，必须计算出任何时期的有功功率、无功功率，以及需要投入的电容值来控制电容器的投入数量。

3. 双馈异步风力发电机组的并网运行与功率补偿

双馈异步发电机目前主要应用于变速恒频风力发电系统中。发电机与电网之间的连接是柔性连接，经过矢量变换后双馈异步发电机转子电流中的有功分量和无功分量实现了解耦，通过对发电机转子交流励磁电流的调节与控制来满足并网条件，可以成功地实现并网；同时通过对转子电流中的有功和无功分量的控制，可以很方便地实现功率控制及无功功率的补偿。双馈异步发电机的并网过程及特点如下：

(1) 风力机启动后带动发电机至接近于同步转速时，由转子回路中的变频器通过对转子电流的控制实现电压匹配、同步和相位的控制，以便迅速并入电网，并网时基本上无电流冲击。

(2) 通过转子电流的控制可保证风力发电机的转速随风速及负载的变化而及时地调整，从而使风力机运行在最佳叶尖速比下，以获得最大的风能及高的系统效率。

(3) 双馈异步发电机可通过励磁电流的频率、幅值和相位的调节，实现变速运行下的恒频及功率调节。当风力发电机的转速随风速及负载的变化而变化时，通过励磁电流频率的调节实现输出电能频率的稳定；改变励磁电流的幅值和相位，可改变发电机定子电动势和电网电压之间的相位角，也即改变了发电机的功率角，从而实现了有功功率和无功功率的调节。

4.6.4 双馈异步风力发电机的并网运行

1. 双馈异步发电机变速恒频运行并网系统

变速恒频风力发电系统所用的发电机为双馈异步发电机，如图 4－46 所示。发电机的定子直接连接在电网上，转子绕组通过集电环经 AC－AC 或 AC－DC－AC 变频器与电网相连，通过控制转子电流的频率、幅值、相位和相序实现变速恒频控制。为实现转子中能量的双向流动，应采用双向变频器。其中 AC－AC 变频器的输出电压谐波多，输入侧功率因数低，使用的功率元件数量多，目前已被电压型 AC－DC－AC 变频器代替。随着电力电子技术的发展，最新应用的是双 PWM 变频器，通过 SPWM 控制技术，可获得正弦波转子电流，以减小电机中的谐波转矩，同时实现功率因数的调节，变频器一般用微机控制。

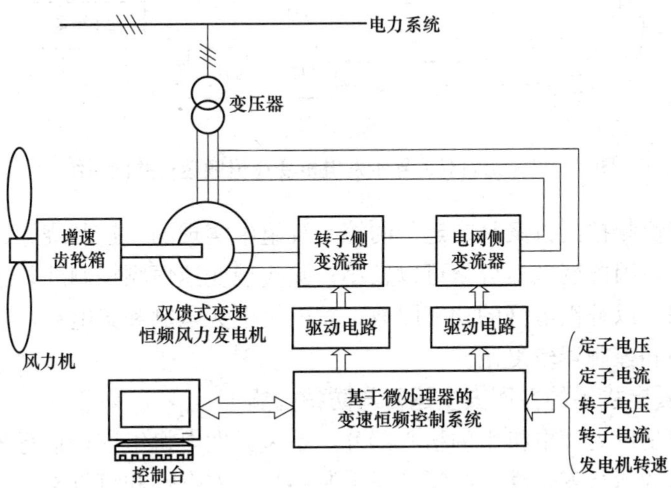

图 4－46 双馈异步发电机变速恒频运行并网系统

双馈异步发电机变速恒频风力发电机组可运行在亚同步状态、同步状态和超同步状态。为了实现变速，当风速变化时，通过转速反馈系统控制发电机的电磁转矩，使发电机转子转速跟踪风速的变化，以获取最大风能。为实现恒频输出，当转子的转速为 n 时，因定子电流的频率 $f_1=pn/60\pm f_2$，由变频器控制转子电流的频率 f_2，以维持 f_1 恒定。当转子转速小于同步转速时，发电机运行在亚同步状态，此时定子向电网供电，同时电网通过变频器向转子供电，提供交流励磁电流；当转子转速高于同步转速时，发电机运行在超同步状态，定、转子同时向电网供电；当转子转速等于同步转速时，发电机运行在同步状态，$f_2=0$，变频器向转子提供直流励磁，定子向电网供电，相当于一台同步发电机。

由于这种变速恒频方案是在转子电路中实现的，流过转子电路中的功率为转差功率，一般只为发电机额定功率的 1/4～1/3，因此变频器的容量可以很小，大大降低了变频器的成本和控制难度；定子直接连接在电网上，使得系统具有很强的抗干扰性和稳定性；可通过改变转子电流的相位和幅值来调节有功功率和无功功率，实现电网功率因数的补偿，缺点是发电机仍有电刷和集电环，工作可靠性受到一定的影响。

2. 无刷双馈异步发电机变速恒频运行并网系统

磁场调制型无刷双馈异步发电机（BDFM）定子中的功率绕组直接与电网相连，控制绕组通过变频器与电网相连，如图 4-47 所示。图 4-47 中 P^* 和 Q^* 分别为有功功率和无功功率的给定值；功率控制器根据功率给定与反馈值及频率检测信号按一定的控制规则输出频率和电流控制信号。无刷双馈发电机转子的转速随风速的变化而变化，以保证系统运行在最佳工况下，提高风能转化的效率。当发电机的转速变化时，由变频器来改变控制绕组的频率，以使发电机的输出频率与电网一致。

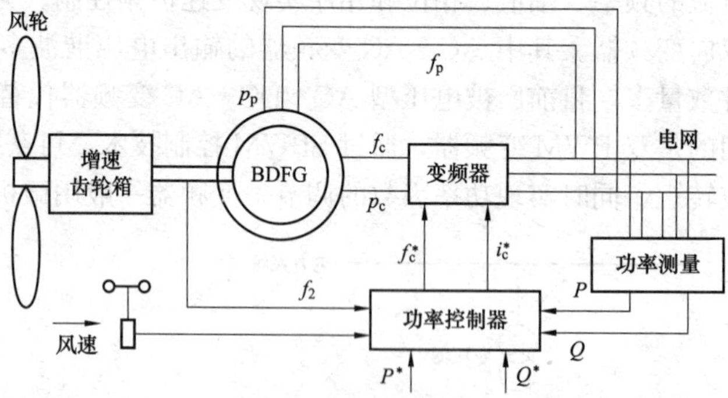

图 4-47 无刷双馈异步发电机变速恒频运行并网系统

由于这种变速恒频控制方案是在定子的控制绕组中实现的，控制绕组的功率只占发电机总功率的一小部分，因此变频器容量可以较小；除实现变速恒频控制外，还可实现有功功率和无功功率的控制，以补偿电网的功率因数；发电机上无电刷和集电环，系统运行可靠性增大，但发电机结构和控制器较复杂。

4.6.5 风力发电机组的并网安全运行与防护措施

并网控制系统是风力发电机组的核心部分，是风力发电机组安全运行的根本保证，为了提高风力发电机组的运行安全性，必须考虑控制系统的安全性和可靠性。

1. 雷电安全保护

多数风机都安装在山谷的风口处、山顶上、空旷的草地、海边海岛等，易受雷击。安装在多雷雨区的风力发电机组受雷击的可能性更大，其控制系统大多为计算机和电子器件，最容易因雷电感应造成过电压损坏，因此需要考虑防雷问题。一般使用避雷器或防雷组件吸收雷电波。当雷电击中电网中的设备后，大电流将经接地点泄入地网，使接地点电位大大升高。若控制设备接地点靠近雷击大电流的入地点，则电位将随之升高，会在回路中形成共模干扰，引起过电压，严重时会造成相关设备绝缘击穿。

根据国外风电场统计数据表明，风电场因雷击而损坏的主要风电机部件是控制系统和通信系统。雷击事故中的 40%～50%涉及风电控制系统损坏，15%～25%涉及通信系统，15%～20%涉及风机叶片，5%涉及发电机。

我国一些风电场统计雷击损坏的部件也是控制系统和监控系统的通信部件。这说明以电缆传输的 4～20mA 电流通信方式和 RS485 串行通信方式由于通信线长、分布广、部件多，最易受到雷击，而控制部件大部分是弱电器件，耐过电压能力低，易造成部件损坏。

防雷击是一个系统工程，不能仅从控制系统来考虑，需要从风电场整体设计上考虑，采取多层防护措施。

2. 运行安全保护

(1) 大风安全保护：一般风速达到25m/s (10min) 即为停机风速，机组必须按照安全程序停机，停机后，风力发电机组必须90°对风控制。

(2) 参数越限保护：各种采集、监控量根据情况设定上、下限值，当数据达到限定值时，控制系统根据设定程序自动保护处理。

(3) 过电压、过电流保护：指装置元件遭到瞬间高压冲击和电流过电流时所进行的保护。通常采用隔离、限压、高压瞬态吸收元件、过电流保护器等。

(4) 振动保护：机组应设有三级振动频率保护，即振动球开关、振动频率上限1、振动频率上限2，当开关动作时，控制系统将分级进行处理。

(5) 开机、关机保护：设计机组按顺序正常开机，确保机组安全。在小风、大风、故障时控制机组按顺序停机。

3. 电网掉电保护

风力发电机组离开电网的支持是无法工作的，一旦有突发故障而停电时，控制器计算机由于失电会立即终止运行，并失去对风机的控制，控制叶尖气动制动和机械制动的电磁阀就会立即打开，液压系统会失去压力，制动系统动作，执行紧急停机。紧急停机意味着在极短的时间内，风机制动系统将风机叶轮转数由额定运行转速变为零。大型机组在极短时间内完成制动过程，将会对机组的制动系统、齿轮箱、主轴和叶片，以及塔架产生强烈的冲击。紧急停机的设置是为了在出现紧急情况时保护风电机组的安全。然而，电网故障无须紧急停机；突然停电往往出现在天气恶劣、风力较强时，紧急停机将会对风机的寿命造成一定影响。另外，风机主控制计算机突然失电就无法将风机停机前的各项状态参数及时存储下来，这样就不利于迅速对风机发生的故障做出判断和处理。针对上述情况，可在控制系统电源中加设UPS后备电源，这样当电网突然停电时，UPS自动投入，为风电场控制系统提供电力，使风电控制系统按正常程序完成停机过程。

4. 紧急停机安全链保护

系统的安全链是独立于计算机系统的硬件保护措施，即使控制系统发生异常也不会影响安全链的正常动作。安全链是将可能对风力发电机造成致命伤害的超常故障串联成一个回路，当安全链动作后将引起紧急停机，执行机构失电，机组瞬间脱网，控制系统在3s左右，将机组平稳停止，从而最大限度地保证机组的安全。发生下列故障时将触发安全链：叶轮过速、机组部件损坏、机组振动、扭缆、电源失电、紧急停机按钮动作。

5. 微机控制器抗干扰保护

风电场控制系统的主要干扰源有工业干扰如高压交流电场、静电场、电弧、晶闸管等；自然界干扰如雷电冲击、各种静电放电、磁爆等；高频干扰如微波通信、无线电信号、雷达等。这些干扰通过直接辐射或由某些电气回路传导进入的方式进入到控制系统，干扰控制系统工作的稳定性。从干扰种类来看，可分为交变脉冲干扰和单脉冲干扰两种，它们均以电或磁的形式干扰控制系统。参考国家（国际）关于电磁兼容（EMC）有关标准，风电场控制设备也应满足相关要求。

6. 接地保护

接地保护是非常重要的环节。良好的接地将确保控制系统免受损害。为达到安全保护目的，在整个控制系统中通常采用的几种接地方式有工作接地、保护接地、防雷接地、防静电接地、屏蔽接地。接地的主要作用：一是保证电器设备安全运行；二是防止设备绝缘被破坏时可能带电，以致危及人身安全。同时能使保护装置迅速切断故障回路，防止故障扩大。

7. 低电压穿越能力

随着并网风电容量的快速增长，必须考虑电网故障时风电机组的各种运行特性对电网稳定性的影响。风电技术较为先进的国家（如德国、丹麦、美国等）根据电网实际运行状况制定了风电并网导则，对接入电网的风电场提出了严格的技术要求。该技术要求一般包括无功电压控制、有功频率控制及低电压穿越能力等，其中风电机组的低电压穿越（LVRT，Low Voltage Ride Though）能力是风电大规模并网运行必不可少的条件及要求，是在外部电网故障下风电机组具有不间断运行能力的保证。

不同类型的风电机组可采取不同的技术措施来实现其 LVRT 功能。对于采用普通异步电机作为发电机的固定转速风电机组，可采用无功补偿的方案来实现风电机组的 LVRT 功能，以满足风电机组并网标准对其 LVRT 能力的要求；还可通过改变转子回路励磁方式实现风电机组的 LVRT 功能。对于普通异步发电机、直驱风电机组和双馈风电机组实现 LVRT 功能的方式，其中有双馈变速风电机组可依靠机组本身实现 LVRT 功能，在外部系统故障引起风电机组端电压跌落时，风电场仍然维持运行，因此完全满足风电并网标准对风电机组 LVRT 能力的要求。利用转子撬棒投入与切除策略及动作时间实现 LVRT 功能，不过要注意这种方式对机组的影响。要使风电机组可靠运行，在设计控制系统的同时，往往更注重系统的最优化设计和提高可利用率，然而进行这些设计的前提条件是风电机组控制系统的安全保护，只有在确保机组安全运行的前提下，才可讨论机组的最优化设计、提高可利用率等。因此，控制系统具备完善的保护功能，是风电机组安全运行的首要保证。

4.7 风能发电的经济性评价

4.7.1 风能发电的经济性指标

风能发电的经济性评价主要由其经济性指标来衡量。风力发电的经济性指标主要有单位千瓦造价、单位千瓦时投资成本、财务内部收益率和财务净现值、投资回收期及投资利润率等。

1. 单位千瓦造价

单位千瓦造价（元/kW）表示风力发电系统每千瓦的投资成本，其计算公式为

$$单位千瓦造价=\frac{总投资}{总装机容量} \tag{4-28}$$

风电项目的总投资由风力发电机组、土建工程、电气工程、设备安装工程、财务费用及其他（含征地、设计勘测）费用等组成，其各部分所占的比例如图 4-48 所示。

从图 4-48 可见，风力发电机组投资所占比重最大，为总投资的 73%，因此降低风力发电机组投资，可显著降低风力发电的单位千瓦造价。总装机容量是指风电场全部风力发电机组的总容量，因此提高风电场的单机容量也可降低风力发电的单位千瓦造价。

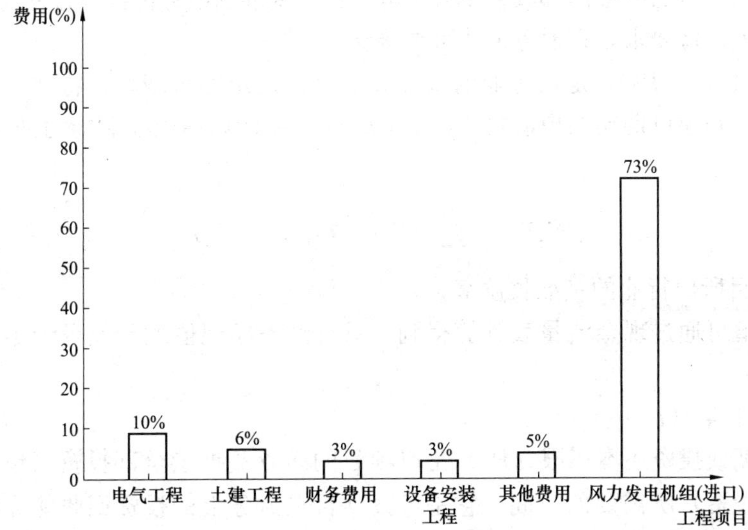

图 4-48 风电项目投资中各部分所占比例

由于单位千瓦造价中没有考虑风资源、风力发电机与风资源的匹配、风力发电机的可靠性等因素，因此不能全面地反映风力发电系统的经济性。

2. 单位千瓦时投资成本

单位千瓦时投资成本表示在风力发电设备的使用期限（一般 20～30 年）内，每生产单位千瓦时的电量所需要的投资费用，其计算公式为

$$单位千瓦时投资成本=\frac{年固定费用+运行维护费用+大修费用}{年发电量} \tag{4-29}$$

其中，年固定费用包括设备年折旧费、贷款利息、人工费、管理费、税金等；运行维护费用包括计划内的保证风力发电机正常运行所进行的正常维修费用；大修费用是风力发电设备在使用期内大修的年平均费用。一般风力发电机组每隔 5、10、15 年大修一次，主要维修机械部件。

风电场的年发电量主要与风电场的风资源情况、风力发电机组的功率曲线及风机与风资源的匹配情况有关。为了降低风力发电的单位千瓦时投资成本，应选择风力资源丰富的风电场及与其相匹配的风力发电机组。由于单位千瓦时投资成本考虑了风力发电系统的原始建设投资成本、风资源、风力发电机组与风资源的匹配情况、机组使用期间内的运行维护及大修费用，因此真实地反映了风力发电系统的经济性。

3. 财务内部收益率（*FIRR*）和财务净现值（*FNPV*）

财务内部收益率（*FIRR*）是指风电项目在整个计算期内各年净现金流量现值累计等于零时的折现率。它反映了项目所占资金的盈利率，是考察项目盈利能力的动态评价指标，其计算式为

$$\sum_{t=1}^{n}(CI-CO)_t(1+FIRR)^{-t}=0 \tag{4-30}$$

式中：CI 为现金流入量；CO 为现金流出量；$(CI-CO)_t$ 为第 t 年的净现金流量；n 为计算期，$t=1, 2, \cdots, n$。

只有在风电项目的财务内部收益率大于电力行业基准的财务内部收益率时，其项目的盈利能力才能满足最低要求，在财务上才可被接受。

财务净现值（$FNPV$）是指行业的基准收益率或设定的折现率，将项目计算期内各年净现金流量折现到建设期初的现值之和，是考察项目在计算期内盈利能力的动态评价指标，其计算式为

$$FNPV=\sum_{t=1}^{n}(CI-CO)_t(1+I_c)^{-t} \tag{4-31}$$

式中：I_c为项目所属行业的基准收益率。

财务净现值可通过现金流量表计算得到，只有财务净现值大于或等于零的项目才可被接受。

4. 投资回收期（P_t）

投资回收期或投资还本年限（P_t）是以项目的净收益抵偿全部投资（包括固定资产投资和流动资金投资）所需要的时间。它是考察项目在财务上的投资回收能力的主要静态指标。投资回收期（以年表示）一般从建设开始年算起，其计算式为

$$\sum_{t=1}^{P_t}(CI-CO)_t=0 \tag{4-32}$$

投资回收期可根据财务现金流量表（全部投资）中的累计净现金流量计算得到，所计算的结果应小于行业的基准投资回收期。

5. 投资利润率

投资利润率是指项目达到设计生产能力后的一个正常年份的年利润总额与现项目总投资的比率。它是考察项目单位投资盈利能力的静态指标，其计算公式为

$$\text{投资利润率}=\frac{\text{年利润总额或平均利润总额}}{\text{项目总投资}}\times100\% \tag{4-33}$$

风力发电项目除了以上的直接经济性指标外，其项目还有巨大的社会效益。风能是一种可再生能源，取之不尽、用之不竭。风力发电是一种洁净的、无污染的发电方式，对人类赖以生存的生态环境没有任何破坏，环境效益十分明显。

4.7.2 影响风能发电经济性的主要因素

风力发电成本的影响因素很多，变化范围很大，其中以初期建设投资、运行时的发电量及管理、税收政策等为主要影响因素。

1. 初期建设投资

(1) 风力发电机组的投资。在风电项目的投资中，风电机组的投资占到总投资的70%～80%，因此降低风电机组的造价是降低风电成本最有效的方法。目前我国的大型风电机组主要靠进口，进口的价格及进口环节中的关税及增值税的减免与否直接影响风电机组的造价。

(2) 风电场配套部分投资。风电场配套部分投资占到总投资的20%～30%，这部分投资主要与风电场的选址、风电场与电网的距离、风电场的配套设施及接入电网的系统等有关。

(3) 融资的成本。风电场的投资很大，一般本金只占到20%左右，大部分资金由贷款和融资获得，因此贷款的利息和还款的期限都直接影响风电场的投资及将来的财务成本。

2. 发电量

风电场的收入来源于发电量，发电量的多少直接影响风电场的经济指标。影响发电量的

因素主要有：①风电场的风能资源，包括风力机轮毂点的年平均风速、风速频率分布、主风向是否明显、空气密度等；②风电场风力发电机的排列应合理，应充分利用场地，减少风力机之间的影响，使整个风电场的发电量达到最优；③发电机的选型，应根据风资源情况选择合适类型的风力发电机；④风力发电场的运行管理水平。

3. 运行管理成本

运行管理成本主要包括风力发电机运行时的维护费用及人员工资等。政府对风力发电的税收政策对其影响也很大。风能是一种无污染、清洁的可再生能源，近年来，由于能源危机和地球环境问题，各国都在大力研究新能源发电，其中以风力发电发展最快。风力发电发展的特点和趋势主要表现在四个方面：①成本更低，性能更完善，风力发电通过降低风力发电机和风力机的制造成本，采用低速发电机由风力机直接驱动，省去齿轮箱，将电力电子技术和各种最新的控制理论应用于风力发电及其并网控制中，不断地降低成本、改善电能质量，以提高与火力发电、水力发电竞争的能力；②单机容量越来越大，在风能丰富的地区竞相建设大型风电场，提高风力机安装的高度及增大风力机叶片的直径，以此降低风力发电的成本，提高风能的捕获；③中、小型风力发电已成为牧区或海岛居民用电的主要来源，提高了边远地区人们的生活质量；④各国政府在税收、入网电价、资金等方面对各种新能源发电技术都出台了一些鼓励政策，进一步推动了风力发电技术的发展。

随着风力发电成本的逐渐降低，风力发电向电网提供的电能质量不断提高，风力发电产生的直接和间接效益越来越显著，这将为调整和改变长期以来形成的能源结构形式提供选择的依据。

本章小结

本章介绍了风能发电技术国内外研究应用发展状况。阐述了风能发电机组结构组成及工作原理，介绍了风能发电系统运行过程的三种典型控制方式，以及风能发电机组的变速恒频控制策略。介绍了风能发电系统的并网控制技术及并网系统的运行，以及并网安全运行与防护措施。对风能发电机组的经济性做了简要评价。

思考题

4.1 简述风能发电系统的种类，以及风力发电机组的结构组成及工作原理。

4.2 风能发电系统中桨距调节控制方式有哪些，对风力发电机组输出功率会产生怎样的影响？

4.3 简述风力发电机组的变速恒频控制策略及实现过程。

4.4 简述双馈异步风力发电机组变速恒频控制策略的原理。

4.5 风力发电机组的智能控制策略主要有哪些，未来发展方向如何？

4.6 简述风力发电机组的并网控制技术。同步、异步及双馈异步风力发电机组的并网过程控制是如何完成的，并网运行系统有哪些特点？

4.7 简述风力发电机组的并网安全运行与防护措施。

4.8 影响风能发电系统经济性的主要因素是什么？

第5章 核 能 发 电

众所周知，能源是一个国家经济的重要基础之一，是国民经济可持续发展的强有力的保证。人类进化发展的过程，是一部不断向自然界索取能源的历史。现代社会中能源的人均消费已成为衡量一个国家发展程度和人民生活水平高低的重要标志之一。按现在的能源消耗，世界上的石油、天然气和煤等化石能源将在几十年至200年内逐渐耗尽。

国民经济要发展，能源是基础。我国生物化石资源和水利资源分布极不平均，60%的煤矿集中在华北，70%以上的水利资源在西南，而我国的工业和人口集中在华东、华南沿海和东北地区，能源的短缺成为这些地区及我国经济发展的巨大障碍。煤、石油、天然气是重要的化工原料，用作燃料烧掉非常可惜。同时，大量燃烧煤炭和石油严重地污染了环境，危及生态平衡。

尽管风能、太阳能、生物质能、地热能、潮汐能等绿色能源越来越引起人们的重视，但是，这些能源由于受地理位置、气候条件等诸多因素限制，很难在短期内实现大规模的工业生产和应用。目前，只有核能是一种可大规模使用且安全经济的能源。核能主要有两种，即核裂变能和核聚变能。它们的可利用资源非常丰富，其中可开发的核裂变燃料资源可使用上千年，核聚变资源可使用几亿年，核裂变能至今已有了很大发展，由于核裂变发电用核燃料的生产及发电过程中产生的核废物危害性较大，相对于核裂变，核聚变更清洁，因此，科学家们普遍看好的是利用可控核聚变反应释放的巨大能量来产生电能。核聚变发电目前仍处于研究开发中，人类尚未掌握受控的核聚变。因此，通常所说的核能（或原子能）是指在核反应堆中由受控核裂变链式反应产生的能量。

5.1 核能的性质、特点及其利用

5.1.1 核能的性质及特点

在传统的能源构成中，火力发电和水力发电都有其局限性。例如，煤炭和石油发电时，在消耗了大量宝贵的化石资源的同时，排放出的废气严重地污染了环境，使人们的生存空间越来越恶劣；另外，大量的燃料需求又给交通运输部门增添了沉重的负担。在水力发电方面，因为目前只有江河发电形成规模，其他尚未达到工业利用程度，所以，水力资源的发达程度就限制了其发展的空间，而核能作为一种新型的能源，具有得天独厚的优越性。它利用地球中蕴藏的丰富的放射性同位素铀的裂变反应产生的巨大能量来发电，效率高又不污染环境。理论上说，1kg的^{235}U全部裂变释放出的裂变能，大约相当于2500t煤或2000t石油燃烧时所释放的能量。随着世界各国环境意识的加强，核能的重要性正逐步被认识到，各国对发展核能的投入也呈稳定上升的趋势。相信在22世纪中，核能必将得到更广阔的发展空间，这一优秀的能源形式必将得到更大的发展，从而使其更好地服务于人类和造福于人类。

核能被认为是一种清洁高效的能源。核能的和平开发和利用对人类经济社会的发展做出了巨大的贡献，而核泄漏事故的发生又会造成一定的灾难。在当前中国加速经济转型的背景下，煤炭等化石燃料无法解决电力供应紧张和节能减排等压力问题，新能源如风电、太阳能、水电资源等因受各方面条件的制约，难以发挥主要作用。开发利用清洁高效能源的核电，是中国能源发展的一个必然选择。

核能发电具有能量大、污染低等优点，是能源危机中的新宠，但是每种能源的开发利用又伴随着风险和弊端。近年来，由于石油等能源消耗量的急剧增加，给环境造成巨大的压力。核能作为一种新型能源，被许多国家所利用，核能将会成为满足人类需要的能源。但核能在给人类带来巨大利益的同时，也伴随着一定的安全风险。因此，开发利用核能必须以确保安全为前提。

5.1.2 核能的主要形式

众所周知，原子核由中子和质子组成。一个原子的质量应该等于组成它的基本粒子的质量的总和。但是，实际上并不是这么简单。通过精密的实验测量，人们发现，原子核的质量总是小于组成它的质子和中子质量之和。

一般化学反应仅是原子与原子之间结合关系的变化，原子核结构并不发生改变。由于核子间的结合力比原子间结合力大得多，所以核反应的能量变化比化学反应要大几百倍。如用4g氢完全燃烧时放出的热量大约可以把1kg水烧开，而在合成4g氦原子的核反应中，放出的热量可以把5.0×10^{3}t水烧开，两者释放的热相差达到五百万倍；1kg氚发生聚变反应放出的能量更大，相当于1.1×10^{3}t标准煤或8.6×10^{3}t汽油燃烧后的热量。

核能包括核裂变能、核聚变能、核素衰变能等。其中主要的核能形式为核裂变能和核聚变能。核裂变能是重元素（铀或钍等）在中子的轰击下，原子核发生裂变反应时放出的能量；核聚变能是轻元素（氘和氚）的原子核发生聚变反应时放出的能量。下面主要介绍这两种核能形式的产生。

1. 核裂变能

某些重核原子如^{235}U等，在热中子的轰击下，原子核发生裂变反应，产生质量相差不多的两种核素和几个中子，并释放大量的能量。在不加控制的链式反应中，从一个原子核开始裂变放出中子，到该中子引发下一代原子核的裂变，只需1ns时间。在非常短的时间及有限空间内，核裂变放出的巨大能量必然会引起剧烈地爆炸。原子弹就是根据这种不加控制的链式反应的原理制成的。通过链式反应的控制，使核裂变能缓缓地释放出来，可用于直接供热或发电等。核裂变电站就是利用可控核裂变来发电的。

产生核裂变能所使用的核材料主要是^{235}U。^{235}U在天然铀中的丰度只有0.7%左右。^{232}TH、^{238}U等尽管在自然界中丰度高、储量大，并不能直接用于核裂变能的生产，但这些易增殖材料可在快中子作用下通过核反应转变为^{233}U、^{239}Pu等易裂变的优质核燃料，从而大大提高资源的利用率。

2. 核聚变能

核聚变是由两个或多个轻元素的原子核，如氢的同位素氘（$^{2}_{1}$H）或氚（$^{3}_{1}$H）的原子核，聚合成一个较重的原子核的过程。在这个过程中，由于某些轻元素如氘在聚变时质量亏损较核裂变反应时大，根据$E=mc^{2}$，核聚变反应将会放出更多的能量。

如原子弹一样，如果对核聚变反应不加以控制，氢的同位素氘（D）、氚（T）发生核聚变反应时瞬间就会释放大量的热，从而产生爆炸，氢弹就是利用这个原理来制造的。氢弹的爆炸是一种不可控制的释能过程，整个过程持续时间非常短，仅为百万分之几秒。而作为一种能源，人们期望聚变反应能在人工控制下缓慢、持续地发生，并把释放的能量转化为电能输出，这种人工控制下发生的核聚变过程称为受控核聚变。

由于氘、氚聚变时释放的能量巨大、聚变反应产物放射性污染小、聚变堆安全性好，以及氘的来源丰富等特点，氢材料是一种非常理想的核聚变材料。

3. 核能发电的特点

(1) 能量高度集中。1t ^{235}U 在裂变反应中产生的能量约等于1t标准煤在化学燃烧反应中产生能量的240万倍。考虑到当今反应堆利用铀资源的效率低下的情况，将核电厂的燃料消耗量同现代燃煤电厂相比，利用核能可大大减少化石燃料开采、运输和储存的困难及费用。

(2) 铀资源丰富。地球上已探明的易开采铀储量，在投入快中子增殖堆以充分利用的条件下，所能提供的能量已大大超过全球可用的煤炭、石油和天然气储量之和，而海水和花岗岩中的铀资源更是无比丰富。因此，核能在近期和远期都是很重要的能源。

出于以上两个特点带来的燃料价廉的好处，核电迅速发展成为经济上具有竞争力的能源，这对世界上缺乏化石燃料资源的国家是特别明显的。对于我国远离煤炭生产基地的沿海各省市，核电具有十分重要的现实意义，核能供热已在少数工业发达国家开发和示范利用，也有着广泛的应用前景。

20世纪80年代后期，国际上特别关注全球性的环境变化。核电厂不释放温室气体 CO_2，以及 SO_2 和 NO_x，有利于减轻全球变暖和局部性的酸雨危害。环境保护学者十分重视核电厂的这些优势。

核电在世界电力供应中的地位日益显著。核电发展领先的地区是那些最缺乏化石燃料及水力资源的地区。但发展中国家利用核电受到很大限制：由于经济落后而筹资困难；缺少具有科技知识和现代化管理能力的人才；基础结构不适应核电发展的需要。因此，发展中国家的核电厂建设缓慢，核电装机容量占电力总装机容量之比远低于世界平均水平。

我国的核电是从20世纪70年代起步的，20世纪80年代初，我国政府制定了发展核电的技术路线和政策，决定发展压水堆核电厂，采用“以我为主，中外合作”的方针，引进国外的先进技术，逐步实现设计自主化和设备国产化。20世纪90年代，建成了秦山和大亚湾核电站，两座核电站的建成，标志着我国的核电已经起步。

5.1.3 核能的利用

核技术最初被作为现代化武器在国防军事领域所使用，如原子弹、氢弹。而后，随着社会的发展陆续开始在工业、农业、医学等诸多领域广泛应用。如利用核能直接为工厂或家庭取暖供热、核能发电、海水淡化、氢燃料的制备、航天器用的热电转换型同位素空间电池（利用核素衰变热发电）、心脏起搏器或军用微机械用同位素电池（辐射伏特效应）、食品辐照、食品和器具的消毒等。

5.2 核能发电相关基础知识

5.2.1 核反应堆工作原理

核电站是利用核裂变反应释放出的能量来发电的工厂。它通过冷却剂流过核燃料元件表面，把裂变产生的热量带出来，再产生蒸汽，推动汽轮发电机组发电。图5-1所示为压水堆核电站工作原理示意。它主要由一回路系统和二回路系统两大部分组成。一回路系统主要由核反应堆、稳压器、蒸汽发生器、主泵和冷却剂管道组成。冷却剂由主泵压入反应堆，流经核燃料时将核裂变放出的热带出；被加热的冷却剂进入蒸汽发生器，通过蒸汽发生器中的传热管加热二回路中的水，使之变成蒸汽，从而驱动汽轮发电机组发电；冷却剂从蒸汽发生器出来后，又由主泵压回反应堆内循环使用。一回路被称为核蒸汽供应系统，俗称“核岛”。为确保安全，整个一回路系统装在一个称为安全壳的密封厂房内。二回路系统主要由汽轮发电机、凝汽器、给水泵和管道组成。二回路系统与常规热电厂的汽轮发电机系统基本相同，因此也称为常规岛。一、二回路系统中的水是各自封闭循环，完全隔绝，以避免任何放射性物质外泄。

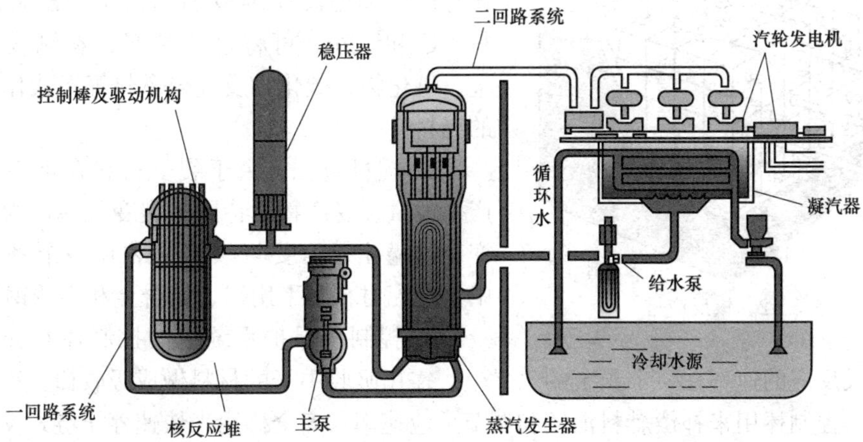

图 5-1 压水堆核电站工作原理示意

5.2.2 核反应堆装置

1. 快中子和热中子概念

快中子：裂变过程直接产生的中子。

热中子：快中子经过慢化剂慢化后的中子。

根据所采用的中子种类核反应堆可分为快中子反应堆和热中子反应堆。

目前，世界上已达到商业运行水平的反应堆都属于热中子反应堆，包括压水堆和沸水堆。在热中子反应堆中，一般采用普通水、重水、石墨作慢化剂。

核电站依据所采用的堆型来命名，例如，采用压水堆的叫压水堆核电站。反应堆依据所采用的慢化剂和载热剂（冷却剂）来命名，例如，以轻水（普通水）作慢化剂和载热剂的反应堆叫轻水堆；以重水作慢化剂和载热剂的叫重水堆；以石墨作慢化剂和 CO_2 气体作载热剂的反应堆叫石墨气冷堆。

2. 主要堆型

(1) 压水堆。压水堆核电厂使用低浓铀作为核燃料，富集度为3%～4%，其慢化剂和载热剂是轻水，故属于轻水堆。为了提高其载热效率，要求在300～350℃范围内不沸腾，因此必须使水保持在150～160atm（1atm=101 325Pa）的高压下，故称为压水堆。压水堆核电厂由核反应堆、一回路系统、二回路系统和辅助系统组成。

(2) 沸水堆。沸水堆核电厂也使用低浓铀作核燃料，富集度同压水堆，其慢化剂和载热剂是轻水，故属于轻水堆。沸水堆中的水允许沸腾，压力大约为70atm，故称为沸水堆。沸水堆核电站由核反应堆、回路系统及辅助系统组成。

(3) 重水堆。重水堆核电站采用天然铀作核燃料，其慢化剂和载热剂是重水，故称为重水堆，系统与压水堆相似。

核反应堆装置由堆芯、冷却系统、中子慢化系统、中子反射层、控制与保护系统、屏蔽系统、辐射监测系统等组成。核反应堆如图 5-2 所示。

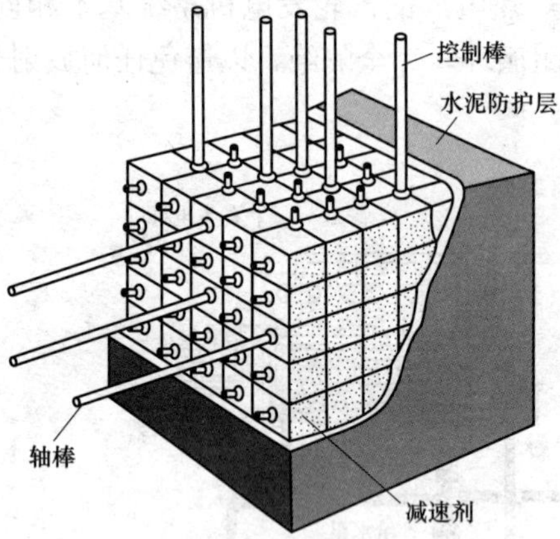

图 5-2 核反应堆

1) 堆芯中燃料。反应堆的燃料是可裂变或可增殖材料。自然界天然存在的易于裂变的材料只有^{235}U，它在天然铀中的含量仅有 0.711%。另外，还有两种利用反应堆或加速器生产出来的裂变材料^{233}U和^{239}Pu。可将这些裂变材料制成金属、合金、氧化物、碳化物及混合燃料等形式作为反应堆的燃料。

2) 燃料包壳。由于裂变材料在堆内辐照时会产生大量裂变产物，特别是裂变气体，为了防止裂变产物溢出，需要将核燃料装在一个密封的包壳中。包壳材料多采用铝、锆合金和不锈钢等。

3) 控制与保护系统中的控制棒和安全棒。为了控制链式反应的速率在一个预定的水平上，需用吸收中子的材料做成吸收棒，称为控制棒和安全棒。控制棒用来补偿燃料消耗和调节反应速率；安全棒用来快速停止链式反应。吸收体材料一般是铪、硼、碳化硼、镉、银铟镉等。

4) 冷却系统。由于核裂变时产生大量的热，为了维持堆运行的安全，需要将核裂变反应时产生的热导出来，因此反应堆必须有冷却系统。常用的冷却剂有轻水、重水、氦和液态金属钠等。

5) 中子慢化系统。由于慢速中子更易引起^{235}U裂变，而核裂变产生的中子则是快速中子，所以有些反应堆中要放入能使中子速度减慢的材料，这种材料就叫慢化剂。常用的慢化剂有水、重水、石墨等。

6) 中子反射层。反射层设在活性区四周，它可以是重水、轻水、铍、石墨或其他材料。它能把活性区内逃出的中子反射回去，减少中子的泄漏量。

7) 屏蔽系统。屏蔽系统设备在反应堆周围，以减弱中子及γ剂量。

8) 辐射监测系统。该系统能监测，并及早发现核反应堆放射性泄漏情况。

5.3 核能发电系统与设备

压水堆全称为加压轻水慢化冷却反应堆。压水堆核电厂的反应堆采用普通高纯水作慢化剂和冷却剂，低富集度的二氧化铀为燃料，为了把反应堆的出口水温提高到 300℃左右，必须将压力提高到 14～16MPa，防止沸腾。所以称这种类型的反应堆为加压水反应堆，简称压水堆。压水堆结构如图 5-3 所示。

在压水堆核电厂中，反应堆的作用是进行核裂变，将核能转化成热能，水作为冷却剂流经堆芯将堆内释放的热量通过反应堆冷却剂管道传到蒸汽发生器，在那里传递给二次侧的给水（二回路工质），使其成为饱和蒸汽。冷却剂在蒸汽发生器中被冷却后由主泵打回反应堆重新加热，形成一个封闭的吸热和放热的循环流动过程，这个循环回路称为一回路，也是核蒸汽供应系统的主要部分，其功能是冷却堆芯并带走热量。由于一回路的主要设备是反应堆，所以通常将一回路及其辅助系统和厂房统称为核岛（NI）。

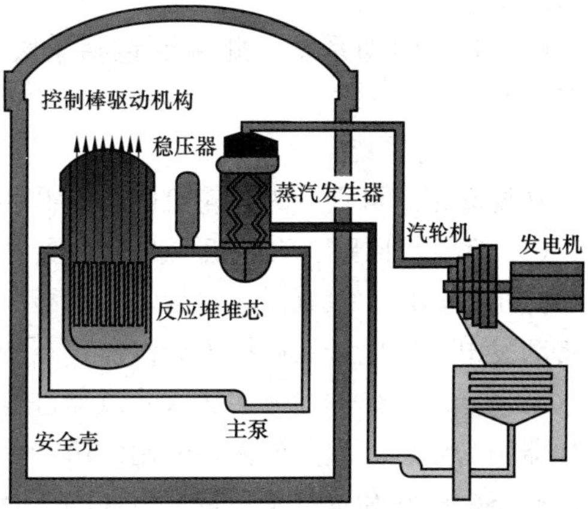

图 5-3 压水堆结构

二回路工质（汽轮机工质）在蒸汽发生器中被加热成饱和蒸汽后进入汽轮机膨胀做功将热能转变为机械能，带动发电机发电，把机械能转换为电能。做完功的蒸汽被排入凝汽器，由循环冷却水进行冷却，凝结成水后由凝结水泵送入加热器预加热，再经由给水泵输入蒸汽发生器，完成汽轮机工质的封闭循环，此回路被称为二回路。二回路系统功能与常规蒸汽动力装置基本相同，所以将它及其辅助系统和厂房统称为常规岛（CI）。

综上所述，核能发电实际上是核能→热能→机械能→电能的能量转换过程。其中热能→机械能→电能的能量转换过程与常规火力发电厂的工艺过程基本相同，只是设备的技术参数略有不同。核反应堆的功能相当于常规火电厂的锅炉系统，只是由于流经堆芯的反应堆冷却剂带有放射性，不宜直接送入汽轮机，所以压水堆核电厂比常规火电厂多一套动力回路。

压水堆核电厂主要由核岛系统和常规岛系统构成。

1. 核岛系统

一回路系统通常由并联到反应堆的 2～4 条相同的传热环路组成。反应堆外壳是一个耐高压容器，被称为压力容器或压力壳，堆芯安装在其内部。每一条环路有一台反应堆冷却剂泵、一台蒸汽发生器和相应的反应堆冷却剂管道，与反应堆构成一条封闭的回路。整个一回路的运行压力由一台与其中一条环路热段连接的稳压器来维持，并控制其可能产生的压力波动。系统作为压力边界提供了一个防止在反应堆里产生的放射性释放的屏障，并用来确保在核电厂整个寿命周期内的完整性。此外，核岛系统还包括一些安全系统和辅助系统，按照功能大体分为四类。

（1）专设安全系统。此系统在反应堆发生大量失水事故时可自动投入，阻止事故的进一步发展扩大，保护反应堆的安全，同时防止放射性物质向大气环境扩散。专设安全系统包括安全注入系统、安全壳喷淋系统、辅助给水系统、安全壳大气监测系统和安全壳隔离系统。

（2）核辅助系统。此系统能保证反应堆和一回路正常启动、运行和停堆。核辅助系统主要包括化学和容积控制系统、反应堆硼和水补给系统、蒸汽发生器排污系统、核取样系统、核岛疏水排气系统、余热排出系统、反应堆换料水池和乏燃料水池冷却和处理系统、硼回收系统、设备冷却水系统、核燃料装卸、运输和储存系统等。

（3）三废处理系统。此系统能回收和处理放射性废物以保护和监测环境。三废处理系统主要包括废气处理系统、废液处理系统、固体废物处理系统、核岛污水回收系统、放射性洗衣房系统等。

(4) 电厂辅助系统。此系统包括采暖空调系统、水处理系统、压缩空气系统等常规系统。

2. 常规岛系统

常规岛系统可划分为汽轮机回路、循环冷却水系统和电气系统三大部分。

(1) 汽轮机回路。汽轮机回路的主要设备有汽轮机、汽水分离再热器、凝汽器、凝结水泵、低压加热器、除氧器、主给水泵和高压加热器等。蒸汽发生器的出口饱和蒸汽进入汽轮机带动发电机发电，然后排入凝汽器，在凝汽器中由循环冷却水冷凝成凝结水，凝结水由凝结水泵经低压加热器加热后送入除氧器进行除氧，再由给水泵经高压加热器加热后输入蒸汽发生器作为给水产生蒸汽循环使用。由于蒸汽发生器传热管将一、二回路隔离开，因此汽水循环回路中的水和蒸汽是不带放射性的。高、低压加热器的加热热源分别由汽轮机的高压缸和低压缸中间级抽汽提供。

由于汽轮机的入口蒸汽为饱和蒸汽，高压缸的排汽含有较多水分，为防止或降低蒸汽对汽轮机叶片的冲蚀作用，在高压缸和低压缸之间设置了汽水分离再热器，以分离高压缸排汽中的水分，并使进入低压缸的蒸汽变为微过热蒸汽。

为了在汽轮机大负荷瞬间变化或汽轮机紧急跳闸时使反应堆维持适当负荷，不至于停堆，另外设置了蒸汽旁路系统，主蒸汽可由主蒸汽联箱直接通往凝汽器和除氧器或直接排向大气。

(2) 循环冷却水系统。循环冷却水系统也称三回路，其主要功能是向凝汽器供给冷却水，确保汽轮机凝汽器的有效冷却。对于沿海核电厂，该系统是个开放式回路，循环水从海中抽取，流经凝汽器管路后，循环水又流回海里。对于内陆核电厂，循环冷却水可以是封闭循环，通过冷却塔向大气排放热量。

(3) 电气系统。电气系统包括发电机、励磁机、主变压器、厂用变压器等。发电机出线电压经主变压器升压后与主电网相连。在正常运行时，整个厂用设备的配电设备由发电机的出线经过厂用变压器降压供电，当发电机停机时则由主电网经过主变压器反向供电。若此时主电网失电、则由另一外部电网经过辅助变电器向厂内供电。当上述电源均故障不可用时，则由备用的柴油发电机组向厂内应急设备供电，以保障核电厂设备的安全。

5.4 核电站的运行与监控

核反应堆的启动、功率调节、停堆等均依靠控制棒的运行进行控制；一回路的压力、冷却剂容量控制靠稳压器系统来完成；停堆后的热量导出由余热排除系统来实现；一回路冷却剂的水质控制由化学和容积控制系统来完成；一回路的正常泄漏补偿由化学和容积控制系统来完成；一回路的事故泄漏补偿由安注系统（高压、低压及中压安注系统）来实现。所以，压水堆核电厂将核能转变为电能分四步，在以下四个主要设备中实现。

(1) 反应堆：将核能转变为热能（高温高压水）。

(2) 蒸汽发生器：将一回路高温高压水中的热量传递给二回路的水，使其变为饱和蒸汽。在此只进行热量交换，不进行能量的转变。

(3) 汽轮机：将饱和蒸汽的热能转变为高速旋转的机械能。

(4) 发电机：将汽轮机的机械能转变为电能。

5.4.1 核电站的运行

1. 反应堆标准运行方式

对于压水堆核电站，反应堆的标准运行方式包括冷停堆、中间停堆、热停堆、热备用、功率运行。

冷停堆可细分为：

(1) 换料冷停堆：允许反应堆进行燃料更换操作的停堆方式。

(2) 维修冷停堆：允许反应堆对一回路部分设备进行维修的运行方式。

(3) 正常冷停堆：正常条件下的停堆。

中间停堆可细分为：

(1) 单相中间停堆：一回路冲水排气后稳压器充满水（单相）状态。

(2) 两相中间停堆：一回路冲水排气后稳压器为双相的状态。

(3) 正常中间停堆：在两相中间停堆的基础上，余热排出系统完成隔离的状态。

除了中间的过渡状态，反应堆总是运行在上述的九个标准方式下。这些运行方式是按照反应堆的反应性、一回路冷却剂温度和压力的高低来划分的。总体而言，当反应堆从正常冷停堆状态逐步达到功率运行状态时，这些参数（反应堆的反应性 ρ、一回路冷却剂温度和压力）是随着运行方式的变化而逐渐上升的，即反应性从负数逐步增大，压力和温度也是逐渐上升。表 5－1 给出了标准运行方式的主要参数和特点。

表 5－1　标准运行方式的主要参数和特点

序号	运行方式	次临界度（pcm）	控制棒位置	一回路冷却剂平均温度（℃）	一回路冷却剂压力（MPa）	稳压器状态	压力控制	主泵运行数量
1	换料冷停堆	≥5000	所有棒在堆内	$10\leqslant t\leqslant 60$	大气压	排空	无	0
2	维修冷停堆	≥5000	所有棒在堆内	$10\leqslant t\leqslant 70$	大气压	排空	无	0
3	正常冷停堆	≥1000	S、R 棒在堆外，G 棒在堆内	$10\leqslant t\leqslant 90$	≤2.9	单相	RCV 上的调节阀	$t\geqslant$70℃时至少一台
4	单相中间停堆	≥1000	S、R 棒在堆外，G 棒在堆内	$90\leqslant t\leqslant 180$	$2.3\leqslant p\leqslant 2.9$	单相	RCV 上的调节阀	≥1
5	两相中间停堆	≥1000	S、R 棒在堆外，G 棒在堆内	$120\leqslant t\leqslant 180$	$2.3\leqslant p\leqslant 2.9$	汽水两相	稳压器	≥1
6	正常中间停堆	≥1000	S、R 棒在堆外，G 棒在堆内	$160\leqslant t\leqslant 291$	$2.9\leqslant p\leqslant 15.4$	汽水两相	稳压器	≥2
7	热停堆	按照相关曲线确定	S 棒在堆外，R、G 棒在堆内	291	15.4	汽水两相	稳压器	≥2
8	热备用	0	S 棒在堆外，R 棒在调节带，G 棒在整定棒位	291	15.4	汽水两相	稳压器	3
9	功率运行	0	S 棒在堆外，R 棒在调节带，G 棒在整定棒位	291	15.4	汽水两相	稳压器	3

注　RCV—化学和容积控制系统；S 棒—安全棒；R 棒—温度调节棒；G 棒—功率补偿棒。

2. 反应堆逼近临界状态时的操作原则

在反应堆启动过程中，反应性数值是逐渐增大的，即从负数值增大到零，再到正数值；逼近临界状态和达到临界状态时，为保证反应堆的安全，必须遵守以下准则：

(1) 温度：必须避免引起一回路冷却剂平均温度变化的任何操作。

(2) 反应性变化：在逼近临界状态的过程中，在任何时间内，只允许使用一种方法来控制反应性的变化，即改变硼浓度或控制棒棒位不允许同时进行。

(3) 反应性控制：逼近临界状态时，中子通量倍增时间必须大于 18s。

3. 反应堆启动过程

实际压水堆核电站的操作是非常严格和复杂的，这里以压水堆核电站的基本操作为例，简要说明核电站的启动和停机过程。

(1) 一回路冲水排气。主要任务是对一回路进行冲水，排除回路中的气体，并提升压力。通过化学和容积控制系统（RCV 系统）的上冲泵进行冲水。冲水结束后，调节 RCV 系统的调节阀，增大冲水流量，提升一回路压力到 2.5MPa。随后进行排气操作：启动冷却剂泵 20～30s 后再停止，打开排气阀进行排气。排气后，反应堆进入正常冷停堆状态。

(2) 一回路升温、稳压器建立汽腔。启动三台冷却剂泵，并投入稳压器的全部电加热器对一回路的水进行加热。当一回路水平均温度大于 120℃时，可以开始在稳压器内建立汽腔。主要操作是投入稳压器电加热器并关闭喷淋阀，使稳压器内的水达到饱和状态，并且部分水蒸发形成蒸汽空间（汽腔）。汽腔建立后，一回路的压力由稳压器喷淋阀和电加热器进行控制。

(3) 继续升温至热停堆。一回路继续升温升压。升温过程中，温度的上升引起水的容积增大，因此要控制好稳压器的水位。手动调节稳压器压力达到 15.4MPa，一回路温度达到 291℃。提升控制棒到指定位置：S 棒组在堆外，其余棒在 5 步位置；反应堆达到热停堆状态。

(4) 反应堆达到临界。根据停堆时间长短和准备达到临界的时间进行反应性平衡计算，确定达到临界状态的方案：确定临界时 R 棒和 G 棒位置，确定一回路加硼或稀释的总量及速率。根据达到临界方案进行稀释或硼化，然后提升 G 棒到临界位置。此时反应堆到达临界状态。

(5) 提升功率到 2%核电站的额定功率。反应堆到达临界状态后，投入蒸汽发生器的供水系统和水位控制系统，调整好 S、G 棒的水位。手动提升 G 棒的棒位，提高功率，使核功率达到额定功率的 2%左右。同时应该开启汽轮机旁路系统，维持整个系统的运转。

(6) 汽轮机冲转、并网。随着旁路系统的投入，从蒸汽发生器中产生的蒸汽参数逐渐提高，达到汽轮机冲转所要求的数值后（蒸汽发生器压力达到 7MPa，蒸汽温度达到 286℃），进行汽轮机冲转，使汽轮机转速升高，并稳定在额定转速上（1500r/min）。

投入发电机的相关系统和设备，确认发电机并网条件满足，进行并网操作。

(7) 升负荷至 100%额定功率。并网后，以规定的升速率逐步增加负荷，直到反应堆达到额定负荷或指定的负荷。

4. 核电站停堆过程

核电站的停堆过程相对简单。首先是按照一定的速率降负荷，当负荷低到一定程度时汽轮机跳闸，同时发电机解列。随后继续硼化或插入 G 棒，降低功率到 2%额定功率以下，使机组处于热备用状态。根据计划安排，进行下一步的工作。

5.4.2 核电站的运行监控

1. 核电厂仪表控制系统

核电厂仪表控制系统是核电厂安全、可靠和经济运行的重要保证，其主要功能包括：

(1) 在正常运行、预计运行事件和事故工况下，监测核电厂参数和各系统的运行状态，为操作员安全有效地操作核电厂提供必要信息。

(2) 通过自动化设备的自动控制或操作员手动控制，将工艺系统或设备的运行参数维持在运行工况规定的限值内。

(3) 在异常工况和事故工况下，触发保护动作，保护人员、反应堆和系统设备的安全，避免环境受到放射性污染。

(4) 为操作员提供事故后实施操作的监控手段，从而将核电厂保持在安全状态。

2. 核电厂的监测和控制方式

(1) 集中的监测和控制。为便于运行人员对生产过程进行监督、控制和事故处理，整个核电厂，包括核岛、常规岛和部分电厂辅助设施均采用集中的监测和控制。在核电厂设置主控制室，供操作员监控核电厂所需的各种控制和监测设备，从主控制室可实现电厂的启动、停止、正常运行和异常工况及事故处理。当主控制室由于某种原因不可用的情况下，在主控制室外的适当地点还设有辅助控制室（应急停堆控制点），以提供必要的监控手段，实现反应堆热停堆，并在就地控制的配合下实现反应堆的冷停堆，确保核电厂安全。

(2) 分散、成组的监测和控制。对于核电厂中某些与核电机组运行关系不大，但需运行人员在场监控的重要生产过程，一般在专用电气房间内设置就地控制室进行就地集中监控。在必要情况下，这些生产过程的某些信息还需送往主控制室显示或记录。核电厂中比较重要的就地控制室有辅助厂房内的废物处理控制室、汽轮机厂房的凝结水精处理控制室，以及BOP部分的除盐水生产控制室和淡水厂控制室等。

(3) 就地监测和控制。对于核电厂中某些与核电机组运行关系不大，且不需运行人员经常监控的系统或设备，在核电机组停闭时使用的系统或设备及偶尔使用的系统和设备一般采用就地监测和控制。监控设备就地设置在相关机电设备附近，从控制台或机柜直接进行监测和操作。如装卸料机、燃料转运装置、人员闸门、电厂污水系统等。

3. 核电厂控制室

在核电厂中，控制室系统是指包括人机接口、控制室工作人员、操作规程、培训大纲和相关的设施或设备的总体，它们共同维持控制室功能的正确执行。

(1) 主控制室。由主控制室集中控制和监测的，并由操纵员操作的设备和系统用于执行以下功能：

1) 保证机组安全运行。

2) 提高机组的可用率。

3) 保证设备安全。

4) 保障人员安全。

主控制室中与机组运行有关的监控设备的集中化，使得在此能执行所有的操作和控制，但不包括那些在启动前只执行一次的操作。

对于不属于上面范围的部分，但它们的功能是完全自动的，并与核电机组状态无关的系统和设备，只在主控制室简单地进行监测，而在就地进行控制。

与电厂运行分离的所有功能，进行就地监测和控制。

由于与安全有关的控制和监测设备布置在控制台和控制盘上，所以从总体上来说，主控制室系统是与安全有关的。

此外，在控制室无法使用的情况下，可从应急停堆控制点执行安全停堆操作。

主控制室的设备分成控制台和控制盘，以提供最佳的显示和操作条件。控制台包括正常、紧急或频繁使用的控制和信息装置。它是一个操作区，在这里操纵员可了解机组状态的全貌，能够接近在正常、故障和事故工况期间要用到的主要控制器和数据。控制盘上装有不经常使用的控制和信息装置及电厂模拟图。

主控制室位于电气厂房。整个主控制室可分成以下区域：

1）经常操作区，操纵员可在此进行所有负荷变化的控制（包括厂用电负荷）。

2）一回路冷却剂系统和有关的辅助设备的操作区。

3）二回路冷却剂系统和有关的辅助设备的操作区。

4）与安全设施系统有关的区域。

5）试验区。

在每次启动、停运或机组正常运行阶段，上面的分区可减少操作员的移动。用于反应堆启动、停运和机组负荷改变的控制器，以及需要频繁操作或对异常状态要立即响应的控制器放置在控制台上。用于长期操作的控制器（可延迟几分钟或更长时间）放置在控制盘上。

（2）公共控制室。对于双堆机组，除了每个机组设置了一个主控制室外，两台机组公用的某些功能是从公共控制室内的公共控制盘控制和监测。公共控制室位于两个机组的主控制室之间，以使每个机组的操作员能迅速到达该房间操作，公共控制室的设计基准及盘台设备等都与主控制室的要求一样。

5.5 核能发电的经济技术性评价

核电厂经济分析，也即是对某个核电厂工程建设项目做投资概算、发电成本和经济效益分析，通过对核电厂做多个工程建设方案的投资概算、发电成本和经济效益分析，对各个方案做对比分析，研究并确定核电厂最佳工程建设方案和改进的方向。

尽管核电厂的具体经济特性与各国的工业技术条件和经济环境有关，但核电厂与燃煤电厂的相对经济特性是共同的。核电厂的投资高于燃煤电厂，但核燃料成本显著低于燃煤成本，核电电价一般与燃煤电厂脱硫机组相当。

核电厂单位发电量的生产成本，即把为发电而在基本建设、运行维修、核燃料和退役等方面投入资金的总和，分摊到所生产的每千瓦时上。一般计算式为

$$C=\frac{S+O+F+\cdots}{E}$$

式中：C 为核电成本；S 为基本建设投资；O 为运行维修费；F 为核燃料费；E 为扣除厂用电后的净发电量。

核电厂发电成本由投资提成（或折旧费）、核燃料费、运行维护费、退役费等构成。

核电厂投资一般由直接费用、间接费用及金融附加费构成。直接费用包括厂址工程、设备购置、建筑及安装、调试启动等费用；间接费用包含设计、工程技术服务和工程管理等费用；金融附加费是建造期内的贷款利息和浮动差价。

核燃料费包括铀原料、铀富集、燃料组件制造、乏燃料储存和处理，以及放射性废物处置等费用，也就是说，包括核燃料循环各个环节的费用。

对核电厂经济性有重要影响的因素有单机容量、建设规模、标准化程度、建设方式、建造周期、利息率、价格浮动率、负荷因子、平均燃耗深度等。

核电厂的单机容量对经济性的影响要比火电机组大得多。通常600MW核电机组比同类型的1000MW核电机组投资约高25%。在同一厂址建造多个核电机组可减少前期工程费、共用设施费、工程管理费等。标准化和系列化是降低造价的重要手段，它可减少研制费用，降低设备制造成本，缩短建造周期。

发电成本中投资成本与核电厂负荷因子成反比，提高核电厂运行的负荷因子是降低发电成本的重要途径。此外，通过改进堆芯设计性能和改善燃料管理来加深燃耗深度是降低核燃料发电成本的重要手段。目前新设计的核燃料都在考虑提高^{235}U的富集度，加深燃耗，将换料周期延长至18～24个月，这样不仅会降低核燃料所占发电成本，同时可提高核电厂的负荷因子。

本章小结

本章介绍了核能的性质特点及主要利用形式。在此基础上，进一步介绍了核能发电的有关基础知识，包括核反应堆的工作原理，核电站核反应装置的堆型和典型工艺流程；核能发电系统设备及发电功率的启停控制；介绍了核电站的运行与监控方式。最后对核能发电的经济技术性评价做了分析和介绍。

思考题

5.1 核能源与常规化石能源相比较的性质、特点有哪些，我国在能源的中、长期规划中为什么要大力发展核能发电?

5.2 核能源国内外的开发利用形式主要有哪些，应用中存在的主要问题有哪些，核能发电技术国内外应用现状及未来发展趋势怎样?

5.3 简述核能发电中核反应堆的工作原理及典型工艺流程。

5.4 核电站核反应堆的堆型主要有哪些类型，各自的特点及差异有哪些?

5.5 简述核能发电中的关键技术，核电机组的发电功率启停控制及运行监控方式有哪些?

5.6 简要分析核能发电技术的经济技术性及评价方式。

第 6 章 地 热 能 发 电

6.1 地热能类型及其利用

6.1.1 地热能概述

所谓地热能，简单地说就是来自地下的热能，即地球内部的热能。它有两种不同的来源，一种来自地球外部，一种来自地球内部。地球表层的热能主要来自太阳辐射，表层以下15～30m 的范围内，温度随昼夜、四季气温的变化而交替发生明显的变化，这部分热能称为“外热”。从地表向内太阳辐射的影响逐渐减弱，到一定深度这种影响消失，温度终年不变，即达到所谓“常温层”。从常温层再向下，地温受地球内部热量的影响而逐渐升高，这种来自地球内部的热能称为“内热”。每深入地 100m 或 1km，地温的增加数称为地热增温率（或称地温梯度）。

目前一般认为，地下热水和地热蒸汽主要是由在地下不同深处被热岩体加热了的大气降水形成的。在地壳中，地热的分布可分为三个带，即可变温度带、常温带和增温带。可变温度带由于受太阳辐射的影响，其温度有着昼夜、年份、世纪甚至更长的周期性变化，其厚度一般为 15～20m；常温带，其温度变化幅度几乎等于零，深度一般为 20～30m；增温带在常温带以下，它的温度随深度增加而升高，其热量的主要来源是地球内部的热能。

现在许多国家为了提高地热利用率，而采用梯级开发和综合利用的方法，如热电联产联供，热、电、冷三联产等。地热能的利用可分为地热发电和直接利用两大类，而对于不同温度的地热流体可利用的范围如下：

(1) 200～400℃，直接发电及综合利用。

(2) 150～200℃，可用于双循环发电、制冷、工业干燥、工业热加工等。

(3) 100～150℃，可用于双循环发电、供暖、制冷、工业干燥、脱水加工、回收盐类、制作罐头食品等。

(4) 50～100℃，可用于供暖、温室、家庭用热水、工业干燥。

(5) 20～50℃，可用于沐浴、水产养殖、饲养牲畜、土壤加温、脱水加工等。

地热中高压的过热水或蒸汽用途最大，但它们主要存在于干热岩层中，可通过钻井将它们引出。地热能在世界很多地区应用相当广泛，老的技术现在依然富有生命力，新技术也已成熟，并且在不断地完善。在能源的开发和技术转让方面，未来的发展潜力相当大。地热能是天生储存在地下的，不受天气状况的影响，既可作为基本负荷能使用，也可根据需要提供使用。地热能还可应用于温室、热力泵和某些热处理过程的供热。在商业应用方面，利用干燥的过热蒸汽和高温水发电已有几十年的历史。利用中等温度（100℃）水通过双流体循环发电设备发电，从长远来看，研究从干燥的岩石中和从地热增压资源及岩浆资源中提取有用能的有效方法，可进一步增加地热能的应用潜力。

6.1.2 地热的分类

地热资源可分为几大类，即热水层、干蒸汽层、湿蒸汽层、干热岩层等。

(1) 热水层。热水层具有常温以上到 90℃的低温热水。目前发现的热水层的水，是地下水受到大地热流升温形成的，热水层一般离地面较近。这种热源使用方便，应用最广。

(2) 干蒸汽层。干蒸汽层形成在盆地或河流三角洲的泥沙地带，受地压、地热影响埋地较深（约数千米），具有较高压力，温度在150℃，有些干蒸汽层还有甲烷溶在地下水中。干蒸汽层是理想的热源。

(3) 湿蒸汽层。湿蒸汽层是高温水系统，水温度为150～400℃。其形成原因是当水域靠近岩浆层，埋地深处压力较高，出地面时会产生饱和蒸汽，当温度压力降低时，就形成干湿水汽混合物。湿蒸汽虽然很好，但地球上这种资源不多。

(4) 干热岩层。干热岩层位于靠近岩浆的干岩层。对这部分热能利用要采取复杂的技术，如通过深层钻孔、注水方法取出热量。在地壳里干热岩层是地热能最丰富的区域，可获取的热量巨大，是未来可利用的热源。表6-1为从资源类型角度对地热资源的描述。

表6-1　　地热资源分类及描述

<table>
<tr><th colspan="3">资源类型</th><th>含义</th><th>特征</th><th>说明</th></tr>
<tr><td rowspan="4">水热型</td><td rowspan="2">蒸汽型</td><td>干蒸汽</td><td rowspan="2">地下以蒸汽为主的对流系统的地热资源</td><td rowspan="2">以温度较高的过热蒸汽为主，夹杂有少量其他气体，水很少或没有，无水的干蒸汽资源罕见，含水的称为湿蒸汽资源</td><td rowspan="2">墨西哥塞罗布列托热田温度达388℃，干蒸汽田；新西兰怀拉开热田温度达266℃，湿蒸汽田</td></tr>
<tr><td rowspan="2">湿蒸汽</td></tr>
<tr><td rowspan="2">热水型</td><td rowspan="2">地储中以水为主的对流系统的地热资源</td><td rowspan="2">包括低于当地气压下饱和温度的热水和温度等于饱和温度的湿蒸汽，分布广、储量大</td><td rowspan="2">大部分为中、低温，西藏、云南有湿蒸汽田</td></tr>
<tr><td>热水型</td></tr>
<tr><td colspan="3">地压地热型</td><td>蕴藏在含汽油沉积盆地深处（3000～6000m），由机械能（高压）、热能（高温）和化学能组成的地热资源</td><td>热储中受岩层和封存水复合而导致高温（120～180℃）、高压（几百个大气压），并在高温高压下积聚了溶于水中的烃类物质。地压地热型是一种综合性能源</td><td>仅美国墨西哥湾内蕴藏的地压地热资源，可供相当于20世纪80年代初期全美国消耗能量水平1000～1500年</td></tr>
<tr><td colspan="3">干热岩型</td><td>地下一定深度2～3km，含水量少或不含水，渗透性差而含有异常高热的地质体</td><td>含能量甚大，曾估计1立方英里350℃的热岩体冷却到150℃，可产出相当于3亿桶石油的热量，是地热资源中最主要的形式。美国水热型资源只相当于本国干热岩资源的几千分之一</td><td>近年来美、日、意、英、瑞典等国均在积极开展试验</td></tr>
<tr><td colspan="3">岩浆型</td><td>在熔融状态或半熔融状炽热岩浆中蕴藏着的巨大能量资源</td><td>温度在600～1500℃，一些火山地区资源埋藏较浅，而多数埋藏于目前钻探技术还比较困难的底层中，因此开采难度大</td><td>美、日等发达国家已制订了长期开发计划</td></tr>
</table>

6.1.3 我国地热资源的分布及储量

地热资源指地壳以下5km内，温度150℃以上的岩石和热流体所含的热量。我国位于欧亚板块东南部，西部与印度板块相接，东部与太平洋板块相连。我国地热资源分布的特点是藏滇、台湾、东南沿海及滇川有4个温泉密集带，而广阔的平原地区地表虽无温泉涌出，但地下深处却蕴藏着丰富的热水及热卤水资源。

我国地热资源最丰富的地方有由于喜马拉雅山的特殊地质条件和雅鲁藏布江的流域丰富的水资源，西蒙地区和云南省腾冲火山区有温泉700处，其中达到当地沸点的有百余处，是我国地热资源最丰富的地方。中国第一个地热发电站是位于拉萨附近的羊八井，其装机容量为 2.5 万 kW，井的平均温度 145℃，热储面积 14.7km^2。西藏的地热资源有待进一步发现及利用。东北平原跨松花江及辽河流域，存在有干热岩层地带，其热功率约 140 万 kW。华北盆地有温泉 133 处，水温 40～90℃，热功率约 46 万 kW。山西盆地温泉水温 50～90℃，热功率约 40 万 kW。

台湾地区有温泉 103 处，大屯火山区 1500m 处，水温为 293℃。目前台湾地区地热发电站总装机容量 3000kW，其热功率可达 20 万 kW。

我国已发现的地热区有 3200 多处，其中可用于发电的高温地热有 255 处。初步估计，我国地热可采储量约相当于 4626.5 亿 t 标准煤。近几年，我国地热开采利用量每年以 7%的速度增长。我国利用地热资源的方式主要是高温地热发电和中低温地热直接利用。我国西藏已建成 3 座地热电站，全国总装机容量为 29MW。在华北、东北、西北地区、北京、天津、西安、鞍山等大、中城市的地热采暖已取得良好的经济效益和环境效益。此外，地热温室、地热养殖、地热灌溉等农业利用地热资源也在迅速发展。地热资源还普遍应用于医疗保健、娱乐和旅游。

我国地热资源利用虽然占据世界首位，但在我国能源结构中不足 0.5%，地热发电也仅占世界地热发电的 0.35%，大力开发和有效利用地热资源已成为我国当前能源问题形式下一个新的课题。

6.1.4 世界各国地热发电技术

地热带主要分布在地球板块碰撞的边界，如喜马拉雅山就是欧亚板块与非洲、印度板块碰撞的地带，地热带是呈线状分布的，也有在板块边界部位出现地热带，如中国华北平原等。全球主要五大地热带是环太平洋地热、地中海-喜马拉雅山地热带、大西洋中部地热带、红海-东非地热带和中亚地热带。地热发电自 1913 年在意大利起步以来，已取得了较大规模的发展。

1. 美国

美国的地热资源主要分布在美国西海岸的加利福尼亚州、内华达州、犹他州。其中，加利福尼亚州有 8 座、内华达州有 4 座、犹他州有 2 座。其余各州以地热直接利用为主，包括小区供暖、水产养殖、农业温室及温泉洗浴。

美国自从 1960 年在加利福尼亚州耗资 400 万美元建造第一座 12.5MW 电站——盖瑟尔斯地热田以来，其地热发电取得了迅速的发展，并长期处于世界领先地位。加利福尼亚州的盖瑟尔斯地热田，目前是世界上最大的地热田，也是全球为数不多的正在开发的蒸汽地热田之一，还是世界上最大的地热电站的所在地。

2. 菲律宾

菲律宾是环太平洋火山带上的一个国家，火山遍布全国，对于一个缺乏能源的国家来说，开发利用地热能是最为重要的。能源危机的冲击促使菲律宾政府不得不开始寻求构建更加安全可靠的能源体系，1977 年，菲律宾开始大规模建造地热发电站；到 1980 年，菲律宾的地热发电装机容量已高达 446MW，超过意大利，仅次于美国，跃居世界第二位；2000 年，菲律宾地热发电量占全国能源总量的 12.94%。目前菲律宾已开发的地热区有 6 个，分别是马克一班、蒂威、巴昆马尼拉、莱特岛、内格罗斯岛和棉兰老岛，其中马克一班是最大的地热发电基地。在马克一班 7km^2 的地热田范围内建有 80 多口井，其中蒸汽生产井 69

口，占菲律宾全国发电量的24%。

3. 意大利

意大利是世界上第一个利用地热发电的国家，1913年，第一座装机容量0.25MW的电站在意大利建成并运行，标志着世界商业性地热发电的开端；1940年，意大利装机容量达到120.68MW；20世纪60年代初，装机容量达420MW；1980年为440MW；1983年增至450.7MW；截至2005年1月装机容量达到791MW，年发电量5340GWh。意大利地热发电的主要区域是在托斯卡纳地区，能满足该地区用电需求的35%，占该地区电力生产的40%以上。意大利的地热电站主要基地建在拉德瑞罗地热田，它是世界上著名的干蒸汽田。截至目前，这一地区共钻井511口，平均深度565m，最深达4500m，平均温度250℃。

4. 德国

德国始终积极发展本国的可再生能源，是目前全球利用风能最多的国家，其风力和太阳能发电已快速发展，现阶段德国又在积极开发地热资源，大力兴建地热发电站。德国巴伐利亚州地热资源丰富，2007年冰岛能源技术公司ENEX与德国签订协议，计划在巴伐利亚州建设6座地热发电站，能源来于地下3500m深、122℃的热水。

5. 冰岛

冰岛位于北大西洋靠近北极圈的海域，是欧洲第二大岛国。冰岛境内冰川与火山并存、地震与地热孪生，全岛11.5%的土地为冰川所覆盖，有火山200多座，其中活火山30余座，特殊的地质构造使冰岛成为世界上地热资源最丰富的国家。冰岛对地热温度的分类指标与其他国家有所不同，冰岛将热流处在地下1000m左右、温度低于150℃的地区定为低温地区，将超过地下1000m、温度高于200℃的地区定为高温区。

从15世纪开始，冰岛人就懂得利用地热资源为生产、生活服务，进入20世纪后开始大规模利用地热资源供热和发电。据统计资料，2003年，冰岛用于家庭供热的地热能相当于燃烧64.6万t的石油。在长期利用地热过程中，冰岛摸索出一套科学高效的使用方法：从地热井中抽出高温热水和蒸汽，经分离后，蒸汽带动涡轮机发电；高温热水将引入的低温地表水加热至80℃左右后输入市区，供民居和游泳池采暖和融雪之用；冷却后的地热水含有大量对人体有益的矿物质，引入温泉疗养区用于洗浴保健，发展旅游，形成第三使用阶梯；此后的地热水温度依然较高，经处理后通常用于绿色温室或鱼苗养殖场供暖，从而形成第四使用阶梯。目前，全冰岛87%的家庭实现了地热取暖，仅此一项冰岛全国每年即可节约上亿美元的燃料支出。

6.2　地热能发电系统原理及控制技术

地热发电是地热利用的最重要方式。地热发电和火力发电的原理基本相同，都是利用高温高压蒸汽的热能在汽轮机中转变为机械能，然后驱动发电机发电；不同的是，地热发电不像火力发电那样要备有庞大的锅炉，也不需要消耗燃料，它所用的能源就是地热能。

地热能电站目前有两大类型，一类是利用地热蒸汽发电；另一类是利用地下热水（包括湿蒸汽）发电。用高温地热蒸汽发电，系统最简单，经济性也高，来自地热井的蒸汽只要经井口分离装置分离掉蒸汽中所包含的固体杂质，就可输入汽轮机发电，排汽经冷凝后继续利用。前者是以蒸汽作为工质来发电，后者则是通过地热水与低沸点工质的热交换，使之产生低沸点工质蒸汽去推动汽轮机发电。

根据地热源温度的高低有两种发电系统，即闪蒸式地热发电系统和双循环式地热发电系统。另外，目前正在研究阶段的地热发电系统还有全流发电系统和干热岩发电系统，以及联合循环发电系统。

1. 闪蒸式地热发电系统

闪蒸式地热发电系统技术成熟、运行安全可靠，是目前地热发电中采用较多的方式，如图 6-1 所示。

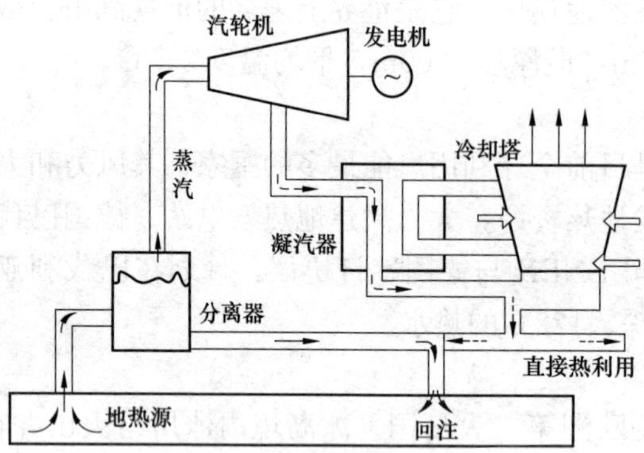

图 6-1 闪蒸式地热发电系统

不论地热资源是湿蒸汽田还是热水层，闪蒸式地热发电系统都是直接利用地热源产生的蒸汽来推动汽轮机做功发电。如果用 100℃以下的地下热水发电，是如何把地下热水转变为蒸汽来供汽轮机做功的呢？答案是利用水的沸点和气压的关系。在 101.325kPa 下，水在 100℃沸腾，如果气压降低，水的沸点也相应地降低。例如 50.663kPa 时，水的沸点降到 81℃；20.265kPa 时，水的沸点为 60℃；而在 3.04kPa 时，水在 24℃就沸腾。根据水的沸点和压力之间的这种关系，可以把 100℃以下的地下热水送入一个密闭的容器中抽气降压，使温度不太高的地下热水因气压降低而沸腾，变成蒸汽。由于热水降压蒸发的速度很快，是一种闪急蒸发过程，同时热水蒸发产生蒸汽时体积要迅速扩大，所以这个容器就叫作“闪蒸器”或“扩容器”。蒸汽送至汽轮机做功，而分离后的热水可继续利用后排出，最好再回注入地层。随着地热水的温度高低不同、为更多更好地利用地热能发电，还可进行二级闪蒸，即第一级闪蒸器中剩下的热水又进入第二级闪蒸器，产生更低一些压力下的蒸汽再进入汽轮机中做功，可增加发电能力 15%～20%。用这种方法来产生蒸汽的发电系统，叫作闪蒸法地热发电系统，或者叫作“扩容法地热发电系统”。目前，国内广东邓屋、湖南灰汤、山东招远地热发电站皆为一级闪蒸式地热发电，西藏羊八井地热发电站为二级闪蒸式地热发电。

闪蒸式地热发电站优点是设备简单、易于制造，可采用混合式热交换器，其缺点是设备尺寸大、容易腐蚀结垢、热效率较低。由于是直接以地下热水蒸气为工质，因而对地下热水的温度、矿化度及不凝气体含量等有较高的要求。

目前，全球地热发电总容量中的 25%来自两级闪蒸法，可见两级闪蒸是利用地热能发电的重要方法之一。

2. 双循环式地热发电系统

双循环式地热发电系统也称有机工质朗肯循环系统，也称为双流地热发电系统，是 20 世纪 60 年代以来在国际上兴起的一种地热发电新技术。它是以一种低沸点有机物为工质，使工质在流动系统中通过热交换器从地热流体获得热量，并产生有机质蒸汽，进而推动有机质汽轮机旋转，带动发电机发电。做完功的气体在冷凝器中还原为液态有机物，完成一个液相、气相的循环。因此，在这种发电系统中，采用两种流体：一种是采用地热流体做热源，另一种是采用低沸点工质流体作为一种工作介质来将地下热水的热能转变为机械能。所谓双循环，就是地热流体的封闭循环和有机工质的密闭循环，这两个循环构成整个发电系统，如图 6-2 所示。

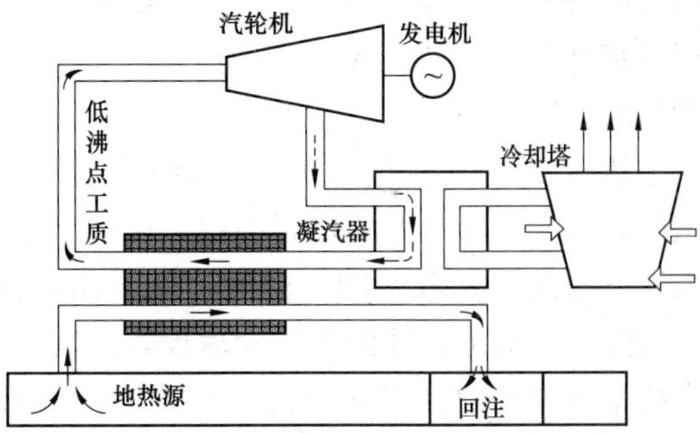

图 6-2 双循环式地热发电系统

双循环发电有机工质的选择非常重要，要求沸点低。常用工质多数为碳氢化合物或碳氟化合物，如异丁烷（常压下沸点为 11.7℃）、正丁烷（常压下沸点为 0.5℃）、丙烷（常压下沸点为 42.17℃）和各种氟利昂等（为满足环保要求，应尽可能不用含氟工质）。所用工质可以是单纯的，也可以由几种物质混合的，主要应考虑其热力性质和传输性质，还要注意在工作温度下的化学稳定性、易燃、易爆及毒性等，必须防止对环境的污染和对系统中其他物质的化学反应等。根据低沸点工质的这种特点，可用 100℃以下的地下热水加热低沸点工质，使其产生具有较高压力的蒸汽来推动汽轮机做功。这些蒸汽在冷凝器中凝结后，用泵把低沸点工质重新送入热交换器，循环使用。

双循环发电方法的优点是利用低温热能的热效率较高，设备紧凑，汽轮机尺寸小，易于适应化学成分较复杂的地下热水。其缺点是大部分低沸点工质传热性都比水差，采用此方式需有相当大的金属换热面积；低沸点工质价格较高、来源欠广、有毒、不稳定，对金属有腐蚀等特性。双循环（双流）地热发电系统又可分为单级双循环地热发电系统、两级双循环地热发电系统、闪蒸与双循环两级串联发电系统等；单级双循环发电系统发电后的热排水还有很高的温度，可达 50～60℃。两级双循环地热发电系统就是利用排水中的热量再次发电的系统。采用两级利用方案，各级蒸发器中的蒸发压力要综合考虑，选择最佳数值。如果这些数值选择合理，那么在地下热水的水量和温度一定的情况下，一般可提高发电量 20%左右。

我国河北怀来、江西温汤、西藏那曲地热电站等皆为低沸点工质双循环发电地热电站。例如，西藏那曲地热电站 1993 年建成，装机容量 1000kW，使用低沸点工质乙戊烷，由两口地热井供水，水流量 250～300t/h，进口水温 104～107℃，出口水温 84℃，除发电外，还供地热温室用。

3. 全流发电系统

全流发电系统是把地热井口的全部流体，包括所有的蒸汽、热水、凝水气体及化学物质等，不经处理直接送进全流动力机械中膨胀做功，然后排放或收集到凝汽器中。全流发电系统可充分利用地热流体的全部能量，比单级闪蒸法和两级闪蒸法发电系统的单位净输出功率分别提高 60%和 30%左右，但技术上有一定的难度。

4. 干热岩发电系统

现在世界各国开发的地热主要是地表以下 3500m 内的地热能资源，而且以水热型地热为主。实际上，水热型地热能的储量相对于地球热库来说，数量是很少的，而且温度也相对较低，约有地热资源总量的 30%储存在干热岩中。干热岩是一种普遍埋藏于距地表 2～6km 深处、温度为 150～650℃、没有水或蒸汽的热岩体。干热岩的热能赋存在各种变质岩或结晶岩类岩体中，较常见的岩石有黑云母片麻岩、花岗岩、花岗闪长岩等。一般干热岩上覆盖有沉积岩或土等隔热层，它所储存的热能约占已探明的地热资源总量的 30%。干热岩的分布几乎遍及全球，它是无处不在的资源，不过干热岩开发利用潜力最大的地方还是那些新的火山活动区或地壳已变薄的地区，这些地区主要位于全球板块或构造地块的边缘。

干热岩发电是 20 世纪 70 年代由美国加州大学实验室研究人员提出的，其基本思想是在高温但无水或无渗透率的热岩体中，通过水力压裂等方法制造出一个人工热储，将地面冷水注入地下深处以获取热能，然后将其导出地面进行发电。30 多年来，发达国家（如美国、日本、法国、英国、德国等）先后投入巨资对干热岩发电进行研究。研究结果表明，干热岩开发技术是可行的，它不受自然地热田的局限。目前，干热岩理论与技术都取得了很大进展。美国开发的干热岩系统已可支持 10MW 的发电站运行，并在运行过程中只有很小的压力损失，水的流失量仅为注入量的 7%。

目前实际建设中是先通过加压的方式将水注入深度在 3000～5000m 之间的钻孔中，当遇到地下高温的花岗岩后，这些水会在瞬间被加热为沸腾状态，并从附近的另外一处钻孔中喷出地面。喷出的热水将被注入一个热交换器中，以便将其他沸点较低的液体加热到气态，生成的气体将用来驱动蒸汽涡轮机以产生电能，而冷却后的水将被再次注入注水钻孔中。人们期望干热岩所提供的热能可以成为传统能源的替代能源之一，因此，更大的干热岩发电系统被迫切希望建成。但从经济的角度来看，当注水井与抽水井之间的距离为 500～800m，才能达到商业运行的目的，于是带来一系列的理论和技术上的难题。目前，最困难的问题是人们对干热岩系统连接部分的裂隙分布还不十分清楚，而在人工热储中水的流失等问题也还难以解决。

5. 联合循环发电系统

20 世纪 90 年代中期，以色列奥玛特公司把蒸汽发电和地热水发电两种系统合二为一，设计出一个新的系统，称为联合循环地热发电系统。这种地热发电系统适用于 150℃以上的高温地热流体发电。该系统中，经过一次发电后的流体，在不低于 120℃的工况下，再进入双工质发电系统，进行二次做功。这种发电方式充分利用了地热流体的热能，既提高了发电效率，又将经过一次发电后的排水进行再利用，大大节约了资源。该系统目前已经在一些国家安装运行，经济和环境效益良好。图 6-3 所示为联合循环地热发电系统示意。由图看出，从生产井到发电，再到最后回灌到热储，整个过程都是在全封闭系统中运行的，因此即使是矿化程度很高的热卤水也可用来发电，不存在对环境的污染。同时，由于是全封闭的系统，在地热电站也没有刺鼻的硫化氢味道，因而是 100%的环保型地热系统。这种地热发电系统进行 100%的地热水回灌，从而延长了地热田的使用寿命。表 6-2 为世界各地的各种地热发电技术情况。

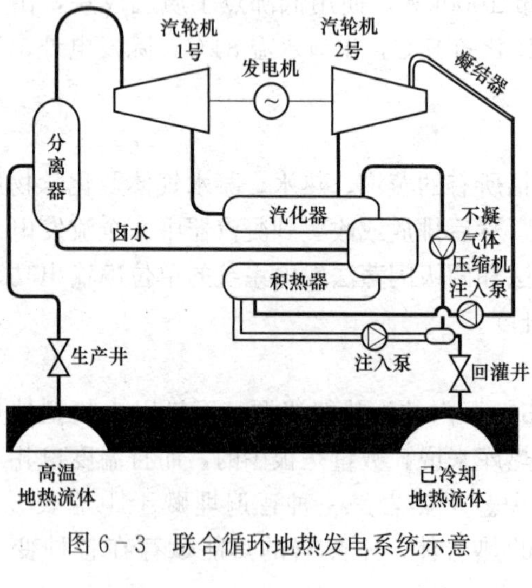

图 6-3 联合循环地热发电系统示意

表6-2　世界各地各种地热发电技术

型式	装机容量（MW）	所占比例（%）
干蒸汽	2460	27.7
单级闪蒸	3541.39	39.9
双级闪蒸	2196.54	24.7
三级闪蒸	93.8	1.1
双流法	274.19	3.1
闪蒸双流法	300.6	3.4
复合法	6	0.1
合计	8872.52	100

6.3 地热空调

利用地热提供空调所需冷量或为生产工艺提供所需的低温冷水，是地热能直接利用的一种有效途径。地热制冷是以一定温度的地热水驱动吸收式制冷系统，制取大于7℃的冷冻水，用于空调或生产。吸收式制冷系统一般要求地热水温度在65℃以上。用于地热制冷的制冷机有两种：一种是以水为制冷剂、溴化锂溶液为吸收剂的溴化锂吸收式制冷机；另一种是以氨为制冷剂、水为吸收剂的氨水吸收式制冷。氨水吸收式制冷机由于运行压力高、系统复杂、效率低、有毒等因素，除了特别要求制冷温度在0℃以下的场合外，一般很少在实际中应用。与太阳能等温度波动较大的热源相比，地热水温度相对稳定，利用吸收式制冷机可制取温度相对稳定的冷冻水，可稳定地提供空调或工业用冷。

安装在我国广东省梅州市五华县汤湖热矿泥山庄利用地热能的100kW制冷系统，为两级溴化锂吸收式制冷系统。它主要由地热井、地热深井泵、热交换器、热水循环泵、制冷机、冷却水循环泵、冷却塔、冷冻水循环泵、空调末端设备和控制系统等组成，如图6-4所示。

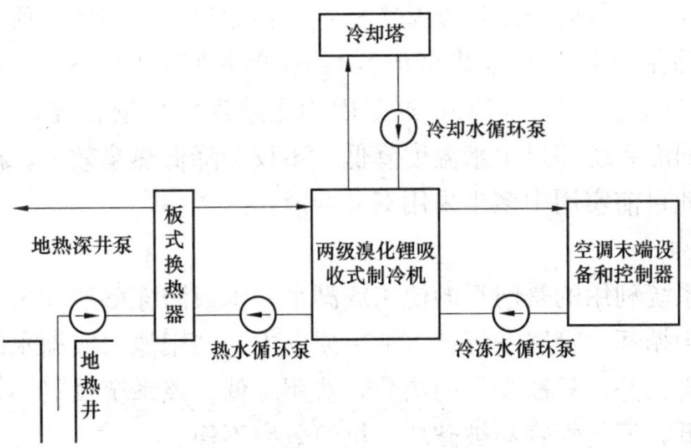

图6-4　热水空调系统示意

地热井是开采地热水的必要设备，其大小、深度由地质条件和所需开采量决定。地热井泵用于提取地热水。由于从井中抽取的地热水普遍含有固体颗粒和腐蚀性离子，为了保护制冷机的安全运行寿命，必须在制冷机与地热井之间设置热交换器，热量通过清洁的循环水传递给制冷机。该系统使用的地热井出水温度为70～75℃，输入换热器水量为20m^3/h。

由于系统的热水井属低温热源，热水入口温度对制冷机效率影响很大，采用板式换热器提高换热效率。由于热源温度较低，该系统采用两级溴化锂吸收式制冷循环系统，两级吸收式制冷机与一级吸收式制冷机的区别是增加了高压吸收器和低压发生器。其目的是在相同的冷却水温度下，当地热水温度较低时，可获得同样低温的冷冻水，热水进出口温差大，能使地热能得到充分利用。

6.4 地 源 热 泵

地源热泵技术是一种利用浅层地热资源的、既可供热又可制冷的、高效节能的空调技术。地源热泵的理论基础源于卡诺循环，与制冷机相同，按照逆循环原理工作。由于全年地温波动小，冬暖夏凉，因此地热可分别在冬季作为热泵供暖的热源和夏季空调的冷源，即冬季从土壤中采集热量，提高温度后供给室内采暖；夏季从土壤中采集冷量，把室内多余热量取出释放到地能中。地源热泵的形式及工作原理如下。

1. 地下水热泵

地下水热泵系统中的吸取水井从地表土壤层中吸取具有一定热量的水，与地源热泵机组的热交换器中的制冷剂进行热交换，然后由回水井回到地表土壤层。不管外界是热或冷，地下水的温度保持非常稳定（通常冬夏温差1℃之内）。该系统占地面积小，经济性好；要求保证机组正常运行的稳定水源，温度范围在7～21℃；需要打井，为保持地下水位需要注意回灌，避免破坏水资源。地下水热泵回灌系统分为单井回灌和双井回灌。单井回灌是井水抽出后，经过热量交换又回灌到原来同一口井中，其原理就是在井中间设一隔板，下部潜泵抽水，上部回灌。双井回灌通过井水作为载体，使系统与浅表土壤进行能量交换，冬天提取井水中的热量，夏天提取井水中的冷量，把室内冷热量通过井水从另一口井回灌至地下。虽然单井回灌具有初始投资少等优点，但双井回灌的回灌水由于有足够长的时间和路程与土壤进行热量交换，所以连续运行时井水温度基本稳定在初始温度。因此，所有双井回灌系统夏天冷却水的初始温度都在15℃左右（北京地区）。在单井回灌中，夏天制冷标准工况冷却水（即井水）进出口温度定为32℃/37℃，这是因为短路现象普遍存在，井水温度降不下来的缘故。冬天的单井回灌系统如果出水温度降低，不仅会降低热泵效率，严重者还会因结冰而无法继续运转。因此目前实用中多半采用双井回灌。

2. 河湖水源热泵

河湖水源热泵系统利用的是附近的池水或湖水，水或防冻溶液在密闭的塑质闭式及耐压塑质闭式管路系统中循环，管路系统浸入池中或湖中。利用池水或湖水的稳定温度且具有显著的散热性能，不需钻井，只需少量的沟渠，费用降低。该系统投资小，水系统能耗低，可靠性高且运行费用低，但盘管容易被破坏，机组效率不稳。

3. 土壤热泵

土壤热泵井水系统与利用地下自然热能的原理相似，与将水泵出地面并泵回地下不同的是，通过放置于垂直孔中或水平沟渠中的塑质闭环管路系统，使水或防冻溶液在系统中循环。土壤热泵的埋管方式有两种，即水平埋管和垂直埋管。土壤热泵为闭式系统，该系统特点是垂直埋管系统占地面积小，水系统耗电少，但钻井费用高；水平埋管安装费用低，但占地面积大，水系统耗电大。

6.5　地热发电存在的主要问题

地热能作为新能源，越来越引起人们的重视，目前全球每年的地热发电量可节省12.5Mt石油，利用地热每年可减排80Mt的CO_2。冰岛每年能源消耗总量的53%来源于地热能，但是只有5%的温室气体是来源于地热利用。同时，地热发电带来的问题也不容忽视，其中最主要的是地热田的回灌问题。因为地热水中含有大量的有毒矿物质，如果利用后直接排放掉，会对环境产生恶劣影响；同时地热田开采会导致地壳内部的压力下降，造成地面塌陷，也会造成地下热水资源的水位下降而缩短地热田的寿命。在我国西藏羊八井地热田长期的开采已造成了很严重的环境污染，地表的很多温泉、热爆炸等热现象也已消失，作为地热资源的旅游价值已消失殆尽。如果不解决回灌问题，地热能就很难成为一种清洁的可再生能源。

地热田的回灌必须注意生产井与回灌井的位置，如果距离太近，生产井的热水温度会被回灌井的冷水急速冷却从而干扰生产能力；如果距离太远，又起不到维持热储压力、保证正常生产的作用。所以在建立回灌井之前都会进行实验性生产，利用在回灌水中加入示踪剂的方法来判定回灌井位置是否合理，如果回灌后在很短时间内生产井中出现了示踪剂，说明回灌井的位置不合理。

本章小结

本章首先介绍了地热能的类型及分类，国内外地热资源的分布和储量情况，以及地热发电。在此基础上，介绍了地热能发电系统的实现形式与工作原理；简要介绍了用地热能实现地热空调和地源热泵技术原理。分析了地热能发电中存在的主要问题及发展前景。

思考题

6.1　简述地热能的类型和分类，以及我国地热能资源的分布和储量情况。

6.2　什么是地热发电？简述世界主要地热资源丰富国家地热发电状况。

6.3　简述闪蒸式地热发电的原理。

6.4　什么是双循环式地热发电系统，该系统分为几种形式，各有什么特点？

6.5　简述干热岩发电技术的过程和原理。

6.6　什么是联合循环地热发电系统？

6.7　简述地热空调和地源热泵技术及其工作原理。

6.8　地热能发电技术中存在的主要问题有哪些，未来发展前景如何？

第7章 海洋能发电

7.1 海洋能及其利用

7.1.1 海洋能简介

海洋能是海洋具有的能，即是海水各种运动所产生的能量。它既不同于海底或海底下储存的煤、石油、天然气、热液矿床等海底能源资源，也不同于容存于海水中的铀、锂、重水、氘、氚等化学能源资源，它主要是以波浪、海流、潮汐、温度差、盐度差等方式，以动能、位能、热能、物理化学能的形态，通过海水自身所呈现的可再生能源。它是波浪能、潮汐能、海水温差能、海（潮）流能和盐度差能的统称。

更广义的海洋能源还包括海洋上空的风能、海洋表面的太阳能及海洋生物质能等。究其成因，潮汐能和潮流能来源于太阳和月亮对地球的引力变化，其他均源于太阳辐射。海洋面积占地球总面积的71%，太阳到达地球的能量大部分落在海洋上空和海水中，部分转化为各种形式的海洋能。海洋能源按储存形式又可分为机械能、热能和化学能。其中，潮汐能、海流能和波浪能为机械能，潮汐能是地球旋转产生的能量通过太阳和月亮的引力作用传递给海洋的，并由长周期波储存的能量，潮汐的能量与潮差大小和潮量成正比；潮流、海流的能量与流速二次方和通流量成正比；波浪能是一种在风的作用下产生的，并以位能和动能的形式由短周期波储存的机械能，波浪的能量与波高的二次方和波动水域面积成正比；海水温差能为热能，低纬度的海面水温较高，与深层冷水存在温度差，从而储存着温差热能，其能量与温差的大小和水量成正比；海水盐差能为化学能，河口水域的海水盐差能是化学能，入海径流的淡水与海洋盐水间有盐度差，若隔以半透膜，淡水向海水一侧渗透可产生渗透压力，其能量与压力差和渗透流量成正比。因此，各种能量涉及的物理过程、开发技术及开发利用程度等方面存在很大的差异。在我国，大陆的海岸线长达1.8万km，拥有6500多个大小岛屿，海岛的岸线总长约1.4万km，海域面积达470多万km^2，海洋能资源是非常丰富的。

这些不同形式的海洋能量有的已被人类利用，有的已列入开发利用计划，但人们对海洋能的开发利用程度至今仍十分低。尽管这些海洋能资源间存在着各种差异，但也有一些相同的特征。每种海洋能资源都具有相当大的能量通量：潮汐能和盐度梯度能大约为2TW，波浪能也在此数量级上，而海洋热能至少要比它们大两个数量级。但是这些能量分散在广阔的地理区域，实际上它们的能流密度相当低，而且这些资源中的大部分均蕴藏在远离用电中心区的海域。因此，只有很小一部分海洋能资源具有开发利用价值。

海洋能的强度较常规能源低。海水温差小，海面与500～1000m深层水之间的较大温差仅为20℃左右；潮汐、波浪水位差小，较大潮差仅7～10m，较大波高仅3m；潮流、海流速度小，较大流速仅4～7节（1节＝1n mile/h）。即使这样，在可再生能源中，海洋能仍具有可观的能流密度。以波浪能为例，每米海岸线平均波功率在最丰富的海域是50kW，一般的有5～6kW；又如潮流能，最高流速为3m/s的舟山群岛潮流，在一个潮流周期的平均潮流功率达4.5kW/m^2。海洋能作为自然能源是随时变化着的，但海洋是个庞大的蓄能库，将太阳能及派生的风能等以热能、机械能等形式蓄存在海水中，不像在陆地和空中那样容易散失。海水温差、盐度差和海流都是较稳定的，24h 不间断，昼夜波动小，只是稍有季节性变化。潮汐、潮流则作恒定的周期性变化，对大潮、小潮、涨潮、落潮、潮位、潮速、方向都可准确预测。海浪是海洋中最不稳定的，有季节性、周期性，而且相邻周期也是变化的。海浪是风浪和涌浪的总和，而涌浪源自辽阔海域上持续时日的风能，不像地面太阳和风那样容易骤起骤止和受局部气象的影响。

海洋能的特点有：①可再生性，由于海水潮汐、海流和波浪等运动周而复始，永不休止，所以海洋能是可再生能源；②属于一种洁净能源；③能量多变、具有不稳定性，利用比较困难；④总量巨大，但分布不均、分散，能流密度低，利用效率不高，经济性差。

7.1.2　海洋能分类及发电技术

海洋能的表现形式多种多样，通常包括潮汐能、海流能、波浪能、温差能和盐差能等。

1. 潮汐能

潮汐能是以位能形态出现的海洋能，是指海水潮涨和潮落形成的水的势能。海水涨落的潮汐现象是由地球和天体运动，以及它们之间的相互作用而引起的。在海洋中，月球的引力使地球的向月面和背月面的水位升高。由于地球的旋转，这种水位的上升以周期为 12h25min 和振幅小于 1m 的深海波浪形式，由东向西传播。太阳引力的作用与此相似，但是作用力小些，其周期为 12h。当太阳、月球和地球在一条直线上时，就产生大潮；当它们成直角时，就产生小潮。除了半日周期潮和月周期潮的变化外，地球和月球的旋转运动还产生许多其他的周期性循环，其周期可从几天到数年；同时地表的海水又受到地球运动离心力的作用，月球引力和离心力的合力正是引起海水涨落的引潮力。除月球、太阳外，其他天体对地球同样会产生引潮力。虽然太阳的质量比月球大得多，但太阳与地球的距离也比月球与地球之间的距离大得多，所以其引潮力还不到月球引潮力的一半。其他天体要么远离地球，要么质量太小，因此所产生的引潮力微不足道。月球所产生的最大引潮力可使海水面升高 0.563m，太阳引潮力的作用为 0.246m，但实际的潮差却比上述计算值大得多。如我国杭州湾的最大潮差达 8.93m，北美加拿大芬地湾最大潮差更达 19.6m。这种实际与计算的差别目前尚无确切的解释。一般认为当海洋潮汐波冲击大陆架和海岸线时，通过上升、收聚和共振等运动，使潮差增大。潮汐能的能量与潮量和潮差成正比，或者说，与潮差的二次方和水库的面积成正比。和水力发电相比，潮汐能的能量密度很低，相当于微水头发电的水平。世界上潮差的较大值为 13～15m，但一般说来，平均潮差在 3m 以上就有实际应用价值。

潮汐是因地而异的，不同的地区常有不同的潮汐系统，它们都是从深海潮波获取能量，但具有各自的特征。尽管潮汐很复杂，但对任何地方的潮汐都可进行准确预报。海洋潮汐从地球的旋转中获得能量，并在吸收能量过程中使地球旋转减慢，但这种地球旋转的减慢人类是几乎觉察不出来的，而且也并不会由于潮汐能的开发利用而加快。这种能量通过浅海区和海岸区的摩擦，以 1.7TW（$1TW=10^{12}W$）的速率消散，只有出现大潮、能量集中时，并在地理条件适于建造潮汐电站的地方，从潮汐中提取能量才有可能。虽然这样的场所并不是到处都有，但世界各国已选定了相当数量的适宜开发潮汐能的站址。据最新的估算，有开发潜力的潮汐能量每年约 200TWh。

潮汐能利用的原理与水力发电的原理类似，而且潮汐能的能量与潮量和潮差成正比。世界上潮差的较大值约为 1315m，我国的最大值（杭州湾澉浦）为 8.9m。一般来讲，平均潮差在 3m 以上就有实际应用价值。全世界潮汐能的理论蕴藏量约为 3×10^9kW。我国潮汐能理论蕴藏量达 1.1×10^8kW，其中浙江、福建两省蕴藏量最大，约占全国的 80.9%，但这都是理论估算值，实际可利用的远小于上述数字。

2. 海流能

海流能是另一种以动能形态出现的海洋能。所谓海流主要是指海底水道和海峡中较为稳定的流动及由于潮汐导致的有规律的海水流动。其中一种是海水环流，是指大量的海水从一个海域长距离地流向另一个海域。这种海水环流通常由两种因素引起：首先海面上常年吹着方向不变的风，如赤道南侧常年吹着不变的东南风，而其北侧则是不变的东北风。风吹动海水，使水表面运动起来，而水的动性又将这种运动传到海水深处，随着深度增加，海水流动速度降低，有时流动方向也会随着深度增加而逐渐改变，甚至出现下层海水流动方向与表层海水流动方向相反的情况。在太平洋和大西洋的南北两半部及印度洋的南半部，占主导地位的风系造成了一个广阔的，也是按逆时针方向旋转的海水环流。在低纬度和中纬度海域，风是形成海流的主要动力，其次不同海域的海水的温度和含盐度常常不同，它们会影响海水的密度。海水温度越高，含盐量越低，海水密度就越小。这种两个邻近海域海水密度不同也会造成海水环流。海水流动会产生巨大能量，据估计全球海流能高达 5TW。海流能的能量与流速的二次方和流量成正比。相对波浪而言，海流能的变化要平稳且有规律。海流能随潮汐的涨落每天两次改变大小和方向。一般来说，最大流速在 2m/s 以上的水道，其海流能均有实际开发的价值。

海流能也主要用来发电，发电原理与风力发电类似，但是由于海水的密度较大，而且海流发电装置必须置于海水中，所以海流发电还存在以下一些关键技术：安装维护、电力输送、防腐、海洋环境中的载荷与安全性能、海流装置的固定形式和涡轮机设计等。

全世界海流能的理论估算值约为 10^8kW 量级。利用我国沿海 130 个水道、航门的各种观测及分析资料，计算统计获得我国沿海海流能年平均功率理论值约为 1.4×10^7kW。其中，辽宁、山东、浙江、福建和台湾沿海的海流能较为丰富，不少水道的能量密度为 15～30kW/m^2，具有良好的开发价值。值得指出的是，我国的海流能属于世界上功率密度最大的地区之一，特别是浙江舟山群岛的金塘、龟山和西侯门水道，平均功率密度在 20kW/m^2 以上，开发环境和条件很好。

3. 波浪能

波浪能是海洋能利用研究中研究最多、政府投资项目最多和最重视的一种能源。目前，波浪能开发利用技术趋于成熟，已进入商业化发展阶段，将向大规模利用和独立稳定发电方向发展。波浪发电是波浪能利用的主要方式，可为边远海岛和海上设施等提供清洁能源。此外，还可利用波浪能提供的动力进行海水淡化，从深海提取低温海水进行空调制冷及制氢等。

波浪能是指海洋表面波浪具有的动能和势能。波浪的能量与波高的二次方、波浪的运动周期及迎波面的宽度成正比，波浪能是海洋能源中能量最不稳定的一种能源。波浪能是由风把能量传递给海洋而产生的，它实质上是吸收了风能而形成的。能量传递速率和风速有关，也和风与水相互作用的距离（风区）有关。水团相对于海平面发生位移时，使波浪具有势能，而水质点的运动，则使波浪具有动能。储存的能量通过摩擦和湍动而消散，其消散速度的大小取决于波浪特征和水深。深水海区大浪的能量消散速度很慢，从而导致了波浪系统的复杂性，使它常常伴有局地风和几天前在远处产生的风暴的影响。波浪可用波高、波长（相邻的两个波峰间的距离）和波周期（相邻的两个波峰间的时间）等特征来描述。

波浪能具有能量密度高、分布面广等优点，是一种取之不竭的可再生清洁能源。尤其是在能源消耗较大的冬季，可利用的波浪能量也最大。小功率的波浪能发电，已在导航浮标、灯塔等获得推广应用。我国有广阔的海洋资源，波浪能的理论存储量为 7000 万 kW 左右，沿海波浪能能流密度为 2～7kW/m。在能流密度高的地方，每米海岸线外波浪的能流就足以为 20 个家庭提供照明用能。

4. 温差能

温差能是指海洋表层海水和深层海水之间水温之差的热能。海洋是地球上一个巨大的太阳能集热和蓄热器，由太阳投射到地球表面的太阳能大部分被海水吸收，使海洋表层水温升高。赤道附近太阳直射多，其海域的表层温度可达 25～28℃，波斯湾和红海由于被炎热的陆地包围，其海面水温可达 35℃，而在海洋深处 500～1000m 处海水温度却只有 3～6℃，这个垂直的温差就是一个可供利用的巨大能源。在大部分热带和亚热带海区，表层水温和 1000m 深处的水温相差 20℃以上，这是热能转换所需的最小温差，利用这一温差可实现热力循环并发电。据估计，如果利用这一温差发电，其功率可达 2TW。温差能转换主要有开式循环和闭式循环两种方式。开式循环系统主要包括真空泵、温水泵、冷水泵、闪蒸器、冷凝器、涡轮机-发电机组等部分，开式循环的副产品是经冷凝器排出的淡水，这是它非常有用的方面。闭式循环系统不以海水而采用一些低沸点的物质（如丙烷、氟利昂、氨等）作为工作介质，在闭合回路内反复进行蒸发、膨胀、冷凝，因为采用了低沸点的工作介质，蒸汽压力得到提高。

温差能利用的困难主要是温差太小，能量密度太低。温差能转换的关键是强化传热传质技术，同时温差能系统的综合利用是一个多学科交叉的系统工程问题。除发电外，海洋温差能利用装置还可同时获得淡水、深层海水，进行空气调节，并可与深海采矿系统中的场矿系统相结合。所以，基于温差能装置必须建立海水养殖、淡水获得、制冷空调等的综合效益。

世界上蕴藏海洋热能资源的海域面积达 6000 万 m^2，发电能力可达几万亿瓦。由于海洋热能资源丰富的海区都很遥远，而且根据热动力学定律，海洋热能提取技术的效率很低，因此可利用的能源量是非常小的。但是即使这样，海洋热能的潜力仍相当可观。另外，许多具有最大温度梯度的海区都位于发展中国家的海域，可为这些国家就地提供能源。而在我国，根据海洋水温测量资料计算得到的我国海域的温差能约为 1.5×10^8kW，其中 99%在南海，南海的表层水温年均在 26℃以上，深层水温（800m 深处）常年保持在 5℃，温差为 21℃，属于温差能丰富区域。

5. 盐差能

盐差能是以化学能形态出现的海洋能。它是指海水和淡水之间或两种含盐浓度不同的海水之间的化学电位差能，主要存在于河海交接处。同时，淡水丰富地区的盐湖和地下盐矿也可利用盐差能。盐差能是海洋能中能量密度最大的一种可再生能源。地球上的水分为两大类：淡水和咸水。全世界水的总储量为 1.4×10^9 km^3，其中，97.2%为分布在大洋和浅海中的咸水。在陆地水中，2.15%为位于两极的冰盖和高山的冰川中的储水，余下的 0.65%才是可供人类直接利用的淡水。海洋的咸水中含有各种矿物和大量的食盐，1000m^3 的海水中即含有3600万t食盐。

在淡水与海水之间有着很大的渗透压力差（相当于240m的水头）。从理论上讲，如果这个压力差能利用起来，从河流流入海中的每立方英尺（$1ft^3=0.0283168m^3$）的淡水可发0.65kWh的电。一条流量为$1m^3/s$河流的发电输出功率可达234kW。从原理上来说，可通过让淡水流经一个半渗透膜后再进入一个盐水水池的方法来开发这种理论上的水头。如果在这一过程中盐度不降低的话，产生的渗透压力足以将水池水面提高240m然后再把水池水泄放，让其经水轮机，从而提取能量。从理论上来说，如果用很有效的装置来提取世界上所有河流的这种能量，那么可获得约2.6TW的电力。更引人注目的是盐矿藏的潜力：在死海，淡水与咸水间的渗透压力相当于5000m的水头，而大洋海水只有240m的水头，盐窝中的大量干盐拥有更密集的能量。

利用大海与陆地河口交界水域的盐度差所潜藏的巨大能量一直是人类的理想。在20世纪70年代，各国开展了许多调查研究，以寻求提取盐差能的方法。实际上开发利用盐差能资源的难度很大，以上的简单例子中的淡水是会冲淡盐水的，因此为了保持盐度梯度，还需要不断地向水池中加入盐水。如果这个过程连续不断地进行，水池的水面会高出海平面240m。对于这样的水头，就需要很大的功率来泵取咸海水。目前已研究出的最好的盐差能实用开发系统非常昂贵，这种系统利用反电解工艺（事实上是盐电池）来从咸水中提取能量。根据1978年的一篇报告测算，投资成本约为50 000美元/kW。也可利用反渗透方法使水位升高，然后让水流经涡轮机，这种方法的发电成本高达10～14美元/kWh。还有一种技术可行的方法是根据淡水和咸水具有不同蒸汽压力的原理研究出来的：使水蒸发并在盐水中冷凝，利用蒸汽气流使涡轮机转动，这种过程会使涡轮机的工作状态类似于开式海洋热能转换电站。这种方法所需要的机械装置的成本也与开式海洋热能转换电站几乎相等。但是，这种方法在战略上不可取，因为它消耗淡水，而海洋热能转换电站却生产淡水。盐差能的研究结果表明，其他形式的海洋能比盐差能更值得研究开发。据估计，世界各河口区的盐差能达30TW，可能利用的有2.6TW。我国的盐差能主要集中在各大江河的出海处，同时，我国青海省等地还有不少内陆盐湖可利用。

7.2 海洋能发电原理及控制技术

7.2.1 潮汐能发电

潮汐是海水受太阳、月球和地球引力的相互作用后，所发生的周期性涨落现象。潮汐要素如图7-1所示，海水上涨的过程称为“涨潮”，涨到最高位置称为“高潮”，在高潮平稳时的现象称为“平潮”，平潮时间各地长短不一，可从几分钟到几小时，通常取平潮中间时刻为“高潮时”，此时的高度叫作“高潮高”；海水下落的过程称为“落潮”，落到最低点时称为“低潮”，海水不涨也不落时称为“停潮”，停潮的中间时刻为“低潮时”，此时，停潮的高度称为“低潮高”。从低潮时到高潮时的时间间隔称为“涨潮时”，由高潮时到低潮时的时间间隔称为“落潮时”，相邻高潮与低潮的潮位高度差称为“潮差”，从高潮到相邻低潮的潮差称为“落潮差”，从低潮到相邻高潮的潮差称为“涨潮差”。

潮汐运动中蕴藏着巨大的能量，潮汐能的大小与水体大小及潮差大小有关。实验表明，潮汐能量和海面的面积及潮差高度的二次方成正比。目前，潮汐发电是利用潮汐能的主要方

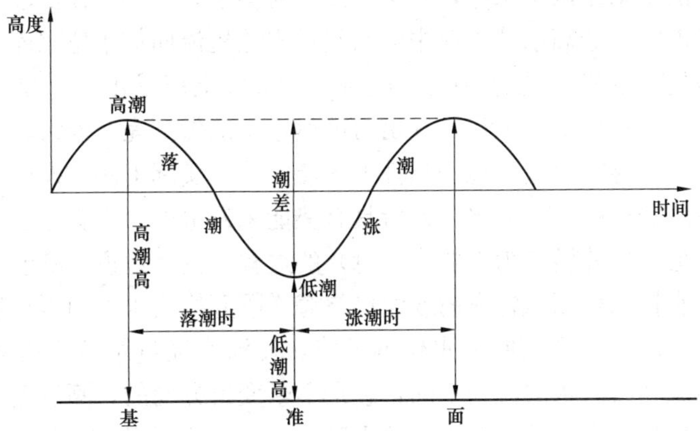

图 7-1　潮汐过程线

向。潮汐发电是利用潮差来推动水轮机转动，再由水轮机带动发电机发电。潮汐发电必须选择有利的海岸地形，修建潮汐水库，涨潮时蓄水，落潮时利用其势能发电。由于涨潮、落潮的不连续性，产生的发电也不连续。据计算，世界海洋潮汐能蕴藏量约为 27 亿 kW，若全部转换成电能，每年发电量大约为 1.2 万亿 kWh。潮汐能发电是海洋能发电的一种形式，但它是海洋能利用中发展最早、规模最大、技术较成熟的一种。现代海洋能源开发主要是指利用海洋能发电，利用海洋能发电的方式很多，其中包括波力发电、潮汐发电、潮流发电、海水温差发电和海水含盐浓度差发电等，而国内外已开发利用的海洋能发电主要还是潮汐发电。由于潮汐发电的开发成本较高和技术上的原因，所以发展很慢。

过去，人们曾尝试过许多种提取潮汐位能和动能的方法。这些装置包括水轮机、提升平台、空气压缩机、水压机等，都是以古代潮汐磨坊采用的方法为主。典型的潮汐磨坊是在高潮位时让水进入水库，过一段时间后再让水从蓄水库通过一个水轮机流向大海，从而使磨坊工作，这是简单的工作方式，现在通常把它称为“单库单向作用”。在现代装置中，蓄水库装有可控水闸，并由低水头水轮机代替旧式水轮。工作程序分为四个步骤：①向水库注水；②等候，直至水库中的水到退潮，这样使库内外产生一定的水头；③将水库中的水通过水轮机放入大海中，直到海水涨潮，海水水头降到最低工作点为止；④第二次涨潮时重复以上工作步骤。这种方法称为“落潮发电”。当然，也可以反过来，使海水从海里向水库注入时推动水轮机发电，这种方式称为“涨潮发电”，但是，蓄水库的坝边通常是斜坡形的，所以“落潮发电”一般更为有效。

另外还有“单库双向作用”，既利用涨潮发电又利用落潮发电。这种工作方式的步骤为：①通过水闸向库内注水；②等候，使水在库内保持一段时间；③利用落潮发电；④通过水闸将库中的水泄干；⑤等候一段时间；⑥涨潮发电。

无论是单向发电还是双向发电，出力的大小都与水库的深度、潮差及电站的结构设计有关。

通常还利用水泵向库内抽水来提高库内水位，从而提高用于发电的水头，这样可加大出力。水泵工作所需的能量必须由外部提供，但是由于水泵是在高潮位小水头的条件下工作，而泵入水库中的水是通过水轮机在高水头的情况下放出来的，因此，发出来的电能要比抽水泵消耗的电能多很多。

为了实现连续发电，可采用串式水库和成对水库，这要建造比较复杂的电站和复杂的运行程序。串式水库法是采用两个水库，一个在高潮时蓄水，另一个在低潮时放水，简单的工作方式是当需要发电时，让高水位水库中的水经过水轮机流向低水位水库。串式水库可使出力比较固定，一般约为装机容量的40%。成对水库实际上就是由两个单库组成，如果一个在涨潮时工作，另一个在落潮时工作，其出力虽然还不能做到完全连续，但也已是近于连续了。不过，这些方法只能在合适的地理条件下才能实现。实际上潮汐发电与水力发电的原理相似，它是利用潮水涨、落产生的水位差所具有势能来发电的，也就是把海水涨、落潮的能量变为机械能，再把机械能转变为电能（发电）的过程。具体地说，潮汐发电就是在海湾或有潮汐的河口建一座拦水堤坝，将海湾或河口与海洋隔开构成水库，再在坝内或坝房安装水轮发电机组，然后利用潮汐涨落时海水位的升降，使海水通过水轮机驱动水轮发电机组发电，但由于潮水的流动与河水的流动不同，它是不断变换方向的，潮汐电站在发电时储水库的水位和海洋的水位都是变化的（海水由储水库流出，水位下降，同时海洋水位也因潮汐的作用而变化）。因此，潮汐电站是变工况工作的，就使得潮汐发电出现了不同的类型，例如：①单库单向型，只能在落潮时发电；②单库双向型，在涨、落潮时都能发电；③双库双向型，可连续发电，但经济上不合算，未见实际应用。

表7-1 我国运行发电的主要潮汐电站简况

站名	位置	型式	机组数量	装机容量（kW）		每年耗电量（万kWh）		建站时间（年）	投产时间（年）
				设计	实际	设计	实际		
沙山	浙江温岭	单库单向	1	40×1	40	9.3	8.5	1958	1959
岳甫	浙江象山	单库单向	4	75×4	75×1	60	6.2	1970	1972
海山	浙江玉环	双库单向	2	75×2	150	31	5～7	1973	1975
江厦	浙江温岭	单库双向	6	500×6	500×1	1070	116	1972	1980
白沙口	山东乳山	单库单向	6	160×6	640	232	—	1970	1978
浏河	江苏太仓	双向 双贯流式	2	75×2	150	25	6	1970	1978
筹东	福建长乐	卧轴轴伸式	1	40×1	40	—	—	1958	1959
果子山	广西 龙门港	单库单向	1	40×1	40	—	—	1976	1977

20世纪50年代，世界很多国家逐步开始重视潮汐能发电技术的开发利用，但近代建造的潮汐电站不多，法国的朗斯电站是最大的，具有240MW，是单库双向电站，也是第一个商业化的电站。另外还有加拿大的安娜波利斯电站，接近20MW，单库单向工作；苏联的基斯洛湾试验潮汐电站，装机容量为400kW，单库双向工作；我国的江厦潮汐电站，为3200kW，单库双向工作。世界现有投入运行的潮汐电站具体数据见表7-2。

表 7-2　世界现已投入运行的潮汐电站

地点	平均潮差（m）	库区面积（km^2）	装机容量（MW）	发电量（GWh/a）	投入运行时间（年）
朗斯（法国）	8.0	17	240.0	540	1966
基斯洛湾（苏联）	2.4	2	0.4	—	1968
江厦（中国）	7.1	2	3.2	11	1980
安娜波利斯（加拿大）	6.4	6	17.8	30	1984

单库单向与单库双向的比较：在单向方式中水头变化范围较小，平均工作水平稍高，这在一定程度上可使水轮机的数量减少、尺寸减小，从而减少潮汐电站的投资。单向工作水轮机的造价也比双向工作水轮机的造价稍低一些，但双向工作可提高出力。通常需要在综合考虑潮差、海湾条件的情况下，选择单向还是双向工作方式。所以，对于在潮差小、海湾条件允许的电站，采用双向工作是比较有利的。

单库与多库方式的比较：多库方式可使电站连续发电，这是它最吸引人的优点，但它的缺点是潮汐能源利用率低。所以，总体潮汐发电多采用单库方案。

1. 潮汐发电机组类型的选择

海洋潮汐发电机组属于低水头水电机组，除了海水，与传统的淡水江河用低水头发电机组没有根本区别。它有以下四种主要类型：

(1) 灯泡形贯流式机组。灯泡式机组属于轴流式机组的一个分支，是一种新型机组。它比传统的轴流定桨或转桨式机组重量减轻了 20%～30% ，它的轴线几乎与水流平行，而不像转桨式那样垂直（水流经过尾水管肘管要转 90°以上的拐弯，对于上、下游水位相差不大的低水头电站来说，平面尺寸和跨度间隔太大）。

(2) 轴伸形贯流式机组。水轮机置于流道中，发电机则置于陆地上，其间用长轴传动，或通过齿轮增速器使发电机加速。当水头很低，甚至低于 5m 时，采用这种又称为竖井式的机组则可通过增速器来加大容量，而灯泡式机组只能加大泡体直径来提高功率。

(3) 圆环形全贯流式机组。这种机型水轮机在流道中，而发电机在水轮机外围，转子磁极直接装在水轮机转轮叶片外缘，其间采用迷宫密封来防止流道中的水漏到发电机内部。这种机型的特点是直径较大，可增加功率。

(4) 圆筒形正交式机组。这是最新机型，这种机型轴线与水流流线垂直。水轮机转轮呈圆筒形，通常为 3～4 个叶片，叶片断面类似螺旋桨，两面翼型不同，叶片长度方向与轴线平行，但断面翼型沿叶片全长都一样，便于大量生产。这种机型的过水能力是轴流转桨式的约 1.4 倍，机组重量却减少 55%，混凝土用量也减少 12%，很有发展前景。

2. 潮汐能发电的主要技术问题

对于潮汐能发电，人类已取得了许多宝贵的经验，目前开发研究的主要技术问题如下：

(1) 潮汐电站开发方式的选择。采用单库还是双（多）库与潮型、水库容积特性、海湾特点和电力系统情况，以及水闸和机组的匹配等因素相关，需要进行电站的总体规划设计。

(2) 超低水头大容量水轮发电机组的开发。潮汐电站的装机容量和发电量取决于站址的平均潮差。所以对于潮差小的电站必须研究低水头、大容量的潮汐发电机组（机组投资一般会占总投资的一半），使其发电效率高、造价低、耐腐蚀。

(3) 薄壁沉箱式厂房、水闸等浮运钢筋混凝土结构的制造、运输和沉放的研究开发。这种技术解决得好，可缩短电站的施工期限。

(4) 水下基础处理的研究开发。每一个潮汐电站都需要进行水下基础的处理，大多数大、中型潮汐电站的厂房和水闸都需要布置在海中，应尽量避开深厚淤泥基础，水下基础处理工作是决定潮汐电站经济性甚至建设成败的关键问题之一。

(5) 潮汐电站对于环境影响及综合利用效益的研究开发。潮汐电站建设过程中和建成后，都会使其所拦截海湾的纳潮量和湾内相应潮位发生变化，导致湾内生态环境变化，影响生物品种与数量，以及其他水质指标和泥沙冲淤情况，直至影响到水库调节能力的变化，以及水库的使用寿命。作为潮汐电站，除发电外，视具体情况还可有围垦、水生物养殖，抗风暴潮等综合效益。若处理得好，这种综合效益的经济价值甚至可超过发电效益。

我国的潮汐能开发技术研究已取得很大进展，小型潮汐电站开发技术已趋成熟。江厦潮汐电站已成功地使用了我国自主设计制造安装的双向灯泡形贯流式机组，水轮机转轮采用GZNOO5 "S" 形叶片的转轮，直径为 2.5m，具有正、反向发电和泄水的工况。为了保证潮汐电站的发电质量，提高经济效益，有些电站也采用了新的电子技术，实行自动运行控制，如江苏浏河潮汐电站，采用计算机控制两台 75kW 发电机组，自动进行开启、增速、电压、频率的控制和电力并网，当水头低于设计的发电要求时，能够自动停机，避免发生意外，实现了运行控制的完全自动化。江厦潮汐电站利用计算机能正确地做潮位预报，从而能够保证机组的最大出力。

7.2.2 海流能发电

海洋中的海流很多，其中较大的是湾流和黑潮。湾流是海洋里的暖流，它从加勒比海、墨西哥湾开始，横跨大西洋，流向寒冷的北极，它由大西洋中的北赤道流和南赤道流中越过赤道的北分支汇合而成。墨西哥湾是个巨大的温热"蓄水库"，湾内海水从佛罗里达海峡流出，成为一支强大的暖流。海流的流量很大，相当于世界上所有淡水河川总流量的 50 多倍，而黑潮是沿太平洋西岸流动的巨大暖流，从我国东侧流入东海，沿日本列岛南面海区流向东北，然后离开日本海岸蜿蜒东去。

海流和潮汐实际上是同一潮波现象的两种不同表现形式。潮汐是潮波运动引起的海水垂直升降，潮流是潮波运动引起的海水水平流动。一般来说，开阔的外海潮差小，流速也小，越靠近岸边，在港湾口、水道地区流速的变化越显著。潮流涨落方向如果呈旋转变化，则称旋转流，其一般发生在较开阔的海区；潮流涨落方向如果为正反向变化，则称往复流，其一般发生在较狭窄的水域。海流能的利用方式主要是发电，其原理和风力发电相似，几乎任何一个风力发电装置都可改造成海流发电装置。

目前，比较普通的海流发电装置归纳起来有两种：一种是链式发电系统，另一种是旋转式发电系统。图 7-2 是一种典型的链式海流发电装置，它主要由降落伞、环状链条、驱动轮和发电机组成。一般在环状链条上装有多个降落伞，链条在降落伞的带动下会转动，同时使驱动轮转动，驱动轮与船上发电机相连。当降落伞顺着海流方向时，由于海流的作用，降落伞张开，当降落伞转到与海流相对的方向时，伞口收拢，带有降落伞的链条的运动使驱动轮转动。挂有降落伞的链条自动地向驱动轮的下游漂移，所以降落伞和链条的方向可以始终与流速较大的海流方向保持一致。

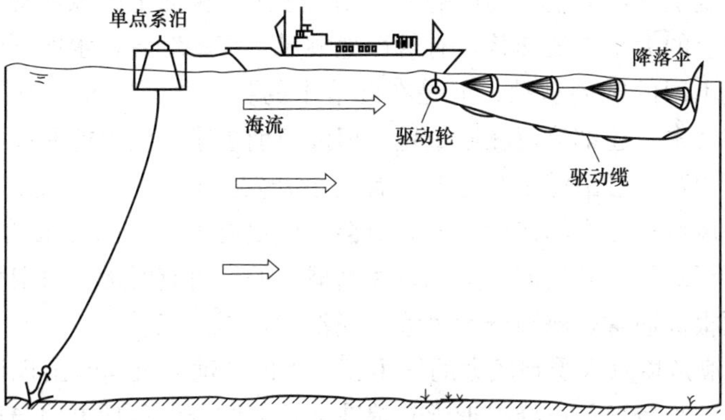

图 7-2　链式海流发电装置

图 7-3 所示就是典型的旋转式海流发电装置。这种发电装置有一台带外罩的水轮机。在喉部有一台用轮缘固定方式固定的双转式水轮机。当叶轮旋转速度加快时，可变式水轮叶片呈悬链线形，这样可最大限度地利用海流。水轮机边缘有多个动力输出装置，动力输出装置带动发电机组，从而使水轮机的旋转运动转换为电能。这种装置通常采用绷紧式三点系泊装置进行固定，可减少海面船舶活动造成的影响，发出的电能通过电缆输往岸上。

从海流中获取电力的多少与流速的二次方及水的输运量成正比。水的输运量一般以斯维尔德鲁（sv）为单位（sv 为非标准单位，$1sv=10^6 m^3/s$）。

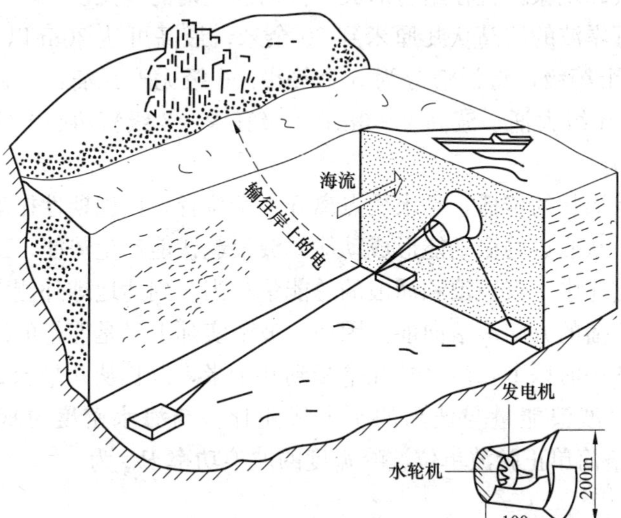

图 7-3　旋转式海流发电装置

7.2.3　波浪能发电

1. 波浪

波浪能是因波浪引起的水中压力变化而产生的能源，是由风能传递给海洋而产生的，是海洋能源的一种。它主要是由海面上风的吹动及大气压变化引起的海水有规则的周期性运动产生。波浪是以动能形式表现的海洋能之一，海浪来源于空气和水表面温度的不一致，太阳的热量导致空气温度上升，而空气温度的上升创造了风。由海上的风推动海水，风与海面作用产生波浪，水面上的大小波浪交替，有规律地顺风“滚动”着，水面下的波浪随风力不同做直径不同、转速不同的圆周运动，但是在波浪中的物体并不随着波浪移动，而是上下振动，虽然水分子们大多数还都停留在原位置，但波浪前进了。波浪能密度虽低，但其横向作用产生的能量密度很高，且沿海岸线分布，有利于开发大功率波力发电站。波浪与风相比，能量更集中，虽然风可达很高的速度，但海浪会比风更有力量，因为水的密度是空气的 832 倍。风变幻无常，可能是上升气流，阵风，逐渐减小的，时有时无。海浪可保持起伏，而且可在 3 天前做出预报。通常，海浪分为风浪、涌浪和近岸波三种。

(1) 风浪。风浪是指海水受到风力的作用而产生的波动，可同时出现许多高低长短不同的波，波面较陡，波长较短，波峰附近常有浪花或片片泡沫，传播方向与风向一致。一般而言，状态相同的风作用于海面时间越长，海域范围越大，风浪就越强，当风浪达到充分成长状态时，便不再继续增大。

(2) 涌浪。风浪传播到风区以外的海域中所表现的波浪，称为涌浪。它具有较规则的外形，排列较整齐，波峰线较长，波面较平滑，略近似正弦波。在传播中因海水的内摩擦作用，使能量不断减小而逐渐减弱。

(3) 近岸波。风浪或涌浪传播到海岸附近，受地形的作用改变波动性质的海浪，称为近岸波。随海水变浅，其传播速度变小，使波峰线弯转，渐渐和等深线平行，波长和波速减小。在传播过程中波形不断变化，波峰前侧不断变陡，后侧不断变得平缓，波面变得很不对称，以致发生倒卷破碎现象，且在岸边形成水体向前流动的现象。

风浪、涌浪和近岸波的波高从几厘米到 20 余米，最高可达 30m 以上。根据波高大小，通常将风浪分为 10 个等级，将涌浪分为 5 个等级。0 级无浪无涌，海面水平如镜；5 级大浪，6 级巨浪，对应 4 级大涌，波高 2～6m；7 级狂浪、8 级狂涛、9 级怒涛，对应 5 级巨涌，波高 6.1～10 m。

波浪是海面起伏形状的传播，是水质点离开平衡位置，作周期性振动并向一定方向传播而形成的一种波动；水质点的振动能形成动能，波浪起伏能产生势能，这两种能的累计数量是惊人的。在全球海洋中，仅风浪和涌浪的总能量相当于到达地球外侧太阳能量的一半。波浪的能量沿着海浪传播的方向滚滚向前。因而，波浪实际上又是能量的波形传播。波浪波动周期从零点几秒到数小时以上，波高从几毫米到几十米，波长从几毫米到数千千米。

根据波浪理论，波浪能量与波高的平方成正比，与海水密度也成正比。Kinsman 在 1965 年提出一个严格简单正弦波单位波峰宽度的波浪功率 P_W 为

$$P_W=\frac{\rho g^2}{32\pi}H^2T \tag{7-1}$$

式中：ρ 为海水密度，kg/m^3；g 为重力加速度，$g=9.8m/s^2$；H 为波高，m；P_W 为功率，W；T 为波周期，s。

例如，有一周期为 10s、波高为 2m 的涌浪涌向波浪发电装置，波列的 10m 波峰 L 的功率为

$$P_{WL}=\frac{(1.2g/cm^3)\times(980cm/s^2)^2\times(2\times10^2cm)^2\times(10s)(10^3cm)}{32\pi}$$

$$P_{WL}\approx4\times10^{12}erg/s\ (1erg/s=10^{-7}W)$$

它表明每10m波峰宽度的波浪功率等效于400kW。

2. 波浪能发电发展历程

波浪能发电是通过波浪能装置将波浪能首先转换为机械能（液压能），然后再转换成电能。波浪能具有能量密度高、分布面广等优点，是一种取之不竭的可再生清洁能源。尤其是在能源消耗较大的冬季，可被利用的波浪能能量也最大。目前，小功率的波浪能发电，已在导航浮标、灯塔等获得推广应用。波浪发电站随处可设，可在海上，也可在堤岸，甚至可在无风区域，而不像潮汐电站选址那么受限、土木工程量也很大。并且，发展波浪能发电，利于联站并网，发挥密集型特点，可操作性很强。1992年，联合国就把波浪发电列为开发海洋可再生能源的首位，各沿海国家都在加大力度积极开发。

1799年，一对法国父子尝试为一种可附在漂浮船只上的巨大杠杆申请专利，它可随海浪一起波动来驱动岸边的水泵和发电机，但当时蒸汽动力吸引了人们的注意力，使他们的想法只留迹在了制图板上。两个世纪前，油料禁运导致的能源紧张重新刺激了海浪发电的设计，但最后因为解禁，油价下滑，利用波浪能发电的想法还是被放弃了。1964年，日本研制了世界上第一个利用海浪发电装置——航标灯。虽然这台发电机发电的能力仅有60W，只够一盏灯使用，然而却开创了人类利用海浪发电的新纪元。日本平均波能约为13kW/km（近海）和6kW/km（沿岸），沿海的波浪可利用能量估算约20GW，可满足日本国内能源总需求量的1/3。由于拥有丰富的波浪能，日本一直重视波浪能技术向生产应用的转化研究，在波浪能转换技术实用化方面走在世界前列。20世纪70年代末期，日本研制了一种大型海浪能发电船，并进行了海上试验。该发电船能发出100～150kW的电能，而且具有远离海岸的电力传输装置。这艘发电船通常停泊在离岸3000m的海上，船长80m，宽12m，总重500t，停泊海域的水深为42m，船的内室里安装有几台海浪发电装置。20世纪90年代初期，英国在苏格兰建成了一座发电能力为75kW的海浪发电站。英国是继挪威、日本之后，利用海浪发电的第三个国家。

在英国苏格兰东北角，有一大片被称作奥克尼群岛的岛屿，附近的海域风急浪高，波涛汹涌，是波浪能丰富的海域。2003年10月，欧洲海洋能源中心在英国政府的资助下，建造了世界上第一个专门为研究和测试而建立的海浪发电试验场——奥克尼海浪发电试验场。

奥克尼海浪发电试验场中海浪发电机所产生的电能先被送到岸边的一个变电站，然后再被送入国家电网，并最终出售给用户，其数据收集中心坐落在离海岸大约35km处，每个系泊位（插座）都由各自独立的控制中心进行控制，各个公司可在试验场租用一个系泊位，然后通过互联网在自己公司的办公室内进行遥控操作。

我国波浪能发电的开发较晚，1975年制成1kW波电浮标并在浙江省嵊山岛试验。自20世纪80年代初开始，又主要对固定式和漂浮式振荡水柱波能装置及摆式波能装置等进行了研究。1985年，中国科学院广州能源研究所成功开发了利用对称翼透平的航标灯用作波浪发电装置。从20世纪80年代至20世纪末，国家在三个五年计划提供约1000万元的支持资金，用于研制20、100kW岸式振荡水柱波能装置各一座，5、30kW摆式波能装置各一座，5kW漂浮式波能发电船一座，50kW波浪能独立发电与制淡系统一座。此后国家科技部、中国科学院等对波浪能研究开展了持续的支持。我国在广东省汕尾市研建了100kW岸式振荡水柱电站，于2000年建成发电；在山东省青岛成功试运行了100kW摆式波力电站。

2007年10月，珠海市万山海洋开发区和中国科学院广州能源研究所就海岛可再生独立能源系统研建项目进行签约，该项目是国家“十一五”863科技计划项目。这意味着世界首座综合利用太阳能、风能、波浪能的海岛可再生独立能源发电的电站将落户珠海担杆岛。该系统无须电网或其他任何动力系统辅助，便可独立运行，为300人左右的海岛提供电力和淡水，总装机容量为200kW，年发电量达10万kWh，在供电的同时多余的能量可用于海水淡化，年产淡水量达1万t。该系统能量80%以上由波浪能、风能、太阳能装置提供，完全可供担杆岛上居住的数百居民照明使用，同时转化的淡水可有效缓解岛上居民淡水使用紧缺难题。该项目的难点在于采用三种不稳定能源为用户供电，而且是独立运行发电。由于能源不稳定，因此，需要较大的蓄电池容量，较大的充电、逆变能力，还要具有较强的能量调节手段，如通过海水淡化消耗过剩能量等。目前，珠海海岛以柴油发电为主，柴油发电能耗大、运输成本高，居民用电成本每度超过3元多，该项目投产后，岛内居民用电成本可降低一半。

3. 波浪能发电类型

波浪发电即是以波浪发电装置将波浪能转换成电能，一般其转换过程分为三个环节：第一级转换，将波浪能转换为装置实体所持有的能量，即利用特殊装置收集波浪能量；第二级转换或称中间转换，主要作用是将第一级转换中还未能达到要求的能量进行稳向、稳速、增速和放大；第三级为终极转换，即是将第二级装置所获得的机械能等转换为电能。

收集波浪动能一般有三种方式：

(1) 运动型。收集一定方向的机械能，比如一个轮子能在波浪里上下摇动，可以像整流一样选出一定方向的可被利用的机械能。

(2) 振荡型。把振动的水柱变成变化的气柱，有个振荡腔，如果能产生共振，效果就更佳，振动变为旋转也较容易。

(3) 水流型。改变水流形状，形成压差，就可做推动力。

通过波能的一次转换将波能转换为另一种形式的机械能，但要将它变为电能，还需进行二次转换。二次转换是透平（空气透平、水轮机、液压马达等动力机械）发电机组。但用作波浪发电的发电机，必须适应变化幅度较大的工况，一般小功率的波浪发电采用整流输入蓄电池方式，较大功率的波力发电与陆地电网并联调度。二次转换间一般还有中间转换装置来优化第一级转换，目的是将能量传递。由于一次转换所得的能量，其载体具有压力大而速度低的特点，用它驱动二次转换机组不合适。因此，中间环节促使波力机械能经特殊装置处理达到稳向、稳速和加速能量传输，以推动发电机组。波浪动能通过适当的齿轮、杠杆机械式方式、用液压系统的水动式方式或用空气泵的气动式方式等被转换成推动水轮机的动力。

4. 平滑波浪装置

索尔特提出了一种叫波浪鸭的装置，如图7-4所示。它的形状设计成能最大限度地吸收波浪能的形状。从左边过来的波浪使波浪鸭摆动，波浪鸭右边做成柱形，使右边的海面不再有波浪，能量从摇摆轴上获得。这个装置的效率较高，但需要解决两个问题：①把低速的摇摆运动转换成发电机需要的高速转动；②把电能从一定水深中活动的装置上输送到较远的地方去。波浪鸭的效率波形如图7-5所示。

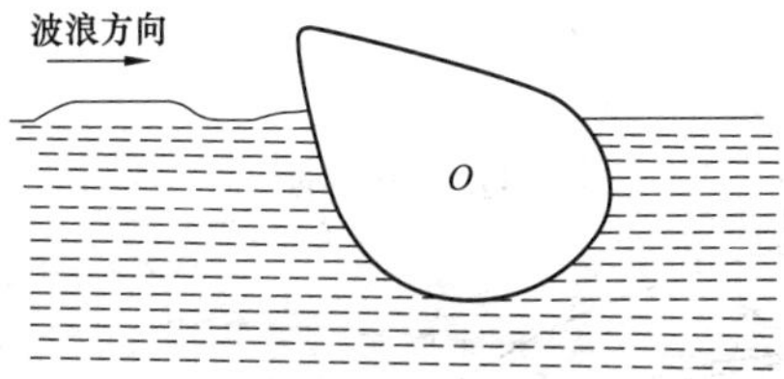

图7-4　波浪鸭

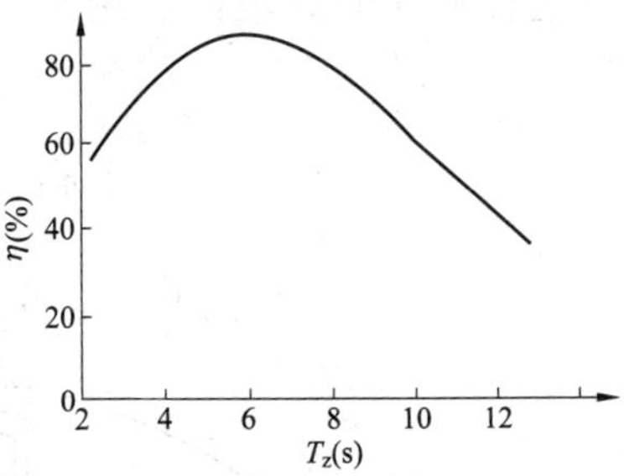

图7-5　波浪鸭的效率波形

5. 利用波动水柱装置

当波浪遇到部分浸在水中的空腔时，空腔中水柱会上下波动，从而引起上部气体或液体的压力变化。空腔可通过某种涡轮机与大气相连，并从涡轮机获得能量，如图7-6和图7-7所示。

6. 坝礁波浪能利用装置

因为波浪能十分分散，将分散的能量集中转换后可使机组结构紧凑，图7-8所示为一种“坝礁”波浪能转换装置。波浪进入靠近海面的开口，流经一组导片和旋转叶片。由于波浪的折射，波浪从各个方向进入结构物的中心部分。旋转的叶片使海水在中心区呈螺旋状向下运动。这种旋转的水柱就像一个液体飞轮，似水轮机转动，从而可推动发电机发电。图7-9为一组给沿海地区供电的“坝礁”发电装置。

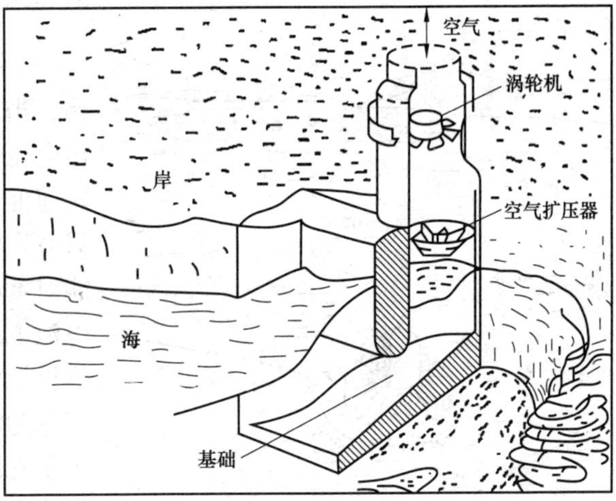

图7-6　波浪能发电装置

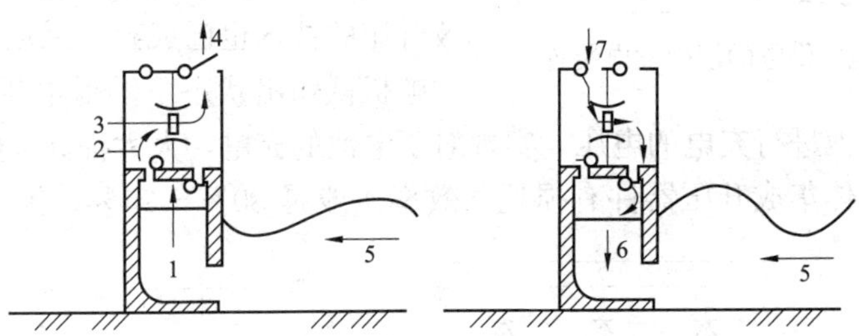

图7-7　波浪能发电装置工作原理

1—波浪引起的水位上升；2—空气流；3—涡轮机；

4—空气出口阀；5—波浪方向；6—水位下降；7—空气进口阀

以上几种方案都为波浪能利用提供了较好的方法，但也存在一些问题，主要问题是由于波浪能的不稳定性造成了波浪能驱动效率较低、输出功率较小。采用的通用三相交流发电机并不太适合目前的波浪能利用装置，发电效率较低。常用的波浪发电系统如图 7-10 所示。

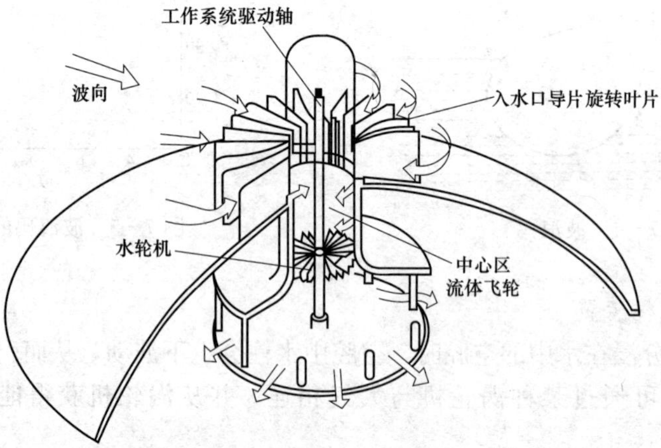

图 7-8　坝礁波浪能转换装置

图 7-9　沿海地区供电的坝礁发电装置

一般来讲，发电机的输出电压与转速成正比。当风浪很大时，波浪发电机的转速较高，输出电压也较高；相反，当风浪很小时，发电机的转速低，输出电压也较低。从图 7-10 可看出，只有当整流输出的直流电压高于蓄电池电压时才能对蓄电池进行充电，而当输出直流电压低于蓄电池电压时就不能对蓄电池进行充电。所以，在这里把波浪发电机输出电压低于蓄电池电压的状态称为波浪发电机的低输出状态。实际上，低输出状态时，波浪发电装置仍在输出电能，只不过没能利用，但随着现代电力电子技术的飞速发展，利用半导体开关电源技术，把低电压进行高效升压的技术也已成熟。采用升压电路，将波浪发电机低输出状态下的低电压进行有效的升压，可使之达到对蓄电池进行充电的电压，实现对蓄电池的充电，大大提高能源利用率。但同时需要注意的是半导体集成升压器件有损耗，效率一般是 80%～90%。为了尽量提高能源利

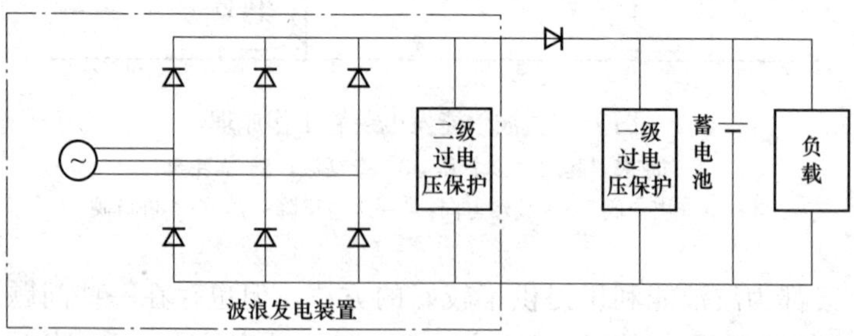

图 7-10　波浪发电电气系统

用率，一般在波浪发电装置处于低输出状态时采用升压方法，而在波浪发电装置输出整流电压高于蓄电池电压，也即不经过升压给蓄电池充电时，断开升压电路，直接给蓄电池充电，以此来避免升压时的损耗。具有比较电路、提高波浪发电装置能源利用率的电路如图7－11所示。

从图7－11中可看到，比较电路输入的两个比较量分别是波浪发电机输出电压U_0和蓄电池电压U_B，当$U_0>U_B$时，断开升压电路直接向蓄电池充电；当$U_0<U_B$时，立即接通升压电路，发电机输出的低电压经过升压后向蓄电池充电。

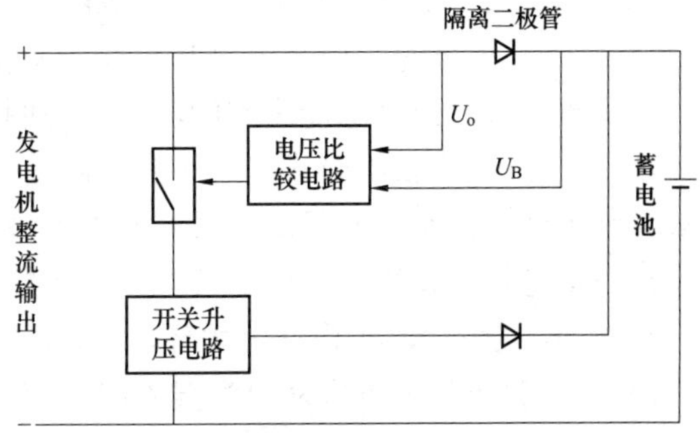

图7－11 提高波浪发电装置能源利用率电路

对于可再生能源来说，高效转换技术是研究的难点，由于波浪的不稳定性导致其转换装置经常处于非设计工况，而且有限的能流密度、转换的低效率导致发电成本进一步加大，因此提高波浪能利用率、降低波浪能发电的成本始终是波浪能研究的目标。波浪能利用的关键技术包括：波浪聚集与相位控制技术、波能装置的波浪载荷及在海洋环境中的生存技术、波能装置建造和施工中的海洋工程技术、不规则波浪中的波能装置的设计与运行优化、往复流动中的涡轮机研究、波浪能的稳定发电技术和独立发电技术等。到目前为止，涉及相关方面的研究，特别是国内的研究仍然比较少，多元化和综合利用是波能发展的另一新动向。结合防波堤等海工和港工设施建造波力电站，为波浪能利用开创了新途径。由于电站的土建可结合工程进行，波力发电的成本大为降低。电站的吸能作用，还可减轻作用在海工建筑上的波浪载荷，增加可靠性。除发电外，波浪能利用与环境和海洋资源利用的结合也很有前途。例如，波浪能与风能、太阳能和海洋热能的综合利用，波浪能提取深层海水和供氧及改善海水牧场和养殖场的养分，利用波浪能清除海洋污染，波浪能船舶推进，波浪能海水淡化、制氢、提取海洋中的贵重元素等。我国目前正处于实现工业化和信息化的经济高速发展期，特别是沿海地区，能源需求的急剧增加已成为社会和经济发展的瓶颈。众多海岛，在海洋开发和国防建设方面占有重要地位，特别是远离大陆的岛屿，依靠大陆供应能源，供应线过长，且受风浪影响。能源和淡水是海洋资源开发和海防建设活动的基本需求，能源和淡水供应的成本关系到海洋资源开发的成本，因而也就直接影响到海洋资源开发的能力。解决能源和淡水供应问题成为远海资源开发的关键，相对于其他形式的可再生能源，波浪能等形式的海洋能易于规划，具有较大优势，因此建立利用波浪能的独立发电和海水淡化系统大有发展潜力。

7.2.4 温差能发电

1. 温差能发电技术发展历程

温差能是利用深部海水与表面海水的温度差产生的能源。海洋的表面与海底温差约为20℃，利用温差发电的工作原理与目前火力、核能发电原理相类似，首先是利用氨、丙烷或氟利昂等低沸点工作流体来蒸发表层海水，使其汽化推动涡轮发电机发电，然后利用深层冷海水冷却工作流体成液态，再进行循环使用。温差发电具有很强的规模效益，发电后排出来的剩余海水可用于多目的综合利用，如水产养殖、动物饲养、植物培育、冷房冷库等。由于深层海水具有营养、清净、低温等性能，其综合利用前景非常广阔。

海洋温差发电要利用氨和水的混合液。与水的沸点100℃相比，氨水的沸点是33℃，容易沸腾。借助表面海水的热量，利用蒸发器使水沸腾、用氨蒸气带动涡轮机，氨蒸气又会被深层海水冷却，重新变成液体，在这一往返过程中，可依次将海水的温差变成电力。

海洋温差发电的概念（OTEC，ocean thermal energy conversion）是在1881年由法国人D′Arsonval提出的。1926年法国科学家克劳德在分别装于两个烧瓶里的28℃温水和冰块之间，实现了温差能至电能之间的转换，说明了利用海洋温差发电的可能性。实验成功后，克劳德于1929年在古巴建成了一座海水温差发电的试验装置，发电功率为22kVA，虽然后来被风浪摧毁，但是证明了海水温差发电在技术上是可行的。然而，直到20世纪70年代，第一次石油危机才使得以美国、日本为代表的国家把海洋温差发电研究列入基础研究范围。

1979年，美国建立了闭式循环的Mini－OTEC系统，额定功率50kW，净输出功率18.8kW，这是世界上首次从海洋温差能中获得具有实用意义的电力。1993年，美国在夏威夷建成210kW开放式循环系统，净输出功率40～50kW，并开始探索对海水温差能的综合利用。美国太平洋高技术研究国际中心还开发了利用冷海水进行空调、制冷及海水养殖等附属产业，在太平洋热带岛屿显示出良好的市场前景。

日本在海洋温差能研究开发方面投资力度很大，并在海洋热能发电系统和换热器技术方面领先于美国。迄今日本共建造了3座海洋温差试验电站。1981年，日本在南太平洋的瑙鲁岛建造闭式循环实验设施，额定功率120kW。1985年，日本佐贺大学建成闭式循环的75kW实验设施。1994年，日本佐贺大学建成新型闭式循环（上原循环）的9kW实验设施，并进行海水淡化方面的研究。印度也已对海水温差能利用进行了多年研究。由日本佐贺大学海洋能源研究中心提供技术合作，2006年，印度政府斥资约7亿日元在印度南端的印度洋上建造了一艘海洋温差发电试验船游弋，输出功率为1000kW，规模是目前世界上最大的。目前，印度政府准备建设1000台50万kW的海洋温差发电设备，如果计划得以实现，那么其发电容量与目前日本的原子能发电规模相当。在赤道地区，接近海面的表面海水在太阳照射下温度高达近30℃，而水深数百米的深层海水温度是5～10℃，海洋温差发电就是利用这一温差进行的。据日本佐贺大学海洋能源研究中心介绍，位于北纬45°至南纬40°的约100个国家和地区都可进行海洋温差发电。印度具备表面海水温度高这一得天独厚的条件。

1985年，中国科学院广州能源研究所开始对温差利用中的一种“雾滴提升循环”方法进行研究，即根据表层和深层海水之间的温差产生的焓降为原理来提高海水的位能。1989年，在实验室实现了将雾滴提升到21m的高度纪录，同时还对开式循环过程进行了实验室研究，建造了两座容量分别为10W和60W的试验台。理论上来说，这种方法可提高温差能量密度，但目前该研究还只停留在实验室阶段。我国海域辽阔且大部分处于热带和亚热带区域，海洋能资源十分丰富，其中海洋温差能蕴含量约为1.5亿kW。东海的表面海水温度从北向南依次升高，其中北部海水温度为17.9～25.6℃，南部为19.9～25.5℃。在东海的东南边缘处，大陆坡度突然变陡，急剧倾入深海，水深由200m下降到1000～2000m左右，以致形成东北-西南向的坡度与海槽。其中冲绳海槽北浅南深，北部水深一般为600～800m，南部水深则为2500m左右，最深超过2719m。海槽的2000m等深线基本处于北纬26°以南，太阳辐射强烈，表面水温较高。因此，从海水表面温度及海水深度方面均适合海水温差能的开发。

台湾以东海域表层水温全年在24～28℃，500～800m以下的深层水温在5℃以下，全年水温差20～24℃。据估计，该区域温差能资源蕴藏量约为（1.32～1.48）×10^6MW。台湾以东的海域是狭窄的岛缘陆架，陆架外侧是陡窄的大陆坡直插入海沟或洋底。此处的大陆架很窄、大陆坡较陡，距岸不远处即为水深超过3000m的深海盆，是适宜开发海水温差能的天然场所。南海位于北回归线以南，太阳辐射强烈，是典型的热带海洋，表层水温均在25℃以上。500～800m以下的深层水温在5℃以下，表深层水温差在20～24℃，蕴藏着丰富的温差能资源。南海平均水深在1212m，海底是长轴为北东-南西方向的菱形盆地。盆地处于西沙-中沙群岛与南沙群岛之间，是一个深度在4000m以上的深海平原。东沙群岛与中沙-西沙群岛间水深为1000～3000m。南海中央盆地介于我国台湾以南与南沙群岛的大陆坡之间，水深约3600m左右。南中国海的海槽与海沟都分布在东部距岛屿不远的地方，自北而南依次为吕宋海槽、马尼拉海沟和巴拉望海槽，具有深度大（水深超过5000m）、坡度陡等特点。南海适宜开发温差能的区域非常广泛，如西沙群岛、南沙群岛、中沙群岛等地海水温度和深度均满足开发海水温差能的要求。

2. 温差能发电技术

温差发电是利用海水的浅层与深层的温差及其温、冷不同热源，经过热交换器及涡轮机来发电的。现有海洋温差发电系统中，热能的来源是海洋表面的温海水，发电的方法基本上有两种：一种是利用温海水，将封闭的循环系统中的低沸点工作流体蒸发；另一种是温海水本身在真空室内沸腾。两种方法均产生蒸汽，由蒸汽再去推动涡轮机，即可发电。发电后的蒸汽，由温度很低的冷海水冷却，将之变回流体，构成一个循环。冷海水一般要从海平面以下600～1000m的深部抽取。一般温海水与冷海水的温差在20℃以上。从深海抽取的冷海水温度低（一般为4～5℃）、无菌、富有养分。有多种用途，如生产淡水、冷冻、空调、养殖、制药等，可提高海洋温差发电以外的经济价值，这方面的应用称为深海水综合利用。

（1）封闭式系统。封闭式循环海洋温差发电系统利用低沸点的工作流体作为工质，其主要组件包括蒸发器、冷凝器、涡轮机、工作流体泵、温海水泵与冷海水泵，如图7-12所示。因为工作流体在封闭系统中循环，故称为封闭式循环系统。当温海水泵将温海水抽起，并将其作为热源传导给蒸发器内的工作流体，使其蒸发。蒸发后的工作流体在涡轮机内绝热膨胀，并推动涡轮机的叶片进行发电。发电后的工作流体被导入冷凝器，并将其热量传给来自深层的冷海水，冷却后再恢复成液体，然后经循环泵输送至蒸发器，形成一个循环。工作流体可反复循环使用，其种类包括氨、丁烷、氟氯烷等密度大、蒸汽压力高的气体冷冻剂。封闭式循环系统的能源转换效率在3.3%～3.5%，若扣除泵的能源消耗，则净效率在2.1%～2.3%。

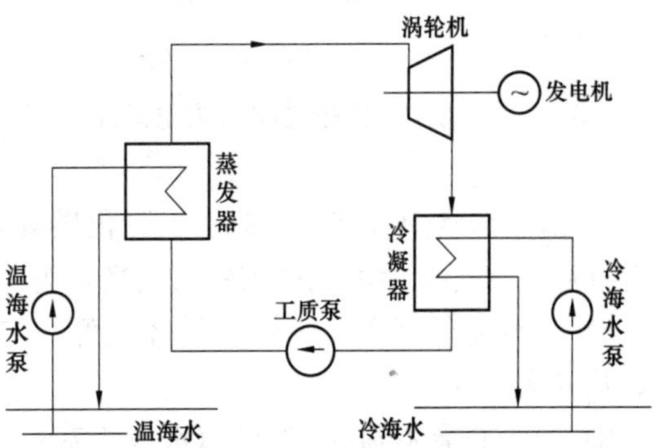

图7-12 封闭式循环海洋温差发电系统

封闭式循环系统的优点：

1）系统处于正压，汽轮机压降较大。采用低沸点工质可提高压力差和压力水平。在同样温度下蒸汽压力比水的高得多，如氨在25℃时饱和压力是1005.1kPa，是同温下水的饱和压力的304.6倍。因此可极大地缩小汽轮机尺寸，减小温海水流量，实现装置的小型化及规模的大型化，易于取得商业化发展。

2）由于工质在闭路中循环，海水内不凝性气体对系统的影响较小，海水不需要脱气。

封闭式循环系统的缺点：

a. 海水与工质之间需要二次换热，减小了可利用的温差。

b. 蒸发器和冷凝器体积较大、金属耗量大、维护困难。

c. 由于温差较小，必须有性能优良的热交换器才能大大降低建设费用。

d. 只可发电，不能生产淡水。

e. 工质的泄漏可能对环境造成影响。

(2) 开放式系统。开放式循环海洋温差发电系统不利用其他工质的工作流体，而是直接使用温海水，如图 7-13 所示。首先将温海水导入真空状态的蒸发器，使其部分蒸发，其蒸汽压力约为 3kPa（25℃），相当于 0.03 倍大气压力。水蒸气在低压涡轮机内进行绝热膨胀，做完功后进入冷凝器，水蒸气被冷海水冷却成液体。冷凝的方法有两种：一种是水蒸气直接混入冷海水中，称为直接接触冷凝；另一种是使用表面冷凝器，水蒸气不直接与冷海水接触。后者即是附带制造淡水的方法。

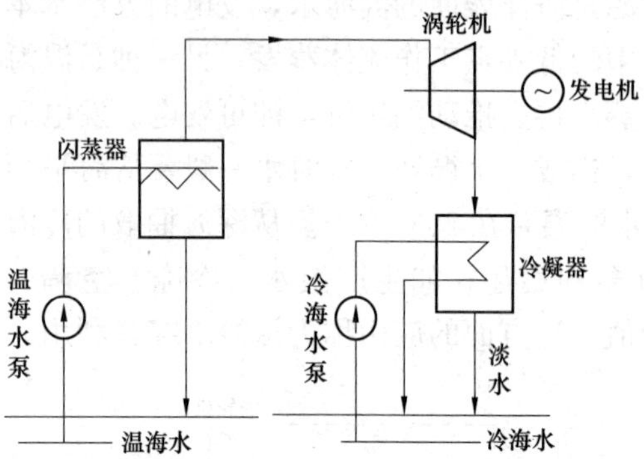

图 7-13　开放式海洋温差能发电系统

开放式循环系统的优点：

1）以在真空下不断蒸发的温海水蒸气为工作流体，不会因为工质的泄漏而对环境造成破坏。

2）如果冷凝器采用间壁式冷凝器，则可得到淡水。

3）由于不使用其他介质，不需要海水与工质的热交换，因此可减少由于二次热交换而产生热损。

4）结构相对比较简单。

开放式循环系统的缺点：

1）由于海水中含有氧、氮、二氧化碳等溶解性气体，当海水蒸气进入闪蒸器之类的真空部件后，大部分溶解气体被释放出来，为了保持系统真空，必须连续除去这些气体。

2）系统处于负压，汽轮机压降较低，25℃时饱和蒸汽压力约为 3.3kPa，汽轮机效率低、尺寸大。

3）由于只有不到 0.5%的海水成为蒸汽，所以必须将大量的海水泵送入发电站以产生足够的蒸汽来推动这一大型、低压的汽轮机，这种局限性使得开放式循环系统产生的总电量不超过 3MW。进一步加大汽轮机的尺寸，增加汽轮机的重量会使支撑系统不堪重负。

虽然开放式系统的能源转换效率高于封闭式系统，但因低压涡轮机的效率不确定，以及水蒸气之密度与压力均较低，故发电装置容量较小，不太适合大容量发电。

(3) 混合式系统。混合式海洋温差发电系统与封闭式循环系统有些类似，唯一不同的是蒸发器部分。混合式系统的温海水先经过一个闪蒸器（一种使流体急速压缩，然后急速解压而产生沸腾蒸发的设备），使其中一部分温海水转变为水蒸气，随即将水蒸气导入第二个蒸发器（一种蒸发器与冷凝器组合的设备），如图 7-14 所示。水蒸气在此被冷却，并释放热能，此热能再将低沸点的工作流体蒸发，工作流体经过循环而构成一个封闭式系统。

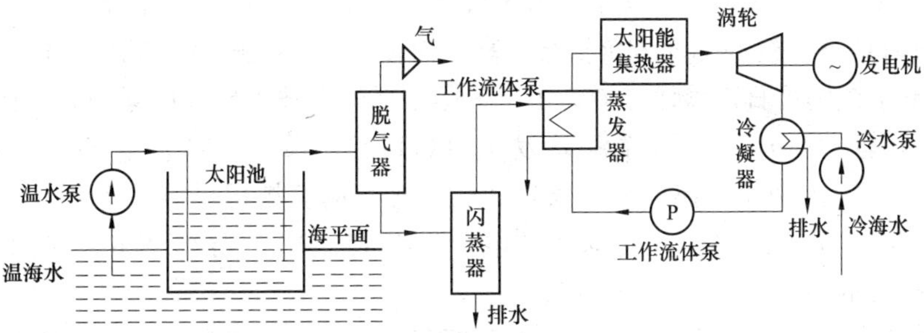

图 7－14　混合式海洋温差能发电系统

设计混合式发电系统的目的在于避免温海水对热交换器产生的生物附着。该系统在第二个蒸发器中还可有淡水副产品的产出。同时，开放式发电系统的低容量缺点也可获得改善。混合式海洋温差发电系统主要由动力系统，海水管路系统与厂房基础结构系统构成。动力系统分为蒸发器、太阳能集热器、冷凝器、工作流体、涡轮发电机与泵六个部分；海水管路系统由取水用的温水管、冷水管及排水用的排水管三个组件组成；厂房基地分为陆上型、海上型。

混合式海洋温差能发电动力系统构造：动力系统是海洋温差能发电系统的核心，系统采用低沸点工作流体进行循环。热交换器是系统的关键设备，其性能的关键是它的形式和材料，其对装置的效率、结构和经济性有直接的影响。钛的传热和防腐性能良好，但是价格过于昂贵。美国阿贡国家实验室研究人员发现，在腐蚀性暖海水环境下，改进后的钎焊铝换热器寿命可达 30 年以上。此外，热交换器表面容易附着生物使表面换热系数降低，对整个系统的经济性影响极大，需要控制生物体的附着，可通过间断加氯的方法实现。

太阳池是一种人造的盐水池，它是利用具有一定盐浓度梯度的池水作为集热器和蓄热器的一种太阳能热利用系统。池底涂黑，池中充满一定浓度的氯化钠和氯化镁溶液。池子表面为清水，底层是较浓或饱和的盐水溶液，浓度梯度阻止了流体的自然对流使池水稳定。池底热能只能以传导的方式向外传递。当太阳辐射到池中后，池底温度升高，池面温度较低时可看作保温层，如图 7－15 所示。太阳池漂浮在海面上，温海水由泵引入池中，由底部的蓄热层加热后送入到太阳能集热器中再次加热。增加太阳池加热混合海洋温差能发电系统与常规混合式系统的改进之处在于传统混合式系统中温海水经温水泵直接进入脱气器、闪蒸器，而太阳池混合式温差发电系统在进入脱气器、闪蒸器前经过太阳池加热，使得温海水的温度先升高，从而使闪蒸后得到的潜能提高；另外，系统还增加了一个太阳能集热器，以便进一步加热流体工质，提高其蒸汽压力，使得涡轮机做功增加，系统效率增大。

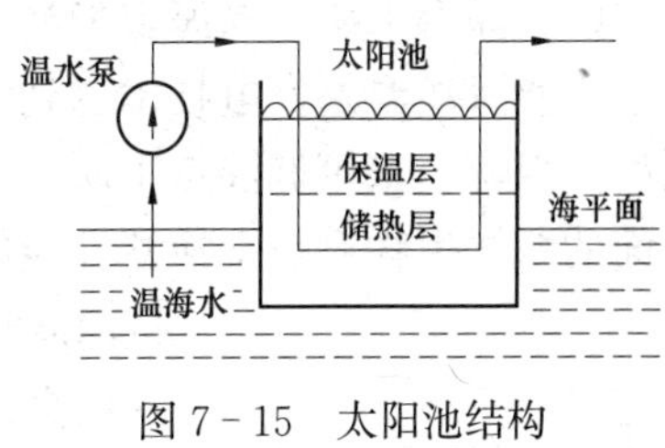

图 7－15　太阳池结构

总体来说，混合式循环系统综合了开放式循环和封闭式循环的优点，并且既可发电又可产生淡水，但是系统较复杂、初投资较大。

3. 温差发电及综合利用

（1）海水淡化和冷水空调。开放式循环和混合式循环海洋温差发电系统都可作为海水淡化器进行利用，开放式循环的冷凝器和混合式循环的蒸发器的冷凝水就是淡水，可供人饮用或农业利用。在太平洋岛屿上，淡水的市场价格达到1～4.60美元/千加仑（0.27～1.21美元/L），在没有地下水资源的地方价格会更高，而在太平洋岛屿上1.5MW（电）净功率开式海洋温差发电系统则可日产淡水300万L。美国太平洋高技术研究国际中心（PICHTR）设计了一个多功能1000kW的海洋温差发电（OTEC）系统，除发电外，每天可产淡水4750m^3，足够2万人使用，还可为一家有300个客房的宾馆提供冷水空调，运行费用仅为常规空调的25%，由此使温差发电系统的电价降为11～19美分/(kWh)，低于海岛上使用化石燃料电价成本16～44美分/(kWh)。

(2) 海水养殖。由于深海冷水含有丰富的氮、磷、硅等营养盐类，十分有利于海水养殖。如养殖鲜鱼、鲍鱼、海胆和牡蛎。实验表明，鲜鱼和海藻在一起都生长得很好，海藻为鲜鱼提供氧气，鲜鱼的排泄物则成为海藻的肥料；牡蛎起滤食动物的作用，保持水池清洁；鲍鱼和海胆放在不同的水槽内，供海藻生长。目前，在夏威夷由海洋温差发电系统派生的海水养殖业已投入5000万美元，用于养殖龙虾、比目鱼、海胆和海藻。

(3) 热带农业。夏威夷大学首先提出把冷海水用于农业的想法。在地下埋一排冷水管，创造出热带地区没有的低温气候环境。系统除降低土壤温度外，同时由于大气中的水分子在管子表面上的冷凝还可产生滴灌效果。使用此方法，可在热带地区终年生产草莓，在其他地区春季收获谷物和花卉。

(4) 燃料生产。

1) 利用电站排放的大量深层冷海水富含的营养盐类，来养殖深海巨藻，再经厌氧消化生产中热值沼气，其转化率可达80%以上，或者是经发酵生产酒精、丙酮、乙醛等，或使用超临界水，将高含水量的海藻汽化生产氢。

2) 海洋能生产的电力就地利用生产燃料，如以海水和空气为原料生产氢、氨或甲醇。还可利用电站的电力从浓缩海水中提取稀有金属，如锂和重水，然后送往陆地供原子能电站使用。另外可生产铀及氯、铝、镁、乙烯、聚乙烯、氯化乙烯树脂等能量密集型化工产品。

(5) 深海采矿。向海上采油、采矿工程提供电力。

为使海洋温差发电技术达到大规模商业化应用的目的，目前国际上正致力于研究利用氟利昂、丙烷、氨等低沸点工质，在冷热源温差较小条件下的发电技术；研究附着在热交换器表面的海洋生物对热交换器性能的影响及其解决途径；研究大量深海海水在海面释放和将维持深海浮游生物生长的营养物质带到海面，对海洋生态系统的影响及热交换器材料的高强度、耐腐蚀及轻型化，低沸点工质的改进和替代物质等。

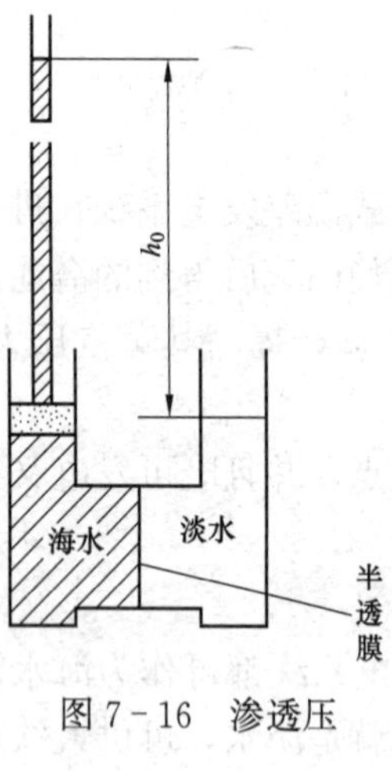

图7-16　渗透压

7.2.5　盐差能发电

1. 盐差能概述

盐差能实际上并不是海洋自己所具有的能量，它是由江河淡水流入大海，与苦咸的海水交融在一起由渗透引起的渗透压能。通常把只允许溶剂通过而不允许溶质通过的薄膜，叫作“半透膜”。图7-16所示连通器与普通连通器的不同之处是在中间的连接通道上安装了一层半透膜，利用半透膜将连通器分成了左右两部分。左侧装入海水，右侧装入淡水，并使两侧水位相同。注意观察，很快就会发现，海水一侧的水位升高，而淡水一侧的水位下降。这说明，淡水在通过半透膜向海水中扩散。通常把这种通过半透膜的扩散叫作渗透。继续观察，不用多久，海水侧的水位就会比淡水侧高出一截。如果把海水侧的水面封死，竖直地引出根长玻璃管可以看到，海水在不断地沿玻璃管上升，直上升到很高的高度才停止下来。该现象表明，当用半透膜将海水和淡水隔开时，必然是淡水对海水产生了一个虽然是看不见，然而是非常强大的压力，正是这种压力使淡水通过半透膜扩散到海水中，并迫使海水沿玻璃管上升，这种压力叫作渗透压。半透膜和渗透压在生活中是常见的。例如，吃了咸的东西就会感到口渴，这是因为我们的细胞壁就是一种半透膜。当吃了咸的东西后，血液中的含盐量增大，由于渗透压的缘故，细胞内的水分经细胞壁渗透到血液中来，细胞的水分不但得不到补充，反而减少了，这时我们就会有渴的感觉。渗透压的大小主要取决于海水的含盐浓度和温度，含盐浓度越高，渗透压越大。我们知道，海水的含盐浓度平均是 1L 海水中含有 35g 氯化钠，该浓度的海水，以水温 20℃计算，和江河淡水用半透膜隔开时所能形成的渗透压为 24.8atm，按水头说就是 256.2m。这也就是说，当把 1L（1kg）淡水混入海水中时，这 1L 淡水实际具有了 256.2kgm 的潜在能量，也就是浓度差能。

关于半透膜，除了天然存在于动植物身体上的以外，用人工方法也能合成。目前人工合成的半透膜都是用高分子材料制成的，经常使用的半透膜有三种：一种是不对称纤维素膜；另一种是不对称芳香族聚酰胺纸膜；第三种是离子交换膜。

2. 盐差能发电简介

河流的淡水与邻近的海水之间的浓度差，很显然是一种可供开发利用的可再生能源。进行盐差能量转换时，需要利用具有不同盐度的不同海区间存在的渗透压力差，再把这种压力差转换为势能，然后用于发电。用盐差能发电，将是 21 世纪人类的又一壮举。人们已经设计出许多方案等待付诸实施，图 7－17 所示连续运转的盐差能发电系统就是其中一种设计方案。该方法的技术关键是制造出有足够强度、性能优良、成本适宜的半渗透膜。同时薄膜必须能够承受风、浪、流的强大应力，以及要具有抗生物污损或抗沉积物堵塞的能力，并能排除有可能穿越薄膜的水中碎屑的影响。此外，还要找到不断补充海水侧盐分的方法，确保可持续获得足够的盐差能。到那时，这种神奇的能量必将被充分利用，产生巨大的效益。值得指出的是，盐差能多集中在江河入海口处，不同于“稀薄能源”，而是“稠密能源”，具有巨大的开采价值，值得我们充分重视和大力开发。

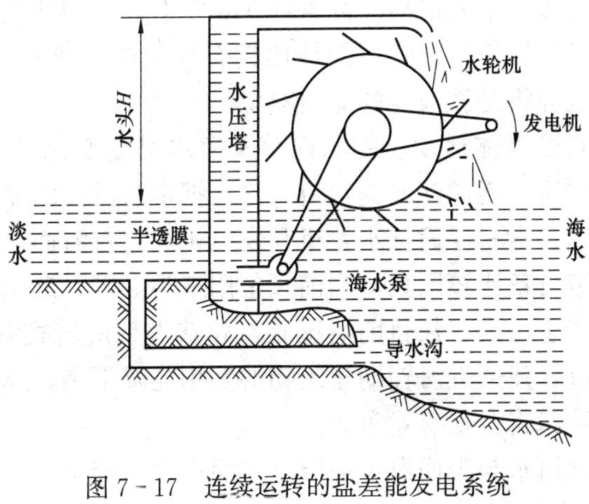

图 7－17　连续运转的盐差能发电系统

现在，人们正在研究开发一种新型的蒸汽压式盐差能发电系统。在同样的温度下，淡水比海水蒸发得快。因此，海水一侧的蒸汽压力要比淡水厂侧低得多，于是在空室内，水蒸气会很快从淡水上方流向海水上方。只要装上涡轮机，就可利用盐差能进行工作。利用蒸汽压式盐差能发电不需要处理海水，也不用担心生物附着和污染。

7.3 海洋能发电的综合评价

7.3.1 海洋能源的发电与资源评价

海洋中蕴藏着极其丰富的资源，如生物资源、矿产资源、化学资源，还有取之不尽、用之不竭的动力资源。开发利用海洋能，主要是指将海洋能转换成洁净的电能加以充分利用。利用海洋能发电是从 20 世纪 60 年代中期开始，目前潮汐发电已在实际中得到应用，波浪发电装置也已制成，其他如海流发电、温差发电、盐差发电都处于试验阶段。

海洋潮汐能是由引潮力做功形成的，全世界的潮汐能超过 10 亿 kW，如加以充分开发利用，每年可生产电能 12.4 万亿 kWh。这些潮汐能主要集中在浅海和狭窄的海湾地带。对于潮汐能的开发利用，我国在小型潮汐电站建设和运行上取得了较多的经验，通过江厦电站建设，基本上掌握了海洋潮汐发电技术，制成简化的灯泡形贯流式机组及对海洋环境用涂料保护为主，辅以电解海水、外加电流阴极保护措施的防腐蚀技术。虽然潮汐发电容量较大，但需要海湾作为上游水库，电站选址有限，要求 8m 潮差，而且必须建造长坝。近 30 年来，人们已认真地研究和发展了潮汐电站，潮汐发电技术也向成熟阶段迈进了一大步，世界很多国家先后建造了多座潮汐电站，这些电站的建成发电表明了潮汐发电的技术可行性，但必须进一步降低电站的成本，改进性能和提高经济效益。因为潮汐能不受洪水、枯水期等水文因素影响，开发利用潮汐能的社会和经济效益已显露出来。随着经济发展和化石能源的日益紧缺，目前潮汐电站的建设又出现了新的发展势头。

波浪能的波是最具体的波物质，既包含能量又包含可见的物质，一般来说是研究利用其动能来驱动设备发电。现在用波力发电，单机功率一般在几千瓦级以上。1992 年，联合国就把波浪发电列为开发海洋可再生能源的首位。我国近海波浪能丰富，沿海平均波高在 1m 左右，估计波浪能蕴藏量可达 1.5 亿 kW，可利用装机容量为 3000 万～5000 万 kW，渤海湾、闽浙沿岸、珠江口外海和南海诸岛波高常在 1m 以上，平均波能在 5kW/m 以上。虽然在当前的条件下，大力发展波浪发电的可能性比较有限，在这种情况下，其他可再生能源，特别是风能和太阳光伏能源将是波浪能的竞争对手。

海水不是固定的，它受天体运动、潮水涨落及海水温度变化等多种因素的影响，总是在流动着。川流不息的洋流，就像江河的水流一样，携带着巨大的能量。目前，国外试验海流发电，其原理就是用锚、索和浮筒把水轮机和发电机固定在海面上，由海流推动螺旋桨旋转发电，但由于海上安装设备比较困难，当前只是用来为灯塔、灯船供电。同其他可再生能源一样，海流发电不会产生污染。从目前情况看，建造大型旋转式海流发电系统费用太高，如果水轮机技术得到改进，建造近海辅助建筑物的费用能降下来，那么，在靠近海岸的人口稠密地区发展海流发电技术将会很有竞争力。

海水温差能是因深部海水与表面海水的温度差而产生的能量。海水温差大的地方分布在赤道附近，两极的冰融化后流向赤道产生温差。利用深海与海面温度不同可进行热力循环发电。首次提出利用海水温差发电设想的，是法国物理学家阿松瓦尔。1926年，阿松瓦尔的学生克劳德试验成功海水温差发电。1930年，克劳德在古巴海滨建造了世界上第一座海水温差发电站，获得了10kW的功率。1979年，美国在夏威夷的一艘海军驳船上安装了一座海水温差发电试验台，发电功率为53.6kW 。日本在南太平洋的瑙鲁岛建成一座100kW的海水温差发电装置，1990年又在鹿儿岛建起一座兆瓦级的同类电站。海水温差发电涉及耐压、绝热、防腐材料、热能利用效率等诸多技术问题，目前各国仍在积极探索中。我国南海地处热带，面积大、平均深度大于1000m，全年海面水温在25～28℃，表层与深层水温相差20℃左右，加上部分沿海区域，估计总蕴藏量约为1000万kW。

海水中含有大量的矿物盐，由于海水含盐浓度大于江河水，形成了盐度差。当两种不同浓度的溶液混合在一起时，淡的溶液就会向浓的方向渗透，直至浓度平衡为止，这种渗透就带有压差。研究人员提出了用化学渗透膜隔开浓、淡水，构建盐差能电站的设想。海水盐度差最大的地方是河流的入海口。不同盐度的海水有不同的温度，利用海水温度差可蓄能与发电。现在已具备建立3万kW级发电站的能力。

海洋能对人类具有无限吸引力，人类在对海洋能开发的同时不断认识、了解海洋，尽管海洋能发展的困难很大，投资也比较昂贵，但由于它在海上和沿岸进行，不占用土地资源，不消耗一次性矿物燃料，又不受能源枯竭的威胁，作为未来技术，可把能源资源、水产资源和空间利用有效地结合起来，建立能发挥海洋优势的总能源系统，实现海洋能的综合利用体系。因此，各国政府和研究机构还是不断投入人力物力，积极探索和研究，相信未来人类对海洋能的研究和综合利用将会获得巨大的发展。

7.3.2 海洋能的利用前景与制约因素

能源是人类社会存在与发展的物质基础，但也面临当前严峻的挑战。有限的化石燃料资源日益枯竭，以及国际社会对环境保护的更高要求，为了减少环境污染和生态恶化，节约有限的能源，开发利用丰富的太阳能、水能、风能、生物质能、海洋能等可再生能源无疑是实现可持续发展的必由之路。所以，充分利用丰富的海洋能资源将是未来发展的有力的能源支柱。对海洋能综合利用的制约因素主要有以下几方面：

(1) 社会成本。燃烧矿物质燃料会产生大气污染，使用常规能源时会产生类似于二氧化碳，可形成酸性的硫和氮的氧化物等大气污染物，目前大多数国家都将制定排放标准，最大限度地减少这些污染的排放，因此会增加能源的使用成本。而海洋能的利用刚好与此相反，很少产生或根本不产生大气污染，虽然海洋能开发利用可能会产生其他的环境影响，但通过适当的设计或采取某些措施，便可最大限度地减少或避免这些不利的环境影响。开发利用可再生能源的目的，至少有一部分是为了减少这种大气污染。因此海洋能要想较大幅度地进入能源市场，在不以环境和社会成本为代价的前提下，具备能与常规能源竞争的能力，必须减少上述的社会成本问题。

(2) 经济成本。提取波浪能、潮汐能和海洋能的装置体积庞大、价格昂贵，其原因主要是这些能源在海洋中的能量密度低，低温热力循环和许多波浪能装置的效率低，以及潮汐能发电的间歇性等。但在任何情况下，海洋能装置的运行成本均很低，而且不存在燃料成本问题，这与利用矿物质燃料发电形成鲜明的对比。建造矿物质燃料电站虽然投资较少，但运行期间的燃料成本却较高。在对这两种不同的能源从经济角度进行比较时，其结果是在很大程度上受利率的影响。如果比较一下整个运行期间的成本值，高利率会大大降低整个运行期间的燃料成本值。另一方面，如果比较一下产品的单位成本，由于非矿物质燃料投资成本高，因此利率越高越使得非矿物质燃料发电处于不利地位。无论在哪种情况下，其结果都是一样的，即利率越高，投资大的项目的吸引力就越小。另外投资强度大的项目建设周期长，这是资金密集型项目受利率影响较大的另一个原因。在这种情况下，高利率提高了整体投资成本，使可再生能源更加难以取代矿物质燃料。

(3) 风险影响。投资强度大的项目面临的另一个障碍是，由于使用期内获得的利润并不比成本高出很多，再加上未来的事件及燃料价格的不确定性，因此投资强度大的项目在财政上不会有很强的生命力。正如贷方或投资方所认为的那样，投资成本受风险的影响。在他们看来，各种海洋能的开发利用的风险均较大。波浪能和海洋热能的开发风险主要是技术不成熟所致，而潮汐能的风险主要在于具体坝址的工程与环境问题。在海洋能开发利用没有普及之前，或者至少在获得较多的商业性成功运行经验之前，风险因子将会使这种风险性项目的商业投资成本上升。

海洋能开发利用的制约因素除以上所述外，还有政府部门科技管理体制的因素，而且是很重要的因素。靠企业投入海洋能研究风险太大，企业不积极。政府的投入本来就少，又集中在极少数的大学和科研机构手里，对海洋能有研究条件的非科研机构的工程技术人员却得不到资助。还有就是政策支持的倾斜不够，应该对矿物燃料发电征收一定的环境补偿费，专项用于可再生能源成本的补贴，特别是海洋能发电的补贴，如果能将每千瓦的补贴由现在的 0.25 元增加到 1 元左右，对波浪能的研究无疑将起到很大的促进作用。

7.4 我国海洋能发电存在的问题及前景展望

总体来说，我国对海洋能发电的研究利用的重视程度正在逐步提高，政府给予了许多支持，也取得显著的科研成果，但同时也存在着诸多需要克服的困难。目前主要有以下几方面。

1. 海洋能发电的装机容量小，技术相对落后

我国的海洋能发电起步较晚，加上科研技术相对落后，目前只有潮汐发电的技术比较成熟，有一定的应用范围，因此实际投产运行的基本上都是潮汐发电站，这就导致海洋能发电装机容量很小。据调查，全世界潮汐电站的总装机容量约为 26.5 万 kW，而我国现已建有潮汐发电站总装机容量为 5930kW，仅占 2.2%。与我国其他可再生能源发电量相比，海洋能发电装机也存在着明显的差距，有待于加大开发力度。我国在 20 世纪 50 年代至 70 年代，共建造了近 50 座潮汐电站，但由于建设电站的技术水平相对较低，至今仍正常运行的只有 8 个主要的潮汐电站，即使是相对成功的江厦电站，也因为机组运行的设计状态有差别，致使机组性能较差、发电效率很低，1996 年，全年的净发电量仅为 5020MWh 时，约为设计值（10700MWh）的一半。对潮汐的研究有待深入和技术水平的局限性，使得我国对大、中型潮汐电站的建设还缺乏经验。

在我国波电研究相对较晚，实际应用也不是很广泛，因而有许多亟待解决的问题。由于波浪的不稳定性，发电设备需固定于海床上，承受海水腐蚀和浪潮侵袭破坏，这就会影响设备使用寿命、影响发电效率、导致施工及维修成本相对过高。另外，波电设备应能在与风暴

有关的大浪中自动解列，以免过载或遭受破坏。但国内现在这方面技术还很不成熟，限制了波电的发展，与发达国家也存在很大差距。

利用海洋温差能发电，目前只停留在实验室研究阶段。根据一系列研究结果显示，以我国现在的海洋工程实力（经费与技术方面），还无法独立发展海洋温差发电技术，也不具备建造实际应用的温差电站的技术条件。

2. 扶持力度与国外差距明显

我国在海洋能发电方面起步较晚，同时对海洋能开发的重视程度和政策扶持方面，我国与发达国家甚至与一些发展中国家之间还存在明显差距。

(1) 20 世纪 70 年代以来，英国制定了强调能源多元化的能源政策，因对波浪发电投入多，使其研究技术一度领先。英国对潮汐能开发也进行了大规模的可行性研究和前期开发研究，现在具有建造各种规模潮汐电站的技术力量。

(2) 美国把促进可再生能源的发展作为国家能源政策的基石，政府在资金和政策方面给予了各种优惠，以保证可再生能源研究的领先地位。为了开拓可再生能源市场，美国还建立了良好的市场运行机制，在财政和金融方面采取刺激措施以促进技术商业化，同时进行资源调查和评价，制定和推广市场标准规范，并建立可再生能源发电配额制，以法律形式强制性地规定可再生能源发电保持或占有一定的比例，从而保证可再生能源发电在不同地区均衡发展。经过长期发展，美国现已是世界上开发利用可再生能源最多的国家。

(3) 日本在海洋能开发利用方面也积极活跃，仅从事波浪能技术研究的科技单位就有 10 多个，同时还成立了海洋温差发电研究所，并在海洋热能发电系统和换热器技术上成果显著，已领先于美国。

(4) 印度在海洋能等可再生能源的开发利用上也逐渐加大投入，从减免所得税和关税、建立专门贷款机构、吸引外资及加快折旧等多方面实施优惠政策，使其在短短的两三年内一跃跨入世界可再生能源开发利用的先进行列。1994 年印度引入美国技术，建立了一座 10 万 kW 的海洋温差发电装置。

(5) 其他国家现在也逐步重视并加大对海洋能的开发力度。挪威于 2002 年底投产运行了世界上第一座水下潮汐发电站；韩国决定在西海岸的西华湖修建目前世界上最大的潮汐发电站，现在规划方案已拟定，电站的效果设计图纸和招标工作都已完成。

像海洋能这样的可再生能源，在其发展初期由于所需的投入资金多、相应的发电技术水平低，与传统的能源发电相比在技术和市场上根本没有竞争力。如果使海洋能发电得到实际的广泛应用，就需要一些适当的激励政策来为相应的科研和推广提供一个良好的发展环境，这基本是国外所有成功经验的关键之一，而我国长期缺乏一个具有实际可操作性的海洋能发展规划，也缺乏有力的政策扶持，这就导致海洋能发电技术的相对落后、进展缓慢。随着对海洋能发电优势和常规能源紧张的深入认识，在我国沿海地区因地制宜地利用海洋能发电是未来大力发展的一项可再生能源发电项目。虽然目前在技术和推广上还存在着诸多困难，与国外也有很大差距，但是逐步增强海洋能发电在能源结构中的战略地位，是未来发展的主要方向。

3. 我国海洋能发电发展展望

(1) 加大海洋能开发力度。鉴于我国丰富的海洋能基础，我国将加大对海洋能源的开发，项目主要集中在东南沿海地区。

(2) 提高海洋能发电的技术水平。依靠自主力量，提高海洋能发电的技术水平。海洋能发电技术是未来利用海洋能发电的核心动力，也是降低其电成本和加大我国海洋能利用程度的关键所在。海洋能发电技术主要包括发电机组性能、水工建筑、电站运行和海洋环境等方面，尤其要深入研究海底的生态环境和机组的控制方式，以不断提高机组性能，确保其良好的发电能力和发电效率。改变海洋能技术落后的现状，需要广泛参与国际合作以提高研发水平，但更重要的是提高自主开发能力。我国未来将加大对潮汐发电领域的研究与投入，并深入开展潮流能发电。针对开发利用波浪发电的难度，有关专家指出，今后我国可再生能源产业化发展的扶持方向，应根据需要和可能有选择地支持波浪发电企业，通过给予更多优惠政策和技术扶持，促进波浪发电产业的发展；对温差发电也应做进一步的研究，为其早日用于实际奠定基础。

(3) 充分依托《中华人民共和国可再生能源法》提供的扶持。《中华人民共和国可再生能源法》明确规定：国家将可再生能源开发利用的科学技术研究和产业化发展列为科技发展与高技术产业发展的优先领域，纳入国家科技发展规划和高技术产业发展规划，并安排资金支持可再生能源开发利用的科学技术研究、应用示范和产业化发展，促进可再生能源开发利用的技术进步。同时通过减免税收、鼓励发电并网、优惠上网价格、贴息贷款和财政补贴等激励性政策来激励发电企业和消费者积极参可再生能源发电，提高海洋能发电的自主技术创新的能力和国际竞争力，从而大大降低发电成本，实现真正意义上的普及，与《中华人民共和国可再生能源法》相配套的《可再生能源发电有关管理规定》和《可再生能源发电价格和费用分摊管理试行办法》具体地从发电项目管理、发电企业责任、电网企业责任及电价的制定和费用分摊等方面做了具体规定，指出海洋能发电项目上网电价实行政府定价，其电价标准由国务院价格主管部门按照合理成本加合理利润的原则制定。这些规定增加了法律的实际操作性，将大大促进可再生能源发展。规定：国务院教育行政部门应当将可再生能源知识和技术纳入普通教育、职业教育课程。这样通过加大对可再生能源的宣传，有利于公众对可再生能源相关知识的认识，从而使海洋能发电获得广泛的理解与支持。海洋能发电的相关部门可以此为契机，充分利用其所提供的各种便利条件，使我国的海洋能发电在技术和推广方面有一个长远的进步。

本章小结

本章介绍了各种海洋能的类型、储量、存在形式和发电控制技术。分别阐述了利用海洋潮汐能、海流能、波浪能、温差能和盐差能发电原理和系统工艺流程及装置。对海洋能发电技术的可行性和社会经济效益做了综合评价，指出利用海洋能发电存在的主要问题和制约因素，以及未来的发展前景。

思考题

7.1 简述海洋能的种类、储量及存在形式。海洋能的主要利用形式有哪些，目前可被用作发电的海洋能有哪些？

7.2　潮汐发电的主要方式有哪几种?

7.3　封闭式、开放式海洋温差能发电系统的优缺点有哪些?

7.4　简述混合式海洋温差能发电系统的基本构成及发电原理。

7.5　温差能发电系统可综合利用的方式有哪些?

7.6　我国发展海洋能发电存在的主要问题及前景如何?

第8章 燃料电池发电

8.1 燃料电池概述

能源是支撑现代文明社会发展的主要物质基础之一，历史上的每一次能源变革都极大地推进了现代文明的发展。随着石油、煤炭等传统矿物能源的日益耗尽，开发和利用新型环保可再生能源已迫在眉睫。当前普遍认为，为了实现可持续发展，应尽可能地把一次能源转换为电能使用，这是因为电力能源最清洁、效率最高、使用方便和易于控制。但是，随着极端恶劣气候的频繁出现，以及现代战争向信息化战争模式的转变，如何确保安全可靠的电力供给，已成为事关国家能源安全与国民经济可持续发展的重大战略问题。为此，发达国家纷纷把目光投向了更加安全可靠的燃料电池分布式发电技术，并花大力气加以研究与开发。当前我国处于能源需求高速发展时期，能源的安全持续供给极为重要，从国家安全与发展的战略需要出发，我们应抓住时机，加快对新能源技术的研发。

随着社会经济的高速发展，人们对能源的依赖越来越严重，而生存环境的持续恶化又催促人们不断寻求清洁能源。燃料电池由于其环保性和高效性被誉为继火力发电、水力发电、核电之后的第四代发电技术，越来越多的国家和地区投入更多的资金对其进行研究并使其产业化。燃料电池是一种使用燃料进行化学反应产生电力的装置，最早于1839年由英国科学家Grove发明。最常见的是以氢氧为燃料的质子交换膜燃料电池，由于燃料电池价格便宜，加上对人体无化学危险、对环境无害，发电后产生纯水和热，20世纪60年代应用在美国军方，后于1965年应用于美国双子星座5号飞船。现在也有一些笔记型电脑开始研究使用燃料电池。但由于其产生的电量太小，且无法瞬间提供大量电能，只能用于平稳供电上。

8.1.1 燃料电池原理

燃料电池的原理是一种电化学装置，其组成与一般电池相同。燃料电池的工作原理如图8-1所示。其单体电池是由正负两个电极（负极即燃料电极、正极即氧化剂电极）及电解质组成。不同的是一般电池的活性物质储存在电池内部，因此，限制了电池容量，而燃料电池的正、负极本身不包含活性物质，只是个催化转换元件。因此燃料电池是名副其实的把化学能转化为电能的能量转换机器。电池工作时，燃料和氧化剂由外部供给，进行反应。原则上只要反应物不断输入，反应产物不断排除，燃料电池就能连续地发电。这里以氢-氧燃料电池为例来说明燃料电池反应原理，该反应是电解水的逆过程。电极为

负极：$H_2+2OH^- \rightarrow 2H_2O+2e^-$

正极：$1/2O_2+H_2O+2e^- \rightarrow 2OH^-$

电池反应：$H_2+1/2O_2=H_2O$

电池的极化如图8-2所示。

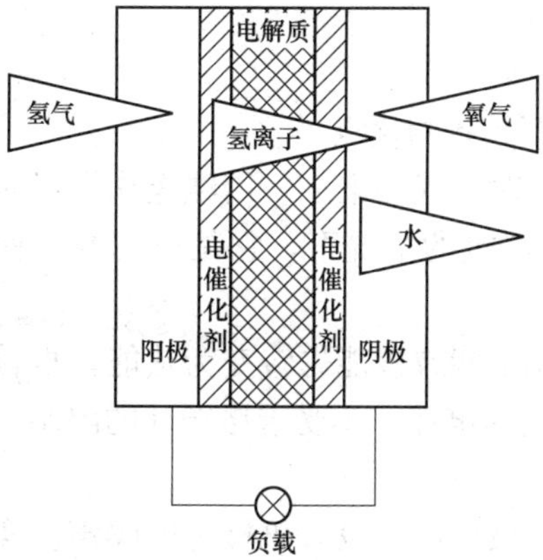

图 8-1 燃料电池工作原理

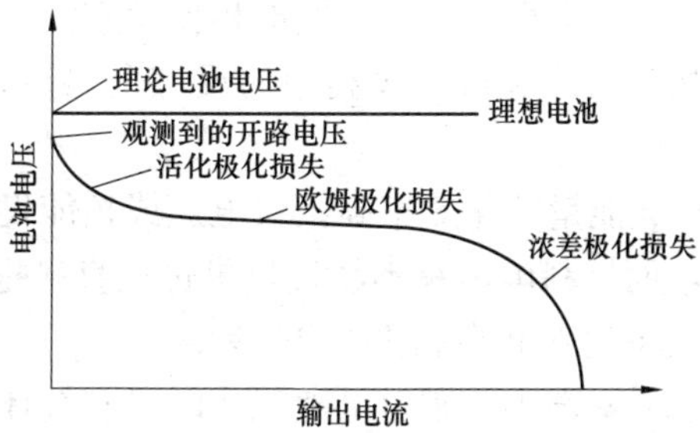

图 8-2 电池的极化

8.1.2 燃料电池的分类

按使用温度和电解质的不同，燃料电池分为5类：低温型（70～80℃）碱性燃料电池（AFC）和质子交换膜燃料电池（PEMFC），中温型（200℃）磷酸型燃料电池（PAFC），高温型（>500℃）熔融碳酸盐燃料电池（MCFC）、固体氧化物燃料电池（SOFC）。

有研究认为，低温型碱性燃料电池不适宜在实际的发电工业中应用。质子交换膜燃料电池则因可选择氢气和液态甲醇等燃料，被认为是未来电动汽车、固定式电站的核心技术，近年来在笔记本电脑、手机等便携式电源上商业化应用的趋势加强，世界各大汽车厂商均投入巨资加以研发，已成为国外电力行业重点开发的方向。PEMFC的缺陷在于要求氢纯度较高及制造成本较高（用铂金作催化剂），但随着制氢和新材料等技术的发展，这些问题也已逐渐得到解决。

（1）磷酸型燃料电池（PAFC）：采用磷酸作为电解质。

（2）熔融碳酸盐燃料电池（MCFC）：采用碳酸溶盐电解质。

（3）固体氧化物燃料电池（SOFC）：采用固态电解质。

（4）质子交换膜燃料电池（PEMFC）：采用极薄的塑料薄膜作为电解质。

燃料电池的分类见表8-1。

表8-1 燃料电池的分类

类型		磷酸型燃料电池（PAFC）	熔融碳酸盐燃料电池（MCFC）	固体氧化物燃料电池（SOFC）	质子交换膜燃料电池（PEMFC）
燃料		煤气、天然气、甲醇等	煤气、天然气、甲醇等	煤气、天然气、甲醇等	纯 H_2、天然气
电解质		碳酸水溶液	$KLiCO_3$ 溶盐	$ZrO_2-Y_2O_3$（YSZ）	离子（Na离子）
电极	阳极	多孔质石墨（Pt催化剂）	多孔质镍（不要Pt催化剂）	Ni-ZrO_2 金属陶瓷（不要Pt催化剂）	多孔质石墨或Ni（Pt催化剂）
	阴极	含Pt催化剂、多孔质石墨和Tefion	多孔NiO（掺锂）	LaXSr1-XMn（Co）O_3	多孔质石墨或Ni（Pt催化剂）
工作温度（℃）		200	650	800～1000	100

8.1.3 燃料电池国内外发展概况

1. 燃料电池发电技术优点

燃料电池发电技术具有传统电厂和常规化学电源不具备的优点。

(1) 污染小。与火力发电相比，它没有废热污染，对大气污染小。用纯氢作燃料时，反应产物只有水和可回收利用的反应余热。在环境日益严重的情况下，它是极好的一种清洁能源。

(2) 能量转化效率高。火电厂或核能发电都是把化学能或核能先转变为热能，再转变为电能，而燃料电池是不经过热机过程直接把化学能转变为电能，不受卡诺循环的限制，因而转化效率比普通内燃机高 2～3 倍。

(3) 噪声小。燃料电池工作时只有气体的流动和电极反应，没有机械运转噪声。实验表明，距离 40kW 磷酸燃料电池电站 4.6m 的噪声水平是 60dB，而 4.5MW 和 11MW 的大功率磷酸燃料电池电站的噪声水平已达到不高于 55dB 的水平。

(4) 燃料广泛，补充方便。燃料电池可使用氢气、天然气、煤气、甲醇及火电厂不宜使用的低质燃料等，而氢气又是一种来源极其广泛的可再生能源。

(5) 易于建设。燃料电池具有组装式结构，不需要很多辅机和设施；电池的输出功率由单电池性能、电池面积和单电池数目决定，因而电站的设计和制造相当方便。

(6) 可靠性高。燃料电池的电极只是化学反应的场所和电流的通道，并不参与化学反应，没有电极损耗，工作可靠、寿命长，一般可达 5 万～10 万 h。

(7) 组合性强，维修方便。燃料电池由基本电池单体组成，可用积木式方法组成不同规格、功率的电池，并可根据需要装配在海岛、边疆、沙漠等地区，构成独立的分布式电源。由于无转动部件，不存在机械磨损和机械故障，所以电池组的维修非常方便。

2. 我国燃料电池发展状况

我国的燃料电池的研究始于 1958 年，原电子工业部天津电源研究所最早开展了 MCFC 的研究。20 世纪 70 年代在航天事业的推动下，中国燃料电池的研究曾呈现出第一次高潮。其间，中国科学院大连化学物理研究所研制成功的两种类型的碱性石棉膜型氢氧燃料电池系统（千瓦级 AFC）均通过了例行的航天环境模拟试验。1990 年，中国科学院长春应用化学研究所承担了中科院 PEMFC 的研究任务，1993 年开始进行直接甲醇质子交换膜燃料电池（DMFC）的研究。原电力工业部哈尔滨电站成套设备研究所于 1991 年研制出由 7 个单电池组成的 MCFC 原理性电池。“八五”期间，中国科学院大连化学物理研究所、上海硅酸盐研究所、化工冶金研究所、清华大学等国内十几个单位进行了与 SOFC 的有关研究。到 20 世纪 90 年代中期，由于国家科技部与中国科学院将燃料电池技术列入“九五”科技攻关计划的推动，中国进入了燃料电池研究的第二个高潮。质子交换膜燃料电池被列为重点，以大连化学物理研究所为牵头单位，在中国全面开展了质子交换膜燃料电池的电池材料与电池系统的研究，并组装了多台百瓦、1～2kW、5kW 和 25kW 电池组与电池系统。5kW 电池组包括内增湿部分，其重量比功率为 100W/kg，体积比功率为 300W/L。

我国在燃料电池基础研究和单项技术方面取得了不少进展，积累了一定经验。但是，由于多年来在燃料电池研究方面投入资金数量很少，就燃料电池技术的总体水平来看，与发达国家尚有较大差距。2000 年，大连化学物理研究所与中国科学院电工研究所已完成 30kW 车用燃料电池的全部试验工作。我国燃料电池的研究工作已表明：①中国的质子交换膜燃料电池已达到可以装车的技术水平；②大连化学物理研究所的质子交换膜燃料电池是具有我国自主知识产权的高技术成果；③在燃料电池研究方面我国可与世界发达国家进行竞争，而且在市场份额方面，我国可以并且有能力占有一定比例。但是我国在PAFC、MCFC、SOFC的研究方面还有较大的差距，目前仍处于研制阶段。

3. 国外燃料电池发展状况

技术发达国家都将大型燃料电池的开发作为重点研究项目，企业界也纷纷斥以巨资，从事燃料电池技术的研究与开发，现在已取得了许多重要成果，使得燃料电池即将取代传统发电机及内燃机而广泛应用于发电及汽车上。值得注意的是，这种重要的新型发电方式可大大降低空气污染及解决电力供应、电网调峰问题，2、4.5、11MW成套燃料电池发电设备已进入商业化生产阶段，各等级的燃料电池发电厂相继在一些发达国家建成。燃料电池的发展创新将如百年前内燃机技术的突破取代人力造成工业革命，也像电脑的发明普及取代人力的运算绘图及文书处理的电脑革命，又如网络通信的发展改变了人们生活习惯的信息革命。燃料电池的高效率、无污染、建设周期短、易维护及低成本的潜能将引爆21世纪新能源与环保的绿色革命。如今，在北美、日本和欧洲，燃料电池发电正以急起直追的势头快步进入工业化规模应用的阶段，将成为21世纪继火电、水电、核电后的第四代发电方式。

4. 燃料电池发电技术应用现状

美国通用电气公司现已在销售7kW住宅用PEM-FC；Edison国际公司已成功开发250kW的PEMFC与燃气轮机的联合发电系统；德国和法国的5家电力公司在柏林联合建设了欧洲第一个250kW PEMFC发电站。目前开发出的数百千瓦级PEMFC已运行了上万小时。另外，这种发电装置还具有隐蔽性好、运行时间长、可靠性高、机动性强等诸多优点，许多发达国家已注意到它所具有的广阔军用前景，并在军事和航天等领域取得了成功的应用。在陆军方面，PEMFC主要应用于单兵作战通信电源（＜100W）、移动电站（100～500W）和隐蔽性要求高的各类军事工程电源（0.5～10kW）。在海军装备中，PEMFC主要用作舰艇辅助动力源、水下机器人电源和潜艇电源。在空军，PEMFC主要用于无人驾驶侦察飞机。

中温磷酸型燃料电池（PAFC）开发早，商业化成熟。目前已建成200个200kW以上的固定电站，实现了兆瓦级电站的试运行。PAFC的主要技术问题在于所用催化剂抗CO性较差，在煤基型电站应用时需对煤气高度提纯以获得纯氢燃料。随着制氢工艺的成熟，PAFC会充分展现出在大功率电厂应用的技术及成本优势。

高温型熔融碳酸盐燃料电池（MCFC）可采用含CO的氢气燃料，已在整体煤气化-燃料电池联合循环中应用，并在兆瓦级的发电试验阶段进行了初步验证。该型电池在1950年后期形成概念，在1980～2000年即开始了200kW大电池堆的试运行，目前主要专注于现场试验和商业化推广工作，已建成0.25～1MW电厂40个，发电效率可达45%～48%，热电联供之后总效率能达到70%～80%。未来MCFC将向10MW以上的电厂发展，具有极强的市场竞争力。该电池基本无NO_x和SO_x的污染物排放，更符合煤气化联合发电高效、环保的综合性要求。另一高温型的固体氧化物燃料电池（SOFC）也可采用含CO燃料，近来在整体煤气化-燃料电池联合循环中得到显著发展。美国“FutureGen”项目中SOFC与热机的300kW级工程示范装置已连续运行超过6800h，发电效率已达52%，热电联供后效率能达到80%以上。对40MW级SOFC和热机的混合系统已完成设计，即将进入工程施工阶段；50MW的示范应用表明，SOFC的电转换效率为47.5%，总热电效率可达85%。

燃料电池的多样性为未来发电路线提供了多重选择路径。从现有结果来看，MCFC可应用于大功率电站的建设，SOFC则主要用于中等功率电站，PEMFC则面向小功率固定电站和移动电源。

8.1.4 我国发展燃料电池发电技术的意义

1. 打破国外对燃料电池核心技术的垄断

面对化石能源危机，发达国家都制定了既高度重视战略石油储备，又多方推进新能源技术开发，尽可能以保证国内能源安全来降低对国际能源依赖的能源战略。发达国家普遍认为，发展燃料电池是提高国家能源和电力安全的战略需要，同时对能源领域核心技术实行垄断与保密对策。美国于1995年就把燃料电池列为影响国家安全和经济繁荣的关键技术之一。日本清洁煤能源战略计划把2020—2030年列为利用氢能的“零排放阶段”，开发以燃料电池发电为主的“零排放”发电技术，并与化工、钢铁等工业形成能源化学融合的新产业形态。目前，美国、加拿大、日本、欧洲等国家和地区有数十家专门研发、生产制造燃料电池的公司，如加拿大的Ballard公司，其资产已达10亿美元。美国、加拿大、欧洲已将燃料电池应用于第三代潜艇，美国有数万台燃料电池发电站应用于宾馆、医院及居民小区，日本已建成11MW燃料电池发电厂。

发达国家对燃料电池核心技术高度垄断的现实，向我国的能源发展与安全提出了巨大的挑战，掌握清洁高效发电的高新技术对国家的能源和电力安全具有重要的战略意义。我国必须加快燃料电池发电技术的研发，采取引进、消化、吸收和再创新的技术路线，以高起点起步，在尽可能短的时间内初步形成自主知识产权的燃料电池发电关键技术。这对国家进行发电系统的结构调整与技术创新，确保国家电力安全具有非常重要的意义。

2. 确保国家电网安全运行

大陆电网覆盖区域广、人口多，三峡等大型电站目标极为显眼，一旦因战争破坏造成电网的大停电所带来的灾难性后果将更为严重。对此，我们必须保持高度清醒的认识，并制定相应的措施防患于未然。由于燃料电池供电系统在战时具有其他系统无法比拟的可靠性，加快发展燃料电池对维护国家统一，抵御外敌入侵具有非常重要的意义。

3. 实现国民经济可持续发展

我国是一个发展中国家，电力工业作为基础工业在国民经济中的地位十分重要。大力发展燃料电池发电技术，确保电能的连续生产与稳定供应，避免电网崩溃所带来的灾难性后果，是保持国民经济可持续发展的战略需要。利用燃料电池发电与现有大电网并网供电可较好地解决电网调峰能力，缓解我国逐年加剧的季节性与区域性供电能力不足的问题；可充分利用我国丰富的煤炭和天然气资源，从根本上避免因化石资源日益减少和西方发达国家对化石资源控制，给我国能源补给安全造成的威胁。分布式发电与大电网的联供还可大大提高电网的安全性。我国电网容量大，技术水平和可靠性较低，抵御各种灾害的能力较差。随着MCFC、SOFC技术的突破，“西气东送”等天然气管线的铺通和大型煤气化技术的解决，应用大、中、小相结合的各种燃料电池靠近负荷供电、供热会更经济、更安全。

从世界经济发展的大趋势看，新能源及环保技术领先程度，对一个国家的可持续发展必将起到至关重要的作用。21世纪将是氢能的世纪，燃料电池作为把氢能直接转化为电能的洁净发电装置即将大规模全面进入社会。

8.2 燃料电池发电系统工作原理

8.2.1 燃料电池发电系统

1. 燃料电池发电系统构成

一个燃料电池系统由六个基本的子系统组成：燃料电池堆、燃料处理、空气管理、水管理、热量管理和功率调节子系统。每个子系统都要围绕电池堆特性综合成一个完整的系统。追求这些子系统的最佳集成是制造合理性价比燃料电池系统的关键。燃料电池发电系统基本构成如图 8－3 所示。

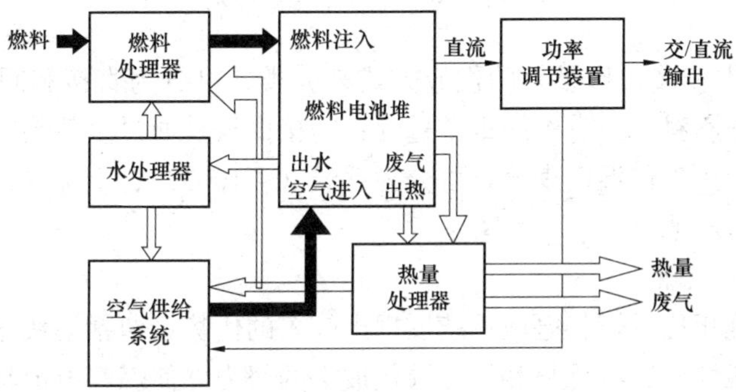

图 8－3 燃料电池发电系统基本构成

其中，燃料电池堆是燃料电池系统的主要部件，各个独立的电池堆组成的模块可进行串联或并联组装，这样能组装成容量从几瓦到几兆瓦的发电系统。燃料电池的另一主要部件是燃料处理器，虽然不能和电池堆一样实现模块化，但两者的一体化封装也可满足小到千瓦级电力的各种应用。功率调节系统把燃料电池的电力输出转换成适合特别需求和为其他辅助系统提供电源。燃料电池堆输出直流电压，这个电压随负载变化而变化。需要一种功率转换开关，使输出电压达到应用匹配要求和保护燃料电池免于过流或低压运行。如果应用要求输出交流电，则需采用逆变器把燃料电池堆的输出转换成单相或三相电压。如果要与电力网连接，功率调节系统必须实现燃料电池输出与电力线路的频率同步，并在电力线路断电时，具有预防由燃料电池输往电力线路的电力的安全隔离特性。

2. 燃料电池工作原理

燃料电池是利用水的电解的逆反应的“发电机”。它由阳极、阴极和两极中间的电解质组成。对外部电路来讲，阳极称作负极，阴极称作正极。它的发电方式与常规化学电池一样，电极提供电子转移的场所，阳极催化燃料（如氢等）的氧化过程，阴极催化氧化剂（如氧等）的还原过程，导电离子在将阴阳极分开的电解质内迁移，电子通过外电路做功并构成总的电回路。在电池内这一化学能向电能的转化过程等温进行，即在燃料电池内，可在其操作温度下利用化学反应的自由能。但是，燃料电池的工作方式又与常规的化学电源不同，它的燃料和氧化剂并非储存在电池内，而是储存在电池外的贮罐内，当电池工作时，要连续不断地向电池内送入燃料和氧化剂，排出反应产物，同时也需排出一定的废热，以维持电池工作温度的恒定。燃料电池本身只决定输出功率的大小，而储存的能量则由燃料和氧化剂的贮罐决定。燃料电池工作原理示意如图 8－4 所示。

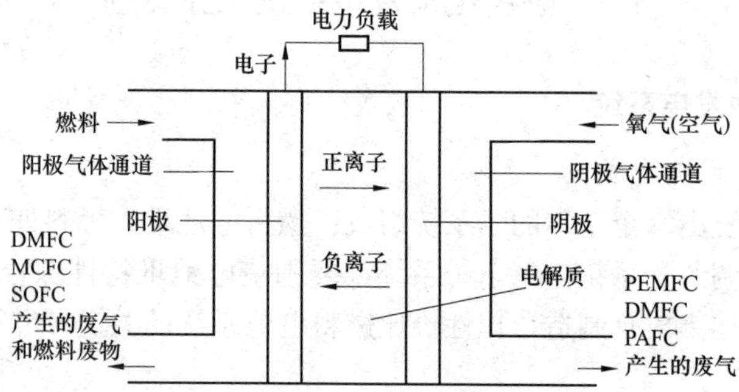

图 8－4　燃料电池工作原理示意

燃料电池的种类较多，按燃料的供应方式来分类，可分为直接和间接供氢两种，直接供氢就是直接用氢作燃料，没有中间重整过程；间接供氢是通过重整装置先将氢从其他形式的燃料中分离出来。按工作温度来分，可分为低温（<100℃）、中温（100～300℃）和高温（500～1000℃）燃料电池。

3. 燃料电池系统特性

与传统电力系统相比，燃料电池系统展现出较多的优势，包括模块化设计、各种负荷状态下的高效率和环保性。这些优势和旨在降低成本的努力，使燃料电池具有多种应用的吸引力。在各种应用领域，燃料电池系统表现出诱人的电力转换效率。而且在非设计条件情况下，也能保持较高的效率。如果燃料电池系统单独运行，效率可达 40%～50%，很少的中等规模传统发电系统在设计条件内能达到这个指标。而且，在部分负载特性方面，传统发电系统也不能像燃料电池发电系统一样保持高效率，更复杂的燃料电池系统能达到更高的效率。由 SOFC 尾气驱动的气涡轮机和燃料电池组成的复合系统，电力转换效率可达 60%。因为较小规模燃料电池也具有相当高的能量转换效率，在类似住宅场所作为热电联产应用是相当有潜力的，其效率可达到 80%。燃料电池的吸引力还在于它们比传统发电系统对环境影响小。燃料电池堆本身只利用氢作燃料，而在反应中产生水。如果通过重整设备从碳氢化合物提取氢，会产生二氧化碳。然而，燃料电池在反应中产生的 CO、NO_x、SO_x 等污染物，要远远低于现有的空气质量排放标准，甚至根本不排放。由于系统能量转换效率高，燃料使用的数量就少，二氧化碳的排放也较少。除了控制污染物的排放量最小化外，燃料电池系统也是相对安静和无噪声的，对环境的综合影响较小。这个特性使燃料电池系统能够安装在传统电站不易建造的地方，比如可安装在医院、住宅区，甚至在城市的中心公园。燃料电池就近安装，能减少电力传输损失、供热供电基础设施费用，并且在一定程度上提高了电力系统的可靠性。在其他特性上，如响应时间、工作寿命、可维护性和成本，预示着燃料电池系统较现有系统更具优势。PAFC 系统的示范项目表明，在设计温度下运行，燃料电池系统对负载变化的响应速度每秒要比现有系统高 0.3%～10%。而且，燃料电池的空气压缩机、燃料处理器等辅助系统所占的响应时间要多于燃料电池堆本身。对于高温燃料电池（如 MCFC 和 SOFC）需要花较长时间来达到工作温度，因此这些系统往往应用于需要持续和长期供电的建筑物和大型交通运输工具（如舰船、机车和大型运输车等）。另一方面，由于

PEMFC 可以很快地达到其 60～80℃工作温度，在间歇工作的小汽车动力电源方面有较大的应用前景。除辅助子系统外，燃料电池堆本身并没有移动部件，因而燃料电池堆耐用性较好，其工作寿命在固定式应用中可达 40 000h，在小汽车应用中可达 5000h。到报废期限时，燃料电池堆可回收并重新利用，而其辅助系统的工作寿命可长达 20 年，一次安装可连续为四至五个燃料电池堆服务。目前，已投入商业应用的含天然气处理器的 200kW 的 PAFC 系统造价大概在 5000～5600 美元/kW。其他类型的燃料电池系统的造价因规划和设计而异。在今后五年内，基于 PEMFC、MCFC 和 SOFC 的发电系统的造价有希望能降低至 1000～3000 美元/kW。随着设计和制造技术的提高和产品容量的扩大，燃料电池系统的成本有望降至 1000 美元/kW 甚至更低。特别是汽车制造业正致力于把一个含有燃料处理器和其他子系统的 PEMFC 系统成本明显降低至 50 美元/kW。在固定式应用方面，低于 1000 美元/kW 的成本将使燃料电池系统可与传统发电系统形成竞争态势。每千瓦几百美元的造价将使燃料电池技术在固定式应用市场具有统治地位，并可掀起一场能源生产和配置方式的大变革。

8.2.2 磷酸燃料电池（PAFC）发电技术

磷酸燃料电池（PAFC，Phosphoric Acid Fuel Cell）是以浓磷酸为电解质，以贵金属催化的气体扩散电极为正、负电极的中温型燃料电池，可在 150～220℃工作，具有电解质稳定、磷酸可浓缩、水蒸气压力低和阳极催化剂不易被 CO 毒化等优点。

磷酸燃料电池的基本组成和反应原理是燃料气体或城市煤气添加水蒸气后送到改质器，把燃料转化成 H_2、CO 和水蒸气的混合物，CO 和水进一步在移位反应器中经触媒剂转化成 H_2 和 CO_2。经过如此处理后的燃料气体进入燃料堆的负极（燃料极），同时将氧输送到燃料堆的正极（空气极）进行化学反应，借助触媒剂的作用迅速产生电能和热能。PAFC 的反应原理如图 8-5 所示。

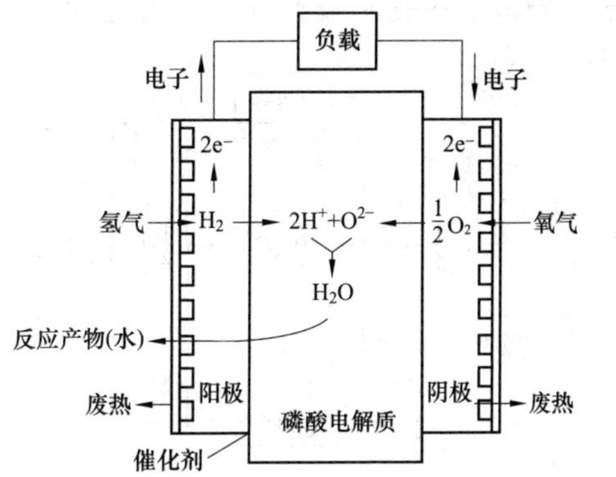

图 8-5 PAFC 的反应原理

阳极反应：$H_2+2e^- \rightarrow 2H^+$

阴极反应：$1/2O_2+2H^+ \rightarrow H_2O+2e^-$

总反应：$1/2O_2+H_2 \rightarrow H_2O$

磷酸燃料电池作为一种中低温型燃料电池，不但具有发电效率高、清洁、适应多样燃料、无噪声、运转费低、设置场所限制少、大气压运转容易操作、安全性优良、部分负荷特性好等特点，而且还可以热水形式回收大部分热量。最初开发磷酸燃料电池是为了控制发电厂的峰谷用电平衡，近来则侧重于作为向公寓、购物中心、医院、宾馆等地方提供电和热的现场集中电力系统。至今，以磷酸为电解质的磷酸型氢氧燃料电池技术获得了高度发展，已进行了规模为 1100～4500kW 的电站试验，有数百台这种电站在世界各地运行，运行试验证明，这种燃料电池分散电站的运行高度可靠，可作为不间断电源应用，其热电效率达 40%，热电联产时其燃料的利用率达 60%～70%。

磷酸燃料电池的输出为直流电，而大部分用户的电器均使用交流电，因此，需要把燃料电池输出的直流电经逆变器转换成交流电后再提供给用户使用，如图 8-6 所示。磷酸燃料电池的内阻比常规化学电源（如铅酸蓄电池）大，所以，当输出电流变化时，其工作电压变化幅度大，为解决这一问题，常在燃料电池的输出和逆变器之间加一个振荡变流器，它的功能是升压或降压，以确保供给用户电力的工作电压维持恒定。燃料电池应是一个能自动运行的发电厂，因此，对磷酸燃料电池来说，其氧化剂的供应，电池废热的排出，反应生成水的回收等均需进行控制与管理，再加上还需对电力输出逆变进行控制与管理等，所有这些必须齐备才能构成一个完整的燃料电池系统。

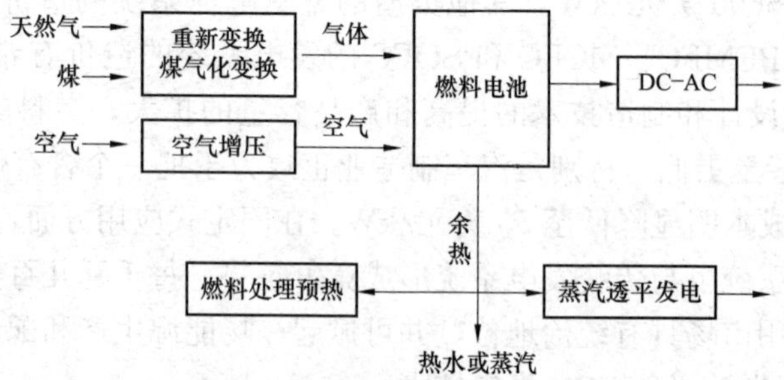

图 8-6 磷酸燃料电池系统

8.2.3 质子交换膜燃料电池（PEMFC）发电技术

质子交换膜燃料电池（PEMFC）由若干单电池串联而成，单电池由表面涂有催化剂的多孔阳极、多孔阴极和置于二者之间的固体聚合物电解质构成，形成燃料电池的阳极和阴极，当分别向阳极和阴极供给氢气与氧气时，进入多孔阳极的氢原子在催化剂作用下被离化为氢离子和电子，氢离子经由电解质转移到阴极，电子经外电路负载流向阴极，氢离子与阴极的氧原子及电子结合成水分子，反应原理如图 8-7 所示。

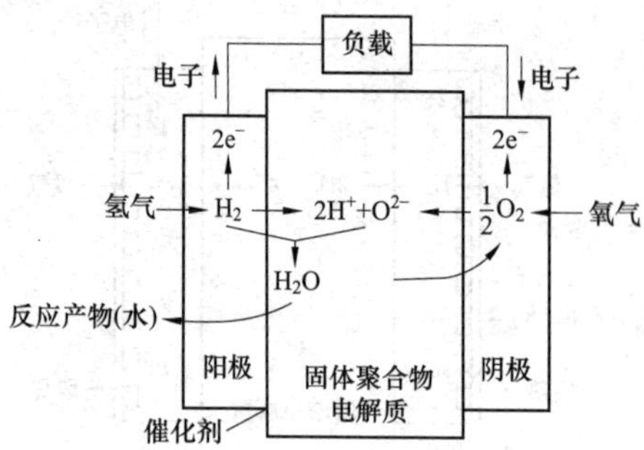

图 8-7 PEMFC 的反应原理

当电池工作时，膜电极内发生下列过程：①反应气体在扩散层内的扩散；②反应气体在催化层内被催化剂吸附并发生电催化反应；③阳极反应生成的质子在固体电解质（质子交换膜）内传递到对侧，电子经外电路到达阴极，同氧气反应生成水，电极反应为：

阳极反应：$H_2 \rightarrow 2H^+ + 2e^-$

阴极反应：$1/2O_2 + 2H^+ + 2e^- \rightarrow H_2O$

电池总反应：$H_2 + 1/2O_2 \rightarrow H_2O$＋电力

反应物 H_2 和 O_2 经电化学反应后，产生电流，反应产物为水及少量热。

PEMFC 发电技术的优点为：

(1) 原料来源广泛。通过对石油、天然气、煤炭、沼气、甲醇、水植物等加工取得。

(2) 无污染。因没有燃烧过程，不排放有害气体，它的排出物是氢氧结合的纯水。

(3) 无噪声。其发电过程是电化学反应过程，没有机械运动，所以没有噪声。

(4) 能源转换效率高。因其工作温度低，能耗少，能源转换效率理论上高达 80%。

欲使 PEMFC 依负荷的变化，长时间稳定的向负载提供电能，必须给电池组配置以下功能单元，即燃料及氧化剂储存与供给单元，电池湿度、温度调节单元，功率变换单元及系统控制单元等，以此构成一个完整的 PEMFC 发电系统。

8.2.4 熔融碳酸盐燃料电池（MCFC）发电技术

熔融碳酸盐燃料电池（MCFC）以碱金属（Li、Na、K）的熔融碳酸盐为电解质，将富氢燃料（天然气、甲烷、煤气等）转化为燃料，氧气或空气加 CO_2 为氧化剂，工作温度约为650℃，余热利用价值高，催化剂以镍为主，无须使用贵金属，发电效率高。MCFC 的反应原理如图 8-8 所示。

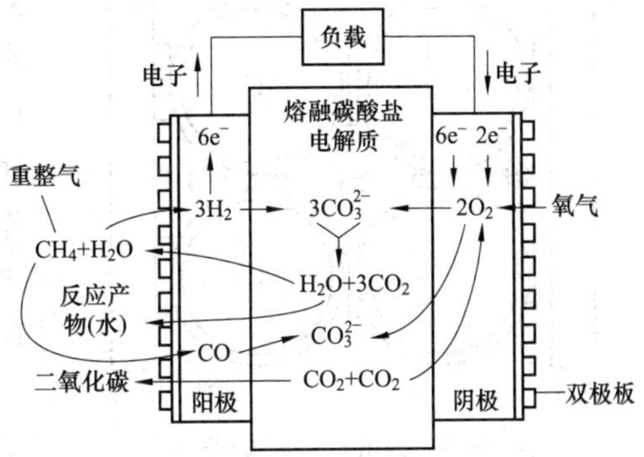

图 8-8 MCFC 的反应原理

MCFC 单电池是由阴极、电解质、电解质隔膜和阳极组成，若组成电池堆，则还需要双极板、集流器、气泡屏等组件，其中，隔膜是 MCFC 的核心部件，必须强度高、耐高温熔盐腐蚀、浸入熔盐电解质后能够阻挡气体通过，并有良好的离子导电性能，通过对多种材料的筛选和多年的研究，目前已普遍采用偏铝酸锂来制备 MCFC 隔膜。因此 MCFC 的电化学反应为：

阴极反应：$\frac{1}{2}O_2+CO_2+2e^-\rightarrow CO_3^{2-}$

阳极反应：$H_2+CO_3^{2-}\rightarrow CO_2+H_2O+2e^-$

电池总反应：$\frac{1}{2}O_2+H_2+CO_2\rightarrow H_2O+CO_2$

美国从 1976 年开始研发 MCFC，1996 年建成了世界上功率最大的 2MW MCFC 电站，直接燃用脱硫后的天然气。2000 年，ERC 设计的单电池堆出力达到 250kW 并进入商业化。2005 年，兆瓦级的 MCFC 进入商业化。日本从 1981 年开始研究 MCFC，并于 1987 年研究成功 10kW MCFC 发电设备，1997 年 1MW MCFC 电站在日本川越火电厂投运。日立公司 2000 年开发出 1MW MCFC 发电装置。东芝公司开发出低成本的 10kW MCFC 发电装置。此外，荷兰、德国、意大利、韩国等国家也于 20 世纪 90 年代建成相关的试验电站。我国于 1991 年由原电力工业部哈尔滨电站成套设备研究所研制出由 7 个 MCFC 单电池组成的电池组，上海交通大学和大连化学物理研究所都于 2001 年完成了 1kW MCFC 电站的试验。

MCFC 试验电站的建成和运行为 MCFC 商业化提供了丰富的经验，各国正在研究改进 MCFC 的关键材料和技术应用。MCFC 工作温度高，余热利用价值高，可与煤气化联合循环结合组成高效的洁净煤发电技术。

8.2.5 固体氧化物燃料电池（SOFC）发电技术

固体氧化物燃料电池（SOFC）以固态氧化钇、氧化锆为电解质，天然气、气化煤气、碳氢化合物为燃料，氧气为氧化剂。固态氧化钇、氧化锆电解质在高温下有很强的离子传导功能，能够传导 O^{2-}，电解质将电池分隔为燃料极（阳极）和空气极（阴极）。氧分子在空气极得到电子，被还原成 O^{2-}，然后通过电解质传输到阳极，在阳极与氢气（或一氧化碳）发生反应。生成水（或二氧化碳）和电子。在迄今为止人类发明的能源转化方式中，SOFC 的转换效率是最高的，其反应原理如图 8-9 所示。

从原理与组成上，固体氧化物燃料电池是一种理想的燃料电池，它不但具有其他燃料

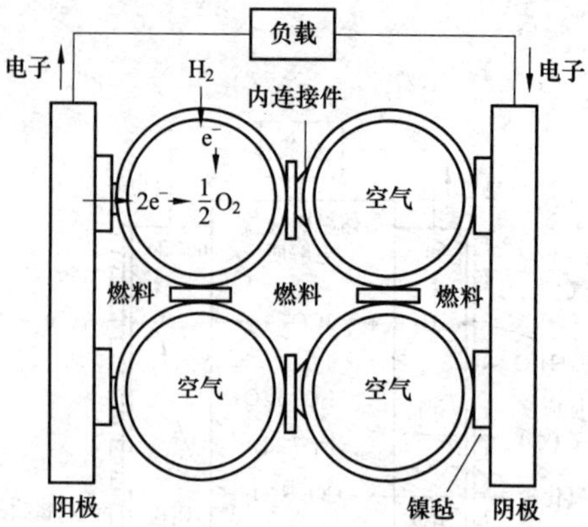

图 8-9 SOFC 的反应原理

电池高效、环境友好的优点，而且还具有以下突出优点：固体氧化物燃料电池是全固体结构，无使用液体电解质带来的腐蚀和电解液流失问题，可望实现长寿命运行，固体氧化物燃料电池在800～1000℃下工作，不但电催化剂无须采用贵金属，而且还可直接采用天然气、煤气和碳氢化合物作燃料，简化了电池系统，固体氧化物燃料电池排出的高质量余热可与燃气、蒸汽轮机等构成联合循环发电系统，会大大提高总发电效率。

固体氧化物燃料电池技术的难点也源于它的高工作温度，电池的关键部件阳极隔膜、阴极和联结材料等在电池的工作条件下必须具备化学与热的相容性，即在电池工作条件下，电池构成材料间不但不能发生化学反应，而且其热膨胀系数也应相互匹配。固体氧化物燃料电池最适宜的用途是与煤气化燃气轮机、蒸汽轮机构成联合循环发电系统，建造中心电站或分散式电站，这样既能提高能源利用率，又可消除对环境的污染。

8.3 燃料电池发电系统控制

8.3.1 燃料电池发电系统构成

燃料电池和一般传统电池一样，是一种将活性物质的化学能转化为电能的装置，因此都属于电化学动力源，与一般传统电池不同的是燃料电池的电极本身不具有活性物质，而只是一个催化转换组件。燃料电池实际就是能量转换机器，燃料和氧化剂都是从燃料电池外部提供的。但是，燃料电池发电方式与传统热机的火力发电过程仍有很大不同。传统的热机发电通常先将燃料的化学能经过燃烧转变成热能，然后再利用热能制造产生高温高压的水蒸气来推动汽轮机，使热能转换为机械能，最后把机械能转换成电能。经过这样一系列的能量形态变化，发电效率大大降低，还会产生噪声和废烟气污染环境。相比之下，燃料电池发电是直接将燃料的化学能转变为电能，具有噪声低、无污染、效率高的特点。

燃料电池发电系统除燃料电池本体外，还要和外围装置共同组成发电系统。燃料电池发电系统的组成和燃料电池本体的形式与使用燃料，以及用途的不同有所区别，主要有燃料重整系统、空气供应系统、DC-AC 变换系统、余热回收系统和控制系统等，在高温燃料电池中还有剩余气体循环系统。燃料电池发电系统构成如图 8-10 所示，其中包含以下几个部分。

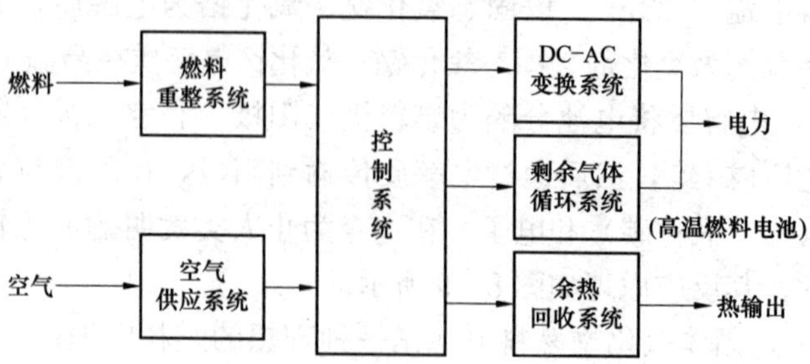

图 8-10 燃料电池发电系统构成

(1) 燃料重整系统：将得到的燃料转化为燃料电池能够利用的以氢为主要成分的一个转换系统。

(2) 空气供应系统：可使用电动机驱动的送风机或空气压缩机。

(3) DC－AC 变换系统：直流到交流的逆变装置。

(4) 余热回收系统：用于回收燃料电池发电时产生的热能。

(5) 控制系统：燃料电池发电时的启动、停止、运行、外接负载等的控制装置。

(6) 剩余气体循环系统：在高温燃料电池发电装置中，由于燃料电池排热温度高，因此安装可使用蒸汽轮机与燃气轮机剩余气体的循环系统。

燃料单电池的工作电压在 0.6～0.9V，而人们在使用燃料电池时，所需电压往往要比单电池的电压高出许多，所以通常把多个单电池串联起来，组成燃料电池堆以提高输出电压。电池堆的设计首先考虑使用者需求和电池性能来决定单电池的电极面积和串联数目，通常电极面积决定燃料电池的工作电流大小，串联数目则决定了燃料电池的工作电压高低。如果需要一个 24V、600W 的电池堆，在当前单电池工作电压为 0.6～0.9V，电流密度为 200～800mA/cm^2 的情况下，选择设计值是 0.7V、500mA/cm^2，则输出电压为 24V 的燃料电池需要 35 个单电池串联组成：24V 工作电压、600W 的燃料电池输出电流有 25A，所以极板的有效工作面积为 25/500＝50（cm^2）。因此，一个电极工作面积为 50cm^2、由 35 个单电池串联组成的燃料电池堆工作电压为（24.5±3.5）V，输出功率为 525～700W。由于燃料电池输出的是直流低电压，而且电池有内阻，在不同电流负载下输出电压变化较大；此外，我国家用电器绝大多数是 220V/50Hz 的交流电，所以通常需要把燃料电池的输出进行 DC－DC 升压变换及 DC－AC 变换（逆变器）后才可供用户使用，燃料电池发电控制系统如图 8－11 所示。

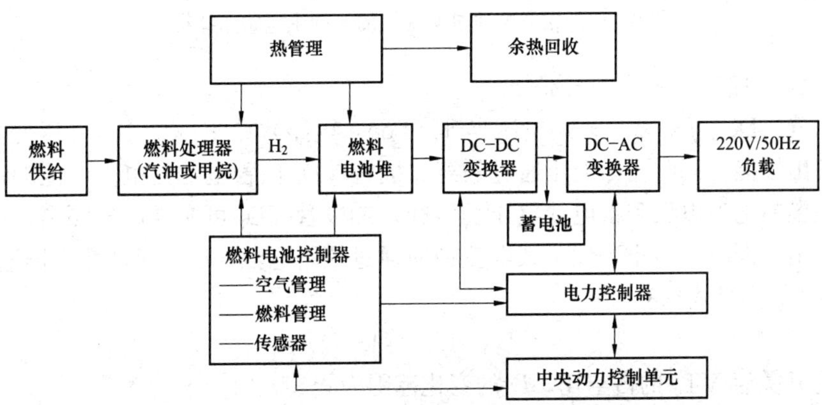

图 8－11　燃料电池发电控制系统

8.3.2　燃料电池发电系统控制技术

在图 8－11 中，变换器是燃料电池的关键部分之一。由于燃料电池直接输出的电压不高，一般不将燃料电池的输出直接接到逆变器上，通常在中间插入一级 DC－DC 变换器，如图 8－12 所示。DC－DC 变换除了升/降压匹配外，它还可阻断负载侧向燃料电池流入反向电流，另外一方面可避免逆变器直流侧纹波电流对燃料电池的脉冲冲击等不利影响。由于燃料电池是一个电化学反应过程，提供的电能具有不稳定性，而且电网负载也会有波动，为了适应这样的波动，通常加入电能缓冲装置——蓄电池，这种燃料电池发电系统如图 8－13 所示。

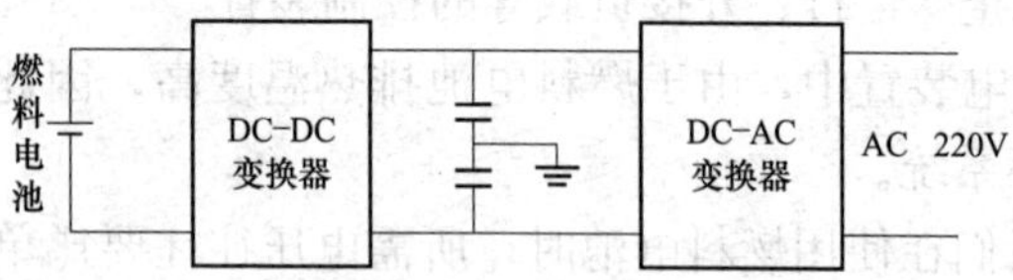

图 8－12　具有 DC－DC 变换器的燃料电池发电系统

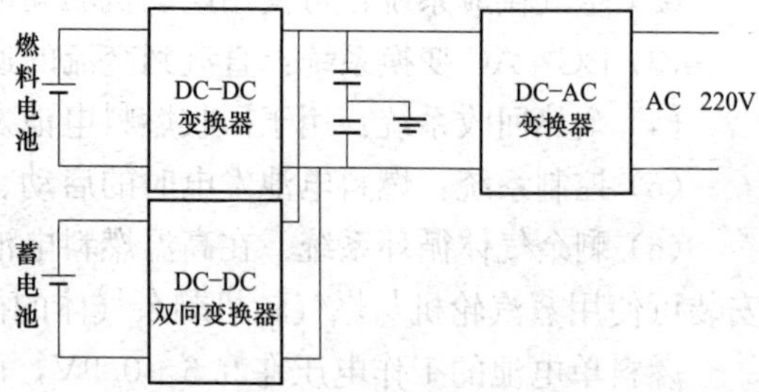

图 8－13　具有能量缓冲的燃料电池发电系统

作为应用实例，图 8－14 是燃料电池电源变换的一种主电路拓扑结构，它可实现独立运行控制及并网运行控制。

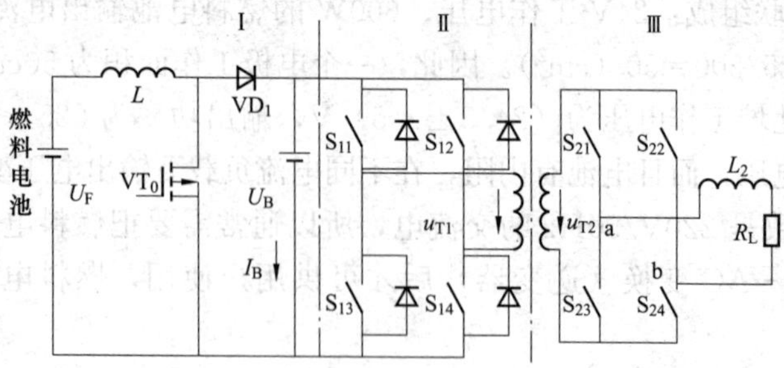

图 8－14　燃料电池电源变换的一种主电路拓扑结构

图 8－14 电路三个主要构成部分：

第Ⅰ部分：DC－DC 变换采用电压提升（Boost 电路）实现 DC－DC 升压变换，改善燃料电池的输出性能，同时输出电压通过隔离二极管 VD_1 向蓄电池充电以电池的形式储存和使用，实现燃料电池电压和蓄电池电压的匹配。二极管 VD_1 可实现电气隔离，使能量只从燃料电池输出，同时可防止感性负载电流逆向通过燃料电池，DC－DC 变换器输出电压 U_B 和输入电压 U_F 满足式（8－1）

$$U_B = U_F / (1 - D) \tag{8-1}$$

式中：D 为开关管 VT_0 的占空比，D 的变化范围为 $0 \leqslant D < 1$。

通常调节占空比，就能调节输出电压与输入电压之间的升压倍数关系。

第Ⅱ部分：是单相全桥式 DC－AC 变换逆变器，作用是通过 PWM 调制技术将直流电压逆变为中频方波电压，同时显著减小电流波形中的工频纹波分量，一般通过 $S_{11} \sim S_{14}$ 把直流电源变换为 1kHz 的中频方波电压。

第Ⅲ部分：是 AC－AC 双向变换部分，通过高频 PWM 调制技术实现将 1kHz 中频方波电压变为 50Hz 正弦交流电的转换。AC－AC 变换部分主电路拓扑如图 8－15 所示。图 8－14 中的双向开关器件 $S_{21} \sim S_{24}$ 分别由半导体功率器件（IGBT）VT_{11}、VT_{12}，VT_{21}、VT_{22}，VT_{31}、VT_{32}，VT_{41}、VT_{42} 组成。

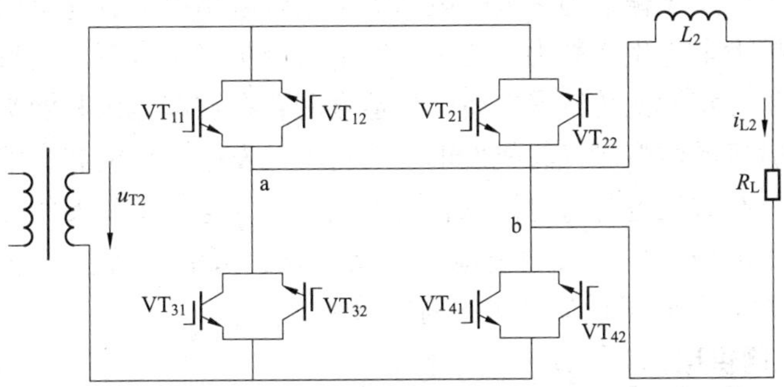

图 8-15 AC-AC变换部分主电路拓扑结构

在电路中，变换器的控制方式采用PWM脉宽调制，改变电压的脉冲宽度，可调节占空比，实现对输出电压的调节和控制。

8.4 燃料电池分布式发电技术

8.4.1 现代电力系统弊病分析

电力工业属技术和资金密集型行业，以“大机组、大电网、高电压”为主要特征的现代电力系统，运行技术复杂、管理水平要求高。实践证明，现代电力系统在地震、水灾、暴风、冰雪、雷电等自然灾害面前表现得十分脆弱，电网上任何一点故障所产生的扰动都会以光速波及，严重的可能会引发大面积停电，甚至全网崩溃。现代电力系统在现代战争远程精确打击及石墨炸弹等新型武器攻击下，更是不堪一击，极易受到战争或恐怖势力的破坏，成为危害国家安全与社会经济发展的严重隐患。

近年来，许多国家和地区都曾发生过损失极为惨痛的大电网停电事故。1999年，台湾因山崩压倒台电326号高压线铁塔而引发全岛大停电，岛内民众一片惊慌，造成至少上百亿元新台币的损失。1996年，在美国西部连续发生的大停电事故和同年在马来西亚发生的全国性大停电事故，损失惨重，给以大电网集中供电的现代社会敲响了警钟。2008年伊始，一场50年一遇的罕见暴风雪，使我国南方19个省市供电线路故障频发，贵州省大面积长时间供电中断，交通及移动通信深受影响；湖南、贵州、江西等受灾严重省份因电力中断造成国家交通动脉中断，对2008年春运造成巨大影响。20世纪末的科索沃战争，美军用空投石墨炸弹摧毁了南联盟电力系统，破坏了南联盟国民经济，造成南联盟人民生活陷入极大的困境与恐慌。面对这些带来灾难性后果的大电网停电事故，我们应该对这种供电模式进行反思。为此，“9·11事件”后许多专家提出了更加安全可靠的分布式发电和供电技术，其目的就是推动世界范围内清洁、高效、分散、安全的电力生产与供应。

8.4.2 燃料电池分布式发电技术

分布式发电是指将电力系统以小规模（功率在数千瓦至50MW）分散布置在用户附近，可独立地输出电能的系统。与大电网配合使用时，分布式电源可在电网崩溃和意外灾害情况下，维持重要用户的供电，避免灾难性后果的发生，极大地提高了供电可靠性。这种系统投资小、损耗低、效率高、可靠性高、能源种类多，特别适宜特殊电源、供电网难以达到的海岛等边远分散用户和电动车电源等。

分布式电源一般应用于偏远地区或是电力需求增长超出电力设施承载能力的地区。对这些地区来说，就近扩大电力生产能力比改造现有电力网更经济合算。燃料电池发电系统模块化、可调的装机容量等特性比传统发电系统更适合配置在这些地区和场所。分布式发电主要指用化石燃料的内燃机或微型燃气轮机发电、燃料电池发电、风能和太阳能及生物质能等可再生能源发电等。分布式发电与大电网联合运行是今后发电技术发展的必然趋势。

在众多分布式发电技术中，燃料电池具有能效高、清洁、动态响应好等优点，被称为21世纪的分布式电源，受到了世界各国的高度重视。

8.4.3 接入电网供电

在和平年代，军用通信装备的电源问题主要还是依靠接入公用供电网的方式解决。但随着国民经济的迅猛发展，各行各业对电力需要越来越大，电力部门不堪重负，各地方都采用了局部轮流停电的形式保证重点行业和部门的供电，而仅仅依靠现有的燃油发电机组已完全不能满足现有装备的电力需求，与现有的汽、柴油发电机组和蓄电池电源相比，军用燃料电池不仅可弥补汽、柴油发电机组难于克服的强目标特征信号（噪声、红外辐射、电磁辐射等）、弱目标隐身能力的安全缺陷，同时批量化后其体积重量、可靠性、操作和维护工作量、工作寿命、持续工作时间和防水性能等方面都较汽、柴油发电机组有明显的改善。燃料电池的体积重量、容量（能量密度）、持续工作时间、使用寿命等指标都要大大优于蓄电池电源，而且无须充电，避免了内漏电、过充电和过放电等损害电池寿命和容量等问题，大大减小了其维护工作量。

因此，燃料电池作为分布式电源供电系统，在特殊状态下的可靠性是任何其他系统无法比拟的。即便是在和平建设时期，其发电特性与传统供电形式也具有许多优势。

8.5 燃料电池发电系统应用分析

8.5.1 汽车动力

全世界对燃料电池的兴趣日渐增长的背后，不可否认的是，其主要的推动力量是燃料电池系统在交通运输业的诱人应用前景，其中也包括作为私人轿车动力源应用的潜在优势。北美、欧洲和日本的汽车制造厂商已投资数十亿美元，用于促进PEMFC技术在运输行业的应用，生产出具有高效、低排放的特性，成本和体积可与现有内燃机引擎相媲美的燃料电池功率装置。今天，许多有关燃料电池堆的技术难题已经或即将解决，当前发展的重点在于降低成本和解决燃料供应和系统集成的相关技术。PEMFC以氢作燃料，能产生高达1.35kW/L的功率密度。一些汽车厂商已推出了功率在60～80kW的燃料电池系统的概念车，在启动时间、时速、行驶距离和驾驶空间等性能上与传统燃油轿车具有可比性，但在氢的补给问题上，各厂商的设计大相径庭。虽然氢的能量转换效率很高，但要解决存放气态氢的高压罐材料或液体氢的超低温处理问题，如果考虑从碳氢化合物（汽油、甲醇）中提取氢，则要解决氢的重整、汽油脱硫、甲醇基础设施建设及安全操作等技术难题。同样，降低燃料电池堆及配套设施的成本也是研发汽车动力应用燃料电池系统中的一个迫切需要解决的材料技术和制造工艺的问题。

8.5.2 固定式应用

燃料电池相对于汽车动力源的应用，更适合作为分布式电源应用的类似固定式应用方式。在固定式应用中，大多数的系统将持续工作，从冷启动达到工作温度所需时间不再是一个重要的指标。因此，除 PAFC 和 PEMFC 系统外，较高工作温度系统（如 MCFC、SOFC）也可考虑作为固定式应用的对象。另外，现今在某些燃料电池系统应用领域高达1500 美元/kW 的成本，对固定式应用来讲，这是可接受的、具有吸引力的价格。而且在固定式应用中，燃料主要来源于天然气，其主要成分是属于轻质烃的甲烷，相对容易重整。因此，有前途的固定式应用包括高品质电源、热电联产系统（应用于住所、商业建筑和工业设备）和电力网的分布式电站。许多诸如政府的数据处理中心、电信设备和重要部门的设施要求非常高品质的电源。电噪声、电压扰动和电力中断都会造成珍贵资料的丢失或信息传输的中断。许多工业生产过程（如半导体制造业），也有同样的高品质电源需求。传统的采用柴油机作为现场后备电源系统通常在紧急情况下使用，而拥有高效率、低噪声和低排放的燃料电池系统能够连续地支持或代替这些场所的供电需求，可作为常载的供电系统应用于这些场合。即便是没有后备电源的需求，燃料电池系统在同时需要热能和电力的场所也是具有吸引力的。例如，一个服务于住宅的燃料电池系统可给照明、空调等设施提供电力，同时也可利用热能提供热水。适用于住宅设施的基于 PEMFC 和 SOFC 的燃料电池科技正在发展中。同样，对此有需求的还有医院、学校、旅馆和办公楼等场所。电能和热能的双重利用使燃料电池系统比市电更加经济。电力公司也因为燃料电池具有高效率、模块性和环保性等因素，有兴趣把它作为中心电站或分布式电源使用。

到目前为止，固定式燃料电池应用最好的国家是日本。其政府早在 20 世纪 80 年代就开始向燃料电池固定式应用项目提供资金支持，并且一些日本公司，如 Tokyo Gas 和 Osaka Gas 已进行了世界上最大规模的固定式燃料电池系统的试验项目。美国对此项目应用的政府支持也很显著，自 1994 年以来，已经在 30 个军事基地进行了 PAFC 示范项目。已经运行的系统大多数是 PAFC 发电系统，在固定式应用方面目前拥有最先进的科技和商业化先进技术支持。

8.5.3 便携式军事通信电源

当便携式电子设备对供电需求不断增长时，传统一次性电池和二次电池（可充电电池）似乎已不能完全满足其不断增长的能源需求。便携式电源指的是能够个人携带，功率输出在几瓦至数百瓦之间的系统。如野外应用电源、娱乐设备电源、便携式电子产品（电脑、手机等）电源和军事支持系统电源。基于 DMFC 和 PEMFC 技术的燃料电池非常适合这类应用。

通信电源是现代战争通信的动力源，其工作性能直接决定了野战部队的机动能力、作战半径和生存能力，是贯穿现代高科技战争的神经网络。PEMFC 的优良特性使其能够满足未来复杂、多变的战场环境对通信电源的特殊要求。与传统的通信电源相比，PEMFC 具有以下优势：

1. 隐身性能好、具有很低的目标特征信号

PEMFC 发电系统由于工作时基本无转动部件，而且是通过化学反应直接产生电流，安静（现有的柴、汽油发电机组的工作噪声大于 90dB，而上百千瓦的燃料电池发电系统噪声低于 50dB，相当于家用空调的噪声等级）、低温（最高 80℃左右）。因此与柴、汽油发电机组相比，军用燃料电池可弥补柴、汽油发电机组难以克服的强特征信号（声波、红外、电磁等）辐射、弱隐身能力的缺陷，提高战场的抗毁能力，尤其适用于野外侦察、山地突袭等灵活机动的作战方式。

2. 维护方便、可靠性高、使用寿命长

因为燃料电池发电系统工作时基本无转动部件，不存在机械磨损和事故隐患，也没有蓄电池的内漏电、过充电和过放电等问题，因此大大减少了维护工作量，使用寿命长、可靠性高。

3. 能量密度高、持续工作时间长

燃料电池具有高的能量密度，集成化的燃料电池发电系统的能量密度可以是同功率等级下锂电池的两倍。目前最好的锂电池理论能量密度是1470Wh/kg，但正常情况下利用率仅为20%，为300Wh/kg，而采用同等重量的燃料电池，能量密度可达到2620Wh/kg。同时，燃料电池能实现不间断的长时间供电。由于燃料电池的燃料和氧化剂由外部供应，因此与蓄电池相比，持续工作时间优势明显。只要有足够的燃料储备，无须充电，整个发电系统就能实现长时间不间断工作。

4. 燃料多样、效率高

燃料电池燃料利用率可达98%，能量转换效率高达60%～80%，实际使用效率则是普通内燃机的2～3倍，为60%。不管是满负荷还是部分负荷，燃料电池均能保持高发电效率，具有很强的过负载能力。通过与燃料供给装置的组合，可采用氢气、醇类等富氢物质作为燃料。

5. 体积小、重量轻

可实现单兵背负作战，克服了蓄电池容量小和柴（或汽）油机发电系统不能移动的缺点，在瞬息万变的战场上使其存活率得以大大提高。运输/储存能量无损失，燃料填装方便快捷。燃料电池发电系统不同于一般的电池，在不工作时，电池内部并没有可以发生反应的物质，也就不存在内放电等问题，唯一需要储/运的是燃料，而采用储氢合金的储氢方法可以实现安全、无泄漏的燃料储/运。

8.6 燃料电池资源评估及经济性分析

8.6.1 资源评估

燃料电池运行时必须使用流动性好的气体燃料。低温燃料电池要用氢气，高温燃料电池可直接使用天然气、煤气。我国的天然气储量十分丰富，根据国土资源部的统计资料显示，截至2012年底，我国的天然气探明可采储量为4.5万亿m^3。根据《BP世界能源统计2013》数据显示，截至2012年底，我国的天然气探明可采储量为3.1万亿m^3，居世界第13位。我国天然气资源主要分布于塔里木、四川、鄂尔多斯和东海陆架，约占全部资源量的2/3。我国还将利用丰富的邻国天然气资源，俄罗斯的西西伯利亚已探明天然气储量38.6万亿m^3，可向我国年供气200亿～300亿m^3；俄罗斯的东西伯利亚已探明天然气储量3.13万亿m^3，可向我国年供气100亿～200亿m^3；俄罗斯远东地区、萨哈林岛探明天然气储量1万亿m^3，可向我国东北年供气100亿m^3以上。中亚地区的哈萨克斯坦、乌兹别克斯坦和土库曼斯坦三国探明的天然气储量6.77万亿m^3，可向外供气300亿m^3。天然气主要成分为CH_4（占90%左右），热值高（每立方米天然气热值为8600～9500kcal），便于运输，在3000km的距离内运用管道输送都是十分经济的。

我国还可利用的液化天然气（LNG）资源也是十分可观的，可向中国立即提供LNG的国家有印度尼西亚、马来西亚、卡塔尔等国。

我国的煤层气也十分丰富，陆上深埋2000m以内浅的煤层气资源量为32万亿～35万亿m^3，多于陆上天然气资源量，位于世界前列。

另外，作为后续资源，我国已发现在南海、东海深处有大量的天然气水合物，其资源量为700亿t石油当量，目前已有多个科研机构正在研究其开采利用的技术。

半个世纪以来，世界大多数国家已完成了由煤炭时代向石油时代的转换，正在向石油、天然气时代过度，因此称21世纪是“天然气世纪”。另外由于环保的需要和IGCC技术的推动，煤的大型气化装置技术已经过关。煤炭部门的有关专家介绍，目前的技术完全可把煤转换为氢气，转换效率可达80%，供给燃料电池作燃料，其效率要比常规热动力装置效率高得多。我国有大量的生物资源（薪材3000万t、秸秆45 000万t、稻壳1500万t、垃圾1.6亿t等），这种密度低、分散度高的资源可转换成沼气或人工煤气或甲醇供分散的、小型高效的燃料电池使用。我国在合成氨工业中，氢的年回收量可达14亿m^3；在氯碱工业中有0.37亿m^3的氢可供回收利用。此外，在冶金工业、发酵制酒及丁醇溶剂厂等生产过程中都有大量氢可回收。上述各类工业副产氢的可回收总量，估计可达15亿m^3以上。

从长远发展看，小型、高效、灵活、分散的PEMFC、PAFC发电与集中高温型MCFC和SOFC系统均是有燃料保证的。

8.6.2 燃料电池发电的经济性

燃料电池是一种正在逐步完善的能源利用方式。其投资正在不断的降低，目前PEMFC的国外商业价格为1500美元/kW，PAFC的价格为3000美元/kW。国内富原公司公布其PEMFC接受订货的价格为10 000元/kW，其他燃料电池国内暂无商业产品。

燃料电池发电与常规的火电投资比较不能单考虑电源投资，还应将长距离输电、配电投资与厂用电、输电能耗和两种能源转换装置的效率考虑在内。如此来计算综合投资大型的火电厂每千瓦约为1.3万～1.5万元。发电消耗的燃料为燃料电池的两倍以上，按目前国内天然气最低市价（产地市价人民币1元/m^3）计算，当发电时间超过70 000h后，用燃料电池发电将比用传统的热机发电更经济。在实际发电工程中还应考虑传统的热机发电占地面积大、环境污染重的问题。随着燃料电池发电技术的不断完善，造价将不断的降低，特别是在规模化生产后，其造价将大幅度的下降，有理由相信，不久的将来这种发电方式会对传统热机发电构成挑战。

最近国际上一些学者和国际组织认为，大容量、高参数机组发电，超高压、大电网、远距离送电的集中供电是一些工业发达国家过去走过的道路。目前的情况正在发生变化，较分散的发电站的出现，再加上对改善能源投资的选择，传统的观念变得过时了。1999年，在布鲁塞尔成立的国际热电联产（ICA）组织声称：“其实旨是推动世界范围内的清洁、高效、分散的电力生产，它预言这是下一个世纪电力工业的方向”。随着小型分散的热电厂、燃料电池发电、风力发电、太阳能发电、生物质能发电等的出现和增加，当今的电力系统将发生很大的转变。超大型的电站与分散微型电站的结合可减少在输、配电线路上的投资，会使得电力系统更安全、经济。一个目前拥有50个发电厂的电力公司在未来若干年内会有几千个甚至几万个微型电站与之相连。这种电力网络类似于目前的计算机网络，少数的几台主机与众多的PC机相连。这种电网会使得各种能源得到更好利用和配置，这种变化将要求未来的电力系统运行方式有一个重大的变革。

未来的电网系统可能是现有的大电网和中、小燃料电池共存状态。因为大电网有其优越性的同时，也存在着缺陷，如高电压长距离输电将有6%～8%的损失，而分散的中、小型燃料电池电站可在许多地点建立，可减少送电损失（输氢能量损失一般仅为3%），同时也为电网调峰做出了贡献。中、小型分散式电力系统将灵活地适应季节性和地域性的电力需求变化。根据专家计算，一条直径为0.91m的输氢管道用于950～1600km输氢，其所输能量约相当于500kV高压输电线路输送能量的10倍以上，而输氢管道所需的建设费用仅为建设高压输电线路的1/2～1/4，日常运行维护也比输电线路低得多。在美国这样电力工业已很发达的国家，将来对燃料电池的市场需要约为17 000MW以上，即中小型分散配置，有其独特的优越性。

8.6.3 对电力系统的影响展望

被称为第四代发电方式的燃料电池，由于具有燃料利用效率可达80%、不排放有害气体（PAFC不排放任何气体）、容量可根据需要而定的优点，所以受到了各方面的极大关注。各国家的政府都在这方面增加了研发资金，推动其商业化的进程。近年来，它首先受到了交通界的重视，作为交通动力装置已被搬上汽车、舰船，几乎同时它受到了国外电力系统的重视。PAFC发电装置已有数万套进入宾馆、家庭运行，PAFC已有了超过4万h的运行记录。

我国稀土资源丰富，发展MCFC和SOFC技术具有十分有利的条件。以天然气和净化煤气为燃料的MCFC和SOFC发电效率高达55%～65%，而且还可提供优质余热用于联合循环发电，是一种优良的区域性供电电站。热电联供时，燃料利用率高达80%以上。专家们认为它与各种大型中心电站的关系，颇类似于个人电脑与大型中心计算机的关系，二者互为补充。在21世纪，这种区域性、环境友好的、高效的发电技术有可能发展成为一种主要的供电方式。随着其生产成本的降低，燃料电池也将在我国获得快速的发展，它将对传统的热机发电构成有利的挑战。展望其对电力系统的影响如下：

1. 调峰能力增加

应用氢气做燃料的PEMFC已经商业化，在国外容量为3、5、7kW等热电联用的燃料电池正在源源不断地进入家庭，数百千瓦的燃料电池正在源源不断地进入旅馆、饭店、商厦等场所。这些电力装置同小型光伏发电装置一样可独立发电，也可与电力网相连。为了获得氢燃料，目前在非纯氢燃料电池前均加了燃料改质器。据专家介绍，碳纳米管储氢技术已获得突破，随着其商业化的发展，实行家庭发电将像用煤气灶与煤气罐配合使用一样方便，购买一罐氢气可发电数月（3kg氢气的能量可使一般轿车行驶500km）。在有煤气或天然气管道的地方，打开气阀就可发电和供热水。

使用天然气、煤气为燃料的MCFC、SOFC发电能力为数兆瓦发电装置将坐落于较大的公用场所，用管道向燃料电池提供燃气为附近的用户提供电力和热能，使城市的发电不再污染环境。成千上万的燃料电池发电装置服役，必将使得电网的调峰能力大大增强，常规的火电厂，由于存在较大污染，因此让其远离城区带基本负荷。在缺乏调峰手段和缺乏调峰电量的电网中加大燃料电池的入网量，必将大大提高未来电网的调峰能力。

2. 节约配电网建设费用

我国有许多偏远的山村和海岛，远离电网或处在电网的末端，用电量不大。从商业角度考虑，架设高电压等级的线路是不合算的，但不架设又难以实现村村通电的目标。有了燃料电池，用当地生物质气体为燃料，再配合当地的风能、太阳能等，就可满足当地的长期的电能需求，这样可使投资更加合理，又能提高电网的经济效益。

3. 提高电网的安全性

目前，电网均采用高压长距离输电的方式使偏僻山区的水电和坑口、路口及海口处的火电输送到负荷中心地带。中外近年发生的多次电网事故证明，在地震、水灾、暴风、冰雪、雷电等自然灾害面前，这种系统往往是十分脆弱的，而星罗棋布的燃料电池加入到电网中供电，将大大提高电网的安全性。在某个远距离的基本负荷电源跳闸时，燃料电池可对电网起到一定的支承作用，保证重要用户的电能需求。随着 MCFC、SOFC 技术的突破，天然气管线的铺通和大型煤气化技术的解决，届时人们会看到，对于大规模的应用化石能源的电力系统来说，变长距离输电为长距离输气，应用大、中、小相结合的各种燃料电池靠近负荷供电供热会更经济、更安全。

4. 增加电网管理的复杂性

燃料电池发电将增加管理的复杂性。原因是：①燃料电池发的均是直流电，需变频后入网，如此将需要对谐波进行控制；②价格管理，每一个小的系统与电网均有电量交换，需要进行合理的价格管理，这与其他新能源入网问题一样（如太阳能、风能、生物质能发电），入网电量小，管理量不小。

本章小结

本章介绍了燃料电池的分类和发电原理，以及燃料电池国内外应用发展概况；重点对几类典型燃料电池 PAFC、PEMFC、MCFC、SOFC 发电系统的组成及工作原理做了介绍；结合燃料电池发电系统的构成，对发电过程控制技术进行了分析；对燃料电池分布式发电技术及应用领域进行了阐述；介绍了我国燃料电池发电资源评估及经济性，对燃料电池发电技术对电力系统的影响进行了展望。

思考题

8.1 简述燃料电池发电系统组成及工作原理。

8.2 简述燃料电池的种类、特点及国内外应用状况。

8.3 简述燃料电池发电系统控制原理及主要控制参数。

8.4 简述我国燃料电池燃料资源现状及未来发展趋势。

8.5 分析阐述燃料电池发电系统的经济性，以及燃料电池发电对常规电力系统的影响。

8.6 阐述燃料电池分布式发电的理念及对传统发电模式产生的影响和意义。

第9章　分布式新能源发电接入微电网控制技术

9.1　分布式新能源发电技术

分布式能源系统是基于一系列能源技术进步和能源结构调整的产物，是多领域新技术革命的整合。分布式能源将用户多种能源需求及资源配置状况进行系统整合优化，采用需求应对式设计和模块化配置，以资源、环境效益最大化确定利用方式和能源系统的容量，根据终端能源利用效率最优化确定规模。分布式能源根据用户对能源的不同需求，实现对口供应，将输送环节的损耗降至最低，从而使能源利用效能最大化；采用先进的能源转换技术，尽力减少污染物的排放，并使排放分散化，便于周边植被的吸收；同时，分布式能源利用其排放量小、排放密度低的优势，可将主要排放物实现资源化再利用。分布式能源依赖于最先进的信息技术，采用智能化监控、网络化群控和远程遥控技术，同时也依赖于未来以能源服务为主体的能源社会化服务体系，以保障各能源系统的安全可靠运行。

分布式发电（DG，Distributed Generation），通常是指发电功率在几千瓦至数百兆瓦的小型模块化、分散式、布置在用户附近的高效、可靠的发电单元。分布式能源是近年来兴起的利用小型设备向用户提供能源供应的新型能源利用方式。与传统的集中式能源系统相比，分布式能源接近负荷，不需要建设大电网进行远距离高压或超高压输电，可大大减少线损，节省输配电建设和投资费用；由于兼具发电、供热（冷）等多种能源服务功能，分布式能源可有效地实现能源的梯级利用，达到更高的能源综合利用效率。

9.1.1　分布式能源的特征

分布式能源也叫分布式资源（DER，Distributed Energy Resources），是一种能源的分布式应用系统，实现用户端的能源综合利用，相对于传统的集中供电方式而言，是指将冷热电系统以小规模、小容量（几瓦至50MW）、模块化、分散式的方式布置在用户附近，可独立地输出冷、热、电能的系统。国际分布式能源联盟（WADE，World Alliance for Decentralized Energy）如此定义“分布式能源”：由高效利用发电产生的废能而生产热和电及现场端的可再生能源系统，以及包括利用现场废气、废热和多余压差来发电的能源循环利用等发电系统组成，能够在消费地点或很近的地方发电的系统，称为分布式能源系统，而不考虑这些项目的规模、燃料或技术，以及系统是否联网等条件。

分布式能源的先进技术包括太阳能利用、风能利用、燃料电池和燃气冷-热-电三联供等多种形式，其主要技术有电能有效利用（EUEE，Efficient Utilization of Electrical Energy）、信息通信技术（ICT，Information and Communications Technology）、智能模块（Smart Box）、主动网络管理（ANM，Active Network Management）、微网（Micro－Grids）、智能电网（Smart Grids），以及实现整合预期能源发展的柔性电网（FENIX，Flexible Electricity Networks to Integrate the expected energy evolution ）。分布式能源的主要应用有燃气-蒸汽联合循环发电、整体煤气化联合循环（IGCC）、煤炭汽化多联产、热-电-冷三联产、风-光-燃气互补多联产发电等领域。

我国现有的能源系统主要是以化石燃料构成的，核心是煤、石油、少量的天然气及核能。其中，煤和石油的储藏量是很有限的，尤其是石油，我国的石油资源仅能维持20年，而煤炭生产会产生巨大的污染，大量开采会造成严重的水土资源流失，加剧生态的恶化。同样，大规模的燃气资源极其有限，但在我国西北、西南内陆地区和沿海区域分布的小规模、低品质天然气田繁多，还没有很好地利用起来。因而基于现有能源资源，需要全力提高资源利用效率，扩大资源的综合利用范围，分布式能源无疑是解决该问题的关键技术之一，是缓解我国严重缺电局面，保证可持续发展战略实施的有效途径之一，符合能源战略安全、电力安全，以及我国天然气发展战略的需要，可缓解环境、电网调峰的压力，能够提高能源利用效率。

2003年以来，美国、加拿大、英国、澳大利亚、丹麦、瑞典、意大利等国相继发生的大停电事故，深刻说明传统能源供应形式存在严重的技术缺陷。随着时代的发展，特别是信息技术及物联网技术的飞速发展，传统能源的供应形式已难以继续支撑人类文明的发展进程，加快以信息技术及物联网技术为核心的新型能源体系建立已是大势所趋，而分布式能源正是这种新能源体系的核心内容。

分布式能源由一次能源和二次能源组成，一次能源以气体燃料为主，可再生能源为辅，利用一切可利用的资源；二次能源以分布在用户端的热-电-冷（植）联产为主，其他中央能源供应系统为辅，实现以直接满足用户多种需求的能源梯级利用，并通过中央能源供应系统提供支持和补充。在环境保护上，分布式能源将部分污染分散化、资源化，实现适度排放的目标。在管理体系上，分布式能源采用智能信息化技术，通过社会化服务体系提供设计、安装、运行、维修一体化保障，各系统在低压电网和冷、热水管道上进行就近支援，互保能源供应的可靠。分布式能源实现多系统优化，将电力、热力、制冷与蓄能技术结合，实现多系统能源容错，将每一个系统的冗余限制在最低状态，以期最大限度地提高能源利用效率。

分布式能源建在用户端，具有高效、节能、环保的特点，既可独立运行，也可并网运行，而无论规模大小、使用什么燃料或应用技术。目前许多发达国家已可以将分布式能源综合利用效率提高到90%以上，大大超过传统能源的利用效率。

分布式能源不仅包括“分布式发电”（DG，Distributed Generation），也包括“电能有效利用”（EUE，Efficient Utilization of Electricity），同时还包括“管理和利用”（MU，Management and Utilization），是“分布式资源及电能有效利用”（DEREUE，Distributed Energy Resources and Efficient Utilization of Electricity），对于电力系统而言，是一个新的机遇和挑战。

分布式能源的核心环节之一是分布式发电。分布式发电本身并非一种全新的发电形式，过去几十年中，在一些重要的部门或场所，用户往往自行安装一些小型发电设备作为应急备用电源，如医院、矿山等，他们把小型柴油发电机组作为紧急事故停电时的备用电源，以增加供电的可靠性和安全性，还有如我国早期用作自备电厂的燃煤小热电，这些都可认为是分布式发电的范畴，由于其技术性能差或效率低下，或对环保有影响，已被逐渐淘汰或取代。目前所谓的分布式发电通常并非指采用柴油发电机组的应急备用电源或一些燃煤小火力发电厂，而是指由太阳能光伏发电、风能发电、生物质能发电、垃圾发电等可再生能源发电构成的发电形式。由于分布式发电在效率、能源多样化、环保、节能等多方面的优越性，再加上电力市场化的快速发展进程，使这种发电技术获得国内外广泛的关注，分布式发电的应用范围也相当广泛，当它接入配电网并网运行时，在某些情况下可能对配电网产生一些技术上的影响，因此对需要高度可靠性和高电能质量的配电网来说，对分布式电源的接入是相当慎重的。

分布式能源的主要特征如下：

(1) 分布式能源分布安置于需求侧的能源梯级利用，是一种以可再生能源为主体的资源综合利用系统。通过在需求现场根据用户对能源的不同需求，实现对口供应能源，将输送环节的损耗降至最低，实现能源利用效率的最大化。

(2) 分布式能源是以资源、环境效益最大化来确定方式和容量的系统，根据终端能源利用效率最优化确定规模。

(3) 分布式能源是一种采用需求应对式设计和模块化配置的新型能源系统，将用户多种能源需求及资源配置状况进行系统整合优化。

(4) 分布式能源采用先进的能源转换技术，减少污染物的排放，并使排放分散化，便于周边植被的吸收。同时，分布式能源利用具有排放量小、排放密度低的优势，可将主要排放物实现资源化再利用。

(5) 分布式能源依赖于最先进的信息技术和物联网技术，采用智能化监控、网络化群控和远程遥控技术。

(6) 分布式能源依赖于以能源服务为主体的能源社会化服务体系，实现运行管理的专业化以保障各能源系统的安全可靠运行。

(7) 分布式能源技术具有能源利用效率高、环境负面影响小、提高能源供应可靠性和经济效益好的特点，是未来世界能源技术的重要发展方向。

(8) 分布式能源可实现并网发电，但由于其分散性及自身的内阻较大，容易引起“孤岛”保护现象，必须采用可靠有效的“反孤岛”保护技术。

9.1.2 分布式能源发电及综合应用

20 世纪 90 年代以来，可再生能源和新能源快速发展，其中，分布式能源技术的发展和应用成为一种主流，分布式发电是一种新的重要方式，包括高效利用能源的热-电联产及冷-热-电三联供形式，可替代化石能源的各种小型可再生能源发电，如风力发电、太阳能光伏发电、生物质发电、垃圾发电及小水电等。我国可再生能源资源丰富，我国政府制订的《可再生能源中长期发展规划》中明确提出，到 2020 年将使可再生能源生产量占到一次能源生产量的 15%。

1. 分布式能源转换设备及装置

分布式能源的应用形式与能源转换设备密切相关，主要的动力与能源转换设备和装置有小型燃气轮机、微型燃气轮机、燃气内燃机、斯特林发动机、燃料电池、小型蒸汽轮机、小型水轮机和小型抽水蓄能系统、太阳能光伏和光热发电、风力发电、余热制冷、热泵、能量回收等系统。

(1) 小型燃气轮机。在小型航空涡轮发动机技术的基础上，实现发电和供热的联产技术。

(2) 微型燃气轮机。基于汽车发动机涡轮增压技术，采用永磁发电和变频控制技术高效利用余热。

(3) 燃料电池。有质子交换膜、固体氧化物、熔融硅酸盐和氢氧重整等多种技术方式，应用极为广泛，污染极小，而且可同燃气轮机技术整合，发电效率可达到 80%，是未来最具有发展价值的技术。

(4) 小型蒸汽轮机。利用噪声小、振动小、运行方便可靠的小型蒸汽轮机代替热交换器，将其中一部分能量转换为电能，或者利用蒸汽管网中较低品位的蒸汽为制冰机组提供低温冷能，更好地利用蒸汽的热能。

(5) 小型水轮机和小型抽水蓄能电站。小型、微型水轮机组不仅可在任何有水位落差的地方使用，而且可广泛利用在分布式能源项目上。利用自来水管网的水能压力，或者建筑物可能产生的落差进行发电，并在用电低谷进行抽水蓄能，新型的微型水轮发电机组采用电力电子变频控制技术，调整电能品质。

(6) 太阳能发电系统。利用太阳能光伏发电技术，并与其他能源利用方式和载体进行整合，将太阳光热发电与沼气利用整合，将光伏电池与建筑材料整合，利用光导纤维与照明技术整合等。

(7) 风力发电系统。风力发电是电力能源发展的一个重要方向，大型风场可形成大型风力发电代替火力发电系统，分散的小型风力发电系统可作为分布式能源的重要形式加以利用。

(8) 余热制冷系统。利用动力机产生的余热供热制冷是分布式热-电-冷三联供系统的重要环节，尤其是制冷，可采用吸收式制冷，也可采用吸附式，以及余热-动力转换-低温制冷等技术，大大提高能源的利用率。

(9) 热泵系统。利用地源、水源和其他温差资源的能源利用技术，实现对热能的高效利用。

(10) 能量回收系统。将建筑物内电梯下行、汽车制动、自来水减压等能量进行回收，实现能量的高效利用。

2. 分布式能源的系统优化技术

分布式能源的应用形式还与系统优化技术密切相关，主要有以下几个方面：

(1) 多种能源系统整合优化。将各种不同的能源系统进行联合优化，例如，将分布式能源与传统能源系统整合后进行联合优化，将分布式能源系统与水蓄冷系统整合，并进行联合再优化，将微型燃气轮机与热泵系统整合优化，以及太阳能与分布式能源系统的优化整合等，达到取长补短的目的，充分发挥各个系统的综合优势。

(2) 将分布式能源与交通系统整合优化。利用低谷电力为电动汽车蓄电或燃料电池汽车储氢，将燃料电池和混合动力汽车作为电源，形成随着人流移动的电源和供电系统，实现节约投资经费、降低高技术产品使用成本等目的。

(3) 分布式能源发电接入电网优化。解决分布式能源发电与现有电网设施的兼容、整合和安全运行等问题。

(4) 储能技术。通过储能技术的开发应用，解决能源的延时性调节问题，提高能源系统的容错能力，其中包括储电、储热、储冷和储能四个技术方向。储电技术包括化学储电（电池）、物理储电（飞轮、水能及气能）；储热技术包括相变储热、热水、热油和蒸汽等多种形式；储冷技术包括冰储冷和水储冷；储能技术包括机械储能、水储能及记忆金属储能等方式。

(5) 地源储能技术。利用地下水和土壤将冬季的冷和夏季的热能储存，进行季节性调节使用，结合热泵技术进行直接利用，减少城市热岛效应。

(6) 网络式能源系统。互联网式的分布式能源梯级利用系统是未来能源工业的重要形态，它是由燃气管网、低压电网、冷热水网络和信息共同组成的用户就近互联系统，复合网络的智能化运行、结算、冗余调整和系统容错优化。

3. 分布式能源的资源利用技术

分布式能源的应用形式与资源深度利用技术密切相关，主要有以下几个方面：

(1) 天然气凝结水技术。利用天然气燃烧后的化学反应结果回收水，解决部分城市水资源紧缺问题。

(2) 将分布式能源与大棚结合的技术。将分布式能源系统发电设备排出的余热、二氧化碳和水蒸气注入大棚，作为气体肥料和热源，解决城市绿化和蔬果供应，同时减少温室气体和其他污染物排放问题。

(3) 利用发电制冷的冷却水生产生活热水的技术。利用热泵技术，将低品位热源转换为较高品位的生活热水，减少能源消耗。

(4) 空调系统废热回收技术。有效利用全新风空调系统中回风中的余热和余冷，减少能耗。

(5) 污水水源热泵系统。利用生活污水中的热量进行回收和再利用。

(6) 小型生物质沼气生产技术。利用民用设施污水、垃圾和大棚废弃生物质就地生产沼气技术。

4. 分布式能源的主要应用形式

综合分布式能源的各种技术，分布式能源的主要应用形式有太阳能光伏发电系统、风力发电系统、生物质能发电系统、小水电发电系统、地热能热-电联产综合利用系统、燃料电池发电系统、热-电-冷联产系统、燃气轮机发电系统、微燃气轮机发电系统。

热-电联产技术成熟、效率较高、节能效果显著，是最主要的分布式能源应用形式。而可再生能源在我国农村能源供应中发挥着重要作用，正在向商业化和规模化方向快速发展，也是分布式能源的重要组成形式。我国《中华人民共和国节约能源法》和《中华人民共和国大气污染防治法》把热-电联产作为节能和环保的有效措施，其中国家《2010 年热电联产发展规划及 2020 年远景发展目标》提出，到 2020 年全国总发电装机容量将达到 9 亿 kW 左右，其中热-电联产总装机容量将达到 2 亿 kW，城市集中供热和工业生产用热的热-电联产装机容量都约为 1 亿 kW，热-电联产将占全国发电总装机容量的 22%，在火电机组中的比例约为 37%。

9.2 微电网概念

随着社会经济的发展，电力需求迅速增长，电力部门大多把投资集中在火电、水电及核电等大型集中电源和超高压远距离输电网的建设上。但是，随着电网规模的不断扩大，超大规模电力系统的弊端也日益凸现，如成本高、运行难度大、难以适应用户越来越高的安全和可靠性要求，以及多样化的供电需求。尤其在近年来，世界范围内接连发生几次大面积停电事故之后，电网的脆弱性充分暴露了出来，因此分布式发电被提上了日程。分布式发电具有污染少、可靠性高、能源利用效率高、安装地点灵活等多方面优点，有效解决了大型集中电网的许多潜在问题。

目前，欧美等发达国家已开始广泛研究能源多样化的、高效和经济的分布式发电系统，并取得了突破性进展。无疑，分布式发电将成为未来大型电网的有力补充和有效支撑，是未来电力系统的发展趋势之一。实际上，小电源分散发电并非新概念，早期的电力系统都是规模较小的分散独立系统。随着交流高压远距离输电技术的发展，联网的规模效益日趋显著，人们开始将各分散系统连接起来并网运行。但在 20 世纪 60 年代的几次大停电事故后，就有人开始对集中供电提出质疑，但其后并未进行深入研究。20 世纪 90 年代，人们才开始对分布式发电系统的潜在效益展开深入研究，并发表了许多研究报告和论文。

分布式发电也称分散式发电或分布式供能，一般指将相对小型的发电装置（一般为 50MW 以下）分散布置在用户（负荷）现场或用户附近的发电（供能）方式。分布式电源位置灵活、分散的特点极好地适应了分散电力需求和资源分布，延缓了输、配电网升级换代所需的巨额投资，同时，它与大电网互为备用也使供电可靠性得以改善。

分布式电源尽管优点突出，但本身存在诸多问题，例如，分布式电源单机接入成本高、控制困难等。另外，分布式电源相对大电网来说是一个不可控源，因此大系统往往采取限制、隔离的方式来处置分布式电源，以期减小其对大电网的冲击。为协调大电网与分布式电源间的矛盾，充分挖掘分布式能源为电网和用户带来的价值和效益，在 21 世纪初，学者们提出了微电网的概念。

9.2.1　微电网定义

2002 年美国 CERTS（Consortium for Electric Reliability Technology Solutions）（即由美国电力集团、伯克利劳伦斯国家实验室等研究机构组成的合作组织）对微电网技术开展了专门的研究，对微电网概念提出了明确的定义，并且给出了微电网的基本结构。CERTS 定义的微电网基本概念：这是一种负荷和微电源的集合。该微电源在一个系统中同时提供电力和热力的方式运行，这些微电源中的大多数必须是电力电子型的，并提供所要求的灵活性，以确保能以一个集成系统运行，其控制的灵活性使微电网能作为大电力系统的一个受控单元，以适应当地负荷对可靠性和安全性的要求。

CERTS 定义的微电网提出了一种与以前完全不同的分布式电源接入系统的新方法。传统的方法在考虑分布式电源接入系统时，着重在分布式电源对电网性能的影响，按传统方法当电网出现问题时，要确保联网的分布式电源自动停运，以免对电网产生不利的影响，而 CERTS 定义的微电网要设计成当主电网发生故障时微电网与主电网无缝解列或成孤岛运行，一旦故障去除后便可与主电网重新连接。这种微电网的优点是它在与之相连的配电系统中被视为一个自控型实体，保证重要用户电力供应的不间断，提高供电的可靠性，减少馈线损耗，对当地电压起支持和校正作用。因此，微电网不但避免了传统的分布式发电对配电网的一些负面影响，还能对微电网接入点的配电网起一定的支持作用。它主要是通过电力电子装置将发电容量小于 500kW 的分布式电源和储能装置组织在一起，就近向用户提供电能。灵活智能的电力电子装置是 CERTS 微电网的关键所在，正是通过该技术来实现“即插即用”的控制思想。微电网是相对传统大电网的一个概念，是指多个分布式电源及其相关负载按照一定的拓扑结构组成的网络，并通过静态开关关联至常规电网。微电网是由分布式电源、储能装置、能量转换装置、相关负荷和监控、保护装置汇集而成的小型发配电系统，是一个能够实现自我控制、保护和管理的自治系统，既可与外部电网并网运行，也可孤立运行。

微电网从系统观点看问题，将发电机、负荷、储能装置及控制装置等结合，形成一个单一可控的单元，同时向用户供给电能和热能。微电网既可与大电网联网运行，也可在电网故障或需要时与主网断开单独运行。它还具有双重角色：对于公用电力企业，微电网可视为电力系统可控的“细胞”，例如，这个“细胞”可被控制为一个简单的可调度负荷，可在数秒内做出响应以满足传输系统的需要；对于用户，微电网可作为一个可定制的电源，以满足用户多样化的需求，例如，增强局部供电可靠性、降低馈电损耗、支持当地电压、通过利用废热提高效率、提供电压下陷的校正、作为不可中断电源。由于微电网灵活的可调度性且可适时向大电网提供有力支撑。在接入问题上，微电网的入网标准只针对微电网与大电网的公共连接点（PCC），而不针对各个具体的微电源。微电网不仅解决了分布式电源的大规模接入问题，充分发挥了分布式电源的各项优势，还为用户带来了其他多方面的效益。

分布式电源设备启停方便，负荷调节灵活，各系统相互独立，系统的可靠性和安全性较高。此外，分布式电源多采取可再生能源或天然气等为燃料，较之传统的集中式能源系统更加环保。热电联产是目前典型的分布式能源利用方式，在发达国家已得到广泛的推广利用。

天然气分布式电源即是通过冷热电三联供等方式实现能源的梯级利用，综合能源利用效率在70%以上，并在负荷中心就近实现能源的现代供应方式，是天然气高效利用的重要方式。与传统集中式供能方式相比，天然气分布式能源具有能效高、清洁环保、安全性好、削峰填谷、经济效益好等优点。

9.2.2 微电网研究动态

微电网是一种新型的电源网络结构，是一组微电源、负荷、储能系统和控制装置构成的系统单元。微电网中的电源多为容量较小的分布式电源，即含有电力电子接口的小型机组，包括微型燃气轮机、燃料电池、光伏电池、小型风力发电机组，以及超级电容、飞轮及蓄电池等储能装置，它们接在用户侧，具有成本低、电压低及污染小等特点。

目前世界上许多国家已开展微电网研究，立足于本国电力系统的实际问题提出了各自的微电网概念和发展目标。作为一个新的技术领域，微电网在各国的发展呈现不同的特色。

1. 美国微电网的研究

美国CERTS对微电网技术开展了专门的研究，对微电网概念提出了明确的定义，并且给出了微电网的基本结构。

2. 欧洲微电网的研究

欧洲提出要充分利用分布式能源、智能技术、先进电力电子技术等实现集中供电与分布式发电的高效紧密结合，并积极鼓励社会各界广泛参与电力市场，共同推进电网发展。其微电网智能性、能量利用多元化等特点也成为欧洲未来电网的重要组成。目前，欧洲已初步形成了微电网的运行、控制、保护、安全及通信等理论，并在实验室微电网平台上对这些理论进行了验证。

3. 日本微电网的研究

日本立足于国内能源日益紧缺、负荷日益增长的现实背景，展开了微电网研究，但其发展目标主要定位于能源供给多样化、减少污染、满足用户的个性电力需求上。

日本学者还提出了灵活可靠性和智能能量供给系统，其主要思想是在配电网中加入一些灵活交流输电系统装置，利用控制器快速、灵活的控制性能，实现对配电网能源结构的优化，并满足用户的多种电能质量需求。目前，日本已将该系统作为其微电网的重要实现形式之一。

9.2.3　微电网的结构

相对电力系统而言，微电网类似于一个独立的控制单元，其中每一个微电源都具有尖端的即拔即插功能。对每一个微电源，最关键的是它本身的接口、控制、保护及对微电网的电压控制、潮流控制和维持其运行稳定性。微电网的一个重要功能是微电网的联网运行和孤岛运行方式间的平稳转移。

微电网具有控制、协调、管理等功能，并由以下系统来实现。

(1) 微电源控制器。微电网主要靠微电源控制器来调节馈线潮流，母线电压与主网的解、并网运行。控制主要依赖于就地信号，且响应是毫秒级的。

(2) 保护协调器。保护协调器既适用于主网的故障，也适用于微电网的故障。当主网故障时，保护协调器要将微电网中重要的负荷尽快地与主网隔离。当故障发生在微电网内时，该保护应在尽可能小的范围内将故障段隔离。

(3) 能量管理器。按电压和功率的预先整定值对系统进行调度，相应时间可长些。

能源方式多种多样，光伏发电、燃料电池、小型风电和生物质能发电是很好的电源选择。蓄电池、飞轮和超级电容器等是微电网重要的储能元件，余热回收装置也是重要的部件之一，正是由于余热的利用提高了能源利用的效率，因为热水或热蒸汽并不像电那样容易而经济地长距离输送，而微电网的结构恰恰能使热源更接近热负荷。微电网结构形式如图 9-1～图 9-4 所示。

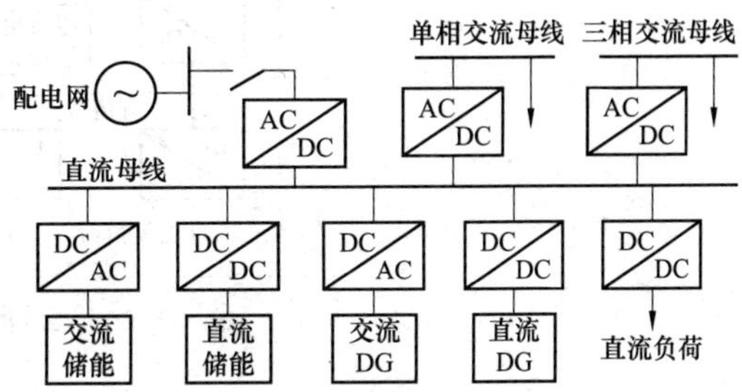

图 9-1　直流微电网结构

9.2.4　智能电网的技术内涵

智能电网涵盖了电力系统所有的领域，是一项长期、庞大的科研课题与工程实践。它以智能一次设备和二次设备为基础，并集合了通信、计算机、电力电子技术的发展。从技术层面讲，未来的智能电网和目前电网的主要区别体现在电力市场化、新能源发电与储能技术、电能质量，以及电网自愈能力等各个方面。以电网结构及运行特征来分，智能电网的研究与实施主要包括以下内容，如图 9-5 所示。

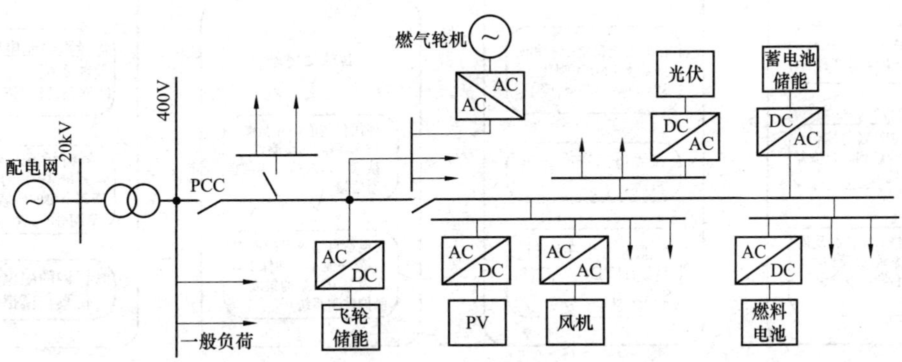

图 9-2　交流微电网结构

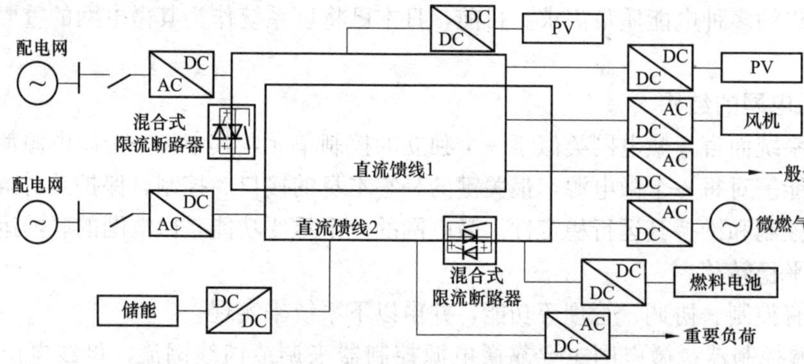

图 9-3 多直流馈线微电网结构

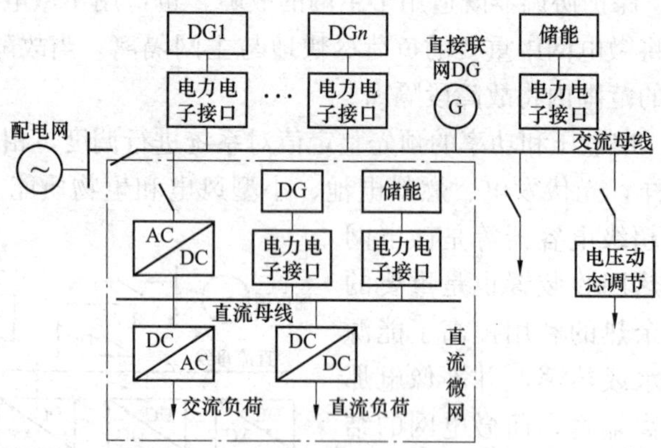

图 9-4 交直流混合微电网结构

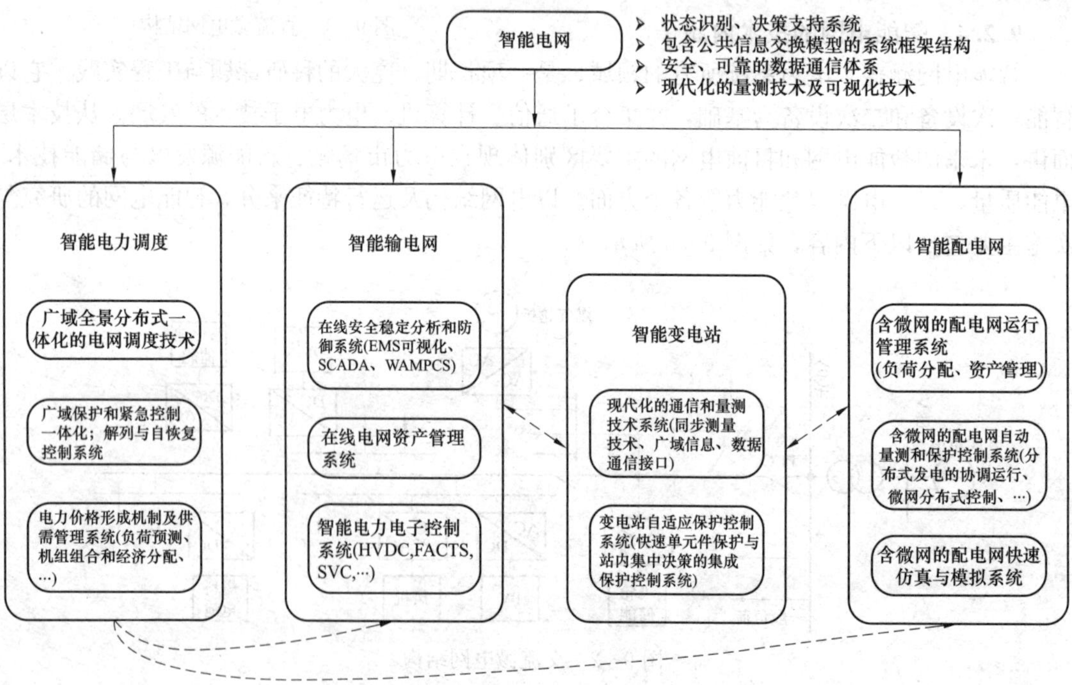

图 9-5 智能电网的技术内涵

由于电力系统的运行、控制及管理是依靠跨越各个分布系统或终端的信息交换来实现的。因此，智能电网的实施必然是建立在电力系统与通信系统高度集成和发展的基础上形成的智能电网体系。由图 9－5 可知，智能电网主要包含智能输电网和智能配电网两大组成部分，而智能变电站则是实现电网智能化运行与控制的关键组成部分。在此基础上，智能化电力调度的目标则包括建立一个基于同步信息的广域保护和紧急控制一体化理论与技术，协调电力系统元件保护和控制、区域稳定控制系统、紧急控制系统、解列控制系统和恢复控制系统等具有多道安全防线的综合防御体系。与此同时，智能电力交易及价格形成机制也是电力市场化的关键技术。鉴于电力系统具有广域动态的特征，智能电网的保护控制必然要进一步在数据信息交换的基础上，解决全局与局部的功能协调和速度协调，实现广域控制与分布保护控制的协调性。

9.2.5　智能配电网的特点

随着城市工业与社会生活的不断发展与需求，构建安全、稳定的城市电网是未来电网发展中至关重要的基础环节之一，而城市电网所涉及的内容正是智能配电网所面临的课题与发展方向的自然扩展，从功能上必须能够支持现有结构所不能支持的两个基本要求：

(1) 支持综合考虑终端用户和总体配电系统控制，以达到系统性能的优化、期望的安全稳定性。未来智能配电网结构应是现有系统结构和期望的电能质量。

(2) 支持高比重的分布式电源接入电网，以提高系统的整体效率和灵活性。例如，通过协同分布式的控制方式，利用分布式电源来优化系统性能，并且在发生重大系统故障时利用分布式电源通过微电网进行局部控制。

城市工业体系中数字化产业比重逐渐增大，对电能质量要求苛刻。为保证供电的连续性与可靠性，国外较为成功的配电网结构中实现了多分段、多连接的供电模式，甚至为了个别重要的用电负荷，局部配电网从辐射状网络向闭环环网的运行模式转变。在这个发展变化的过程中，传统的保护配置方式及原理显然不能适应这种变化，进而形成了一些应用上的障碍。

随着分布式发电资源及微电网技术的发展，城市配电网受端系统出现发电单元且其发电能力得到不断提升。因此，智能配电网内的电力供应模式将发生改变，即从单一的由大型注入点单向供电的模式，向大量使用受端分布式发电的多电源多向模块化模式转变。在微电网概念引入前，世界各国一般均不允许分布式电源孤岛运行，采用系统故障时主动将分布式电源退出的保护控制方案。随着微网技术的发展，在未来智能配电网中，微电网与配电网的协调运行及其孤岛运行能力无疑是提高供电可靠性的有效措施之一。

因此，智能配电网需具备分层分块结构，使每个微电网模块具备孤岛运行能力，从而提高城市电网的健壮性、运行的灵活性。微电网典型拓扑结构如图 9－6 所示。

根据微电网的结构、特征及其应用和负荷特征，微电网包括与配电网直接相连的微电网，以及面向工商业或居民供电的小型微电网等。不同的微电网特性不同、归属权不同，因此其运行方式灵活多变，相应的保护控制方式应根据这些一般特征有所侧重。

9.2.6　中国发展微电网的重要意义

中国发展微电网的重要意义有以下几点：

(1) 微电网可提高电力系统的安全性和可靠性，有利于电力系统抗灾害能力建设。目前，我国电力工业发展已进入大电网、高电压、长距离、大容量阶段，六大区域电网已实现

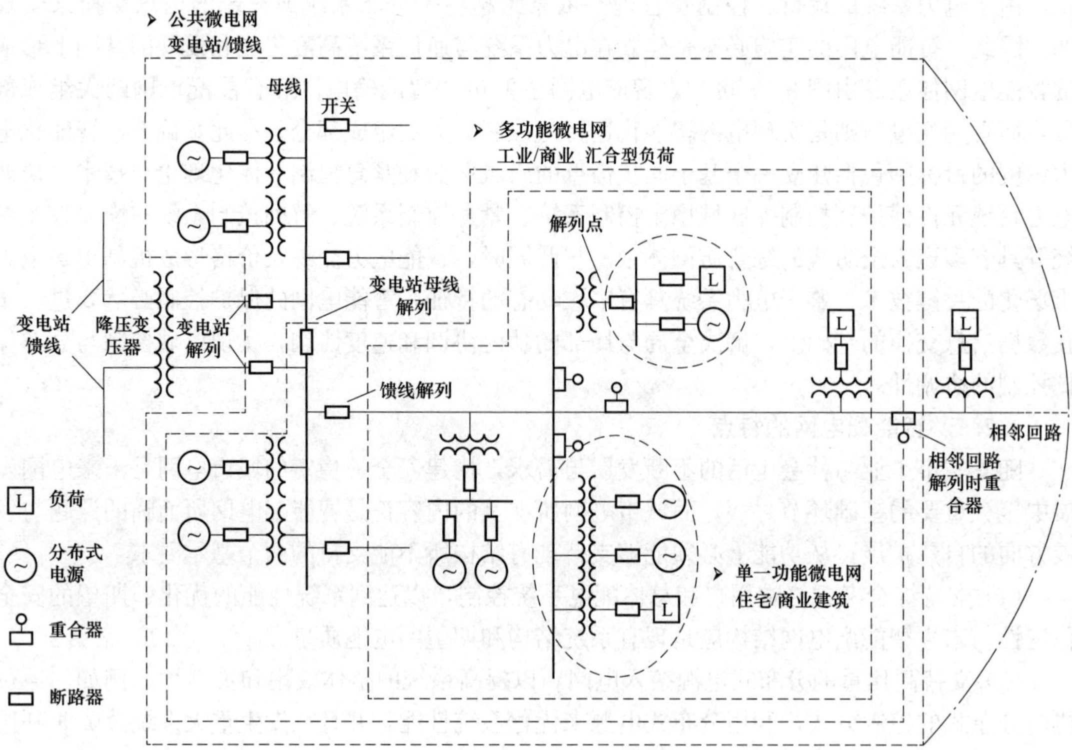

图 9－6 微电网典型拓扑结构

互联，网架结构日益复杂。实现区域间的交流互联，理论上可发挥区域间事故支持和备用作用，实现电力资源的优化配置。但是大范围交流同步电网存在大区间的低频振荡和不稳定性，其动态稳定事故难以控制，造成大面积停电的可能性大。

另一方面，厂网分开后，市场利益主体多元化，厂网矛盾增多，厂网协调难度加大，特别是对电网设备的安全管理不到位，对电力系统安全稳定运行构成了威胁。与常规的集中供电相比，微电网可以和现有电力系统结合形成一个高效灵活的新系统，具有以下优势：无须建设配电站，可避免或延缓增加输、配电成本，没有或很低的输配电损耗，可降低终端用户的费用；小型化对建设要求不高，不占用输电走廊，施工周期短，高效性灵活，能够迅速应付短期激增的电力需求，供电可靠性高，同时还可降低对环境的污染等。

(2) 微电网可促进可再生能源分布式发电的并网，有利于可再生能源电源的发展。处于电力系统管理边缘的大量分布式电源并网有可能造成电力系统不可控、不安全和不稳定，从而影响电网运行和电力市场交易，所以分布式发电面临许多技术障碍和质疑。微电网可充分发挥分布式发电的优势，消除分布式发电对电网的冲击和负面影响，是一种全新的概念，使用系统的方法解决分布式发电并网带来的问题。通过将地域相近的一种微电源、储能装置与负荷结合起来进行协调控制，微电网对配电网表现为“电网友好型”的单个可控集合，可与大电网进行能量交换，在大电网发生故障时可独立运行。

(3) 微电网可提高供电可靠性和电能质量，有利于提高电网企业的服务水平。微电网可根据终端用户的需求提供差异化的电能，根据微电网用户对电力供给的不同需求将负荷分类，形成金字塔形的负荷结构。负荷分级的思想体现了微电网个性化供电的特点，微电网的应用有利于电网企业向不同终端用户提供不同的电能质量及供电可靠性。

(4) 微电网可延缓电网投资，降低网损，有利于建设节约型社会。传统的供电方式是由集中式大型发电厂发出电能，经过电力系统的远距离、多级变送为用户供电的方式。而微电网的“就地消费”方式，能够有效减少对集中式大型发电厂电力生产的依赖及远距离电能传输、多级变送的损耗，从而延缓电网投资，降低网损。

(5) 微电网可扶贫，有利于新农村建设。微电网能比较有效地解决我国西部地区目前常规供电所面临的输电距离远、功率小、线损大、建设变电站费用昂贵的问题，为边远及常规电网难以覆盖的地区的电力供应提供有力支持。

9.3　基于分布式电源的微电网技术

9.3.1　微电网中的前沿技术

微电网是一种新型的电源网络结构，微电网技术已成为电力系统发展的前沿技术。

1. 微电网的硬件研究

微电网的实现需要有先进的设备做支持。这包括微电网的发、输、变、配、用各个环节。为此，需要开发智能电表、向量测量单元、广域测量系统等，研发合适的硬件设备，使微电网具有即插即用的能力。研发新型的分布式能源控制器，以保证微电网的高效运行。

2. 微电网建模研究

开发可用于对逆变器控制的低压非对称微电网的静态和动态仿真工具；建立微电网内部各元件的模型，包括分布式电源和负荷的模型；建立微电网整体模型，包括总体模型结构、等效静态模型、等效电机模型等。

3. 微电网对大电网的影响研究

微电网的接入必然会对大电网造成影响，需要研究：微电网在并网和孤岛运行下的稳定性分析；微电网对大电网运行的影响，包括地区性的和大范围的影响；微电网能给电网在供电可靠性、网络损耗和环境等方面带来改善；微电网的发展对基础电网发展的影响等。

微电网中的微电源，如风电、光伏发电等，大都采用全控型换流器，这些电力电子设备的引入很可能会带来一些谐波方面的问题。对于微电网谐波问题需要做进一步的探讨和研究。

4. 微电网的控制策略

微电网与大电网之间存在一种最优的状态，在这种状态下微电网和大电网都能够高效稳定运行。对微电网的控制的目标就是让微电网实现最优控制。为此，必须研究微电网控制技术，其中包括各微电源之间的协调控制、电力电子设备的智能控制和最优控制、微电网和主网之间的协调控制等，研究孤岛和互联的运行理念、基于代理的控制策略、本地黑启动策略、基于先进通信技术的控制策略等；研究创造新的网络设计理念，包括新型保护方案的应用等。

5. 其他

电网的实现还需要很多方面的支持：需要制定微电网在技术和商业方面的协议标准；需要做好各种微电网在技术和商业方面的整合；需要做好现有的小发电机组并入微电网的可行性分析；需要建立微电网示范工程及实验测试系统等。

9.3.2 微电网的关键技术

微电网的出现将从根本上改变传统电网应对负荷增长的方式，其在降低能耗、提高电力系统可靠性和灵活性等方面具有巨大潜力。

1. 微电网的控制功能

微电网控制的基本要求包括新的微电源接入时不改变原有的设备，微电网解、并列快速无缝，无功功率、有功功率要能独立进行控制，电压暂降和系统不平衡可以校正，要能适应微电网中负荷的动态需求。因此，微电网控制主要实现以下四个方面的功能：

(1) 基本的有功和无功功率控制。

(2) 基于调差的电压调节。

(3) 快速负荷跟踪和储能。

(4) 频率调差控制。

其中微电网 V/F 控制原理如图 9-7 和图 9-8 所示。

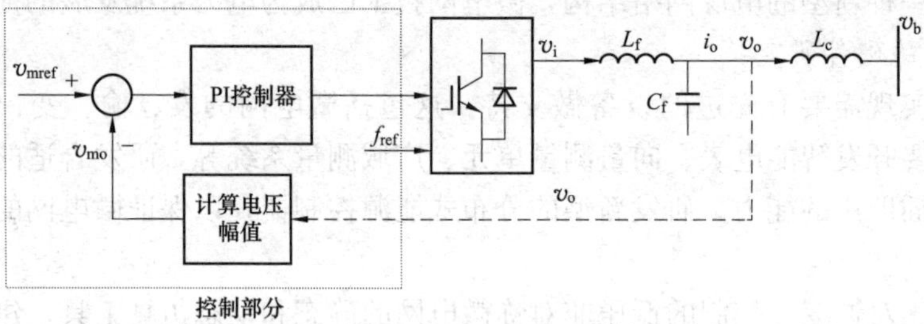

图 9-7 V/F 控制方法一

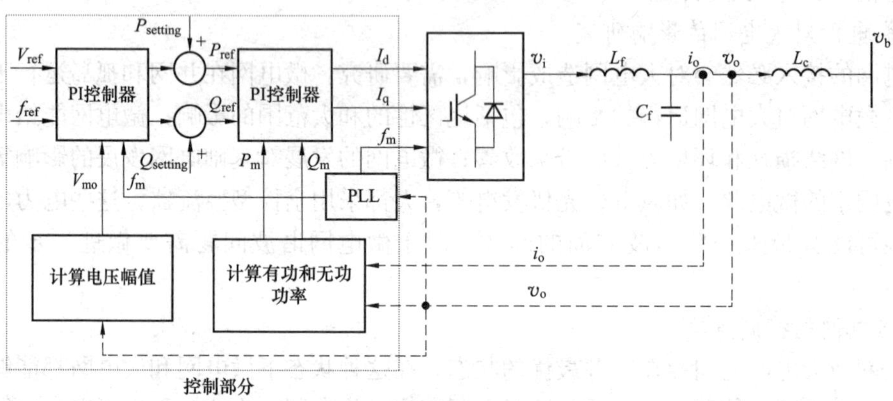

图 9-8 V/F 控制方法二

2. 微电网的保护

微电网结构对继电保护提出了一些特殊的要求，必须考虑的因素主要有以下几点：①配电网一般是放射形的，由于有了微电源，保护装置上流经的电流就可能由单向变为双向；②一旦微电网孤岛运行，短路容量会有大的变化，影响了原有的某些继电保护装置的正常运行；③改变了原有的单个分布式发电接入电网的方式，构成微电网的初衷之一是尽可能地维持一些重要负荷在电网故障时能正常运行而不使其供电中断，这些必须采用一些快速动作的开关，以代替原有的相对动作较慢的开关，这些均可能使原有的保护装置和策略发生变化。

3. 微电网并网运行

要根据微电网中负荷的需求来确定保护方案，也即要根据负荷对电压变化的敏感程度和控制标准来配置保护。如故障发生在配电网中，则要采用高速开关隔离装置，将微电网中的重要敏感性负荷尽快地与故障隔离，还要确保故障隔离后仍能对重要负荷正常供电（供热）。当故障发生在微电网中时，除上述隔离装置外，还应协调微电网中的电源，避免影响上一级馈线负荷。一旦配电网恢复正常，就应通过测量和比较两侧电压的幅值和角度，采用自动或手动的方式将微电网重新并网运行。如果微电网内仅有一个微电源，则允许采用手动方式再同步并网，但若在微电网内有多个地点、多个微电源，则必须考虑采用自动的方式再同步并网。

4. 微电网孤岛运行

当微电网孤岛运行时，为了使所隔离的故障区尽可能小，微电网中保护装置的协调尤为重要。特别需要指出的是，由于微电网的电源大多为电力电子型设备，所发出的电力通过逆变器与网络连接，故障时仅提供很小的短路电流，难以启动常规的过电流保护装置。因此，保护装置和策略就应相应地修改，如采用阻抗型、零序电流型、差分型或电压型继电保护装置。此外，微电网的接地系统必须仔细设计，以免微电网解列时继电保护误动作。

5. 微电网的能量管理系统

微电网被定义为发电和负荷的集合，而通常负荷不仅包括了电负荷，还包括热和冷负荷，即热电联供和热电冷三联供。因此，微电网不仅要发电，而且要利用发电的余热以提高总体效率。能量管理系统（EMS，Energy Management System）的目的即为做出决策以最优地利用发电产生的电和热（冷）。该决策的依据为当地设备对热量的需求、气候的情况、电价、燃料成本等。

9.3.3 微电网储能技术

1. 概述

与大多数其他形式的商品不同，由于电能难以大容量存储，因此，电能的产生、传输、分配和使用几乎同时进行，这种固有特性极大地影响了传统电力系统的运行方式，也给系统的安全高效运行带来许多问题。

由于微电网的能源所固有的不平稳性和功率波动的难以预测性，如何保证系统的正常运行将是一个非常突出的问题，同时也是智能电网运行中必须解决的问题。

理论研究结果和实际系统的运行经验均表明，储能技术的应用可为这一问题的解决提供一条可行的途径。其中，储能系统技术构成示意如图 9－9 所示，各种储能技术指标汇总见表 9－1，储能系统中电池使用寿命比较见表 9－2。

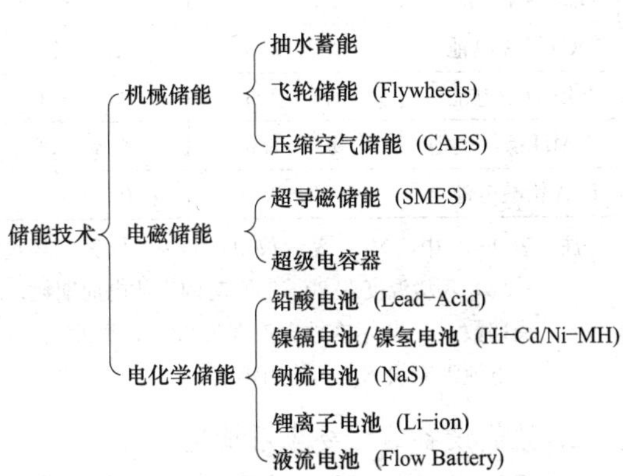

图 9－9　储能技术构成示意

储能装置是微电网中不可缺少的一部分，它在电网中能够起到削峰填谷的作用，极大地提高了间歇式能源的利用效率。由于微电网的多电源特性，改变了传统配电网的辐射型结构，使得微电网的保护方法与传统保护有着很大区别，主要难点在于潮流的双向流动、并网和孤立运行时短路容量的变化。另外，由于间歇式电源电压、频率的波动性，使得保护变得更加复杂。而对于无功补偿问题，传统配电网的低压侧集中补偿已不再适合，必须研究适合微电网的新的无功补偿方法。

先进的监测技术。微电网的结构已改变了传统配电网的供电模式，需要监测的点急剧增多，先进的监测技术为微电网的有效管理提供了基础。

表 9-1 各种储能技术指标汇总

储能技术	功率上限	响应时间	循环寿命（次）	综合效率（%）	单位功率造价（元/kW）	单位容量造价（元/kWh）
抽水蓄能	上千兆瓦	分钟级	设备寿命内无限制	70～85	4600～14 000	70～900
压缩空气储能	数百兆瓦	分钟级	设备寿命内无限制	⩾70	3150～5800	560～1260
飞轮储能	几个兆瓦	十毫秒级	⩾10 万	70～90	1000～4200	42 万～70 万
超导磁储能	几十兆瓦	毫秒级	1000～5000	90～95	1540～3570	560 万～600 万
超级电容器	几个兆瓦	毫秒级	⩾100 万	95	—	40 万～80 万
铅酸电池	数十兆瓦	百毫秒级	500～1200	75	4000～10 400	2800～4000
镍镉电池	数十兆瓦	百毫秒级	1000～3500	80	6300	12 460
钠硫电池	几十兆瓦	百毫秒级	2500～4500	85	20 000	3300
液流电池	数百千瓦至几个兆瓦	百毫秒级	1000～2500	80	40 000	5000
镍氢电池	数百千瓦至几个兆瓦	百毫秒级	⩾2500	85	50 000	21 700
锂离子电池	数百千瓦至几个兆瓦	百毫秒级	1000～4000	90	8400～28 000	9000～24 000

表 9-2 电池使用寿命比较

电池	N_{100}（1000 次）	N_{80}（1000 次）	N_{33}（1000 次）	t_{3c}（年数）	t_{3f}（年数）
VRB 全钒液流电池	2.8～3.0	3.0～4.0	7.0～8.0	19～22	15～20
Li-ion 锂离子电池	3.0～5.0	5.0～7.0	7.0～10	19～27	14～16
NaS 钠硫电池	2.3～2.5	4.5～5.0	6.8～7.5	19～21	14～16
NiCd 镍镉电池	0.3～0.5	1.0～15	4.8～6.0	13～16	20～25
ZnBr 锌溴电池	1.5～2.5	2.5～3.0	4.0～5.0	11～14	8.0～10
Ni-MH 镍氢电池	0.6～1.0	0.8～1.2	2.8～3.0	7.7～8.2	8.0～10
PbA 铅酸电池	0.32～0.80	0.4～1.0	0.9～2.0	2.5～5.5	8.0～12

注 表 9-2 中，N_{100} 表示放电深度在 100%，环境温度在 20～25℃时的充放电周期数；N_{80} 表示放电深度在 80%，环境温度在 20～25℃时的充放电周期数；N_{33} 表示放电深度在 33%，环境温度在 20～25℃时的充放电周期数；t_{3c} 表示在放电深度为 33%，每天充放电一次，一年充放电 365 次的情况下，电池的使用年数；t_{3f} 表示电池浮充状态下的使用年数。

2. 储能设备的主要应用情况

（1）飞轮储能。目前世界上最大的飞轮储能装置为日本原子能研究所（JAERI）研究建造的容量达 8000MJ 的储能设备，该装置采用固体钢结构的飞轮，能提供 340MW 的电力，持续放电时间为30s。

（2）铅酸电池。德国BEWAG公司（柏林能源电力联合股份公司）早在20世纪70年代中期就开始了大容量铅酸电池储能系统的相关研究，但由于铅酸电池循环寿命短和比能量/比功率低等原因，进入21世纪以来已没有相关新增工程。

（3）镍镉电池。目前世界上最大放电功率的镍镉电池储能系统，同时也是最大放电功率的电池储能系统，为坐落在美国阿拉斯加的Golden Valley储能站。该储能系统在2003年投入运行，其镍镉电池本体由法国的SAFT公司提供，PCS系统由ABB公司建造，额定功率40MW，能持续供电15min。

（4）锂离子电池。由于居高不下的成本，在全世界范围内的许多大容量锂离子电池储能系统还处于初步研究与试验阶段，并未在电力系统中得到实际应用。我国比亚迪公司成功开发出基于磷酸亚铁锂电池储能技术的200kW/800kWh柜式储能电站和1MW/4MWh储能示范站，其应用方向定位于削峰填谷和可再生能源灵活接入。

（5）全矾液流电池。20世纪80年代初期，澳大利亚新南威尔士大学率先研究出全钒液流电池。20世纪90年代初，英国lnnogy公司成功开发出20kW和100 kW系列多硫化钠/溴液流储能电堆，用于电力调峰和UPS。

（6）超级电容器。超级电容器历经三代及数十年的发展，已进入全面商品化实施阶段，形成了俄罗斯ESMA、ECOND、美国Maxwell Technologies、德国EPCOS AG等多家具备规模化量产能力超级电容器生产商。其中，ESMA公司已成功生产出容量为30MJ的超级电容器。

9.3.4　储能系统的并网技术

微电网的具体结构会随着负荷等各方面需求的改变而不同，但是基本单元应包括集控中心、分布式电源、智能化用户、储能设备和具有自愈（故障重构）能力的电网等，其中大多数微电网与电网的接口是基于电力电子技术，以保证微电网的灵活性和可靠性。

在储能系统的设备中，蓄电池、超级电容器和飞轮储能一般应用较多；集控中心及管理系统保证微电源具有简单的即拔即插功能，并发挥微电网的控制、协调和管理功能。微电网能实现内部电能和负荷的一体化运行，并通过和大电网的协调控制，平滑接入大电网或独立运行。

9.4　分布式新能源发电系统接入微电网控制技术

由微电网的结构分析可看到，微电网灵活的运行方式与高质量的供电服务，离不开完善的稳定与控制系统，控制问题也正是微电网研究中的一个难点问题，其中一个基本的技术难点在于微电网中的微电源数目多，很难要求一个中心控制点对整个系统做出快速反应并进行相应控制，往往一旦系统中某一控制元件故障或软件出错，就可能导致整个系统瘫痪。因此，微电网控制应该做到能够基于本地信息对电网中的事件做出自主反应，例如，对于电压跌落、故障、停电等，各微电源发电机组应当利用本地信息自动转到独立运行方式，而不是像传统方式中由电网调度统一协调。

微电网控制应当保证以下几点：

（1）任一微电源的接入不对系统造成影响。

(2) 自主选择运行点。

(3) 平滑地与电网并列、分离。

(4) 对有功、无功进行独立控制。

(5) 具有校正电压跌落和系统不平衡的能力。

9.4.1 微电网典型控制方法

1. 基于电力电子技术的"即插即用"与"对等"控制

该方法根据微电网控制要求，灵活选择与传统发电机相类似的下垂特性曲线进行控制，将系统的不平衡功率动态分配给各机组承担，具有简单、可靠、易于实现的特点。但该方法没有考虑系统电压与频率的恢复问题，也就是类似传统发电机中的二次调整问题，因此，在微电网遭受严重扰动时，系统的频率质量可能无法保证。此外，该方法仅针对基于电力电子技术的微电源间的控制。

2. 基于功率管理系统的控制

该方法采用不同控制模块对有功、无功分别进行控制，很好地满足了微电网多种控制的要求，尤其在调节功率平衡时，加入了频率恢复算法，能够很好地满足频率质量要求。另外，针对微电网中对无功的不同需求，功率管理系统采用了多种控制方法，从而大大增加了控制的灵活性，并提高了控制性能。但与第1种方法类似，这种方法只讨论了基于电力电子技术的机组间的协调控制，未综合考虑它们与含调速器的常规发电机间的协调控制。

3. 基于多代理技术的微电网控制

该方法将传统电力系统中的多代理技术应用于微电网控制系统。代理的自治性、反应能力、自发行为等特点，正好满足微电网分散控制的需要，提供了一个能够嵌入各种控制性能但又无须管理者经常出现的系统。但目前多代理技术在微电网中的应用多集中于协调市场交易、对能量进行管理方面，还未深入到对微电网中的频率、电压等进行控制的层面。要使多代理技术在微电网控制系统中发挥更大作用，仍有大量研究工作需要进行。

微电网控制系统的未来研究方向是：①在独立和并网两种运行方式下，已有的频率、电压控制方法在微电网中的适用性校验；②不同类型微电源，如基于变流器和不基于变流器可控和间歇的运行和控制；③更加先进、智能的控制策略。

9.4.2 含有微电网的智能配电网保护控制

基于智能配电网结构的特点及其所要实现的运行目标，智能配电网的保护控制应具有突出的自愈能力。所谓自愈，是指自我预防和自我恢复的能力，体现在以下两方面：

(1) 预防控制为主要的控制手段，及时发现、诊断和消除故障隐患。

(2) 具有故障情况下维持系统连续运行的能力，不造成系统的运行损失，并且通过自治修复功能从故障中尽可能恢复供电。自愈是智能配电网最突出的特点，一般智能配电网也往往被称为自愈电网。

对于含微电网的智能配电网来说，各分布式电源均有各自的控制器，尤其是逆变型电源的电力电子接口可使分布式电源的运行更加智能化。它可利用本地信息对其输出电压和频率进行控制，这对提高微电网自身的供电质量起到了重要的支撑作用。另一方面，对于微电网来说，同样需要保护控制系统以实现对各分布式电源有功和无功功率的监测，并要求实现对分布式电源及负荷的投切控制，从而达到最优的微电网与配电网的并网运行模式或孤岛运行模式。其中还包括孤岛运行方式下微电网与配电网的同步运行控制及并网技术等。保护控制系统设计主要包括以下几部分：

(1) 面向电子式互感器、光互感器及数字量输入的合并单元，可实现面向变电站或本地的多信息采集。

(2) 冗余的通信网络体系结构。该部分是实现数据采集和分散控制的基础。同时，GPS 信息的引入，不仅为基于本地信息的传统保护控制方案提供参考时标，更为面向区域或广域信息的控制策略提供了必要的技术基础。

(3) 面向智能配电网的保护控制系统，该部分不仅包括配电网的保护控制方案，更应考虑微电网引入后的保护控制策略。

含微电网的配电系统在遭受干扰后可能出现振荡现象，若扰动后不能再建立稳态运行状态，将引起微电网与配电网主系统之间发生失步。传统基于测量阻抗变化轨迹的失步保护判据存在一定的局限性。失步情况复杂，以往的研究常常假设发电机的励磁系统能保证发电机的暂态电势保持恒定，而这种假设显然在小容量的分布式电源上是不成立的。因此，实现微电网的失步解列保护也是必须重点研究解决的问题之一。智能配电网的保护控制系统应是面向区域信息的集成保护控制方案与面向元件的局部快速保护控制的有机协调与统一。

9.4.3　我国微电网特点及发展中需解决的关键问题

1. 我国微电网特点

中国发展微电网的原因源于大力发展可再生能源发电的形势、电力系统自身发展的需求及提高电网抗灾能力的迫切需求，同时还有利于促进农村电气化及改善环境等。

在我国发展微电网，需要针对中国电力系统的特点，结合其不同区域的具体需求提出针对性的解决方案。中国的微电网按照其运行特点主要分为城市片区微电网和偏远地区微电网(农村微电网、企业微电网)。

(1) 城市片区微电网。按居民小区、宾馆、医院、商场及办公楼等建设，该类微电网在并网时主要通过大电网供电，而大电网故障时则与之断开进入孤岛运行模式，以保证重要负荷的供电可靠性和电能质量，多接在 10kV 中压配网，容量为数百千瓦至 10MW 等级。

(2) 偏远地区微电网。并网时与外网功率交换很少，基本通过当地微电源供电，微电网故障时可利用大电网作为启动备用电源。偏远地区微电网包括农村微电网和企业微电网。目前中国在农村、草原等偏远地区仍有大量人口没有供电，这些地区电力需求较低，将电力系统延伸需要很大的成本，适用于以较低成本利用当地可再生能源为用户供电。农村微电网一般接在 400V 低压配电网，容量在数千瓦至数百瓦，用于解决当地用电需求。企业微电网一般接在 10kV 中压配网甚至更高，容量在数百千瓦至 10MW，一般分布在城市郊区，多利用传统电源满足企业内部用电需求，常见于石化、钢铁等大型企业。

2. 我国发展微电网要解决的关键问题

(1) 微电网在未来电网中的定位及其与现有配电网的协调发展规划中明确了微电网在未来电网中的定位问题，但目前存在很大技术难度。从技术趋势看，靠近分散型资源或有极高供电可靠性需求的用户周边区域适合发展微电网。结合我国对发展可再生能源发展规模的预测，微电网应当能够在未来配电网中占据相当的规模比例。一些新兴科技园区内引入了太阳能发电等分布式电源，同时保持与配电网的联系，具有微电网雏形，大多数配电网用户，要实现微电网概念的供电模式，只能考虑在现有供电网络的基础上进行技术改造，技术复杂度较大。

（2）微电网自身的技术问题。微电网作为一个小而全的发供用电系统，存在大量的技术问题需要解决。例如，微电源的优化配置，微电源、负荷及微电网的控制，微电网与大电网的协调运行，能量管理和调度，微电网通信和可视化，安全与保护技术等。

（3）微电网的仿真、试验及示范应用。开展仿真及试验是对微电网作为一个新供电网络形式的必须研究环节，是示范工程建设及微电网实际应用的必要步骤。

微电网作为大电网的有效补充与分布式能源的有效利用形式，微电网已引起广泛关注，对中国而言，微电网的发展能够提高供电可靠性、促进农村城镇化和可再生能源的利用，并对建设抗灾型电网具有重要意义，微电网的理论与应用有待进一步研究和深入。

9.4.4 微电网在我国的发展前景

微电网在我国的发展前景包括以下几个方面：

（1）促进可再生能源发展。我国正在大规模发展的可再生能源，除水能外，一般具有容量小、发电功率不稳定、独立供电可靠性低等不利因素，只有通过微电网来集成分布式发电技术、储能技术、电力电子技术和热电联产技术，才能充分有效地发挥可再生能源的潜力。

（2）提高电力系统抗灾能力。我国目前正在发展特高压电网，构建“三华”同步大电网，一旦将地理位置接近的重要负荷组成微电网，设计合适的电网结构和控制，必然会有力地提高电网的抗灾能力。

（3）解决偏远地区的电力应用。我国偏远农村和荒漠地区地形条件复杂、经济发展滞后，远距离输电成本高、可靠性差，可通过建立基于荒漠并网光伏电站、风力发电、小水电等电源的微电网，解决这些地区的居民用电问题，将多余电量接入大电网，进一步带动当地经济发展。

（4）降低投资和运营成本。超大型的电站与分散型微电源的结合，可缩短电力的传输距离，降低在输配电线路上的投资，使电力系统更安全、经济。

本章小结

本章首先介绍了分布式新能源的特征及综合应用技术。在此基础上引入了微电网概念，介绍了微电网定义、微电网结构，以及微电网在国内外的研究动态；介绍了包含微电网的智能电网及配电网系统的特点，中国发展微电网技术的重要意义；分析了微电网系统的关键控制技术；介绍了微电网储能及并网控制技术；介绍了分布式新能源发电系统接入微电网典型控制技术，以及含有微电网的智能配电网保护控制；阐述了我国微电网特点及发展需解决的关键问题和微电网在我国的发展前景。

思考题

9.1 分布式新能源的内涵是什么，主要特征有哪些，分布式新能源的主要应用方式有哪些？

9.2 什么是微电网，微电网技术在国内外的研究应用现状如何，微电网与传统电网的关系、区别有哪些？

9.3 微电网的结构形式主要有哪些，各有什么特点？

9.4　中国发展微电网技术的重要意义是什么，微电网在我国的发展前景怎样？

9.5　分析微电网系统的关键控制技术，分析并讨论分布式新能源发电接入微电网需要考虑哪些核心控制技术。

9.6　含有微电网的智能配电网保护控制技术主要有哪些？

9.7　阐述我国微电网特点及分布式电源接入微电网时需要解决的关键问题。

参 考 文 献

[1] 朱锡锋. 生物质热解原理与技术 [M]. 合肥：中国科技大学出版社，2006.

[2] 中国电力科学研究院生物质能研究室. 生物质能及其发电技术 [M]. 北京：中国电力出版社，2008.

[3] 杨勇平，董长青，张俊姣. 生物质发电技术 [M]. 北京：中国水利水电出版社，2007.

[4] 苏亚欣，毛玉如，赵敬德. 新能源与可再生能源概论 [M]. 北京：化学工业出版社，2006.

[5] 惠晶. 新能源发电与控制技术 [M]. 第2版. 北京：机械工业出版社，2014.

[6] 沈剑山. 生物质能源沼气发电 [M]. 北京：中国轻工业出版社，2009.

[7] 路明，王思强. 中国生物质能源可持续发展战略研究 [M]. 北京：中国农业科学出版社，2010.

[8] 刘万琨，魏毓璞，赵萍，等. 燃气轮机与燃气-蒸汽联合循环 [M]. 北京：化学工业出版社，2006.

[9] 张百良，任天宝，徐桂转，等. 中国固体生物质成型燃料标准体系 [J]. 农业工程学报，2010，26 (2)：257-262.

[10] 高虹，张爱黎. 新型能源技术与应用 [M]. 北京：国防工业出版社，2007.

[11] 肖波，周英彪，李建芬. 生物质能循环经济技术 [M]. 北京：化学工业出版社，2006.

[12] 李大中. 生物质发电技术与系统 [M]. 北京：中国电力出版社，2014.

[13] 王顺庆. 我国能源结构的不合理性及对策研究 [J]. 生态经济，2006 (11)：63-65.

[14] 曹新. 中国能源结构调整探讨 [J]. 中国国情国力，2009 (4)：21-22.

[15] 李大中，李晓江. 木屑、稻壳和煤混合型煤压缩成型过程建模与工况优化 [J]，农业机械学报，2012 (4)：83-87.

[16] ROBINSON A L, RHODES J S, KEITH D W. Assessment of Potential Carbon Dioxide Reductions Due to Biomass Coal Cofiring in the United States [J]. Environmental Science &Technology, 2003, 37 (22): 5081-5089.

[17] XU K, MA Y, CHANG X, et al. A New Briquetting Method for Biomass Coal and its Influencing Factors [J]. Huanjing Kexue/Environmental Science, 2001, 22 (4): 81-85.

[18] LIU Weijun, FU Guomin, ZHANG Shuhua, et al. Study on Compressive Strength Characteristics of Bio-coal [C] //Proceedings of the International Technical Conference on Coal Utilization & Fuel Systems, 1997: 929-932.

[19] MALANIN V I, MAKSIMOV A A, KVASHNIN. Method and apparatus for briquetting of lignin—containing materials: RU 2191799 [P]. 2002.

[20] MASON M, DUMBLETON, FREDERICK J. Production of compact biomass fuel: WO 2003087276 [P]. 2003.

[21] REED, THOMAS B. Combined biomass pyrolysis and densification for manufacture of shaped biomass—derived solid fuels: US 2003 221363 [P], 2003.

[22] WERNER, HANS. Process and apparatus for production of fuels from compressed biomass and use of the fuels: EP 1443096 [P]. 2004.

[23] DEM1RBAS, AYHAN, SAH1N-DEM1RBAS. Briquetting properties of biomass waste materials [J]. Energy Sources, 2004, 26 (1): 83-91.

[24] KLEISA K, LEHMANN J. VERFUSS F, et al. Development of Environmentally Friendly Bri-

quettes. Glueckauf - Forschungshefte, 1994, 55 (4 - 5): 117 - 122.

[25] BEKER U G. Briquetting of Afsin - Elbistan Lignite of Turkey Using Different Waste Materials [J]. Fuel Processing Technology, 1997, 51 (1 - 2): 137 - 144.

[26] SARANCHUK V I, KHAZIPOV V A, PASHCHENKO L V, et al. Changes of the Properties of Brown Coal Briquettes with Hydrolytic Lignin Addition in Storage [J]. Khimiya T verdogo Topliva, 1995 (1): 25 - 29.

[27] SARANCHUK V I, GALUSHKO L J, PASHCHENKO L V, et al. Briquetting of Brown Coal with Hydrolized Lignin. In: Proceedings of International Conference on Coal Science [R]. Sain: Elseveer Science, 1995: 10 - 15.

[28] BLESA M J , MIRANDA J L, IZQUIERDO M T, et al. Curing Temperature Effect on Mechanical Strength of Smokeless Fuel Briquettes Prepared with Humates [J]. Energy&fuels, 2003, 17.

[29] SHAKYA G R. Salient features of biomass briquetting in Nepal [J]. International Energy Journal, 2002, 3 (2).

[30] 马爱玲，谌伦建. 生物质型煤技术综述 [J]，煤质技术，2008 (4): 47 - 50, 53.

[31] 刘芳，林诚，林荣英. 生物质型煤的研制与应用 [J]. 可再生能源，2008，26 (1): 79 - 83.

[32] SAKAMOTOI K, TERAUCHII Y, ISHITANI O, et al. Coal - cleaning and bio - briquette technology [J]. Water, Air, and Soil Pollution, 2001, 130: 253 - 258.

[33] European Committee for standardization. Solid biofuels - terminology, definitions and descriptions, DDCEN/TS 14588: 2004 [S]. British Standards, 2003, 02: 28.

[34] 阴秀丽，吴创之，徐冰嫌，等. 生物质气化对减少 CO_2 排放的作用 [J]. 太阳能学报，2000，21 (1): 40 - 44.

[35] HANSON S. The effect of coal particle size on pyrolysis and steam gasification [J]. fuel, 2002 (81): 531 - 537.

[36] NARVAEZ I, ORIO A, AZNAR M P, et al. Biomass Gasification with Air in an Atmospheric Bubbling Fluidized Bed: Effect of Six Operational Variables on the Quanlity of the Produced Raw Gas [J]. Ind Eng Chem Res: 1996, 35: 115.

[37] STILES H N, KANDIYOTI R. Secondary Reaction of Flash Pyrolysis Tars Messured in a Fluidzed Bed Pyrolysis Reactor with Some Novel Design Feature [J]. Fuel, 1989, 68: 275 - 282.

[38] TYLER R J. Flash Pyrolysis of Coals Devolatilization of Bituminous Coals in a Small Fluidzed Bed Reactor [J]. Fuels, 1980, 59: 225.

[39] WORNAT, NELSON. Effect of Ion - Exchanged Calcium on Brown Coal Tar [J]. Energy and Fuels, 1992, 6: 136 - 142.

[40] LI Chunzhu, BARTLE K D, KANDIYOTI R. Vacumn Pyrolysis of Maceral Concentrates in a Wire - Mesh Reactor [J]. Fuel, 1993, 72: 1459 - 1467.

[41] UNGER P E, SUUBERG E M. Molecular Weight Distributions of Tars Produced by Flash Pyrolysis of Coals [J]. Fuels, 1984, 63: 606.

[42] SUUBERG E M, UNGER P E , LILLY W D. Experimental Study on Mass Transfer from Pyrolysis Coal Particles [J]. Fuel, 1985, 64: 956.

[43] MESSENBOCK R C, DUGWELL D R, KANDIYOTI R. CO_2 and Steam Gasification in High - Pressure Wire - Mesh Reactor: The Reactivity of Daw Mill Coal and Combustion Reactivity of its Chars [J]. Fuel, 1999, 78: 792.

[44] UNGER P E, SUUBERG E M. Molecular Weight Distributions of Tar Produced by Flash Pyrol-

ysis of Coals [J]. Fuel，1984，63：610 - 611.

[45] SATHE C，PANG Yanyuan，LI Chunzhu. Effect of Heating Rate and Ion - Exchangeable Cations on the Pyrolysis Yields from a Victorian Brown Coal [J]. Energy and Fuels，1999，13：748 - 755.

[46] KATHEKLAKIS L E，LU Shilin，BARTLE K D，et al. Effect of Freeboard Residence Time on the Molecular Distribution of Fluidized Bed Pyrolysis Tars [J]. Fuel，1990，69：172 - 176.

[47] WILLAMS P T，BRALER S，TAULOR D T. The Prolysis of Scrap Automative Tyres [J]. Fuel，1990，69：1474 - 1481.

[48] SIMELL P A，HEPOLA J O，KRAUSE A O. Effect of Gasification Gas Components on Tar and Ammonia Decomposition over Hot Gas Cleanup Catalysts [J]. Fuel，1997，76：1117 - 1127.

[49] ENCINAR J M，BELTRAN F J，RAMIRO A. Pyrolysis/gasification of agricultural residues by carbon dioxide in the precence of different additives：influence of variables [J]. Fuel Processech. 1998 (55)：219 - 233.

[50] SIMELL P，KURKELA E，STZAHLBERG P，et al. Catalytic hot gas cleaning of gasification gas [J]. Catalysis Today，1996，(27)：55 - 62.

[51] WANGW，PADBAN N，YE Z，et al. Kinetics of ammoniadecomposition in hot gas cleaning [J]. Industrial and Engineering Chemistry Research，1999 (38)：4175 - 4182.

[52] 杨延西，刘丁. 基于小波变换和最小二乘支持向量机的短期电力负荷预测 [J]. 电网技术，2005，29 (13)：60 - 64.

[53] 叶美盈，汪晓东，张浩然. 基于在线最小二乘支持向量机回归的混沌时间序列预测 [J]. 物理学报，2005，54 (6)：2568 - 2572.

[54] 金欣磊. 基于 PSO 的多目标优化算法研究及应用 [D]. 杭州：浙江大学，2006.

[55] Renewable Energy Policy Nework for the 21st Century. Renewables 2011 Global Status Report (GSR2011). [R/OL]. http：//www. ren21. net/portals/97/documents/bs/GSR/REN21 _ GSR _2011.

[56] 韩晓平. 未来 20 年中国能源技术发展方向——分布式能源及相关技术 [J/OL]. 中国能源网/www. China e. com，2004.

[57] AMIT SONI，OZVEREN C S. Renewable energy market potential in U. K. [C]. Universities Power Engineering Conference，2007：717 - 719.

[58] 虞华，郭宗林，陈光亚，等. 新能源产业现状及发展趋势 [J]. 中国电力，2011，44 (1)：83 - 85.

[59] ATWA Y M，El - SAADANY E F. Optimal Allocation of ESS in Distribution Systems With a High Penetration of Wind Energy [J]. IEEE Transactions on Power Systems，2010 (25)：1815 - 1822.

[60] PEREIRA O S. Renewable energy as a tool to assure continuity of a low emission Brazilian electric power sector of an results of an aggressive renewable energy policy [C]. Power & Energy Society General Meeting. 2009：1 - 7.

[61] BEBIC J，WALLING R，KROPOSKI K O' B. The sun also rises [J]. Power and Energy Magazine，2009 (7)：45 - 54.

[62] 宋永瑞. 风力发电系统与控制技术 [M]. 北京：电子工业出版社，2012.

[63] 荷玛密. 风力发电机组技术与应用 [M]. 张春朋，译. 北京：机械工业出版社，2013.

[64] 特奥多雷斯库. 光伏与风力发电系统并网变换器 [M]. 周克亮，王政，徐青山，译. 北京：机

械工业出版社，2012.

[65] 叶杭冶. 风力发电系统的设计、运行与维护（第2版）[M]. 北京：电子工业出版社，2014.

[66] 叶杭冶. 风力发电机组的控制技术 [M]. 第3版. 北京：机械工业出版社，2015.

[67] 陈进，王旭东，沈文忠，等. 风力机叶片的形状优化设计 [J]. 机械工程学报，2010，46（3）：132-134.

[68] MAISONNEUVE NICOLAS，GEORGE GROSS. A Production Simulation Tool for Systems With integated Wind Energy Resources [J]. IEEE Transactions on Power Systems，2011，26（4）：2285-2289.

[69] ZHANG YI，CHOWDHURY AA，KOVA D O. Probabilistic Wind Energy Modeling in Electric Generation System Reliability Assessment [J]. IEEE Transactions on Industrial Applications，2011，47（3）：1507-1509.

[70] ALEJANTRO GACES，MARTA MOLINAS. A Study of Efficiency in a Reduced Matrix Converter for Offshore Wind Fams [J]. IEEE Transactions on Industrial Electronics，2012，59（1）：184-186.

[71] 王新新，惠晶. 基于模糊神经网络DTC的风力机特性模拟 [J]. 电力电子技术，2011，45（9）：49-51.

[72] 李莺，蒋泽甫，罗毅，等. 基于神经元和直接转矩控制技术的高性能交流调速系统研究 [J]，重庆邮电大学学报（自然科学版），2010，22（1）：118-120.

[73] 叶远茂，吴捷，张先亮，等. 灰色模糊DTC在风力机模拟系统中的应用 [J]. 电气传动，2010，40（5）：56-58.

[74] DAMIANO A，GATTO G，MARONGIU I. Decision support system for biomass energy exploitation in smart grid planning [C]. 2010 International Symposium on Power Electronics Electrical Drives Automation and Motion（SPEEDAM），2010：1183-1188.

[75] ABD AZIZ，MNSTAFA KAMAL；MORAD，et al. Optimizing palm biomass energy Though size reduction [C]. 2011 4th International Conference on Modeling，Simulation and Applied Optimization（ICMSAO），2011：1-6.

[76] 徐宏. 城市垃圾焚烧发电的控制策略 [J]. 能源工程，2005（5）：38-41.

[77] 李国超，胡丽蓉，万桂华. 燃料电池分布式发电技术及其战略意义 [J]. 可再生能源，2009，27（1）：112-114.

[78] 杨伟，林弘，赵虎. 燃料电池并网控制策略研究 [J]. 电力系统保护与控制，2011，39（21）：132-136.

[79] 姚秀平. 燃气轮机及其联合循环发电 [M]. 北京：中国电力出版，2004.

[80] 毛宗强. 氢能及其近期应用前景 [J]. 科技导报，2005，23（2）：34-38.

[81] 王平子. 联合循环发电技术 [R]. 东方汽轮机厂科学技术协会，2005.

[82] 中投信德产业研究中心. 中国分布式能源与IGCC（整体煤气化联合循环）及热电冷三联供深度研究报告 [R/OL]. http：//www. ztxdgs. com/show0sp62772887. htmll，2011.

[83] JAMMES C. Research，activities in fission chamber modeling in support of nuclear energy indusy [C]，2009 First International Conference on Advancements in Nuclear Instrumentation Measurement Methods and their Applications（ANMMA），2009：1-5.

[84] de Campos，F M，Braga e Silva F. The nuclear energy power：challenges and innovations in medicine [J]. Latin America Transactions，2012，10（1）：1201-1202.

[85] CERBA S. Nuclear energy scenarios for Slovakia [C]. Proceedings of the 2011 3rd International Youth Conference on Energetics（IYCE），2011：1-5.

[86] RAATIKAINEN M, MANNISTO T, TOMMILA T, et al. Challenges of requirements engineering—A case study in nuclear energy domain [C]. 2011 19th IEEE International Requirements Engineering Conference (RE), 2011: 253-258.

[87] RASHAD S M. Future of nuclear energy worldwide strategies and policies [C]. National Radio Science Conference, 2008: 1-17.

[88] 鲍云樵. 我国后续能源发展战略 [J/OL]. 核工业网: http: //www. cnnc. com. cn/, 2005.

[89] VINING J G, MUETZE A. Economic Factors and Incentives for Ocean Wave Energy Conversion [J]. IEEE Transactions on Industry Applications, 2009, 45 (2): 547-554.

[90] BREKKEN T K A, VON JOUANNE A, HAN Haiyue . Ocean wave energy overview and research at Oregon Sate University [C]. IEEE on Power Electronics and Machines in Wind Applications, 2009: 1-7.

[91] WANG S K, HUNG T C. Renewable energy from the sea—organic Rankine Cycle using ocean thermal energy conversion [C]. 2010 Proceedings of the International Conference on Energy and Sustainable Development, 2010: 1-8.

[92] VILLATE J L, HUCKERBY J, SWEENEY E, et al. A multilateral technology initiative on ocean energy [C]. 2011 IEEE on OCEANS, 2011: 1-8.

[93] 戴俊. 浅析潮汐发电原理与潮汐发电站形式 [J]. 商业文化 (下半月), 2011 (8): 215-220.

[94] TANOTO Y, WIJAYA M E. Economic and environmental emissions analysis in Indonesian electricity expansion planning: Low-rank coal and geothermal energy utilization scenarios [C]. 2011 IEEE First Conference on Clean Energy and Technology (CET), 2011: 177-181.

[95] TOUSIF S M R, TASLIM S M B. Producing electricity from geothermal energy [C]. 2011 10th Internatinal Conference on Environment and Electrical Engineering (EEEIC), 2011: 1-4.

[96] HREINSSON E B. Environmental, technical, economics and policy issues of the master plan for the renewable hydro and geothermal energy resources in Iceland [C]. 42nd International Unversities Power Engineering Conference, 2007: 726-731.

[97] 杨恢宏, 余高旺, 樊占峰, 等. 微电网系统控制器的研发及实际应用 [J]. 电力系统保护与控制, 2011, 39 (19): 126-129.

[98] 张建华, 黄伟. 微电网运行控制与保护技术 [M]. 北京: 中国电力出版社, 2010.

[99] 田兵. 基于 BOOST 斩波的潮流电站电力变换系统研究 [D]. 哈尔滨: 哈尔滨工程大学, 2013.

[100] 高仕红, 张昌华, 耿东山, 等. 双馈式风力发电机低电压穿越控制策略 [J]. 电力系统及其自动化学报, 2014, 26 (8): 34-39.

[101] 沙非, 马成廉, 刘闯, 等. 变速恒频风力发电系统及其控制技术研究 [J]. 电网与清洁能源, 2009, 25 (1): 44-46.

[102] 谢传胜, 贾晓希, 董达鹏, 等. 基于 DEA 的可再生能源发电技术经济效益评价 [J]. 水电能源科学, 2012, 30 (7): 204-206.

[103] 游大海, 潘凯, 王科, 等. 含风电场的电力系统协调优化调度的评价技术 [J]. 电力系统保护与控制, 2013, 41 (1): 157-162.

[104] 朱星阳, 张建华, 刘文霞, 等. 风电并网引起电网电压波动的评价方法及应用 [J]. 电工技术学报, 2013, 28 (5): 88-97.

[105] 宋玉萍, 孟忠. 太阳能光伏电站项目的评价方法及实证研究 [J]. 华北电力技术, 2011, 1: 30-34.

[106] 李如琦, 苏浩益, 曲振旭. 核向量空间模型在电能质量综合评估中的应用 [J]. 电力系统保护与控制, 2012, 40 (1): 72-76.

[107] 周辉. 保定热电厂南郊热电联产工程项目经济性评价 [D]. 保定：华北电力大学，2011.

[108] 陈明燕. 风电项目社会效益综合评价研究 [D]. 成都：西南石油大学，2012.

[109] 宋昭峥，丁宏霞，孙贵利，等. 国外可再生能源发展现状与展望 [J]. 现代化工，2007，27 (5)：61-63.

[110] 杨苹，杨金明，张昊，等. 新型太阳能-风能混合发电系统的研制 [J]. 华北电力技术，2004，1：12-15.

[111] 王涛. 小型风光互补发电系统控制器的研究 [D]. 合肥：合肥工业大学，2009.

[112] 崔啸鸣. 小型风光互补发电系统集成控制 [D]. 呼和浩特：内蒙古工业大学，2009.

[113] 周林，武剑，栗秋华，等. 光伏阵列最大功率点跟踪控制方法综述 [J]. 高电压技术，2008，34 (6)：1146-1149.

[114] 钟勇. 风光互补发电系统中蓄电池充放电控制器的研究 [D]. 合肥：合肥工业大学，2006.

[115] 付振常. 风光蓄复合发电系统控制策略研究 [D]. 济南：山东建筑大学，2009.

[116] 齐志远，王生铁，田桂珍. 风光互补发电系统的协调控制 [J]. 太阳能学报，2010，31 (5)：654-657.

[117] 刘艳芹. 基于TMS320F2812DSP风光互补发电系统控制器的研究 [D]. 武汉：湖北工业大学，2009.

[118] 张文合. 基于双输入推挽变换器的光电互补电源的研究 [D]. 成都：电子科技大学，2015.

[119] 王同. 离网式风光互补输出优化控制器设计 [D]. 哈尔滨：哈尔滨理工大学，2015.

[120] 杨琦，张建华，刘自发，等. 风光互补混合供电系统多目标优化设计 [J]. 电力系统自动化，2009，33 (17)：86-90.

[121] 计长安，张秀彬，赵兴勇，等. 基于模糊控制的风光互补能源系统 [J]. 电工技术学报，2007，22 (10)：178-182.

[122] 唐西胜，武鑫，齐智平. 超级电容器蓄电池混合储能独立光伏系统研究 [J]. 太阳能学报，2007，28 (2)：178-181.

[123] 张国驹，唐西胜，齐智平. 超级电容器与蓄电池混合储能系统在微网中的应用 [J]. 电力系统自动化，2010，34 (12)：85-88.

[124] 于芃，周玮，孙辉，等. 用于风电功率平抑的混合储能系统及其控制系统设计 [J]. 中国电机工程学报，2011，31 (17)：127-133.

[125] 任东明. 中国可再生能源配额制和实施对策探讨 [J]. 电力系统自动化，2011，22：25-28.

[126] 张明锋，邓凯，陈波，等. 中国风电产业现状与发展 [J]. 机电工程，2010，27 (1)：1-3.

[127] 许寅，陈颖，梅生伟. 风力发电机组暂态仿真模型 [J]. 电力系统自动化，2011，5：100-107.

[128] 王伟娜. 基于实测风功率曲线的风机控制方法研究 [D]. 北京：北京交通大学，2013.

[129] GUO Tongqing，LU Zhiliang，et al. A CFD/CSD model for aeroelastic calculations of large-scale wind turbines [J]. Science China (Technological Sciences)，2013，01：205-211.

[130] 张驰，齐蓉. 离网型直驱式风力发电模拟系统设计与实现 [J]. 电力电子技术，2011，45 (1)：23-25.

[131] 肖运启，王昆朋，贺贯举，等. 基于趋势预测的大型风电机组运行状态模糊综合评价 [J]. 中国电机工程学报，2014，13：2132-2139.

[132] 齐敏芳，付忠广，景源，等. 基于信息熵与主成分分析的火电机组综合评价方法 [J]. 中国电机工程学报，2013，33 (2)：58-64.

[133] WANG TongGuang，WANG Long，ZHONG Wei，et al. Large-scale. wind turbine blade design and aerodynamic analysis [J]. Chinese Science Bulletin，2012，05：466-472.

[134] 肖运启，贺贯举. 大型风电机组限功率运行特性分析及其优化调度 [J]. 电力系统自动化，2014，38 (20)：18-25.

[135] 赵吴鹏，王彪. 传动链模型对风机低电压穿越能力的影响 [J]. 节能技术，2012，30 (4)：335-352.

[136] LIU Yi，XIAO Liye，WANG Haifeng，et al. Analysis on the hourly spatiotemporal complementarities between China's solar and wind energy resources spreading in a wide area [J]. Science China (Technological Sciences)，2013，03：683-692.

[137] 肖运启，贺贯举，王昆朋，等. 电网约束下变速风电机组的限负荷控制策略 [J]. 电网技术，2014，38 (2)：456-462.

[138] SAMIR KOURO. Current Source Converter Based Wind Energy Conversion Systems [J]. 电力电子技术，2011，45 (8)：3-10.

[139] 袁鹏，杨红旗，马韬韬，等. 基于设备故障假设和分层流模型的电网智能报警方法的研究 [J]. 电力系统保护与控制，2014，42 (4)：93-96.

[140] 李辉，胡姚刚，杨超，等. 并网风电机组运行状态的物元评估方法 [J]. 电力系统自动化，2011，35 (6)：81-84.

[141] 李辉，胡姚刚，唐显虎，等. 并网风电机组在线运行状态评估方法 [J]. 中国电机工程学报，2010，30 (33)：103-108.

[142] TONU BURTON，NICK JENKINS，DAVID SHARPE，等. 风能技术 [M]. 武鑫，译. 北京：科学出版社，2014.

[143] 苏连成，李兴林，李小俚，等. 风电机组轴承的状态监测和故障诊断与运行维护 [J]. 轴承，2012，1 (1)：49-52.

[144] 白恺，宋鹏，邓春，等. 风电场智能化维护技术研究综述 [J]. 风能，2014，11：74-79.

[145] 王明军，邵勤丰. 风电机组重大事故分析（三）[J]. 风能，2014，11：62-67.

[146] 黄佳佳，娄尧林，吴海列. 风电场信息系统的开发与应用 [J]. 风能，2015，01：68-70.

[147] 邬春明，银海燕，唐杰. 风电机组振动故障的检测方法 [J]. 沈阳大学学报（自然科学版），2015，27 (1)：69-71.

[148] 黄凌翔，宋晓萍. 风电机组控制系统的智能化 [J]. 大众用电，2015，4：22-23.

[149] 王明军，高原生，梅国刚，等. 风电机组重大事故分析（四）[J]. 风能，2015，01：47-52.

[150] 安学利，赵明浩，蒋东翔，等. 基于支持向量机和多源信息的直驱风力发电机组故障诊断 [J]. 电网技术，2011，35 (4)：117-122.

[151] 高阳，潘宏侠，吴升. 基于DSP和神经网络的风力发电机齿轮箱远程故障诊断系统 [J]. 仪表技术与传感器，2011，(1)：67-70.

[152] 梁颖. 基于 SCADA 系统的大型风电机组在线状态评估及故障定位研究 [D]. 华侨大学，2013.

[153] 龙泉，刘永前，杨勇平. 状态监测与故障诊断在风电机组上的应用 [J]. 现代电力，2008，25 (6)：57-58.

[154] 董昱廷，王海云，唐新安. 风电机组状态监测系统现状 [J]. 电机与控制应用，2013，40 (4)：17-21.

[155] 刘振亚. 全球能源互联网 [M]. 北京：中国电力出版社，2015.